国家出版基金项目

“十二五”国家重点出版物出版规划项目

现代兵器火力系统丛书

火炮发射装药设计原理与技术

王泽山　何卫东　徐复铭　编著

北京理工大学出版社
BEIJING INSTITUTE OF TECHNOLOGY PRESS

内容简介

本书是一部论述火药装药学理论基础的著作。内容有火药装药设计的理论基础、火药气体的热力学性质、装药的弹道性能、装药的弹道设计与结构设计，以及最新发展的装药技术和模拟检测技术等。

本书可以作为军工行业研究机构、工厂和靶场等技术人员的参考书，亦可作为高等院校军工专业研究生的教学参考书。

图书在版编目（CIP）数据

火炮发射装药设计原理与技术/王泽山，何卫东，徐复铭编著. —北京：北京理工大学出版社，2014.2（2022.8 重印）

（现代兵器火力系统丛书）

国家出版基金项目及“十二五”国家重点出版物出版规划项目

ISBN 978-7-5640-8710-4

Ⅰ.①火…　Ⅱ.①王…②何…③徐…　Ⅲ.①火炮-发射装药-装药设计　Ⅳ.①TJ3 ②TJ410.3

中国版本图书馆 CIP 数据核字（2014）第 020665 号

出版发行／北京理工大学出版社有限责任公司
社　　址／北京市海淀区中关村南大街 5 号
邮　　编／100081
电　　话／（010）68914775（总编室）
　　　　　（010）82562903（教材售后服务热线）
　　　　　（010）68944723（其他图书服务热线）
网　　址／http://www.bitpress.com.cn
经　　销／全国各地新华书店
印　　刷／北京虎彩文化传播有限公司
开　　本／787 毫米×1092 毫米　1/16
印　　张／23.25
字　　数／430 千字
版　　次／2014 年 2 月第 1 版　2022 年 8 月第 2 次印刷
定　　价／68.00 元

责任编辑／樊红亮
　　　　　王玲玲
文案编辑／王玲玲
责任校对／周瑞红
责任印制／李志强

现代兵器火力系统丛书
编　委　会

总　序

国防科技工业是国家战略性产业，是先进制造业的重要组成部分，是国家创新体系的一支重要力量。为适应不同历史时期的国际形势对我国国防力量提出的要求，国防科技工业秉承自主创新、与时俱进的发展理念，建立了多学科交叉，多技术融合，科研、实验、生产等多部门协作的现代化国防科研生产体系。兵器科学与技术作为国防科学与技术的一个重要分支，直接关系到我国国防科技总体发展水平，并在很大程度上决定着国防科技诸多领域的成果向国防军事硬实力的转化。

进入 21 世纪以来，随着兵器发射技术、推进增程技术、精确制导技术、高效毁伤技术的不断发展，以及新概念、新原理兵器的出现，火力系统的射程、威力和命中精度均大幅提升。火力系统的技术进步将推动兵器系统的其他分支发生相应的革新，乃至促使军队的作战方式发生变化。然而，我国现有的国防科技类图书落后于相关领域的发展水平，难以适应信息时代科技人才的培养需求，更无法满足国防科技高层次人才的培养要求。因此，构建系统性、完整性和实用性兼备的国防科技类专业图书体系十分必要。

为了解决新形势下兵器科学所面临的理论、技术和工程应用等问题，王兴治院士、王泽山院士、朵英贤院士带领北京理工大学、南京理工大学、中北大学的学者编写了《现代兵器火力系统》丛书。本丛书以兵器火力系统相关学科为主线，运用系统工程的理论和方法，结合现代化战争对兵器科学技术的发展需求和科学技术进步对其发展的推动，在总结兵器火力系统相关学科专家学者取得主要成果的基础上，较全面地论述了现代兵器火力系统的学科内涵、技术领域、研制程序和运用工程，并按照兵器发射理论与技术的研究方法，分述了枪炮发射技术、火炮设计技术、弹药制造技术、引信技术、火炸药安全技术、火力控制技术等内容。

本丛书围绕“高初速、高射频、远程化、精确化和高效毁伤”的主题，梳理了近年来我国在兵器火力系统相关学科取得的重要学术理论、技术创新和工程转化等方面的成果。这些成果优化了弹药工程与爆炸技术、特种能源工程与烟火技术、武器系统与发射技术等专业体系，缩短了我国兵器火力系统与国外的差距，提升了我国在常规兵器装备研制领域的理论水平和技术水平，为我国兵器火力系统的研发提供了技术保障和智力支持。本丛书旨在总结该领域的先进成果和发展经验，适应现代化高层次国防科技人才的培养需求，助力国防科学技术研发，形成具有我国特色的“兵器火力系统”理论与实践相结合的知识体系。

本丛书入选“十二五”国家重点出版物出版规划项目，并得到国家出版基金资助，体现了国家对兵器科学与技术，以及对《现代兵器火力系统》出版项目的高度重视。本丛书凝结了兵器领域诸多专家、学者的智慧，承载了弘扬兵器科学技术领域技术成就、创新和发展兵工科技的历史使命，对于推进我国国防科技工业的发展具有举足轻重的作用。期望这套丛书能有益于兵器科学技术领域的人才培养，有益于国防科技工业的发展。同时，希望本丛书能吸引更多的读者关心兵器科学技术发展，并积极投身于中国国防建设。

丛书编委会

前 言

本书是火药装药学的基础著作。编著过程中，作者重视知识传承、发展与创新的关系，并重视对火药装药发展动向的评述。

火药热力学性质的数学模拟理论是装药理论发展的重要内容之一，火药装药的内弹道行为，在很大程度上取决于火药燃气的热力学性质和燃气的组成。发展的数值模拟理论，其应用范围由理想气体扩大到火炮条件下的真实气体，可对高压火药燃气组成和性质进行较准确的判断，是分析弹丸在膛内运动和分析火药燃烧现象的基础。

建立在流体动力学基础上的两相流模型是内弹道流体动力学模型的代表，它和建立在热力学基础上的传统弹道模型相辅相成。

以流体动力学为基础的弹道模拟和以真实气体为基础的热力学性质数值模拟，使火药设计和弹道设计的内容更加充实，这有助于进行多因素的方案选择、因素对比和对目标的优化，简化了装药的设计过程。

发展的有关火药参数与弹道性能关系的理论描述，以及对点火系统、火药燃烧、可燃容器的理论描述，有助于分析装药各技术之间的关系。

除装药理论之外，近年的装药技术发展尤为迅速，弹道效果明显的一些装药技术已经获得应用。它们在提高初速、提高射速、增加射程、增加威力和精度等方面起到了非常重要的作用。这些装药有低温感装药、模块装药、随行装药、电热化学炮装药等。火炮远程发射的成果是身管武器发展的标志性成果。发射装药技术是远程发射系统的核心技术之一。它们包括：高初速的装药技术，火箭发动机装药技术，膛内、膛外冲压发动机装药技术，底排装药技术等，集中体现了当今先进的装药技术和装药手段。本书在EI低温感装药、随行装药、模块装药、固结装药和开槽杆状药、试验技术，以及底排、火箭增程、冲压发动机和复合增程等远程发射装药技术的基础上，充实了多层装药、模块装药、金属风暴装药、炮射导弹装药和装药试验检测等新发展的装药技术。

本书由王泽山、何卫东、徐复铭共同编著。

尽管装药理论与技术有重要的进展，但装药设计所用的大部分基础知识仍是“经验性”的，表明火药装药学的内容不够完整，处在发展之中。在这种情况下编写本书有一定难度，也会影响到本书的质量，编著者虽经多方努力，但因能力所限，书中问题和缺陷在所难免，希望读者给予指正。

编著者

2013.07

目　录

绪　论

0.1　火炮发射装药概述

0.1.1　火炮发射装药研究的内容

火炮发射装药是弹药中的火药以及装药各辅助元件的总称。经过长期的发展，火炮发射装药理论与技术（简称火药装药、装药）已经发展成为一门学科：火药装药学。它和火药学、弹丸学有密切关系，它有系统的和较完整的科学内容和科学方向。目前，火药装药技术发展很快，新原理、新概念、新结构装药不断涌现。高能量密度装药、刚性装药、随行装药、压实装药、电热化学能装药，以及缓蚀、底排、零梯度等装药技术逐步获得应用。装药技术近期的发展，促进了火炮和弹药技术的进展，也充实了装药学的科学内容。

火药装药为武器提供发射能量，它是决定武器威力的关键因素之一。火药装药应满足武器的战术、技术要求，尤其应满足武器威力的要求，为武器储备和提供必需的能量，并在发射瞬间完成能量的转换。

火药装药应在武器环境中、在武器服役和瞬间发射时准确地发挥效能。装药的可靠性、敏感性和安全性是令人关注的问题；赋予装药低易损性，是武器摧毁目标、保存自己的需求。

勤务处理和机动性有相近的意义。简化的装药、安全的装药，可在较大程度上影响到武器的机动性和人员的操作环境。

火药装药应从上述的威力、安全可靠性和勤务处理等诸多方面满足武器的战术、技术要求。火药装药的研究内容虽然很多，但主要的有三项：

① 满足武器威力要求，提高炮口动能；

② 提高武器的安全性和可靠性；

③ 改善武器的勤务处理环境。

其中，炮口动能和弹道稳定性是装药研究的核心内容，装药研究一直在关注增加炮口动能的理论和技术。有利于武器机动性、武器寿命的装药研究也很重要，如可燃容器、刚性装药、缓蚀技术、整装和分装式装药结构、装药工艺等，都是装药研究的主要内容，它们和武器威力有密切的关系。

装药理论是装药学的重要组成部分，近期，火药设计、装药设计、点火系统设计、弹道设计等基础理论的研究都有所进展，发展的有关理论逐步地改变装药经验和半经验的设计方式。

0.1.2 火药装药的技术目标

火炮内弹道过程是装药潜能转变为弹丸动能的过程。内弹道过程遵循能量转换的规律，装药研究的重要基点是提高炮口动能，由于

$$\frac{1}{2}\varphi m v_0^2 = \int_0^{l_g} Sp\,\mathrm{d}l \tag{0-1}$$

式中，p 为火炮膛内压力，MPa；l 为弹丸的行程，m；v_0 为弹丸初速，$\mathrm{m \cdot s^{-1}}$；m 为弹丸质量，kg；φ 为次要功系数；l_g 为火炮身管总长度，m；S 为身管截面积，$\mathrm{m^2}$。

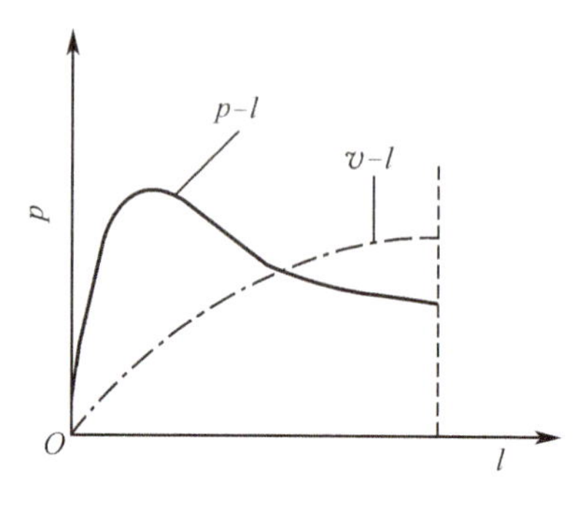

图 0-1　制式火炮 p-l 曲线

炮口动能在数值上等于 p-l 曲线的面积$\int_0^{l_g} Sp\,\mathrm{d}l$，该值用符号 ▽ 表示。

下面分析提高▽的方法和可能性，从中确定装药技术所追踪的技术目标。现取身管长 l_g、最大压力 p_m 和初速 v_0 已给定的火炮。该火炮通常的 p-l 曲线如图 0-1 所示。要在 $p \leqslant p_m$ 的条件下增加 p-l 曲线的面积，该曲线应尽快地达到最大压力，之后保持此压力至 l_g。这种曲线称为弹道平台曲线。图 0-2 是接近弹道平台曲线的几类曲线。

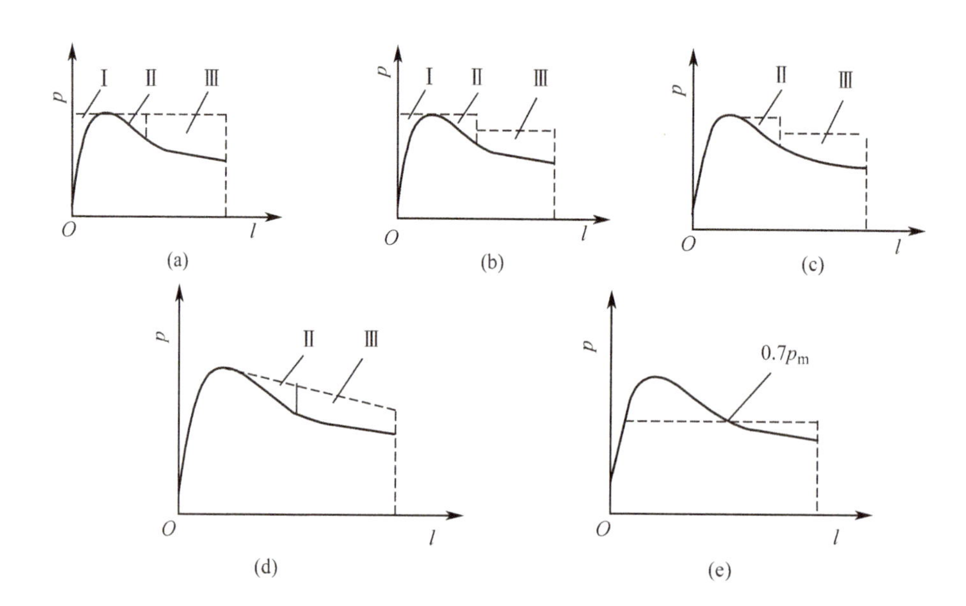

图 0-2　平台曲线类型

(a) 以 p_m 为平台压力的平台；(b) 阶梯压力平台；(c) 局部压力平台；
(d) 类平台；(e) 压力为 0.7p_m 的平台

图 0-2（a）所示的曲线是 p_m 保持不变的弹道平台曲线（虚线），它从点火开始就进入最大压力，一直保持到炮口。和原曲线相比，面积增加Ⅰ、Ⅱ、Ⅲ这 3 个部分。但炮口压力所限制，不宜太高。所以图 0-2（a）曲线虽有最高的做功面积，但没有实际应用的意义。

图 0-2（b）所示的曲线是有两个阶梯的平台曲线，两个阶梯的压力比 $p_{m_1}/p_{m_2}=3/2$；行程长之比 $l_g/l_m=3$；此曲线的压力较接近原火炮的允许压力。

图 0-2（c）是在图 0-2（b）的基础上去掉曲线下Ⅰ区的面积而成的两个阶梯平台曲线。

图 0-2（d）是在（c）的基础上使 p_m 缓慢下降而产生的类似平台的曲线，其曲线所代表的压力是缓慢下降的。

图 0-2（e）是压力为 $0.7p_m$ 并去掉Ⅰ区的压力平台曲线。

上述五种情况都达到了提高▽值的目的。它们分别产生的效果见表 0-1（以某火炮装药为例）。

表 0-1 平台效应

类 型	p-l 面积增加相对值/%			总增加面积/%	理论增速/%
	Ⅰ区	Ⅱ区	Ⅲ区		
图 0-2（a）	9.3	6.2	117.0	132.5	52.7
图 0-2（b）	9.3	6.2	65.0	80.5	34.4
图 0-2（c）		6.2	65.0	71.5	30.8
图 0-2（d）		6.2	33.0	39.2	17.9
图 0-2（e）				52.6	23.14

在上述提高炮口动能的几种方式中，（a）情况的增加值是火炮可能增加的极限值。（b）、（c）的情况是在技术发展的条件下有可能实现的，其炮口动能可提高约 80%。（d）、（e）具有现实性，炮口动能增加 39%～52%，初速可提高 18%～23%。

（a）～（e）的动能增加值都受环境温度的影响。表 0-1 所列数据是以常温为基准的数据。如果消除平台压力的温度感度，则平台压力还可以再提高。

真正完成做功的力是弹底压力，由于受弹后工质（火药燃气）声速的影响，膛底和弹底存在较大的压力梯度。弹丸初速越大，压力差越大，初速损耗也越大。因此，要考虑温度和声速的影响，希望在各种条件下都能稳定、最大限度地提高平台效果与炮口动能。

根据以上分析，装药研究的重要技术目标应该是获取压力平台效应、增加炮口动能。近期目标的极限值是炮口动能增加 100%。目前可能获得的类平台效应，炮口动能可提高 40%～ 80%。

本书将在后续的章节，叙述装药能量密度、气体生成规律有序控制、补偿装药、随行装药等多种技术，以讨论获取压力平台效应、增加炮口动能的技术途径。

0.2 火炮发射装药的组成及各装药元件的作用

火炮发射装药由以下装药元件组成。

1. 发射药

发射药是火药装药的基本元件，是武器转变成弹丸有效功的能源。现有多种火药，不仅它们的成分不同，而且形状和尺寸也不相同。装药设计的核心内容是合理地选择和设计火药。

2. 点火具及其元件

点火是火药燃烧的起始条件，点火的好坏直接影响到火药燃烧的状况，从而影响火药装药的弹道性能。点火系统的作用是在瞬间全面地点燃发射药，使火药正常燃烧并获得稳定的弹道性能。点火过强是造成膛内气体压力骤然增高的原因之一。微弱和缓慢的点火会导致装药不均匀点燃和迟发火，这是造成弹道性能反常和射击烟雾多的主要原因之一。装药的正常燃烧，除要选择合适的点火系统外，还必须合理地选定点火系统的结构和它在装药中的位置。

点火系统由两部分组成：一是基本点火具，它对辅助点火药、传火药，或直接对装药进行点火，是提供最初点火热量的点火具。基本点火具有火帽、击发底火、电底火、击发门管等。另一是辅助点火具，用于加强点火能力，包括传火药和传火具。传火药有黑火药和速燃无烟药。传火具（如传火管）内有黑火药或奔奈药条。

3. 其他元件

装药中除发射药和点火系统外，还可能有护膛剂、除铜剂、消焰剂、紧塞具和密封盖等装药元件。各种装药不一定都有这些元件，而是根据武器的要求分别选择采用。各元件的作用如下。

护膛剂：护膛剂可以减轻火药燃气对炮膛的烧蚀作用，提高身管的使用寿命。大口径火炮普遍使用护膛剂，中小口径火炮在初速或射速很高时也使用护膛剂。

除铜剂：除铜剂用于清除炮管膛线表面的积铜。射击时，铜质弹带在膛线上受切割和摩擦，使部分铜黏附在膛线上。积铜多，炮膛表面不光滑，影响弹丸的正常运动和降低射击精度，在积铜严重时甚至出现胀膛现象。使用除铜剂可以明显地提高射击精度。

消焰剂：射击时，火药气体中的可燃气体与空气混合，有时会产生炮口焰或炮尾焰。这是射击时发生的有害现象。应尽量消除炮口焰，不允许产生炮尾焰。装药中的消焰剂可以消除火焰或减弱火焰的强度。

紧塞具：包括在药筒口部的厚纸紧塞盖和固定装药用的纸垫或纸筒。用它们固定装药，避免药粒移动或摩擦，保持装药原有结构和弹道性能；在射击时，紧塞具有密闭火药气体、减轻对膛线烧蚀的作用。

可燃药筒、可消失药筒：它们是装药的容器，射击后消失。可燃药筒也具有能量。

它们的燃烧性质、质量、结构都对弹道性能有影响，尤其是对弹药的强度、储存性能和易损性有重要影响。

密封盖：是一个有提环的盂形纸盖，其上涂有密封油，起防潮作用，在射击时取出。

把火药、点火药和装药的其他元件合理结合在一起，形成完整的结构，即是装药结构。

装药结构直接影响火药的点燃、传火过程和单体火药燃烧规律，也会影响其他元件的作用。

装药的总体设计、装药各元件和装药结构与武器的弹道性能和机动性有着十分密切的关系。

0.3　装药设计的任务和对装药的要求

装药设计是根据武器系统提供的参数，设计出满足武器要求的装药。装药要经过加工制作和射击等试验的验证。

装药设计应按照设计要求去完成。任务书中应指明设计计算所需要的火炮和弹丸诸元：

如火炮的口径、药室容积、炮膛横断面积、弹丸行程长、底断面至膛线起始部的长度；弹丸的质量、种类，弹丸初速，初速或然误差；允许的最大膛压，变装药的初速区分和最小装药的最低压力，装药在常、高、低温的初速和膛压的变化规律及变化的范围。

还有火炮寿命，有关射击焰和烟的限制要求，装药的安全性、可靠性和稳定性要求，以及操作和运输与储存的要求等。

这些要求是对装药设计提出的普遍性的基本要求，必须认真考虑。不同类型、不同用途的武器，还有一些特殊要求。

0.4　火炮发射装药的基本类型

按弹药装填和装药构造特点的分类，装药的类型有：

1. 定装式装药

定装药在运输、保管以及发射装填时，装药都在药筒内，药筒与弹丸成为一个整体，装药量是固定的。该装药有全定装药和减定装药，全定装药在射击时，可以使弹丸获得最大速度；减定装药在射击时，可以使弹丸获得比最大速度要小的初速。

定装式装药有：步兵武器（手枪、冲锋枪、步枪、机枪）的枪弹装药；火炮中的加农炮、高射炮、坦克炮、航炮、舰炮等装药。有些火炮同时配有全定装药和减定装药。

2. 分装式装药

火药放置在药筒、装药模块或药包内，与弹丸分开保管和运输；装填时，首先把弹丸装入膛内，而后再装药筒、装药模块或药包，这种装药称为分装式装药。分装式装药一般是可变装药，即在射击时可从装药中取出一些装药，改变装药量。该装药能调节初速，在不转移阵地的情况下能扩大火炮的射程范围。

由于战术的需要，有些火炮的最大和最小初速相差很大，用一组变装药不能同时满足要求，要使用两组变装药。第一组应提供武器的最大初速和部分较高的中间初速，该装药称为全变装药；第二组应提供武器的最小初速和部分较低的中间初速，称为减变装药。

除上述类型的装药外，为了满足武器试验和简化试验要求，还应用了强装药和弱装药。

（1）强装药

在产品检验中，除常温的试验外，有时要用升温法使武器的最大膛压和初速达到恶劣条件下的最大值。通常以 50 ℃的最大膛压和初速作为强装药的弹道标准。在实践中，除了用加温法之外，常常采用增加装药量、用薄火药或速燃药和混合装药等方法进行强装药的检测。

（2）弱装药

武器中一些部件利用了膛压作动力，如自动或半自动火炮的开闩、引信解脱保险等，它们要求武器的最低膛压不能低于某一数值。因此，各武器也有弹道的下限指标。一般以正装药在−40 ℃时的最大膛压和初速作为武器的弱装药指标。除了降温检测法之外，主要是采用减少装药量的方法进行模拟检测，习惯上也把弱装药称为减装药。

第 1 章　火药气体的组成和热力学性质

火药装药在火炮中的内弹道行为在很大程度上取决于火药燃气的热力学性质，而这些性质又与火药燃气的组成密切相关。近期，已有更精确的基础热力学数据，计算技术、数值模拟技术也有新的进展，但原理和解决问题的程序基本是一致的。本章是从基本原理和基本方法的角度介绍火炮条件下发射药燃气的组成和热力学性质。

1.1　火药气体的状态方程

在火炮条件下，火药燃烧气体的状态方程可表示为

$$\frac{p\tilde{V}}{nRT}=1+\frac{B}{\tilde{V}}+\frac{C}{\tilde{V}^2}+\cdots \tag{1-1}$$

式中，n 为每千克火药燃烧后生成的气体的物质的量，mol/kg；$\tilde{V}$ 为每千克火药气体所占的体积，m^3/kg；R 为摩尔气体常数，$R=8.314\ 3$ J/(mol・K)；p 为燃气压力，Pa；T 为燃气温度，K。

B、C 等系数是温度和燃气组成的函数，B 的单位是 m^3/kg，C 的单位是 m^6/kg^2。式（1-1）右端取前三项即可达到火炮条件的计算精度。系数 B、C 可由混合气体第二、第三维里系数求得

$$B=\sum_{i=1}^{N}n_iB_i \tag{1-2}$$

$$C=\sum_{i=1}^{N}n_iC_i \tag{1-3}$$

B_i、C_i 分别是第 i 种气体的第二、第三维里系数。常用火药燃气组分的 B_i、C_i 值列于表 1-1。

对于高温高压气体，也可用下述状态方程

$$\frac{pV}{RT}=1+\frac{b-(\alpha/RT)}{V}+\frac{0.625b^2}{V^2}+\frac{0.289\ 6b^3}{V^3}+\frac{0.192\ 8b^4}{V^4} \tag{1-4}$$

式中，α、b 为范德瓦尔斯常数；V 是每摩尔气体的体积（m^3/mol）。当 $b/V>0.85$ 时，可采用

$$\frac{pV}{RT}=-(\alpha/RTV)+[1-0.696\ 2(b/V)^{\frac{1}{3}}]^{-1} \tag{1-5}$$

式中，系数 0.696 2 是取决于分子堆积几何因素的常数。

表 1-1 常用火药燃气组分的 B_i、C_i

温度/K	$B_i/(10^{-6}\ m^3 \cdot mol^{-1})$				$C_i/[10^{-12}(m^3 \cdot mol^{-1})^2]$			
	H_2	N_2，CO	CO_2	H_2O	H_2	N_2，CO	CO_2	H_2O
1 600	16.4	32.1	45.7	−4.2	20	210	1 385	220
1 700	16.3	32.3	47.3	−2.5	20	200	1 305	210
1 800	16.2	32.4	48.7	−1.1	20	190	1 235	195
1 900	16.1	32.6	49.9	−0.2	20	180	1 170	185
2 000	16.0	32.6	50.9	1.2	15	170	1 110	175
2 100	15.9	32.7	51.8	2.2	15	160	1 055	170
2 200	15.8	32.7	52.6	3.0	15	155	1 010	160
2 300	15.7	32.8	53.2	3.7	15	150	965	155
2 400	15.6	32.8	53.8	4.4	15	140	925	145
2 500	15.6	32.8	54.4	5.0	15	135	885	140
2 600	15.5	32.7	54.8	5.5	15	130	855	135
2 700	15.4	32.7	55.3	6.0	15	125	825	130
2 800	15.3	32.7	55.6	6.4	10	120	795	125
2 900	15.3	32.6	56.0	6.8	10	120	765	120
3 000	15.2	32.6	56.2	7.1	10	115	740	120
3 100	15.1	32.6	56.5	7.5	10	110	720	115
3 200	15.0	32.5	56.7	7.7	10	105	695	110
3 300	15.0	32.4	56.9	8.0	10	105	675	105
3 400	14.9	32.4	57.1	8.3	10	100	650	105
3 500	14.8	32.3	57.3	8.5	10	95	635	100
3 600	14.8	32.3	57.4	8.7	10	95	615	100
3 700	14.7	32.2	57.5	8.9	10	90	600	95
3 800	14.7	32.2	57.6	9.1	10	90	585	95
3 900	14.6	32.1	57.7	9.3	10	85	570	90
4 000	14.5	32.0	57.8	9.4	10	85	555	90

对于火药气体

$$b=\sum_i x_i b_i \tag{1-6}$$

式中，x_i 为第 i 种气体组分的质量浓度；b_i 为第 i 种火药气体的范德瓦尔斯常数 b 的值。$x_i=n_i/n$ 及 $\rho=(nV)^{-1}$，n 为 1 kg 火药燃烧后产生的气体的物质的量，n_i 为第 i 种气体的物质的量，ρ 为火药气体密度（单位 kg/m^3），因而

$$\frac{b}{V}=\frac{\sum_i x_i b_i}{V}=\frac{\sum_i \frac{n_i}{n}B_i}{V}=\frac{\frac{1}{n}\sum_i n_i b_i}{V}=\rho\alpha \tag{1-7}$$

式（1-7）中，令 $\alpha=\sum_i n_i b_i$，其意义是 1 kg 火药气体的余容。于是，如忽略 α/RT 项，则式（1-4）、式（1-5）可变为

$$p = nRT\rho(1 + \alpha\rho + 0.625\alpha^2\rho^2 + 0.2896\alpha^3\rho^3 + 0.1928\alpha^4\rho^4) \tag{1-8}$$

$$p = nRT\rho[1 - 0.6962(\alpha\rho)^{\frac{1}{3}}]^{-1} \tag{1-9}$$

式（1-8）又可改写成

$$p = nRT\rho(pV/RT) \tag{1-10}$$

其中，pV/RT 仅是 $\alpha\rho$ 的函数，其数值关系见表 1-2。

表 1-2　pV/RT 与 $\alpha\rho$ 的关系

$\alpha\rho$	pV/RT	$\alpha\rho$	pV/RT	$\alpha\rho$	pV/RT	$\alpha\rho$	pV/RT	$\alpha\rho$	pV/RT
0.01	1.010 1	0.19	1.214 9	0.37	1.473 7	0.55	1.804 4	0.73	2.229 5
0.02	1.020 3	0.20	1.227 6	0.38	1.490 0	0.56	1.825 4	0.74	2.256 3
0.03	1.030 6	0.21	1.240 7	0.39	1.506 5	0.57	1.846 6	0.75	2.283 6
0.04	1.041 0	0.22	1.253 8	0.40	1.523 3	0.58	1.868 1	0.76	2.311 2
0.05	1.051 6	0.23	1.267 1	0.41	1.540 3	0.59	1.889 9	0.77	2.339 4
0.06	1.062 4	0.24	1.280 6	0.42	1.557 6	0.60	1.912 0	0.78	2.367 7
0.07	1.073 2	0.25	1.294 3	0.43	1.575 0	0.61	1.934 4	0.79	2.396 6
0.08	1.084 1	0.26	1.308 2	0.44	1.592 6	0.62	1.957 1	0.80	2.425 9
0.09	1.095 3	0.27	1.322 1	0.45	1.610 6	0.63	1.980 2	0.81	2.455 6
0.10	1.106 6	0.28	1.336 5	0.46	1.628 8	0.64	2.003 5	0.82	2.485 6
0.11	1.118 0	0.29	1.351 0	0.47	1.647 3	0.65	2.027 3	0.83	2.516 1
0.12	1.129 5	0.30	1.365 6	0.48	1.665 9	0.66	2.051 3	0.84	2.547 0
0.13	1.141 3	0.31	1.380 3	0.49	1.685 0	0.67	2.075 8	0.85	2.578 4
0.14	1.153 2	0.32	1.395 4	0.50	1.704 3	0.68	2.100 4	0.86	2.610 2
0.15	1.165 2	0.33	1.410 7	0.51	1.723 7	0.69	2.125 5	0.87	2.642 5
0.16	1.177 3	0.34	1.426 2	0.52	1.743 4	0.70	2.150 9	0.88	2.675 1
0.17	1.189 7	0.35	1.441 8	0.53	1.763 5	0.71	2.176 8	0.89	2.708 4
0.18	1.202 2	0.36	1.457 7	0.54	1.783 9	0.72	2.202 9	0.90	2.741 9

再引入虚拟气体密度

$$\rho' = 0.02298n\rho \tag{1-11}$$

一般火药 $0.02298n$ 近似等于 1，因此 ρ' 是以 $kmol/m^3$ 表示的气体密度。式（1-10）成为

$$p = 361.8\rho' T(pV/RT) \tag{1-12}$$

式中，p 为以 Pa 表示的气体压力。

1.2　火药能量性质的简单计算方法

火药作为火炮的发射能源，其能量性质与火炮性能有密切的关系。火药的能量性质包括比容、燃气比热容、爆温、爆热、火药力等。

1.2.1 比容

1 kg 火药燃烧时生成的气体产物在标准状态下（101.3 kPa，273 K）所占有的体积（水为气态）称为火药的比容（V_1），单位为 m^3/kg。

$$V_1 = 0.022\ 41n \tag{1-13}$$

对于 1 kg 组分为 $C_aH_bO_cN_d$ 的火药，其燃气物质的量 n 可用下式简单计算

$$n = \frac{a + 0.5b + 0.5d}{M} \times 1\ 000 \tag{1-14}$$

式中，M 为分子式的相对分子质量。

当已知火药中各组分的 n_i 时，也可计算得到火药的 n，其关系为

$$n = \sum_i y_i n_i \tag{1-15}$$

y_i 是火药第 i 种组分的质量分数。火药中常用物质的 n_i 列于表 1-3 中。

表 1-3　火药常用组分的 n_i

组　分	$n_i/(mol \cdot kg^{-1})$	组　分	$n_i/(mol \cdot kg^{-1})$
硝化纤维素	39.20+2.18［13.15−w(N)］	硝基胍	48.05
硝化甘油	30.83	RDX	40.0
二苯胺	106.45	PETN	34.8
邻苯二甲酸二丁酯	97.07	硝酸铵	37.48
二硝基甲苯	60.42	凡士林	142
水	55.51	酞酸二戊酯	101.3
乙炔	115.32	三硝基甲苯	48.4
丙酮	103.36	三醋精	73.33
乙醇	108.58	石墨	483.3
2 号中定剂	104.43		

1.2.2 燃气平均定容比热容

火药燃气的平均定容比热容 $\bar{c}_V$ 由各组分燃气的 $\bar{c}_{V_i}$ 给出

$$\bar{c}_V = \sum_i y_i \bar{c}_{V_i} \tag{1-16}$$

式中，y_i 是火药第 i 组分的质量分数。火药常用组分的 $\bar{c}_{V_i}$ 列于表 1-4 中。

表 1-4　火药常用组分的 $\bar{c}_{V_i}$、ε_i

组　分	$\bar{c}_{V_i}$/(kJ·kg^{-1}·K^{-1})	ε_i/(kJ·kg^{-1})	组　分	$\bar{c}_{V_i}$/(kJ·kg^{-1}·K^{-1})	ε_i/(kJ·kg^{-1})
硝化纤维素	1.431 3+0.025 1[13.5−w(N)]	1 184.5−640.2[13.5−w(N)]	硝基胍	1.577 8	−204.6
硝化甘油	1.438 9	3 982.7	RDX	1.428 8	2 603.7
二苯胺	1.453 9	−12 592.6	PETN	1.458 1	3 029.6
邻苯二甲酸二丁酯	1.782 8	−9 770.1	硝酸铵	1.851 0	1 694.9
二硝基甲苯	1.344 3	−2 796.6	凡士林	2.053 3	−17 468.6
水	2.722 5	−6 558.8	酞酸二戊酯	1.844 3	−13 177.5
乙炔	1.571 1	−5 748.8	三硝基甲苯	1.269 8	−460.7
丙酮	2.136 8	−11 893.0	三醋精	1.753 5	8 254.2
乙醇	2.546 0	−11 651.6	石墨	0.564 4	−13 488.4
2 号中定剂	1.635 5	−11 572.1			

$\bar{c}_V$ 可用简化法计算。火药燃气的 $\bar{c}_V$ 都与温度 T 有关。对于大多数火药，其燃气的温度为 2 000～3 000 K，所以取此温度范围内的燃气平均比热容，定义

$$\bar{c}_V = \frac{\varepsilon_{r,2\,000} - \varepsilon_{r,3\,000}}{1\,000} \tag{1-17}$$

式中的 $\varepsilon_{r,T}$ 称为释放能，它等于每千克火药燃气从绝热火焰温度冷却至 T 时以热或功的形式放出的能量，此功指膨胀功，并假设只做膨胀功。释放能是体系状态函数的改变量，其值与过程的途径无关。释放能与每千克火药自基准温度变成 T 时的燃气以热或功形式所放出的能量相同，可以从下述关系说明

$$\text{火药}(15\ ℃) \xrightleftharpoons{\text{定容绝热}} \text{燃气}(T_V) + \varepsilon_{r,T_V}$$

$$\text{燃气}(T_V) \rightleftharpoons \text{燃气}(T) + \varepsilon_{r,T}$$

注意到绝热定容过程 $\varepsilon_{r,T_V}=0$，T_V 表示绝热火焰温度，上两式相加即有

$$\text{火药}(15\ ℃) \rightleftharpoons \text{燃气}(T) + \varepsilon_{r,T}$$

这里沿用火药学的习惯，体系放热（或对外做功）时释放能量，$\varepsilon_{r,T}$ 取正号，反之取负号。

对于纯气体，$\bar{c}_V$ 可由下式计算

$$\bar{c}_V = \frac{(E^{\ominus}_{3\,000} - E^{\ominus}_0) - (E^{\ominus}_{2\,000} - E^{\ominus}_0)}{1\,000} \tag{1-18}$$

式中，$E^{\ominus}_T$ 表示理想气体在温度 T K 时的内能；$(E^{\ominus}_T - E^{\ominus}_0)$ 则表示理想气体在温度 0～T 的内能差。由式（1-18）计算的五种气体的 $\bar{c}_V$ 如下。

$$\bar{c}_V(H_2) = 27.322\ \text{J/(mol·K)}$$

$$\bar{c}_V(H_2O) = 45.627\ \text{J/(mol·K)}$$

$$\bar{c}_V(CO) = 28.506\ \text{J/(mol·K)}$$

$$\bar{c}_V(CO_2) = 53.656\ \text{J/(mol·K)}$$

$$\bar{c}_V(N_2) = 28.313\ \text{J/(mol·K)}$$

可近似地认为比热容具有加和性，即

$$\bar{c}_V = n(H_2)c_V(H_2) + n(H_2O)\bar{c}_V(H_2O) + n(CO)c_V(CO) + n(CO_2)\bar{c}_V(CO_2) + n(N_2)\bar{c}_V(N_2) \tag{1-19}$$

当温度升高时，水煤气平衡将向生成更多水的方向移动

$$CO + H_2O \rightleftharpoons CO_2 + H_2 \tag{1-20}$$

因此，火药燃气的实际比热容比式（1-19）计算的结果大。为此，采用两种极端的假设：

① 水煤气平衡向左侧移动，直到不存在 CO_2；

② 水煤气平衡向右侧移动，直到不存在 H_2O。

对于第一种情况，由质量守恒方程可得

$$n(H_2) = a + 0.5b - c$$
$$n(CO) = a$$
$$n(H_2O) = c - a$$

式中，a、b、c、d 分别为每千克火药所含的碳、氢、氧、氮原子的物质的量。将 $n(H_2)$、$n(CO)$、$n(H_2O)$ 的表达式代入式（1-19），即得

$$\bar{c}_V^{(1)} = 10.201a + 13.661b + 18.305c + 14.157d \tag{1-21}$$

类似地，可导出第二种情况下的燃气 $\bar{c}_V$ 值

$$\bar{c}_V^{(2)} = 3.356a + 13.661b + 25.150c + 14.157d \tag{1-22}$$

在火炮膛内的温度和密度下，火药燃气中 H_2O 与 CO_2 的物质的量比大致为 77∶23，于是

$$\bar{c}_V = 0.77\bar{c}_V^{(1)} + 0.23\bar{c}_V^{(2)} \tag{1-23a}$$

实际值比式（1-19）的计算值略大。对于一般火药，$c>a$ 总是成立的，因而 $\bar{c}_V^{(2)}$ 略大于 $\bar{c}_V^{(1)}$。因此，适当增加上式 $\bar{c}_V^{(2)}$ 项的分量，即可得到修正式

$$\bar{c}_V = 0.5(\bar{c}_V^{(1)} + \bar{c}_V^{(2)}) \tag{1-23b}$$

即有

$$\bar{c}_V = 6.778a + 13.661b + 21.728c + 14.157d \tag{1-24}$$

上式同样可用于计算火药中某一有机组分的燃气 $\bar{c}_V$ 值。式（1-19）～式（1-24）各式单位为 J/(kg·K)。

当温度高于 3 000 K 时，火药气体离解反应很明显，因而燃气比热容将大大增加。在这种高温下，比热容的准确值在很大程度上取决于气体密度。当弹丸开始运动的瞬间，燃气的温度就已经比绝热火焰温度低 500 K 左右。这样，对于火炮弹道计算来说，在高于 3 000 K 时，对比热容的修正似乎并不重要。

1.2.3　绝热火焰温度和释放能的计算

1. 绝热火焰温度

绝热火焰温度 T_V 可根据火药燃气的比热容 $\bar{c}_V$ 和火药气体在 2 500 K 时的释放能计算。

在任意温度 T 时的释放能为

$$\varepsilon_{r,T}=\varepsilon_{r,2\,500}-(T-2\,500)\bar{c}_V \tag{1-25}$$

释放能为 0 时的温度即为绝热火焰温度。

$$T_V=2\,500+\frac{\varepsilon_{r,2\,500}}{\bar{c}_V} \tag{1-26}$$

或

$$T_V=2\,500+\frac{\sum\limits_i y_i\varepsilon_i}{\sum\limits_i y_i\bar{c}_{V_i}} \tag{1-27}$$

式中，ε_i 表示火药第 i 种组分燃烧产物在 2 500 K 时的释放能。火药常用组分的 ε_i 列于表 1-4 中。

在绝热火焰温度低于 3 000 K 时，用式（1-26）或式（1-27）计算的结果，其准确程度是令人满意的。当温度高于 3 000 K 时，火药气体的离解反应变得明显和重要，此时应对释放能进行修正。

对典型的炮用火药，当气体密度 $\rho=0.25\times10^{-3}$ g/cm^{3}时，考虑离解与不离解的释放能差值

$$\Delta\varepsilon_{r,T}=\varepsilon'_{r,T}-\varepsilon_{r,T}=-49.58(T-2\,500)-0.346(T-3\,000)^2 \tag{1-28}$$

式中，$\varepsilon'_{r,T}$是不考虑离解时的释放能。在高于 3 000 K 时，考虑离解反应时的释放能为

$$\varepsilon_{r,T}=\varepsilon'_{r,T}+\Delta\varepsilon_{r,T}=\sum y_i\varepsilon_i-(T-2\,500)\sum_i y_i\bar{c}_{V_i}+\Delta\varepsilon_{r,T} \tag{1-29}$$

当 T_V 高于 3 000 K 时，用上式计算火药燃气的绝热火焰温度（T_V）。

2. 释放能 $\varepsilon_{r,2\,500}$的计算

计算绝热火焰温度需要 2 500 K 的释放能数据。$\varepsilon_{r,2\,500}$可用热化学方程计算：

$$火药(15\ ℃)\xrightleftharpoons{定容}元素(15\ ℃)+\varepsilon(1)$$

$$元素(15\ ℃)\rightleftharpoons元素(0\ K)+\varepsilon(2)$$

$$元素(0\ K)\rightleftharpoons气体(0\ K)+\varepsilon(3)$$

$$气体(0\ K)\rightleftharpoons气体(2\,500\ K)+\varepsilon(4)$$

因而

$$火药(15\ ℃)\rightleftharpoons气体(2\,500\ K)+\varepsilon(1)+\varepsilon(2)+\varepsilon(3)+\varepsilon(4)$$

即

$$\varepsilon_{r,2\,500}=\varepsilon(1)+\varepsilon(2)+\varepsilon(3)+\varepsilon(4) \tag{1-30a}$$

此处忽略了与真实气体的差别，此误差小于 41 kJ/kg。

$\varepsilon(1)$ 是火药组分在定容性条件下、15 ℃由元素生成同温度下该化合物的生成焓。

如果基础数据不是以 15 ℃为基准的，此时要修正到 15 ℃，可利用下述数据

$$c_V(\text{C,石墨}) = 0.711\ \text{J/(mol·K)}$$

$$c_V(\text{H}_2) = 20.794\ \text{J/(mol·K)}$$

由热力学关系得

$$\varepsilon(1) = Q_b - 3.935\times10^5 a - 1.413\times10^5 b \tag{1-30b}$$

式中，Q_b 为物质的定容燃烧热（水为液态）；3.935×10^5 J/mol 和 1.413×10^5 J/mol 分别为 CO_2 和 $\frac{1}{2}H_2O$（液态）的生成焓。

火药组分的 ε(2) 值可用下式计算

$$\varepsilon(2) = (1.047a + 2.891b + 2.984c + 2.991d)\times10^3 \tag{1-31}$$

ε(3) 是气体生成焓，它与气体成分有下述关系

$$\varepsilon(3) = 1.137n(\text{CO}) + 2.389n(\text{H}_2\text{O}) + 3.931n(\text{CO}_2) \tag{1-32}$$

如果再取水煤气平衡中的两种极限情况，即不存在 CO_2 和不存在 H_2O 的情况，ε(3) 可分别表示为

$$\varepsilon(3)^{(1)} = (2.389c - 1.252a)\times10^5 \tag{1-33}$$

$$\varepsilon(3)^{(2)} = (2.794c - 1.656a)\times10^5 \tag{1-34}$$

ε(4) 是将气体由 0 K 加热至 2 500 K 时所需的能量，可由下式计算

$$\varepsilon(4) = -[0.581n(\text{H}_2) + 1.110n(\text{CO}_2) + 0.885n(\text{H}_2\text{O}) + 0.629n(\text{CO}) + 0.622\,6n(\text{N}_2)]\times10^5 \tag{1-35}$$

类似地，对于不存在 CO_2 和不存在 H_2O 的两种极端情况，有

$$\varepsilon(4)^{(1)} = -(3.261a + 2.907b + 3.033c + 3.112d)\times10^4 \tag{1-36}$$

$$\varepsilon(4)^{(2)} = -(1.486a + 2.907b + 4.807c + 3.112d)\times10^4 \tag{1-37}$$

由此，火药组分在两种极端情况下 2 500 K 时的释放能

$$\varepsilon_i^{(1)} = \varepsilon_i(1) + \varepsilon_i(2) - 1.578\times10^5 a - 2.907\times10^4 b + 2.086\times10^5 c - 3.112\times10^4 d \tag{1-38}$$

$$\varepsilon_i^{(2)} = \varepsilon_i(1) + \varepsilon_i(2) - 1.805\times10^5 a - 2.907\times10^4 b + 2.313\times10^5 c - 3.112\times10^4 d \tag{1-39}$$

进而可得 2 500 K 时释放能的计算式

$$\varepsilon_i = 0.77\varepsilon_i^{(1)} + 0.23\varepsilon_i^{(2)} \tag{1-40}$$

$$\varepsilon_{r,2\,500} = \sum_i y_i \varepsilon_i \tag{1-41}$$

式（1-40）中的系数表示了一般火药燃气中 H_2O 和 CO_2 的物质的量比。将式（1-38）、式（1-39）代入式（1-40），进一步可得

$$\varepsilon_i = \varepsilon_i(1) + \varepsilon_i(2) - 1.630\times10^5 a - 2.907\times10^4 b + 2.138\times10^5 c - 3.112\times10^4 d \tag{1-42}$$

1.2.4　余容

前述的火药气体状态方程（1-8）

$$p = nRT\rho(1+\alpha\rho+0.625\alpha^2\rho^2+0.2869\alpha^3\rho^3+0.1928\alpha^4\rho^4)$$

在数值上，α 等于火药气体的余容，是 1 kg 火药气体分子本身不可压缩的体积，单位是 m^3/kg。

对火药气体

$$\alpha = \sum_i n_i b_i \tag{1-43}$$

式中，n_i 为 1 kg 火药气体中第 i 种气体成分的物质的量，mol；b_i 为以 m^3/mol 表示的考虑第 i 种气体分子体积的范德瓦尔斯常数。

若干种气体的 b_i 列于表 1-5。

表 1-5　若干气体的 b_i

气　体	CO_2	CO	H_2	N_2	H_2O	NH_3	OH	O_2	NO	O	H	N	C
$b_i/(10^{-6}\ m^3 \cdot mol^{-1})$	63.0	33.0	14.0	34.0	10.0	15.2	10.0	30.5	21.2	1.6	2.6	2.1	2.6

当温度低于 3 000 K 时，火药气体的主要成分是 N_2、H_2、CO、H_2O 以及 CO_2。式（1-43）即可进一步表示为

$$\alpha = [6.3n(CO_2)+3.3n(CO)+1.4n(H_2)+3.4n(N_2)+1.0n(H_2O)]\times 10^{-5} \tag{1-44}$$

注意到，在火炮膛内压力和温度条件下，H_2O 与 CO_2 物质的量比大致为 77∶23。因此

$$n(N_2) = \frac{1}{2}d$$

$$n(H_2) = \frac{1}{2}b - 0.77(c-a)$$

$$n(CO) = 2a - c + 0.77(c-a)$$

$$n(H_2O) = 0.77(c-a)$$

$$n(CO_2) = 0.23(c-a)$$

将这些值代入式（1-44）得

$$\alpha = (1.7d + 0.7b + 2.92a + 0.38c)\times 10^{-5} \tag{1-45a}$$

显然，对火药中每一种有机组分，下式成立

$$\alpha_i = (1.7d_i + 0.7b_i + 2.92a_i + 0.38c_i)\times 10^{-5} \tag{1-45b}$$

此时，火药的余容为

$$\alpha = \sum_i y_i \alpha_i \tag{1-46}$$

式中，y_i 是火药中第 i 种组分的质量分数。火药中常用组分的 α_i 列于表 1-6。

表 1-6 火药中常用组分的 α_i

组 分	$\alpha_i/(10^{-3}\ m^2 \cdot kg^{-1})$	组 分	$\alpha_i/(10^{-3}\ m^2 \cdot kg^{-1})$
硝化纤维素	$1.107+0.040\,[13.15-w(N)]$	硝基胍	1.276
硝化甘油	0.915	RDX	1.145
二苯胺	2.628	PETN	0.999
邻苯二甲酸二丁酯	2.288	硝酸铵	0.917
二硝基甲苯	1.624	凡士林	2.636
水	0.988	酞酸二戊酯	2.362
乙炔	2.783	三硝基甲苯	1.378
丙酮	2.298	三醋精	1.758
乙醇	2.236	石墨	2.431
2 号中定剂	2.514	KNO_3	0.948①
$Ba(NO_3)_2$	0.616②	K_2SO_4	0.376②

说明：① 固体密度的倒数；
② 固体密度倒数的 2 倍，倍数 2 是考虑到分解时生成气体，见第 1.2.5 节。

1.2.5 爆热、火药力和其他能量示性数

1. 爆热

火药爆热 Q_V（水为液态）可根据火药的元素组成和燃烧热计算，计算式为

$$Q_V = Q_b - (2a + 0.5b - c) \times 2.821 \times 10^5 \tag{1-47}$$

式中，Q_b 为火药的燃烧热（J/kg），可通过一般热力学数据求出。上式求出的爆热单位是 J/kg。它同样适用于计算火药中某一组分的爆热。

2. 火药力

火药力由下式计算

$$f = nRT_V \tag{1-48}$$

式中，n 为 1 kg 火药燃烧产生的气体物质的量，mol/kg；T_V 为爆温，K；R 为气体常数，$R=8.314\ J \cdot mol^{-1} \cdot K^{-1}$。上式的火药力单位为 J/kg。

3. 比热容比

由定义 $\gamma=\bar{c}_p/\bar{c}_V$，又由 $\bar{c}_p-\bar{c}_V=nR$，得

$$\gamma = 1 + nR/\bar{c}_V \tag{1-49}$$

式中，$\bar{c}_V$ 是火药燃气的平均定容比热容，J/(kg·K)。

4. 等压火焰温度

在某些场合下，需要使用等压火焰温度 T_p。对于 C—H—O—N 系火药，T_p 与 T_V 间有下述近似关系

$$T_p = T_V/\gamma \tag{1-50}$$

利用上式可方便地计算火药等压火焰温度。

1.2.6　无机盐 n_i、$\bar{c}_{V_i}$、ε_i 的计算

在火药成分中常加入一些无机盐物质，如 K_2SO_4、KNO_3 和 $Ba(NO_3)_2$。在采用简化方法计算火药能量示性数时，需要用到物质的 n_i、$\bar{c}_{V_i}$、ε_i 数据。表 1-7 列出了这些数据。

表 1-7　若干无机盐的 n_i、$\bar{c}_{V_i}$、ε_i

物　质	$n_i/(\mathrm{mol\cdot kg^{-1}})$	$\bar{c}_{V_i}/(\mathrm{kJ\cdot kg^{-1}\cdot K^{-1}})$	$\varepsilon_i/(\mathrm{kJ\cdot kg^{-1}})$
KNO_3	9.89	0.902 9	104.2
$Ba(NO_3)_2$	7.65	0.658 6	548.1
K_2SO_4	5.74	0.523 0	−334 7.2

1. n_i 值的计算

可以推断，当含有硝酸钾或硝酸钡的火药燃烧时，其产物有氧化钾或氧化钡、氮气、二氧化碳及水，其相对含量取决于水煤气平衡。考虑水煤气平衡中不含 CO_2 以及不含 H_2O 的两种极端情况，硝酸钾的燃烧即可表示为下列两式

$$KNO_3 = \frac{1}{2}K_2O + \frac{1}{2}N_2 + \frac{5}{4}O_2 \tag{1-51}$$

$$\frac{1}{2}K_2O + \frac{1}{2}N_2 + \frac{5}{4}O_2 + \frac{5}{2}H_2 = \frac{5}{2}H_2O + \frac{1}{2}K_2O + \frac{1}{2}N_2 \tag{1-52}$$

$$\frac{1}{2}K_2O + \frac{1}{2}N_2 + \frac{5}{4}O_2 + \frac{5}{2}CO = \frac{1}{2}K_2O + \frac{1}{2}N_2 + \frac{5}{2}CO_2 \tag{1-53}$$

同样，对硝酸钡的燃烧有

$$Ba(NO_3)_2 = BaO + N_2 + \frac{5}{2}O_2 \tag{1-54}$$

$$BaO + N_2 + \frac{5}{2}O_2 + 5H_2 = BaO + N_2 + 5H_2O \tag{1-55}$$

$$BaO + N_2 + \frac{5}{2}O_2 + \frac{5}{2}C = BaO + N_2 + \frac{5}{2}CO_2 \tag{1-56}$$

由于在膛内温度下 K_2O 和 BaO 均为气态，由上述方程可知，1 mol KNO_3 燃烧将得到 1 mol 气态产物，而 1 mol $Ba(NO_3)_2$ 燃烧可得 2 mol 气态产物，因此

$$n(KNO_3) = 1/M(KNO_3) = 9.89\ \mathrm{mol/kg}$$

$$n[Ba(NO_3)_2] = 2/M[Ba(NO_3)_2] = 7.65\ \mathrm{mol/kg}$$

在火药的燃烧过程中，K_2SO_4 仅仅是升华，不发生化学反应，即

$$K_2SO_4(s) = K_2SO_4(g) \tag{1-57}$$

因而

$$n(K_2SO_4) = 1/M(K_2SO_4) = 5.74\ \mathrm{mol/kg}$$

2. $\bar{c}_{V_i}$ 的计算

由式（1-17）定义的平均比热容为

$$\bar{c}_V = \frac{\varepsilon_{r,2\,000} - \varepsilon_{r,3\,000}}{1\,000}$$

在1.2.2节已给出2 000～3 000 K范围内H_2、H_2O、CO_2、N_2气体的比热容值。假定K_2O蒸气在此温度范围内的比热容与水蒸气的比热容相同，那么，对应水煤气平衡的两种极端情况，KNO_3燃烧气体产物的$\bar{c}_V$可分别由下式得到

$$c_V^{(1)}(KNO_3) = \frac{\frac{1}{2}\bar{c}_V(N_2) + 3\bar{c}_V(H_2O) - \frac{5}{2}\bar{c}_V(H_2)}{M(KNO_3)} \times 1\,000$$

$$= \frac{\frac{1}{2}\times 28.313 + 3\times 45.627 - \frac{5}{2}\times 27.322}{101.1} \times 1\,000$$

$$= 818.3(J \cdot kg^{-1} \cdot K^{-1})$$

$$c_V^{(2)}(KNO_3) = \frac{\frac{1}{2}\bar{c}_V(N_2) + \frac{1}{2}\bar{c}_V(H_2O) + \frac{5}{2}\bar{c}_V(CO_2) - \frac{5}{2}\bar{c}_V(CO)}{M(KNO_3)} \times 1\,000$$

$$= \frac{\frac{1}{2}\times 28.313 + \frac{1}{2}\times 45.627 - \frac{5}{2}\times (53.653 - 28.506)}{101.1} \times 1\,000$$

$$= 987.6\ (J \cdot kg^{-1} \cdot K^{-1})$$

最后取

$$\bar{c}_V(KNO_3) = \frac{1}{2}[c_V^{(1)} + c_V^{(2)}] = 903.0\ J/(kg \cdot K)$$

在2 000～3 000 K范围内，气态BaO的平均摩尔比热容可取为35.146 J/(mol·K)。因而，可类似地求得

$$\bar{c}_V[Ba(NO_3)_2] = 658.6\ J/(kg \cdot K)$$

作为一种粗略的估计，可假定K_2SO_4蒸气的热容约为水蒸气热容的两倍。因此

$$\bar{c}_V(K_2SO_4) = \frac{2\times \bar{c}_V(H_2O)}{M(K_2SO_4)} \times 1\,000 = \frac{2\times 45.627}{174.25} \times 1\,000 = 523.7(J \cdot kg^{-1} \cdot K^{-1})$$

3. $\varepsilon_{r,2\,500}$的计算

考虑下式的反应能

$$KNO_3(s,15\ ℃) = \frac{1}{2}K_2O(g,2\,500\ K) + \frac{1}{2}N_2(g,2\,500\ K) + \frac{5}{2}H_2O(g,2\,500\ K) - \frac{5}{2}H_2(g,2\,500\ K) + \varepsilon_{r,2\,500}^{(1)}$$

由热化学方程

$$KNO_3(s,15\ ℃) = \frac{1}{2}K_2O(s,15\ ℃) + \frac{1}{2}N_2(g,15\ ℃) + \frac{5}{2}H_2O(g,15\ ℃) - \frac{5}{2}H_2(g,15\ ℃) + \varepsilon(1)$$

$$\frac{1}{2}K_2O(s,15\ ℃)=\frac{1}{2}K_2O(g,15\ ℃)+\varepsilon(2)$$

$$\frac{1}{2}K_2O+\frac{1}{2}N_2+\frac{5}{2}H_2O-\frac{5}{2}H_2(g,15\ ℃)\rightarrow \text{同样的气体产物}(2\ 500\ K)+\varepsilon(3)$$

显然有

$$\varepsilon_{r,2\ 500}^{(1)}=\varepsilon(1)+\varepsilon(2)+\varepsilon(3) \tag{1-58}$$

$\varepsilon(1)$ 可从物质的生成焓数据求得。例如，可利用 18 ℃的生成焓数据

$$Q(18\ ℃)=\frac{1}{2}\times 360.67+\frac{5}{2}\times 241.84-494.10=290.8(kJ/mol)$$

由于反应前后气体净增 0.5 mol，则

$$\varepsilon(1)(18\ ℃)=Q+\frac{1}{2}RT=290.84+\frac{1}{2}\times 0.008\ 314\times(273+18)$$
$$=292.05(kJ/mol)$$

对应于 $\varepsilon(1)$ 的反应，Δc_p 可认为是很小的，因此

$$\varepsilon(1)\ (15\ ℃)\approx\varepsilon(1)\ (18\ ℃)$$

$\varepsilon(2)$ 是 15 ℃时$\frac{1}{2}K_2O$的升华能，它可根据 0 K 的升华能计算，0 K 时的升华能为（−318.4±96.2）kJ/mol。假设 K_2O（g）与 H_2O（g）具有相同的热容，则 K_2O（g）在 15 ℃时的内能为 7.155 kJ/mol。将 K_2O（s）从 0 ℃加热到 15 ℃所需的能量约为 18.83 kJ/mol，于是

$$\varepsilon(2)=\frac{1}{2}\times 18.83+\frac{1}{2}\times(-318.4)+\frac{1}{2}\times(-7.155)=-153.36(kJ/mol)$$

$\varepsilon(3)$ 不难求得

$$\varepsilon(3)=-141.12\ kJ/mol$$

于是由式（1-58）得

$$\varepsilon_{r,2\ 500}^{(1)}=\varepsilon(1)+\varepsilon(2)+\varepsilon(3)=-2.43\ kJ/mol=-240.4\ kJ/kg$$

同样，对于没有 H_2O 生成的极端情况，可求得

$$\varepsilon_{r,2\ 500}^{(2)}=-533.46\ kJ/kg$$

于是，可取

$$\varepsilon_{r,2\ 500}=0.77\varepsilon_{r,2\ 500}^{(1)}+0.23\varepsilon_{r,2\ 500}^{(2)}=104.18\ kJ/kg$$

采用类似的思路，计算得到

$$\varepsilon_{r,2\ 500}[Ba(NO_3)_2]=548.1\ kJ/kg$$
$$\varepsilon_{r,2\ 500}(K_2SO_4)=-3\ 012\ kJ/kg$$

1.3　火药气体组成的理论计算

计算火药气体的热力学性质必须要确定火药燃气的组成。燃气组成依赖于质量守恒

和化学平衡。燃气温度 T 和密度 ρ' 是决定化学平衡的基本因素。本节介绍火炮膛内压力、温度条件下燃气组成的计算方法。对于装药的弹道计算，计算的精度是足够的。

1.3.1 考虑离解情况下火药气体的组成

在膛内的高温下离解反应比较明显，因此，火药气体中有一定量的 OH、NO、H、O、N 及 O_2 等产物，在计算时应予考虑。

此时应满足的方程如下。

(1) 质量守恒

$$n(N_2)=\frac{1}{2}[d-n(NO)-n(N)] \tag{1-59}$$

$$n(H_2O)=\frac{1}{2}[b-n(OH)-n(H)]-n(H_2) \tag{1-60}$$

$$n(CO)=\left[\left(2a-c+\frac{b}{2}\right)+\frac{1}{2}n(OH)+n(NO)-\frac{1}{2}n(H)+n(O)+2n(O_2)\right]-n(H_2) \tag{1-61}$$

$$n(CO_2)=a-n(CO) \tag{1-62}$$

(2) 压力和密度

$$\begin{aligned}n=&n(H_2)+n(N_2)+n(H_2O)+n(CO)+n(CO_2)+n(OH)+\\&n(NO)+n(H)+n(O)+n(N)+n(O_2)\end{aligned} \tag{1-63}$$

$$\begin{aligned}\alpha=&[14.0n(H_2)+34.0n(N_2)+10.0n(H_2O)+33.0n(CO)+\\&63.0n(CO_2)+10.0n(OH)+21.2n(NO)+2.6n(H)+\\&1.6n(O)+2.1n(N)+30.5n(O_2)]\times 10^{-6}\end{aligned} \tag{1-64}$$

即有

$$\rho=\rho'/0.022\,98n$$

$$p=361.8\rho'T(pV/RT)$$

(3) 化学平衡

$$n(CO)n(H_2O)/n(H_2)n(CO_2)=K_1\varphi_1 \tag{1-65}$$

$$n(OH)=\varphi_{10}K_{10}n(H_2O)n(H_2)^{-1/2}(n/p)^{1/2} \tag{1-66}$$

$$n(NO)=\varphi_3K_3n(N_2)^{1/2}n(H_2O)n(H_2)^{-1}(n/p)^{1/2} \tag{1-67}$$

$$n(H)=\varphi_9K_9n(H_2)^{1/2}(n/p)^{1/2} \tag{1-68}$$

$$n(O)=\varphi_7K_7n(H_2O)n(H_2)^{-1}(n/p) \tag{1-69}$$

$$n(N)=\varphi_8K_8n(N_2)^{1/2}(n/p)^{1/2} \tag{1-70}$$

$$n(O_2)=\varphi_6K_6n(H_2O)^2n(H_2)^{-2}(n/p) \tag{1-71}$$

可用上述方程求解温度 T 和密度 $\rho'(\rho)$ 燃气的组成，步骤是

① 假设一组，$n(OH)$、$n(NO)$、$n(H)$、$n(O)$、$n(N)$、$n(O_2)$ 值，可以先假定它们都为零；

② 由式（1-60）、式（1-61）、式（1-62）及式（1-65）求出 $n(H_2)$；

③ 利用式（1-59）～式（1-62）求 $n(N_2)$、$n(H_2O)$、$n(CO)$ 和 $n(CO_2)$；

④ 利用式（1-59）、式（1-64）及式（1-11）求 n、α 及 ρ；

⑤ 由 $\alpha\rho$ 根据表 1-2 求出 pV/RT，然后由式（1-12）求 p；

⑥ 利用方程式（1-66）～式（1-71）求出燃气中次要成分的一次近似值 $n(OH)$、$n(NO)$、$n(H)$、$n(O)$、$n(N)$ 和 $n(O_2)$；

⑦ 将所得到的近似值作为初值，重复步骤①～⑥，得到次级近似值。如果各成分的次级近似值、前级近似值的差值小于 0.000 01，计算结束，所得的次级近似值即为最终计算结果。如果差值不符合精度要求，继续计算，此时可取前级近似值的 40%加上次级近似值的 60%作为初值，计算直至满足精度要求为止。

式（1-65）～式（1-71）中，K_i 表示平衡常数，φ_i 表示在高压下由于气体的非理想性而对平衡常数所做的修正。K_i 及 φ_i 列于表 1-8～表 1-11 中。

表 1-8　平衡常数 K_i

温度/K	K_1	K_2	K_3	K_4	K_5
298	1.007×10^{-5}	7.616×10^{14}		7.185×10^{-3}	5.029×10^{26}
700	0.111 0	3.54×10^{-7}		9.03×10^{-8}	3.374×10^{15}
800	0.247 8	3.0×10^{-9}		2.871×10^{-8}	3.069×10^{14}
900	0.454 6	7.317×10^{-11}		1.162×10^{-8}	4.711×10^{13}
1 000	0.728 6	3.623×10^{-12}		5.564×10^{-9}	1.047×10^{13}
1 100	1.058	3.065×10^{-13}		3.029×10^{-9}	3.040×10^{12}
1 200	1.435	3.890×10^{-14}		1.823×10^{-9}	1.079×10^{12}
1 300	1.844	6.793×10^{-15}		1.180×10^{-9}	4.456×10^{11}
1 400	2.270	1.513×10^{-15}		8.131×10^{-10}	2.088×10^{11}
1 500	2.704	4.108×10^{-16}		5.870×10^{-10}	1.076×10^{11}
1 600	3.135	1.313×10^{-16}		4.410×10^{-10}	6.016×10^{10}
1 700	3.555	4.797×10^{-17}		3.433×10^{-10}	3.597×10^{10}
1 800	3.975	1.976×10^{-17}		2.747×10^{-10}	2.254×10^{10}
1 900	4.393	8.971×10^{-18}		2.263×10^{-10}	1.483×10^{10}
2 000	4.782	4.427×10^{-18}		1.898×10^{-10}	1.015×10^{10}
2 100	5.149	2.331×10^{-18}		1.620×10^{-10}	7.194×10^{9}
2 200	5.420	1.286×10^{-18}		1.402×10^{-10}	5.252×10^{9}
2 300	5.853	7.696×10^{-19}		1.231×10^{-10}	3.947×10^{9}
2 400	6.140	4.746×10^{-19}		1.092×10^{-10}	3.018×10^{9}
2 500	6.440	3.056×10^{-19}		9.820×10^{-10}	2.356×10^{9}
2 600	6.668	2.035×10^{-19}		8.882×10^{-11}	1.872×10^{9}
2 700	6.954	1.398×10^{-19}		8.102×10^{-11}	1.509×10^{9}
2 800	7.185	9.915×10^{-20}		7.461×10^{-11}	1.232×10^{9}
2 900	7.376	7.168×10^{-20}		6.889×10^{-11}	1.022×10^{9}

续表

温度/K	K_1	K_2	K_3	K_4	K_5
3 000	7.582	5.316×10^{-20}	1.744	6.405×10^{-11}	8.563×10^{9}
3 100	7.748		2.714		7.226×10^{8}
3 200	7.929		4.119		6.175×10^{8}
3 300	8.078		5.918		5.284×10^{8}
3 400	8.192		8.779		4.584×10^{8}
3 500	8.304	1.579×10^{-20}	12.395	4.796×10^{-11}	4.011×10^{8}
3 600	8.449		17.202		3.501×10^{8}
3 700	8.535		23.412		3.085×10^{8}
3 800	8.664		31.262		2.734×10^{8}
3 900	8.712		41.382		2.432×10^{8}
4 000	8.752	6.506×10^{-21}	53.892	3.888×10^{-11}	2.174×10^{8}
4 100	8.819		68.821		1.948×10^{8}
4 200	8.884		87.856		1.757×10^{8}
4 300	8.898		1.102×10^{2}		1.595×10^{8}
4 400	8.929		1.369×10^{2}		1.436×10^{8}
4 500	8.952	3.292×10^{-21}	1.684×10^{2}	3.336×10^{-11}	1.305×10^{8}
4 600	8.794		2.053×10^{2}		1.191×10^{8}
4 700	8.984		2.483×10^{2}		1.085×10^{8}
4 800	8.994		2.974×10^{2}		9.932×10^{7}
4 900	9.003		3.549×10^{2}		9.104×10^{7}
5 000	9.012	1.967×10^{-21}	4.192×10^{2}	2.961×10^{-11}	8.372×10^{7}

温度/K	K_6	K_7	K_8	K_9	K_{10}	K_{11}
1 000						2.055×10^{-20}
1 500						2.902×10^{-21}
2 000						1.101×10^{-21}
2 500	3.498	9.242	2.302×10^{-2}	8.003	1.665	6.448×10^{-22}
3 000	2.009×10^{2}	5.407×10^{2}	4.364×10^{-1}	50.263	16.839	
3 100	3.583×10^{2}	1.041×10^{3}	7.035×10^{-1}	67.643	24.437	
3 200	7.149×10^{2}	1.929×10^{3}	1.099	89.543	34.162	
3 300	1.265×10^{3}	3.434×10^{3}	1.672	1.163×10^{2}	48.162	
3 400	2.186×10^{3}	5.935×10^{3}	2.482	1.490×10^{2}	65.574	
3 500	3.631×10^{3}	9.908×10^{3}	3.603	1.881×10^{2}	87.952	
3 600	5.898×10^{3}	1.612×10^{4}	5.128	2.345×10^{2}	1.150×10^{2}	
3 700	9.288×10^{3}	2.549×10^{4}	7.156	2.892×10^{2}	1.493×10^{2}	
3 800	1.431×10^{4}	3.927×10^{4}	9.823	3.524×10^{2}	1.905×10^{2}	
3 900	2.162×10^{4}	5.956×10^{4}	13.261	4.253×10^{2}	2.416×10^{2}	
4 000	3.199×10^{4}	8.827×10^{4}	17.648	5.084×10^{2}	3.022×10^{2}	
4 100	4.586×10^{4}	1.275×10^{5}	23.104	6.026×10^{2}	3.075×10^{2}	
4 200	6.606×10^{4}	1.830×10^{5}	29.989	7.086×10^{2}	4.546×10^{2}	

续表

温度/K	K_6	K_7	K_8	K_9	K_{10}	K_{11}
4 300	9.260×10^4	2.571×10^5	38.389	8.270×10^2	5.698×10^2	
4 400	1.280×10^5	3.555×10^5	48.639	9.588×10^2	6.650×10^2	
4 500	1.741×10^5	4.841×10^5	60.990	1.105×10^3	7.888×10^2	
4 600	2.338×10^5	6.516×10^5	75.728	1.263×10^3	9.304×10^2	
4 700	3.109×10^5	8.658×10^5	93.172	1.439×10^3	1.092×10^3	
4 800	4.068×10^5	1.136×10^6	115.3	1.629×10^3	1.271×10^3	
4 900	5.358×10^5	1.478×10^6	137.5	1.835×10^3	1.476×10^3	
5 000	6.782×10^5	1.902×10^6	165.3	2.057×10^3	1.693×10^3	

温度/K	K_{12}	K_{13}	K_{14}	K_{15}	K_{16}	K_{17}
700						6.573×10^{-11}
800						4.662×10^{-11}
900						3.556×10^{-11}
1 000					2.168×10^{-25}	2.850×10^{-11}
1 100						2.384×10^{-11}
1 200						2.054×10^{-11}
1 300						1.811×10^{-11}
1 400						1.631×10^{-11}
1 500				2.734×10^{-11}	8.842×10^{-26}	1.490×10^{-11}
2 000				2.339×10^{-11}	7.10×10^{-26}	1.121×10^{-11}
2 500				2.201×10^{-11}	7.252×10^{-26}	9.74×10^{-12}
3 000	2.598×10^{-10}	1.115×10^9	1.90×10^{-4}	2.132×10^{-11}		9.80×10^{-12}
3 500	1.194×10^{-9}	2.655×10^9	7.61×10^{-4}	2.132×10^{-11}		9.76×10^{-12}
4 000	3.770×10^{-9}	5.183×10^9	2.15×10^{-3}	2.142×10^{-11}		9.751×10^{-12}
4 500	9.173×10^{-9}	8.859×10^9	4.80×10^{-3}	2.191×10^{-11}		9.741×10^{-12}
5 000	1.872×10^{-8}	1.385×10^8	9.90×10^{-3}	2.250×10^{-11}		9.751×10^{-12}

注：$K_1=p(CO)p(H_2O)/[p(CO_2)p(H_2)]$；$K_2=p(CH_4)p(H_2O)/[p(CO)p(H_2)^3]$；$K_3=p(NO)p(H_2)/[p(N_2)^{1/2}p(H_2O)]$；$K_4=p(NH_3)/[p(N_2)^{1/2}p(H_2)^{3/2}]$；$K_5=p(O)/p(O_2)^{1/2}$；$K_6=p(H_2)^2p(O_2)/p(H_2O)^2$；$K_7=p(O)p(H_2)/p(H_2O)$；$K_8=p(N)/p(N_2)^{1/2}$；$K_9=p(H)/p(H_2)^{1/2}$；$K_{10}=p(OH)p(H_2)^{1/2}/p(H_2O)$；$K_{11}=p(C_2H_2)p(H_2O)^2/[p(CO)^2p(H_2)^3]$；$K_{12}=p(CH)p(H_2O)/[p(CO)p(H_2O)^{3/2}]$；$K_{13}=p(CN)p(CO_2)/[p(CO)^2p(N_2)^{1/2}]$；$K_{14}=p(NH)/[p(N_2)^{1/2}p(H_2)^{1/2}]$；$K_{15}=p(HCN)p(H_2O)/[p(H_2)^{1/2}p(CO)p(N_2)^{1/2}]$；$K_{16}=p(C_2N_2)p(CO_2)^2/[p(N_2)p(CO)^4]$；$K_{17}=p(H_2)p(CO)/[p(CO)p(H_2)]$。

表 1-9　修正平衡常数的 φ_i

ρ'/(Mmol·m^{-3})	φ_2	φ_3	φ_4	φ_5	φ_6	φ_7	φ_8	φ_9	φ_{10}
0.05	1.063	0.983	1.051	0.960	0.916	0.988	1.035	1.010	0.984
0.10	1.133	0.966	1.105	0.916	0.830	0.974	1.077	1.021	0.968
0.15	1.208	0.950	1.163	0.869	0.745	0.961	1.127	1.032	0.952
0.20	1.289	0.935	1.224	0.819	0.661	0.946	1.186	1.045	0.935
0.25	1.376	0.922	1.290	0.766	0.580	0.931	1.257	1.059	0.917

续表

ρ'/(Mmol·m^{-3})	φ_2	φ_3	φ_4	φ_5	φ_6	φ_7	φ_8	φ_9	φ_{10}
0.30	1.468	0.911	1.359	0.711	0.501	0.915	1.343	1.074	0.899
0.35	1.566	0.903	1.433	0.653	0.426 9	0.899	1.447	1.090	0.881
0.40	1.668	0.897	1.513	0.594	0.357 5	0.882	1.574	1.107	0.862
0.45	1.770	0.894	1.597	0.533	0.294 1	0.864	1.731	1.126	0.842
0.50	1.875	0.895	1.687	0.473	0.237 1	0.845	1.927	1.147	0.822
0.55	1.985	0.901	1.784	0.413	0.186 9	0.826	2.174	1.169	0.801
0.60	2.137	0.911	1.887	0.355	0.143 6	0.806	2.484	1.193	0.780
0.65	2.322	0.917	1.997	0.304	0.108 1	0.786	2.853	1.219	0.759
0.70	2.525	0.919	2.116	0.259 7	0.079 88	0.764	3.297	1.247	0.733
0.75	2.741	0.917	2.243	0.220 1	0.059 93	0.742	3.823	1.278	0.715
0.80	2.973	0.912	2.380	0.184 8	0.042 08	0.719	4.495	1.311	0.692
0.85	3.224	0.904	2.527	0.153 4	0.029 89	0.696	5.316	1.347	0.669
0.90	3.478	0.896	2.684	0.125 6	0.020 89	0.673	6.362	1.386	0.646
0.95	3.723	0.888	2.854	0.102 0	0.014 27	0.648	7.709	1.429	0.622
1.00	3.942	0.887	3.039	0.081 0	0.009 56	0.623	9.468	1.476	0.599

注：$\varphi_2=\gamma(H_2)^3\gamma(CO)/[\gamma(CH_4)\gamma(H_2O)]$；$\varphi_3=\gamma(N_2)^{1/2}\gamma(H_2O)/[\gamma(NO)\gamma(H_2)]$；$\varphi_4=\gamma(N_2)^{1/2}\gamma(H_2)^{3/2}/\gamma(NH_3)$；$\varphi_5=\gamma(O_2)^{1/2}/\gamma(CO)$；$\varphi_6=\gamma(H_2O)^2/[\gamma(O_2)\gamma(H_2)^2]$；$\varphi_7=\gamma(H_2O)/[\gamma(O)\gamma(H_2)]$；$\varphi_8=\gamma(N_2)^{1/2}/\gamma(N)$；$\varphi_9=\gamma(H)^{1/2}/\gamma(H_2)$；$\varphi_{10}=\gamma(H_2O)/[\gamma(OH)\gamma(H_2)^{1/2}]$；式中，$\gamma$ 表示逸度。

表 1-10　修正水煤气平衡常数的 φ_1（$\rho'<0.5$ Mmol·m^{-3}）

ρ'/(Mmol·m^{-3})	φ_1	ρ'/(Mmol·m^{-3})	φ_1	ρ'/(Mmol·m^{-3})	φ_1	ρ'/(Mmol·m^{-3})	φ_1
0.00	1.000	0.13	1.333	0.26	2.380	0.39	6.359
0.01	1.015	0.14	1.377	0.27	2.533	0.40	6.911
0.02	1.032	0.15	1.424	0.28	2.706	0.41	7.526
0.03	1.050	0.16	1.476	0.29	2.899	0.42	8.214
0.04	1.069	0.17	1.532	0.30	3.116	0.43	8.986
0.05	1.090	0.18	1.594	0.31	3.356	0.44	9.853
0.06	1.113	0.19	1.662	0.32	3.620	0.45	10.827
0.07	1.137	0.20	1.736	0.33	3.911	0.46	11.880
0.08	1.164	0.21	1.818	0.34	4.232	0.47	13.09
0.09	1.193	0.22	1.909	0.35	4.586	0.48	14.44
0.10	1.223	0.23	2.010	0.36	4.972	0.49	15.99
0.11	1.257	0.24	2.121	0.37	5.394	0.50	17.78
0.12	1.294	0.25	2.243	0.38	5.855		

表 1-11　修正水煤气平衡常数的 φ_i（ρ'>0.5 Mmol・m^{-3}）

ρ'/(Mmol・m^{-3})	φ							
	1 500 K	2 000 K	2 500 K	3 000 K	3 500 K	4 000 K	4 500 K	5 000 K
0.50	17.60	17.64	17.66	17.67	17.68	17.69	17.69	17.70
0.55	30.78	30.89	30.95	30.99	31.02	31.04	31.06	31.07
0.60	59.00	59.36	59.58	59.72	59.83	59.91	59.97	60.02
0.65	129.6	131.2	132.2	132.9	133.4	133.8	134.0	134.3
0.70	337.1	347.7	354.3	358.9	362.2	364.7	366.8	368.4
0.75	997.5	1 087	1 149	1 194	1 288	1 256	1 278	1 296
0.80	2 470	3 028	3 502	3 910	4 266	4 578	4 854	5 101
0.85	3 650	4 822	5 972	7 102	8 212	9 302	10 370	11 430
0.90	4 265	5 685	7 105	8 523	9 942	11 360	12 780	14 190
0.95	4 941	6 587	8 234	9 879	11 530	13 170	14 820	16 460
1.00	5 838	7 783	9 728	11 670	13 620	15 560	17 510	19 450

注：$\varphi=\gamma(CO_2)\gamma(H_2)/[\gamma(CO)\gamma(H_2O)]$，$\gamma$ 为逸度，$\rho'=0.022\ 98n\rho$。

1.3.2　不考虑离解情况下火药气体的组成

当燃气温度不很高时，在膛内高压下燃气离解产物是很少的，此时可不考虑离解产物的存在。

计算 H_2、CO_2、H_2O、CO 及 N_2 五种主要成分的物质的量，只需考虑水煤气平衡

$$CO_2+H_2=CO+H_2O \tag{1-72}$$

相应的质量守恒、化学平衡以及压力和密度关系式为

$$n(N_2)=\frac{d}{2} \tag{1-73}$$

$$n(H_2O)=\frac{b}{2}-n(H_2) \tag{1-74}$$

$$n(CO_2)=\left(c-a-\frac{b}{2}\right)+n(H_2) \tag{1-75}$$

$$n(CO)=\left(2a-c+\frac{b}{2}\right)-n(H_2) \tag{1-76}$$

$$n=n(N_2)+n(H_2)+n(H_2O)+n(CO)+n(CO_2)=a+\frac{b}{2}+\frac{d}{2} \tag{1-77}$$

$$\alpha=[6.3n(CO_2)+3.3n(CO)+1.4n(H_2)+3.4n(N_2)+1.0n(H_2O)]\times 10^{-5} \tag{1-78}$$

$$\rho=\rho'/(0.022\ 98n)$$
$$p=361.8\rho' T/(pV/RT)$$
$$n(CO)n(H_2O)/[n(H_2)n(CO_2)]=K_1\varphi_1$$

在这种情况下，将式（1-74）、式（1-75）、式（1-76）代入式（1-65）可直接解

出 $n(H_2)$，再由式（1-73）～式（1-78）以及式（1-11）、式（1-12）可求出 H_2、CO_2、H_2O、CO、ρ、α 及 p 值。与考虑离解情况下的解法相比，它无须迭代，一次计算即可直接求出结果。

1.3.3 火药气体中 CH_4 含量的计算

当温度低于 2 000 K，特别是在密度很高的情况下，火药气体在平衡时会有一定量的甲烷。由于温度较低，可以不考虑离解产物，但可以同时考虑 NH_3 的形成。

在这种情况下，决定燃气组成的方程如下。

（1）质量守恒方程

$$n(N_2)=\frac{d}{2}-\frac{1}{2}n(NH_3) \tag{1-79}$$

$$n(H_2O)=\frac{b}{2}-n(H_2)-2n(CH_4)-\frac{3}{2}n(NH_3) \tag{1-80}$$

$$n(CO_2)=\left(c-a-\frac{b}{2}\right)+n(H_2)+3n(CH_4)+\frac{3}{2}n(NH_3) \tag{1-81}$$

$$n(CO)=\left(2a-c+\frac{b}{2}\right)-n(H_2)-4n(CH_4)-\frac{3}{2}n(NH_3) \tag{1-82}$$

（2）水煤气平衡方程

$$n(CO)n(H_2O)/[n(H_2)n(CO_2)]=K_1\varphi_1 \tag{1-83}$$

（3）决定压力和密度的方程

$$n=n(N_2)+n(H_2)+n(H_2O)+n(CO)+n(CO_2)+n(NH_3)+n(CH_4) \tag{1-84}$$

$$\alpha=[6.3n(CO_2)+3.3n(CO)+1.4n(H_2)+3.4n(N_2)+1.0n(H_2O)+3.7n(CH_4)+1.52n(NH_3)]\times 10^{-5} \tag{1-85}$$

以及

$$\rho=\rho'/(0.022\,98n)$$

$$p=361.8\rho' T/(pV/RT)$$

（4）NH_3 和 CH_4 的平衡方程

$$n(CH_4)=\varphi_2K_2(p/n)^2n(H_2)^3n(CO)n(H_2O)^{-1} \tag{1-86}$$

$$n(NH_3)=\varphi_4K_4(p/n)n(N_2)^{1/2}n(H_2)^{3/2} \tag{1-87}$$

上述方程的求解类似于离解燃气组分的求解。即先假设 $n(CH_4)$ 及 $n(NH_3)$ 值，然后由式（1-79）～式（1-82）及式（1-65）解出 $n(H_2)$、$n(CO)$、$n(CO_2)$、$n(N_2)$ 值。利用这些值通过式（1-84）、式（1-85）、式（1-11）、式（1-12）解出 n、ρ、α 及 p，将前面的计算结果代入式（1-86）、式（1-87）中即求得 $n(CH_4)$ 和 $n(NH_3)$ 的一次近似值。然后，将 $n(CH_4)$ 和 $n(NH_3)$ 一次近似值作为初值重复上面的计算，即可求出它们的二次近似值……

甲烷的实际含量可以这样来确定：将每一次迭代所得的 $n(CH_4)$ 为一个点作图，

将各次迭代的点连成一条曲线。然后，在该图上作一条过原点的与坐标轴呈 45°的直线，此直线与曲线相交的点所对应的 CH_4 含量即为 CH_4 的实际含量。用同样方法确定 NH_3 的含量。最后，将求得的 CH_4 及 NH_3 含量再次代入式（1-79）～式（1-82）以及式（1-65），解出燃气中其他组成的含量，进而计算 n、ρ、α 及 p。

1.4　火药燃气的热力学函数

火药燃气的主要热力学函数包括释放能、熵、焓、比热容等，它们对研究燃气的热力学性质、进行装药的弹道设计都是十分重要的；声速是研究气体流动特性的重要参数，本节将逐一介绍其计算方法。

1.4.1　释放能

释放能 $\varepsilon_{\gamma,T}$ 是 15 ℃、1 kg 火药燃烧生成温度为 T、密度为 ρ 的燃烧产物时，过程中以热或功，或以热功兼有的形式所放出的能量。

根据热力学第一定律

$$-\Delta E = Q + A \tag{1-88}$$

式中，E 表示内能；Q 表示热量；A 表示功；$Q+A$ 为释放能 ε_r。

$$\varepsilon_r = -\Delta E$$

可见，释放能等于体系内能差的负值。由于内能差与过程的途径无关，仅决定于体系的初态和终态，因此，释放能是体系的状态函数，是计算火药燃气热力学性质的基础参数。

由式（1-88）知

$$\begin{aligned}\varepsilon_{r,T} &= -\Delta E = E(1\ \text{kg 火药},15\ ℃) - E(1\ \text{kg 产物},T,\rho)\\ &= [E(1\ \text{kg 火药},15\ ℃) - E^{\ominus}(\text{元素},0\ \text{K})] -\\ &\quad [E(1\ \text{kg 产物},T,\rho) - E^{\ominus}(\text{元素},0\ \text{K})]\end{aligned} \tag{1-89}$$

式中，上角标“⊖”表示物质为理想气体（碳是固态的石墨）。

若令

$$E_0^{\ominus} = E^{\ominus}(1\ \text{kg 产物},0\ \text{K}) - E^{\ominus}(\text{元素},0\ \text{K})$$

$$E_T^{\ominus} - E_0^{\ominus} = E^{\ominus}(1\ \text{kg 产物},T,\rho) - E^{\ominus}(1\ \text{kg 产物},0\ \text{K})$$

及

$$E' = E(1\ \text{kg 产物},T,\rho) - E_0(1\ \text{kg 产物},T,\rho)$$

其中，E' 是非理想性的修正量，下角标“0”表示温度为 0 K，于是式（1-89）中最后一项

$$E(1\ \text{kg 产物},T,\rho) - E^{\ominus}(\text{元素},0\ \text{K}) = (E_{r,T}^{\ominus} - E_{r,0}^{\ominus}) + E_{r,0}^{\ominus} + E'$$

从而

$$\varepsilon_{r,T} = [E(1\ \text{kg 火药},15\ ℃) - E^{\ominus}(\text{元素},0\ \text{K})] - (E_{r,T}^{\ominus} - E_{r,0}^{\ominus}) - E_{r,0}^{\ominus} - E' \tag{1-90}$$

式（1-90）中，右端项（E(1 kg 火药，15 ℃)$-E^{\ominus}$(元素，0 K)）等于定容下由 0 K 元素形成 1 kg、15 ℃火药的生成焓。火药常用组分的 $E^{\ominus}$(元素，0 K)$-E^{\ominus}_{15\ ℃}$列于表 1-12。

表 1-12　火药组分的生成能

物　质	$-\Delta E^{\ominus}_{15\ ℃}$ /(kJ·kg^{-1})	$(E^{\ominus}_{el,15\ ℃}-E^{\ominus}_{el,0\ K})$ /(kJ·kg^{-1})	$(E^{\ominus}_{el,0\ K}-E^{\ominus}_{15\ ℃})$ /(kJ·kg^{-1})
硝化纤维素 11.5%N	2 832	244.8	2 590
12.0%N	2 686	241.8	2 444
12.2%N	2 623	241.0	2 382
12.4%N	2 561	239.7	2 321
12.62%N	2 498	238.5	2 260
12.8%N	2 443	237.2	2 206
13.0%N	2 381	236.4	2 145
13.15%N	2 335	235.6	2 099
13.2%N	2 318	235.5	2 083
13.45%N	2 247	233.9	2 013
13.5%N	2 230	233.5	1 997
硝化甘油（$C_3H_5N_3O_9$）	1 523	235.1	1 288
二苯胺（$C_{12}H_{11}N$）	−774	279.9	−1 054
邻苯二甲酸二丁酯（$C_{16}H_{12}O_4$）	2 841	331.8	2 509
邻苯二甲酸二戊酯（$C_{18}H_{26}O_4$）	2 837	346.0	2 491
二硝基甲苯（$C_7H_6N_2O_4$）	159	233.9	−74.9
三硝基甲苯（$C_7H_5N_3O_6$）	247	214.2	32.8
水（液态）（H_2O）	15 686	486.6	15 199
乙炔（C_2H_2）	−8 719	302.9	−9 022
丙酮（C_3H_6O）	4 552	404.2	4 148
乙醇（C_2H_6O）	5 912	487.0	5 425
乙基中定剂（$C_{17}H_{20}N_2O$）	−54	315.5	−370
硝基胍（$CH_4N_4O_2$）	724	293.3	431
硝酸铵（NH_4NO_3）	4 422	331.0	4 091
RDX（$C_3H_6N_6O_6$）	−402	253.6	−656
PETN（$C_5H_8N_4O_{12}$）	1 632	241.0	1 391
樟脑（$C_{10}H_{16}O$）	2 059	392.5	1 667

其余各项可用下式计算

$$E^{\ominus}_T-E^{\ominus}_0=\sum_i n_i(E^{\ominus}_T-E^{\ominus}_0)_i \tag{1-91}$$

$$E^{\ominus}_0=\sum_i n_i(E^{\ominus}_0)_i \tag{1-92}$$

$$E'=\rho'\sum_i n_i(E'/\rho')_i \tag{1-93}$$

上列式子中的 $(E_T^{\ominus}-E_0^{\ominus})_i$、$(E_0^{\ominus})_i$、$(E'/\rho')_i$ 是以 J/mol 为单位的，它们都是温度和压力的函数，各气体成分的相应数据列于表 1-13～表 1-15。

表 1-13　火药气体成分的 $(E_0^{\ominus})_i$

成　分	$E_0^{\ominus}/(\mathrm{J\cdot mol^{-1}})$	成　分	$E_0^{\ominus}/(\mathrm{J\cdot mol^{-1}})$
H_2O（气态）	-2.389×10^5	CN	3.042×10^5
CO_2	-3.931×10^5	C_2	6.987×10^5
CO	-1.137×10^5	NO	8.945×10^4
CH_4	-6.678×10^4	NO_2	3.599×10^4
NH_3	-3.891×10^4	N_2O	8.49×10^4
OH	3.870×10^4	C_2H_2	2.274×10^5
HCN	1.301×10^5	C_2N_2	3.096×10^5
H	2.160×10^5	CH_3	1.464×10^5
O	2.452×10^5	H_2，O_2，N_2，C（石墨）	0
N	3.561×10^5	NH	2.439×10^5
CH	4.042×10^5		

表 1-14　火药气体成分的 $E_T^{\ominus}-E_0^{\ominus}$ 值

温度/K	$(E_T^{\ominus}-E_0^{\ominus})/(\mathrm{kJ\cdot mol^{-1}})$					
	H_2	CO_2	H_2O	CO	N_2	NO
298			7.419 5			
300	6.025 7	6.945 4	7.465 5	6.228 3	6.232 1	6.761 3
400	8.103 6	10.052 5	10.025 7	8.319 5	8.316 1	8.920 3
500	10.196 4	13.526 9	12.667 1	10.443 3	10.424 4	
600	12.292 6	17.305 0	15.413 4	12.624 8	12.574 6	13.371 2
700	14.401 3	21.325 8	18.279 9	14.875 4	14.787 5	
800	12.526 8	25.555 9	21.268 9	17.197 9	17.066 5	18.125 1
900	18.664 8	29.957 4	24.378 1	19.592 4	19.417 9	
1 000	20.844 7	34.501 3	27.624 0	22.047 9	21.832 1	23.154 3
1 100	23.049 7	39.170 6	30.986 7	24.572 6	24.300 7	
1 200	25.296 5	43.936 2	34.488 7	27.137 4	26.823 6	28.392 6
1 300	27.585 1	48.798 0	38.116 2	29.744 1	29.388 4	
1 400	29.919 8	51.638 9	41.831 6	32.388 3	31.995 0	33.781 6
1 500	32.304 7	58.726 6	45.685 1	35.061 9	34.639 3	
1 600	34.718 8	63.789 3	49.630 6	37.769 0	37.308 7	39.283 6
1 700	37.179 0	68.893 7	53.655 6	40.501 1	40.011 6	
1 800	39.681 1	74.044 2	57.781 0	43.251 2	42.731 2	44.869 2
1 900	42.220 7	79.232 4	61.973 4	46.024 0	45.480 1	
2 000	44.802 3	84.454 0	66.236 9	48.810 5	48.241 5	50.484 1
2 100	47.408 9	89.713 3	70.571 5	51.613 8	51.015 5	

续表

温度/K	$(E_T^{\ominus}-E_0^{\ominus})/(\mathrm{kJ\cdot mol^{-1}})$					
	H_2	CO_2	H_2O	CO	N_2	NO
2 200	50. 509 0	95. 001 9	74. 973 1	54. 429 7	53. 802 1	
2 300	52. 718 4	100. 320	79. 420 7	57. 258 0	56. 609 5	
2 400	55. 417 1	105. 642	83. 926 9	60. 094 8	59. 412 1	
2 500	58. 149 2	111. 010	88. 479 0	62. 935 7	62. 249 6	64. 831 1
2 600	60. 898 1	116. 399	93. 077 3	65. 801 7	65. 090 5	
2 700	63. 663 7	121. 800	97. 717 3	68. 672 0	67. 944 0	
2 800	66. 462 8	127. 219	102. 399	71. 542 2	70. 805 8	
2 900	69. 278 7	132. 658	107. 106	74. 425 0	73. 676 1	
3 000	72. 123 8	138. 110	111. 863	77. 316 1	76. 554 6	79. 366 3
3 100	74. 977 3	143. 595	116. 650	80. 207 3	79. 437 4	82. 303 5
3 200	77. 851 7	149. 088	121. 457	83. 110 0	82. 324 4	85. 244 8
3 300	80. 751 2	154. 578	126. 302	86. 014 7	85. 219 7	88. 190 4
3 400	83. 659 1	160. 105	131. 164	88. 926 7	88. 119 2	91. 140 1
3 500	86. 592 1	165. 624	136. 064	91. 843 0	91. 027 1	94. 094 0
3 600	89. 529 2	171. 180	140. 980	94. 763 4	93. 935 0	97. 052 1
3 700	92. 479 0	176. 724	145. 917	97. 688 0	96. 851 2	100. 010
3 800	95. 458 0	182. 297	150. 886	100. 621	99. 767 5	102. 977
3 900	98. 432 8	187. 874	155. 862	103. 554	102. 692	105. 943
4 000	101. 437	193. 468	160. 850	106. 491	105. 621	108. 918
4 100	104. 441	199. 087	165. 891	109. 437	108. 566	111. 922
4 200	107. 458	204. 685	170. 933	121. 378	111. 512	114. 930
4 300	110. 491	210. 313	175. 992	115. 328	114. 466	117. 939
4 400	113. 533	215. 949	181. 063	118. 282	117. 424	120. 955
4 500	116. 583	221. 601	186. 155	121. 236	120. 386	123. 976
4 600	119. 641	227. 250	191. 267	124. 918	123. 319	127. 001
4 700	112. 708	232. 919	196. 368	127. 160	126. 256	130. 030
4 800	125. 792	238. 605	201. 514	130. 127	129. 185	133. 060
4 900	128. 884	244. 287	206. 677	133. 093	132. 135	136. 097
5 000	131. 984	249. 986	211. 832	136. 094	135. 080	139. 139

温度/K	$(E_T^{\ominus}-E_0^{\ominus})/(\mathrm{kJ\cdot mol^{-1}})$					
	CN	NH	CH	C_2H_2	C_2N_2	HCN
1 000				42. 685 1	52. 559 4	
1 500				74. 567 2	87. 977 0	54. 534 3
2 000				109. 122 9	125. 135 1	78. 893 5
2 500				145. 310 3	163. 134 2	104. 210 9
3 000	76. 968 9	72. 605 0	74. 153 0	182. 489 3		130. 130 8
3 200	82. 680 0	78. 140 4	79. 759 6			
3 400	88. 391 2	83. 696 7	85. 374 5			

续表

温度/K	$(E_T^{\ominus}-E_0^{\ominus})/(\mathrm{kJ\cdot mol^{-1}})$					
	CN	NH	CH	C_2H_2	C_2N_2	HCN
3 500	91.248 9	86.491 6	88.202 9			
3 600	94.102 3	89.282 4	91.031 3			
3 800	99.847 0	94.905 7	96.692 2			
4 000	105.587 4	100.529 0	102.365 7			
4 500	119.963 6	114.679 3	116.603 9			
5 000	134.381 7	128.892 3	130.917 4			

温度/K	$(E_T^{\ominus}-E_0^{\ominus})/(\mathrm{kJ\cdot mol^{-1}})$				
	NH_2	CH_4	OH	O_2	O，H，N
298				6.175 6	3.717 5
300			6.372 2	6.196 5	3.741 3
400			8.510 3	8.380 6	4.988 6
500	7.635 8	7.610 7		10.589 7	6.234 2
600	10.501 8	10.610 6	12.752 8	12.920 2	7.481 0
700	13.673 3	14.158 7		15.342 7	8.727 8
800	17.158 6	18.284 1	17.024 7	17.848 9	9.978 8
900	20.957 7	22.999 4		20.430 5	11.225 7
1 000	25.045 4	28.258 7	21.413 7	23.062 2	12.472 5
1 100	29.417 7				13.719 3
1 200	34.057 8	40.204 1	25.940 8		14.966 2
1 300	33.944 7	46.802 2			16.213 0
1 400	44.057 5	53.714 2	30.710 6	36.823 4	17.459 8
1 500	49.383 8	61.002 7			18.706 7
1 600	54.902 4	68.525 6	35.668 6		19.953 5
1 700	60.592 7	76.307 8			21.200 3
1 800	66.405 3	84.290 9	40.752 2		22.447 2
1 900	72.429 2	92.462 2			23.694 0
2 000	78.542 0	100.805 1	45.940 3	51.254 0	24.940 8
2 100	84.776 2	109.281 9			26.187 7
2 200	91.106 6	117.900 9	51.274 9		27.438 7
2 300	97.529 0	126.591 1			28.685 5
2 400	104.035 2	135.465 4	56.756 0		29.928 2
2 500	110.620 8	144.398 2	59.550 9	66.224 4	31.179 2
2 600	117.248 2	153.418 9	62.299 8		32.426 0
2 700	123.988 7	162.506 6			33.672 8
2 800	130.754 2	171.677 0	67.927 2		34.919 7
2 900	137.578 3	180.882 7			36.166 5
3 000	144.452 6	190.171 2	73.667 7	81.776 3	37.413 3
3 100	151.360 4	199.488 9	76.550 5	84.947 6	38.660 2

续表

温度/K	$(E_T^{\ominus}-E_0^{\ominus})/(kJ \cdot mol^{-1})$				
	NH_2	CH_4	OH	O_2	O，H，N
3 200	158.318 4	208.873 6	79.450 0	88.131 8	39.907 0
3 300			82.362 0	91.336 7	41.153 8
3 400			85.295 0	94.554 2	42.400 7
3 500			88.228 0	97.788 4	43.647 5
3 600	193.585 3	256.341 1	91.169 4	101.022 7	44.898 5
3 700			94.135 8	104.286 2	46.145 3
3 800			97.114 8	107.558 1	47.392 2
3 900			100.098 0	110.850 9	48.639 0
4 000	229.521 7	304.524 1	103.093 8	114.156 3	49.885 8
4 100			106.127 2	117.453 2	51.132 7
4 200			109.164 7	120.762 8	25.379 5
4 300			112.223 2	124.089 1	53.626 3
4 400	265.935 0	353.225 8	115.290 1	127.423 7	54.873 2
4 500			118.373 7	130.775 1	56.120 0
4 600			121.457 3	134.134 9	57.366 8
4 700			124.549 3	137.511 3	58.613 7
4 800	302.645 5	402.496 6	127.645 5	140.904 6	59.860 5
4 900			130.762 6	144.306 2	61.107 3
5 000			133.888 0	147.716 0	62.358 3

表 1-15 火药气体成分的 E'/ρ'

温度/K	$(E'/\rho')/(kJ \cdot m^3 \cdot mol^{-1})$							
	CO_2	CO	H_2	N_2	CH_4	NO	H_2O	NH_3
1 000	−19 058	−3 736	243	−3 791	−7 778	−3 920	−11 000	−9 335
1 500	−15 970	−2 360	749	−2 377	−6 100	−2 975	−10 443	−8 531
1 600	−15 393	−2 096	849	−2 105	−5 774	−2 795	−10 334	−8 372
1 700	−14 824	−1 833	950	−1 833	−5 460	−2 619	−10 222	−8 213
1 800	−14 263	−1 573	1 050	−1 565	−5 151	−2 443	−10 109	−8 050
1 900	−13 711	−1 318	1 151	−1 301	−4 841	−2 272	−10 000	−7 891
2 000	−13 159	−1 063	1 247	−1 038	−4 535	−2 096	−9 887	−7 732
2 100	−12 623	−808	1 347	−778	−4 234	−1 929	−9 778	−7 569
2 200	−12 088	−552	1 448	−515	−3 933	−1 757	−9 665	−7 410
2 300	−11 560	−301	1 544	−259	−3 636	−1 590	−9 556	−7 251
2 400	−11 033	−50	1 644	0	−3 339	−1 423	−9 443	−7 092
2 500	−10 510	197	1 741	255	−3 050	−1 255	−9 335	−6 929
2 600	−9 991	444	1 841	510	−2 757	−1 092	−9 222	−6 770
2 700	−9 477	690	1 937	766	−2 464	−925	−9 113	−6 611
2 800	−8 966	937	2 033	1 021	−2 176	−761	−9 000	−6 448

续表

温度/K	$(E'/\rho')/(\mathrm{kJ\cdot m^3\cdot mol^{-1}})$							
	CO_2	CO	H_2	N_2	CH_4	NO	H_2O	NH_3
2 900	−8 460	1 184	2 134	1 272	−1 887	−598	−8 891	−6 289
3 000	−7 954	1 427	2 230	1 523	−1 602	−439	−8 778	−6 130
3 100	−7 452	1 674	2 326	1 774	−1 318	−276	−8 669	−5 966
3 200	−6 950	1 916	2 423	2 025	−1 033	−113	−8 556	−5 807
3 300	−6 452	2 159	2 523	2 276	−749	46	−8 447	−5 648
3 400	−5 958	2 402	2 619	2 523	−469	205	−8 335	−5 485
3 500	−5 460	2 640	2 715	2 774	−188	364	−8 222	−5 326
3 600	−4 971	2 883	2 812	3 021	92	523	−8 113	5 167
3 700	−4 481	3 121	2 908	3 268	372	682	−8 000	−5 008
3 800	−4 033	3 364	3 008	2 515	649	841	−7 891	−4 845
3 900	−3 506	3 602	3 105	3 761	929	1 000	−7 778	−4 686
4 000	−3 021	3 841	3 201	4 008	1 205	1 155	−7 669	−4 527
4 500	−615	5 029	3 682	5 230	2 577	1 937	−7 113	−3 724
5 000	1 757	6 213	4 167	6 448	3 941	2 711	−6 561	−2 925

1.4.2　焓

焓是重要的热力学函数之一。在计算焓时，标准态的选择可以是随意的，重要的是两个状态下的焓差。这里，取火药气体在 $t=0$ ℃，$\rho=0\ \mathrm{kg/m^3}$ 下达到理想平衡时的状态作为标准态，$K_1\phi_1=0$。相对于这一标准态的焓记为 H

$$H = E + p/\rho \tag{1-94a}$$

式中，H 为相对于标准态的焓，J/kg；E 为相对于标准态的内能，J/kg；p 为压力，Pa；ρ 为密度，$\mathrm{kg/m^3}$。

相对于标准态的内能 E 可表示为

$$E = [E(产物,T,\rho) - E(标准态)] =$$
$$[E(产物,T,\rho) - E(火药,15\ ℃)] + [E(火药,15\ ℃) - E(标准态)]$$

式中，$[E(产物,T,\rho)-E(火药,15\ ℃)]$ 是释放能的负值；$[E(火药,15\ ℃)-E(标准态)]$ 是由标准态燃气转变为 15 ℃火药的生成焓，记为 H_1，即有

$$H = H_1 - \varepsilon_r + p/\rho \tag{1-94b}$$

H_1 可由下式给出

$$H_1 = 0\ \mathrm{K}\ 元素生成\ 15\ ℃\ 火药的生成焓 +$$
$$[2.389\ 4n^{\ominus}(H_2O) + 3.930\ 8n^{\ominus}(CO_2) + 1.137\ 2n^{\ominus}(CO)] \times 10^5 \tag{1-95}$$

式中，$n^{\ominus}(H_2O)$、$n^{\ominus}(CO_2)$、$n^{\ominus}(CO)$ 是标准态下 1 kg 火药气体中各成分的摩尔分数。标准态 $K_1\phi_1=0$，因此要求 $n^{\ominus}(H_2O)$ 和 $n^{\ominus}(CO)$ 两者中有一个为零。

1.4.3 熵

火药气体的熵（S）由下式给出

$$S = S^{\ominus} + \int_{\tilde{V}\to\infty}^{\tilde{V}=1/\rho}\left[\left(\frac{\partial S}{\partial \tilde{V}}\right)_{T,n_i} - \frac{nR}{\tilde{V}}\right]\mathrm{d}\tilde{V} \tag{1-96}$$

式中，S 为熵，J/（kg·K）；$S^{\ominus}$为混合气体各组分均为理想气体时的熵，J/(kg·K)；$\tilde{V}$ 为每千克火药气体所占的体积，m^3/kg；ρ 为气体密度，kg/m^3；n 为每千克火药燃气物质的量，mol/kg；R 为摩尔气体常数，J/(mol·K)。式中，积分项是对气体非理想性的修正，其中 $nR/\tilde{V}$ 是理想气体或理想混合物的$\left(\frac{\partial S}{\partial V}\right)_{T,n_i}$值。

$S^{\ominus}$可由下式计算

$$S^{\ominus} = (1/T)\sum_i n_i(E_T^{\ominus} - E_0^{\ominus})_i + \sum_i n_i R - \sum_i n_i[(E_T^{\ominus} - E_0^{\ominus})/T] + \sum_i n_i R\ln\frac{\tilde{V}}{n_i RT} + 11.526nR \tag{1-97}$$

式中，$\sum_i n_i R\ln\frac{\tilde{V}}{n_i RT} + 11.526nR$ 是各理想气体组分由压力 1.013×10^5 Pa(1 个大气压) 压缩至混合气体相应组分分压时的熵变。

由于 $\tilde{V} = nV$，利用状态方程(1-12) 得

$$\sum_i n_i R\ln\frac{\tilde{V}}{n_i RT} = -nR\left[\sum_i (n_i/n)\ln(n_i/n) + \ln(361.8T\rho')\right] \tag{1-98}$$

利用热力学关系

$$\left(\frac{\partial S}{\partial \tilde{V}}\right)_{T,n_i} = \left(\frac{\partial p}{\partial T}\right)_{V,n_i} = \frac{p}{T} + \frac{1}{T}\left(\frac{\partial E}{\partial \tilde{V}}\right)_{T,n_i}$$

则积分值可改写为

$$\int_{\tilde{V}\to\infty}^{\tilde{V}=1/\rho}\left[\left(\frac{\partial S}{\partial \tilde{V}}\right)_{T,n_i} - \frac{nR}{\tilde{V}}\right]\mathrm{d}\tilde{V} = \int_{\tilde{V}\to\infty}^{\tilde{V}=1/\rho}\left(\frac{p}{T} - \frac{nR}{\tilde{V}}\right)\mathrm{d}\tilde{V} + \frac{1}{T}\int_{\tilde{V}\to\infty}^{\tilde{V}=1/\rho}\left(\frac{\partial E}{\partial \tilde{V}}\right)_{T,n_i}\mathrm{d}\tilde{V} \tag{1-99}$$

上式等号右端第二个积分项是对气体非理想性的修正量，仍用 E' 表示。

将状态方程（1-8）代入式（1-99）等号右端第一个积分项中，并积分得

$$\int_{\tilde{V}\to\infty}^{\tilde{V}=1/\rho}\left(\frac{p}{T} - \frac{nR}{\tilde{V}}\right)\mathrm{d}\tilde{V} = -nR[(\alpha\rho) + 0.3125(\alpha\rho)^2 + 0.09563(\alpha\rho)^3 + 0.0482(\alpha\rho)^4] \tag{1-100}$$

记 $\beta = \frac{p}{T} - \frac{nR}{\tilde{V}}$，注意到 $\sum_i n_i R = nR$，即得熵的计算式

$$S = (E_T^{\ominus} - E_0^{\ominus})/T + E'/T - (E_T^{\ominus} - E_0^{\ominus})/T - nR\left[\ln(361.8T\rho') + \sum_i (n_i/n)\ln(n_i/n) + \beta - 12.526\right] \tag{1-101}$$

式（1-101）中

$$E_T^{\ominus} - E_0^{\ominus} = \sum_i n_i (E_T^{\ominus} - E_0^{\ominus})_i$$

$$-(E_T^{\ominus} - E_0^{\ominus})/T = \sum_i n_i [-(E_T^{\ominus} - E_0^{\ominus})/T]_i$$

常用气体以及某些碳氢化合物的$-(E_T^{\ominus}-E_0^{\ominus})/T$ 值分别列于表 1-16 和表 1-17。

表 1-16　火药气体成分的$-(E_T^{\ominus}-E_0^{\ominus})/T$

温度/K	$[-(E_T^{\ominus}-E_0^{\ominus})/T]/(10^2\ \mathrm{kJ \cdot mol^{-1} \cdot K^{-1}})$					
	H_2	CO_2	H_2O	CO	N_2	N
298.1	1.024 4		1.556 2	1.688 8	1.624 8	1.324 4
300	1.024 2	1.825 1	1.558 3	1.690 7	1.626 6	1.325 7
400	1.106 2	1.918 3	1.654 0	1.774 4	1.710 3	1.385 5
500	1.117 0	1.995 0	1.728 8	1.839 4	1.775 3	1.431 9
600	1.222 5	2.061 1	1.790 5	1.892 8	1.828 6	1.469 8
700	1.266 9	2.119 6	1.843 1	1.938 2	1.873 8	1.501 8
800	1.305 6	2.172 4	1.889 4	1.977 8	1.913 3	1.529 6
900	1.339 7	2.220 6	1.930 8	2.013 1	1.948 3	1.554 1
1 000	1.370 3	2.265 1	1.968 4	2.045 0	1.980 0	1.576 0
1 100	1.398 2	2.306 4	2.002 9	2.074 0	2.008 8	1.595 8
1 200	1.423 7	2.345 1	2.034 9	2.100 8	2.035 3	1.613 9
1 300	1.447 2	2.381 4	2.064 8	2.125 6	2.060 0	1.630 5
1 400	1.469 1	2.415 7	2.092 9	2.148 9	2.083 0	1.645 9
1 500	1.489 7	2.448 2	2.119 4	2.170 7	2.104 6	1.660 3
1 600	1.509 2	2.479 1	2.144 7	2.191 2	2.124 9	1.673 6
1 700	1.527 5	2.508 4	2.168 6	2.210 6	2.144 2	1.686 3
1 800	1.544 9	2.536 5	2.191 6	2.229 0	2.162 5	1.698 1
1 900	1.561 2	2.563 3	2.213 8	2.246 6	2.179 9	1.709 4
2 000	1.576 7	2.589 1	2.234 7	2.263 3	2.196 5	1.720 0
2 100	1.591 8	2.613 9	2.255 2	2.279 3	2.212 3	1.730 2
2 200	1.606 2	2.637 8	2.273 6	2.294 6	2.227 5	1.739 8
2 300	1.620 0	2.660 8	2.294 1	2.309 4	2.242 1	1.749 1
2 400	1.633 3	2.683 0	2.312 1	2.323 5	2.256 1	1.757 9
2 500	1.646 2	2.704 5	2.330 1	2.337 2	2.269 7	1.766 4
2 600	1.658 6	2.727 3	2.346 8	2.350 4	2.282 7	1.774 6
2 700	1.670 6	2.745 5	2.360 4	2.363 1	2.295 3	1.782 4
2 800	1.682 3	2.765 1	2.380 3	2.375 4	2.307 5	1.790 0
2 900	1.693 6	2.784 0	2.395 8	2.387 3	2.319 3	1.797 3
3 000	1.704 5	2.801 6	2.411 2	2.398 8	2.330 7	1.804 4
3 100	1.715 1	2.820 6	2.426 3	2.410 0	2.341 8	1.811 1
3 200	1.725 4	2.828 0	2.440 9	2.420 9	2.352 6	1.817 7
3 300	1.735 5	2.855 0	2.455 2	2.431 4	2.363 1	1.824 2
3 400	1.745 2	2.871 7	2.469 0	2.441 7	2.373 3	1.830 4

续表

温度/K	$[-(E_T^\ominus-E_0^\ominus)/T]/(10^2\ \mathrm{kJ\cdot mol^{-1}\cdot K^{-1}})$					
	H_2	CO_2	H_2O	CO	N_2	N
3 500	1.754 8	2.887 8	2.482 8	2.451 7	2.383 2	1.836 4
3 600	1.746 1	2.903 8	2.496 2	2.461 4	2.392 9	1.842 3
3 700	1.773 2	2.919 3	2.509 1	2.470 9	2.402 3	1.848 0
3 800	1.782 1	2.934 3	2.522 1	2.480 2	2.411 5	1.853 6
3 900	1.790 8	2.949 2	2.534 2	2.489 3	2.420 5	1.859 0
4 000	1.799 4	2.963 7	2.546 4	2.500 6	2.429 3	1.864 3
4 100	1.807 7	2.978 1	2.558 9	5.506 3	2.437 9	1.869 5
4 200	1.815 8	2.991 9	2.570 2	2.515 2	2.446 3	1.874 6
4 300	1.823 8	3.005 8	2.581 9	2.523 5	2.454 5	1.879 5
4 400	1.831 6	3.019 2	2.593 2	2.534 5	2.462 5	1.884 3
4 500	1.839 3	3.032 2	2.604 1	2.539 5	2.470 4	1.889 1
4 600	1.846 9	3.035 2	2.615 4	2.547 2	2.478 1	1.893 7
4 700	1.854 3	3.058 0	2.625 9	2.554 8	2.485 7	1.898 2
4 800	1.861 5	3.070 6	2.636 3	2.562 2	2.493 1	1.902 7
4 900	1.868 7	3.082 7	2.646 8	2.569 6	2.500 0	1.907 1
5 000	1.875 6	3.094 8	2.657 3	2.576 8	2.507 0	1.911 3

温度/K	$[-(E_T^\ominus-E_0^\ominus)/T]/(10^2\ \mathrm{kJ\cdot mol^{-1}\cdot K^{-1}})$					
	NO	O_2	OH	H	O	NH_3
298.1	1.798 5	1.760 7	1.541 5	0.938 9	1.384 5	
300	1.800 5	1.762 5	1.542 9	0.940 2	1.385 9	
400	1.888 7	1.816 3	1.628 5	1.000	1.450 4	1.689 0
500	1.956 8	1.917 7	1.694 5	1.046 4	1.500 0	1.767 2
600	2.012 5	1.965 8	1.748 5	1.084 2	1.540 2	1.833 3
700	2.059 7	2.012 0	1.794 0	1.116 3	1.574 0	1.891 3
800	2.101 0	2.052 8	1.833 5	1.144 0	1.603 1	1.943 2
900	2.137 5	2.089 0	1.868 3	1.168 5	1.628 6	1.990 7
1 000	2.170 6	1.121 9	1.899 6	1.190 4	1.651 4	2.034 6
1 100	2.200 7	2.151 9	1.928 0	1.210 2	1.671 9	2.075 6
1 200	2.228 4	1.179 7	1.954 0	1.228 3	1.690 6	2.114 2
1 300	2.254 0	2.205 5	1.978 0	1.244 9	1.707 8	2.150 7
1 400	2.277 9	2.229 5	2.000 5	1.260 3	1.723 6	2.185 5
1 500	2.300 3	2.252 1	2.021 4	1.274 7	1.738 4	2.218 7
1 600	2.321 4	2.273 4	2.041 1	1.288 1	1.752 1	2.250 4
1 700	2.341 4	2.293 5	2.061 7	1.300 7	1.765 1	2.281 0
1 800	2.360 3	2.312 6	2.077 4	1.312 6	1.777 2	2.310 4
1 900	2.378 4	2.330 7	2.094 1	1.323 8	1.788 7	2.338 8
2 000	2.395 5	2.348 1	2.110 1	1.334 5	1.799 6	2.366 1
2 100	2.412 0	2.368 4	2.124 3	1.344 6	1.810 0	2.392 7

续表

温度/K	$[-(E_T^\ominus-E_0^\ominus)/T]/(10^2\ \mathrm{kJ \cdot mol^{-1} \cdot K^{-1}})$					
	NO	O_2	OH	H	O	NH_3
2 200	2.427 7	2.380 7	2.140 3	1.354 3	1.819 8	2.418 3
2 300	2.442 8	2.396 0	2.154 2	1.363 5	1.829 2	2.443 3
2 400	2.457 3	2.410 7	2.167 8	1.372 4	1.838 2	2.467 3
2 500	2.471 2	2.424 8	2.180 8	1.380 8	1.846 9	2.490 9
2 600	2.484 7	2.438 6	2.193 5	1.389 0	1.855 1	2.513 8
2 700	2.497 6	2.451 7	2.205 8	1.396 8	1.863 1	2.536 0
2 800	2.510 2	2.464 6	2.217 6	1.404 4	1.870 8	2.557 8
2 900	2.522 3	2.477 0	2.229 0	1.411 7	1.878 2	2.578 6
3 000	2.534 1	2.489 1	2.240 1	1.418 8	1.885 4	2.599 5
3 100	2.545 6	2.500 7	2.250 6	1.425 5	1.892 3	
3 200	2.556 7	2.512 2	2.261 5	1.432 1	1.899 0	
3 300	2.567 5	2.523 2	2.271 8	1.438 5	1.905 4	
3 400	2.578 0	2.534 0	2.281 6	1.444 7	1.911 7	
3 500	2.588 2	2.544 5	2.291 3	1.450 8	1.917 8	2.694 9
3 600	2.598 1	2.554 7	2.300 7	1.456 6	1.923 8	
3 700	2.607 8	2.546 4	2.309 9	1.462 3	1.929 5	
3 800	2.617 2	2.574 4	2.319 0	1.467 9	1.935 2	
3 900	2.626 4	2.583 9	2.327 9	1.473 3	1.940 7	
4 000	2.635 3	2.593 2	2.336 4	1.478 5	1.946 0	2.781 9
4 100	2.644 1	2.602 3	2.344 9	1.483 6	1.951 2	
4 200	2.652 7	2.611 2	2.353 1	1.488 7	1.956 3	
4 300	2.661 1	2.620 0	2.361 2	1.493 6	1.963 1	
4 400	2.669 2	2.628 5	2.369 2	1.498 3	1.966 1	
4 500	2.677 2	2.636 9	2.376 9	1.503 0	1.970 9	2.860 6
4 600	2.685 0	2.645 1	2.384 5	1.507 6	1.975 5	
4 700	2.692 7	2.653 2	2.392 0	1.512 1	1.980 1	
4 800	2.700 2	2.661 1	2.399 3	1.516 4	1.984 5	
4 900	2.707 6	2.668 9	2.406 6	1.520 7	1.988 9	
5 000	2.714 9	2.676 5	2.413 6	1.524 9	1.993 4	2.932 1

表 1-17　某些碳氢化合物的$-(E_T^\ominus-E_0^\ominus)/T$值

物质 \ 温度/K	$[-(E_T^\ominus-E_0^\ominus)/T]/(\mathrm{kJ \cdot mol^{-1} \cdot K^{-1}})$							生成焓 $E_0^\ominus$ $/(\mathrm{kJ \cdot mol^{-1}})$
	289.1	400	500	600	800	1 000	1 500	
甲烷	152.381	161.423	170.372	177.318	189.033	199.242	220.957	−66.777
乙烷	189.326	201.669	212.212	222.003	239.660	255.726	290.746	−68.952
丙烷	221.041	236.808	250.956	264.136	288.696	311.457	361.079	−81.337
正丁烷	244.931	265.596	284.596	301.917	334.427	364.510	429.488	−97.278
异丁烷	234.890	254.596	272.504	289.575	321.750	351.414	416.475	−102.592
正戊烷	268.571	294.291	317.147	338.444	378.694	415.764	495.762	−113.094

续表

物质 \ 温度/K	$[-(E_T^{\ominus}-E_0^{\ominus})/T]/(kJ\cdot mol^{-1}\cdot K^{-1})$							生成焓 $E_0^{\ominus}$ $/(kJ\cdot mol^{-1})$
	289.1	400	500	600	800	1 000	1 500	
2-甲基丁烷	270.705	294.554	316.478	337.356	377.062	413.672	493.754	−119.035
正己烷	292.294	322.670	349.908	375.263	423.212	467.269	562.330	−129.913
正庚烷	315.976	351.097	382.669	411.998	467.688	518.732	628.813	−147.067
正辛烷	339.657	379.489	415.429	448.734	512.080	570.154	695.255	−164.222
乙烯	184.305	195.393	204.179	212.547	227.610	240.580	268.613	60.710
丙烯	227.191	240.998	253.550	264.847	285.767	305.014	346.435	35.899
石墨	2.280	3.535	4.937	6.318	9.054	11.707	17.598	0

1.4.4 比热容与比热容比

根据定压比热容和定容比热容的定义

$$c_p = (\partial H/\partial T)_p \tag{1-102}$$

$$c_V = (\partial E/\partial T)_V \tag{1-103}$$

因此，可以利用定压下焓与温度的函数关系表求 c_p，同样，利用定密度下释放能与温度的函数关系表计算 c_V。如果需要精确的比热容比值，可用热力学关系式

$$c_p - c_V = -T(\partial\tilde{V}/\partial T)_p^2/(\partial\tilde{V}/\partial p)_T \tag{1-104}$$

由于

$$\tilde{V} = 1/\rho$$

式（1-104）可改写为

$$c_p/c_V = 1-(T/c_p\rho^2)(\partial\rho/\partial T)_p^2/(\partial\rho/\partial p)_T \tag{1-105}$$

式中，c_p、c_V 为定压比热容和定容比热容，J/（kg·K）；ρ 为密度，kg/m^3；p 为压力，Pa。

导数 $(\partial\rho/\partial p)_T$ 是恒温下 ρ-p 关系曲线的斜率。$(1/\rho)(\partial\rho/\partial T)_p$ 可以通过 $\lg(p/\rho)$-T 曲线的斜率求出，这是因为

$$-2.303[\partial\lg(p/\rho)/\partial T]_p = (1/\rho)(\partial\rho/\partial T)_p \tag{1-106}$$

1.4.5 声速

声速是一个重要的参数。声速定义为

$$a = (\partial p/\partial\rho)_s^{1/2} \tag{1-107}$$

不难证明

$$(\partial p/\partial\tilde{V})_s = [(\partial\tilde{V}/\partial p)_T + (T/c_p)(\partial\tilde{V}/\partial T)_p^2]^{-1} \tag{1-108}$$

利用

$$\tilde{V} = 1/\rho$$

且考虑到单位换算，可得到

$$a = (\partial p/\partial\rho)_s^{1/2} = [(\partial\rho/\partial p)_T - (T/c_p/\rho^2)(\partial\rho/\partial T)_p^2]^{-1/2} \tag{1-109}$$

式中，a 为声速，m/s。

1.5　炮　口　烟

尽管炮口烟的成因较为复杂，但通常认为火药燃气中的游离碳粒是形成炮口烟的重要原因之一。

在足够低的温度和足够高的压力下，火药燃气中出现游离碳。其数量达到一定程度时即变成可见的烟。在膛内，由于燃气温度较高，游离碳的数量是极微的。当燃气从炮口喷出，绝热膨胀时，游离碳就可能成为一个突出的问题。炮口烟是射击中的一种有害现象，因此，预估炮口烟形成的可能性无论在理论上还是在实际中都是很有意义的。

1.5.1　未氧化碳值

用未氧化碳值可以评价射击时炮口烟形成的可能性。有如下假设：

(1) 火药气体仅由 CO_2、CO、H_2O、H_2 和 N_2 组成；

(2) N_2 不作为烟的成分；

(3) 还有与 CO_2 和 H_2 等量的 CO 及 H_2O，但不影响可燃物与氧之间的平衡；

(4) 全部 H_2 氧化成 H_2O，多余的 O_2 将一部分 C 氧化成 CO，而未氧化的 C 即形成碳烟。

根据以上假设，在 $C_aH_bO_cN_d$ 系有机化合物中，将 C 全部转变成 CO，H_2 全部转变成 H_2O，其氧平衡 OB 可用下式计算

$$OB\begin{pmatrix} C \rightarrow CO \\ H_2 \rightarrow H_2O \end{pmatrix} = \frac{a+0.5b-c}{M} \times 16 \times 100 \tag{1-110}$$

未氧化碳值为 OB 值乘以 12/16

$$C_{max}\% = \frac{a+0.5b-c}{M} \times 12 \times 100 \tag{1-111}$$

上两式中，M 是用 g 表示化学式的相对分子质量。

对于混合物，未氧化碳值就是各组分未氧化碳值的代数和。

1.5.2　理论估算方法

炮口烟形成可能性的一种理论估算方法：在低于 3 000 K 的条件下，火药气体的主要成分是 CO_2、CO、H_2O、H_2 和 N_2。氮有可能与氢反应生成氨，一部分碳有可能转化为甲烷。但是，这些反应对烟的形成没有明显的影响。因此，只需考虑水煤气平衡

$$CO_2 + H_2 \rightleftharpoons CO + H_2O$$

以及发生水煤气反应

$$C + H_2O \rightleftharpoons CO + H_2$$

上两个反应等同于

$$C + CO_2 \rightleftharpoons 2CO$$

前两个反应的平衡常数为

$$K_1\varphi_1 = \frac{n(CO)n(H_2O)}{n(CO_2)n(H_2)}$$

$$K'_1\varphi'_1 = [n(CO)n(H_2O)](p/n) \tag{1-112}$$

式（1-112）中 K' 和 φ' 与表 1-8、表 1-9 中的 K_5、K_6 以及 φ_5、φ_6 间有下述关系

$$K' = K_5 K_6^{1/2}$$

$$\varphi' = \varphi_5 \varphi_6^{1/2}$$

且有

$$K' = p(H_2)p(CO)/p(H_2O)$$

K' 和 φ' 值列于表 1-18 和表 1-19。

表 1-18　平衡常数 K'

温度/K	K'	温度/K	K'	温度/K	K'
1 000	2.867×10^5	1 600	1.266×10^8	2 200	1.876×10^9
1 100	1.226×10^6	1 700	2.210×10^8	2 300	2.596×10^9
1 200	4.371×10^6	1 800	3.513×10^8	2 400	3.449×10^9
1 300	1.401×10^7	1 900	6.008×10^8	2 500	4.416×10^9
1 400	3.002×10^7	2 000	9.321×10^8	2 600	
1 500	6.481×10^7	2 100	1.379×10^9	2 700	

表 1-19　修正平衡常数 K' 的 φ'

ρ'/(Mmol·m^{-3})	φ'	ρ'/(Mmol·m^{-3})	φ'	ρ'/(Mmol·m^{-3})	φ'
0.00	1.00	0.25	0.584	0.50	0.230
0.05	0.919	0.30	0.503	0.55	0.179
0.10	0.834	0.35	0.427	0.60	0.135
0.15	0.750	0.40	0.355	0.65	0.100
0.20	0.666	0.45	0.229	0.70	0.073

由质量平衡方程可得

$$n(CO_2) = (c - a - b/2) + n(H_2) + n(C) \tag{1-113}$$

$$n(H_2O) = b/2 - n(H_2)$$

$$n(CO) = (2a - c + b/2) - n(H_2) - 2n(C) \tag{1-114}$$

于是，可以用 $n(H_2)$、$n(C)$ 及 p 三个变量来表达平衡常数，并解出

$$n(C) = 1/2\{(2a - c + b/2) - n(H_2) + [1 - bn(H_2)/2](n/p)K'\varphi'\} \tag{1-115}$$

$$[(2 - K_1\varphi_1)n(H_2) - b]n(C) = (K_1\varphi_1 - 1)n(H_2)^2 + [(c - a - b/2)K_1\varphi_1 + (2a - c + b)]n(H_2) - b/2(2a - c + b/2) \tag{1-116}$$

另有状态方程

$$p = 361.8\rho' T(pV/RT)$$

对于刚要产生烟而尚未产生烟的极限状态，$n(\mathrm{C})=0$，则式（1-115）、式（1-116）可简化为

$$p = \frac{[b/2n(\mathrm{H_2}) - 1]n \times K' \times \varphi'}{(2a - c + b/2) - n(\mathrm{H_2})} \tag{1-117}$$

$$(K_1\varphi_1 - 1)n(\mathrm{H_2})^2 + [(c - a - b/2)K_1\varphi_1 + (2a - c + b)]n(\mathrm{H_2}) - b/2(2a - c + b/2) = 0 \tag{1-118}$$

式（1-117）是形成烟的极限压力表达式。可以看出，这个极限压力是由温度、火药组成以及燃气组成的函数。这些量的关系应同时满足式（1-12）、式（1-117）、式（1-118）。对这些方程求解，可以获得在给定温度下形成烟的最低压力，从而明确形成烟的可能性。

例：分析射击条件下形成烟的可能性。

每千克 N(1) 火药的化学式为：$C_{21.73}H_{29.92}O_{36.65}N_{8.77}$，$n=41.11$ mol/kg，$\alpha=1.147$ m³/kg，可考虑一组温度 1 200 K、1 300 K、1 400 K、1 500 K、1 600 K。对其中某一温度，如 1 200 K，先取 $\rho'=0.05\times10^3$ kmol/m³，则

$$\rho = \frac{\rho'}{0.022\,98\,n} = 53\ \mathrm{kg/m^3}$$

$$\alpha\rho = 1.147 \times 10^{-3} \times 53 = 0.060\,8$$

查表 1-2，有

$$pV/RT = 1.063\,3$$

则由式（1-12）得

$$p = 361.8\,\rho'(pV/RT) = 361.8 \times 0.05 \times 10^3 \times 1\,200 \times 1.063\,3 = 2.447 \times 10^7(\mathrm{Pa})$$

另由表 1-8、表 1-10 及表 1-18、表 1-19 得

$$K_1 = 1.435 \qquad \varphi_1 = 1.09$$

$$K' = 4.371 \times 10^6 \qquad \varphi' = 0.919$$

利用式（1-118），即可求出

$$n(\mathrm{H_2}) = 7.92\ \mathrm{mol/kg}$$

进一步根据式（1-117）可得 $p=1.06\times10^7$ Pa，显然所得压力不能同时满足式（1-117）及式（1-12）。

为此，再取 $\rho'=0.02\times10^3$ kmol/m³，用式（1-12）和式（1-117）分别求得 $p=8.9\times10^6$ Pa 和 1.09×10^7 Pa。这时可用作图的方法，将由式（1-12）所求得的两个数值点连成一条直线，由式（1-117）所求得的两个数值点也连成一直线，两条直线的交点所对应的压力值即为所求的压力，它同时满足式（1-12）及式（1-117），其压力值为 $p=1.10\times10^7$ Pa。采用同样的步骤，可求得其他各温度下的极限压力值，结果见表 1-20。

表 1-20 其他各温度下的极限压力值

温度/K	1 200	1 300	1 400	1 500	1 600
极限压力 $p/(10^7\ \text{Pa})$	1.10	3.72	8.14	17.75	36.61

根据所得数据可以绘制产生烟的温度-压力区域，如图 1-1 所示。

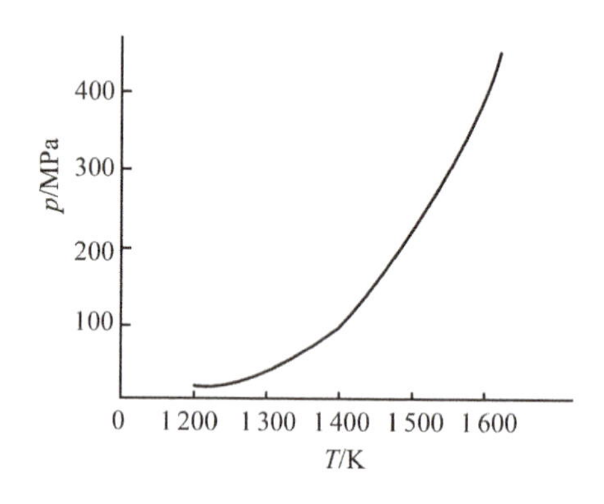

图 1-1 N(1) 火药产生炮口烟的温度-压力区

膛内 p-t、T-t 关系可通过弹道计算求出，由 p-t 关系即可在图 1-1 中标出 p-T 所在区域。在此例中，当 $T>1\ 600$ K 时，生成炮口烟的极限压力大于 3.628×10^8 Pa，所以对 N(1) 火药不可能形成烟。

1.6 发射药的热力学性质与 BLAKE 编码

1.6.1 BLAKE 编码简述

由斯坦福研究所（SRT）研究的 TIGER 编码可用于计算凝聚炸药的爆轰特性。该编码可完成对军用炸药新组分和猛炸药性能的预测。许多研究者的工作以及 TIGER 后期的版本，都集中于 C、H、O、N 爆轰产物的 p-V-T 状态方程，并力图将更适合的爆轰产物状态方程引入编码中，以促使 TIGER 更加有效。初期的 TIGER 编码用理想气体状态方程和 BKW（Becker-Kistiakowsky Wilson）状态方程，但在火炮条件下，这类状态方程都不适用。BLAKE 编码是在早期 TIGER 基础上派生出来的热力学编码，它针对火炮条件的发射药燃气的热力学性质计算。燃烧温度 1 500～4 000 K，压力可高达 700 MPa。该编码采用舍去高次项的维利状态方程

$$pV/nRT=1+\frac{1}{V}B(T)+\frac{n}{V^2}C(T) \tag{1-119}$$

利用维利状态方程的困难在于如何确定第二、第三维利系数 $B(T)$、$C(T)$ 的数值，必须掌握火炮条件下 10～40 种分子、自由基、原子的复杂混合物及其分子间势，这个

困难问题在 BLAKE 编码中是按下述方法处理的：利用莱纳德-琼斯（Lennard-Jones）分子间势计算第二维利系数，而第三维利系数则用赫希菲尔德（Hirschfelder）的刚球模型予以确定，莱纳德-琼斯分子间势函数

$$\Phi(r) = 4(\varepsilon/kT)[(\sigma/y)^6 - (\sigma/r)^{12}] \tag{1-120}$$

式中，k 为波兹曼常数；T 为热力学温度；$\Phi(r)$ 为分子间势；ε 为引力阱最大深度；σ 为引力势为零的距离；r 为两分子间的距离。

式（1-120）对于非球体和极性分子，尤其对水是不适合的。在 BLAKE 编码中，假设分子是硬刚性球体，其直径等于 81%的 σ 值，这将导出含有二、三维利系数的状态方程。

依据式（1-119）状态方程，先后制定不少程序，并且随着计算机语言的发展，程序演变得越来越完善。自 1964 年以来，TIGER 和 BLAKE 两种编码按照不同的途径不断发展，TIGER 着重于爆轰参数的计算，如改进收敛性、考虑双相体系、部分冻结爆轰等。而 BLAKE 则继续坚持火炮条件的发射药热力学参数的方向，改变了初期的计算 C-J 参数和 Hugoniot 曲线的功能，该编码考虑了军用发射药特种材料和含氮量为 11.0%～14.0%的 300 种 NC 等多种元素和多种产物的热力学参数值，能完成火炮条件的各类热力学性质和更加广泛的化学平衡的计算。

1.6.2　各编码计算结果的符合程度

首先核算 BLAKE 编码对理想气体的适用程度，以 NASA-LEWIS 编码 CEC71 为标准。取 5 种火药（配方见表 1-21），发射药燃气温度范围是 2 250～3 920 K，至少有一种火药的燃气中有凝聚相产物。在两种编码对比时，采用同一的原始数据，计算结果列于表 1-22。从中发现，BLAKE 和 NASA-LEWIS 两个结果很一致。而且对 M15 火药，它们都给出凝聚产物 Al_2O_3，物质的量分别为 0.000 124 mol 和 0.000 12 mol。

表 1-21　用于比较各编码计算结果的 5 种火药组分　%

成　分	配方—1	配方—2	配方—3	配方—4	配方—5
NC	83.175	19.940	49.954	58.330	79.600
(w(N))	(12.60)	(13.15)	(13.15)	(13.25)	(13.15)
NG	—	18.943	21.478	40.400	9.950
NQ	—	54.536	30.669	—	—
DNT	9.843	—	—	—	—
DBP	4.429	—	—	—	8.955
KCRY	—	0.299	—	—	—
DPA	0.984	—	—	—	0.995
EC	—	5.982	1.50	0.760	—
ETOH	0.98	0.300	0.30	0.510	0.500
H_2O	0.59	0.00	0.00	0.00	0.00
C	—	—	0.10	—	—

表 1-22　BLAKE 与 NASA-LEWIS 计算结果比较（理想气体）

配　方	Δ/(g·m^{-3})	BLAKE		NASA-LEWIS		差值/%	
		T/K	p/MPa	T/K	p/MPa	T	p
1	0.2	2 266	173.7	2 265	173.6	0.04	0.07
	0.4	2 285	347.9	—	—	—	—
	0.5	2 295	435.3	2 295	434.8	0.00	0.10
	0.6	2 306	522.8	—	—	—	—
2	0.2	2 559	197.5	2 558	197.4	0.04	0.06
	0.4	2 563	394.8	—	—	—	—
	0.5	2 565	493.4	2 565	493.0	0.00	0.08
	0.6	2 567	591.9	—	—	—	—
3	0.2	3 221	221.8	3 220	221.7	0.03	0.07
	0.4	3 230	444.5	—	—	—	—
	0.5	3 232	555.8	3 230	555.3	0.06	0.10
	0.6	3 234	667.2	—	—	—	—
4	0.2	3 815	235.6	3 813	235.5	0.05	0.06
	0.4	3 865	475.7	—	—	—	—
	0.5	3 880	596.2	3 877	595.6	0.08	0.10
	0.6	3 891	716.8	—	—	—	—
5	0.2	2 602	192.6	2 600	192.4	0.08	0.10
	0.4	2 604	288.8	—	—	—	—
	0.5	2 608	481.3	2 606	480.6	0.08	0.14
	0.6	2 610	769.8	—	—	—	—

BLAKE 和 ICT 编码的比较结果见表 1-23，其符合程度也很好。

表 1-23　ICT 与 BLAKE 对理想气体计算的比较

配　方	Δ/(g·m^{-3})	T/K		p/MPa		f/(J·g^{-1})	
		ICT	BLAKE	ICT	BLAKE	ICT	BLAKE
1	0.2	2 265	2 270	173.6	174.0	867.8	870.0
	0.4	2 284	2 290	347.6	348.5	869.0	871.3
	0.6	2 306	2 311	522.2	523.7	870.3	872.8
2	0.2	2 558	2 560	197.4	197.5	987.2	987.6
	0.4	2 563	2 564	394.6	394.9	986.6	987.1
	0.6	2 568	2 568	591.6	529.0	986.0	986.5
3	0.2	3 220	3 223	221.8	222.0	1 109	1 110
	0.4	3 229	3 232	444.2	444.7	1 111	1 112
	0.6	3 233	3 236	666.7	667.6	1 111	1 113
4	0.2	3 816	3 814	235.7	235.7	1 178	1 178
	0.4	3 865	3 865	475.5	475.7	1 189	1 189
	0.6	3 890	3 891	716.4	716.9	1 194	1 195
5	0.2	2 600	2 609	192.4	193.1	962.0	965.5
	0.4	2 604	2 613	384.6	386.1	961.6	965.5
	0.6	2 608	2 617	576.7	579.0	961.2	965.5

由此证明，BLAKE 对理想气体的热力学计算是精确的。

BLAKE 对非理想气体的适用程度很难通过对比的方式给出肯定的答案，因为找不到用于对比的标准编码，只能核查 BLAKE 与其他编码在计算结果上存在的差异。表 1-23 是一些比较的结果（理想气体）。主要偏差出现在高装填密度 0.6 g/cm^3 情况下的压力计算值，但压力相差也不超过 3.5%。其他参数的偏差则不大。

最后核查 BLAKE 用于理想气体和非理想气体的结果的差别。Φ 代表理想气体和非理想气体由 BLAKE 计算的压力比值，当装填密度为 0.6 g/cm^3 时，Φ=2.1，即对理想气体的修正值达 110%。

1.6.3 试验验证

试验验证是通过密闭爆发器进行的，并把密闭爆发器测定的结果与 BLAKE 计算结果进行比较。验证的主要问题在于密闭爆发器真实的平衡压力的测定，因为没有热损失的压力才是密闭爆发器建立的最大压力。但热损失必然存在，因此，测得的压力偏低。

1931 年克劳（A. D. Crow）和格里姆肖（W. E. Crimshaw）用简化热损失的机理进行了热损失的计算，并将其引用到测定结果中。之后，肯特（R. H. Kent）和温堤（J. P. Vinti）认为，可以用平衡温度的热力学去考虑热损失，将平衡温度引入新的热损失模型中进行压力修正。1953 年，威斯特（Vest）考虑了密闭爆发器热损失问题，认为应该降低表面积/体积值。由此，他在密闭爆发器中附加了金属件，并且测得压力外推至表面积/体积值为零的修正后的压力。表 1-24 列出了克劳和格里姆肖测量修正后的压力与 BLAKE 计算的压力。结果表明，当装填密度大于0.07 g/cm^3 时，两值符合得较好；但密度低时符合得不好。虽然没得出问题出在哪里的定论，但克劳和格里姆肖曾注意到他们的热损失修正在低密度下可能是有问题的。表 1-24 中，p(B)、p(C) 分别是 BLAKE 计算的压力与克劳和格里姆肖修正后的实测压力。B(1)、B(2)、B(3)；C(1)、C(2)、C(3)；N(1)、N(2)、N(3) 为火药的代号。

表 1-24 用 BLAKE 计算的压力与热损失修正后的测量压力

Δ/(g·cm^{-3})	B(1)			B(2)			B(3)		
	p(B)	p(C)	差值/%	p(B)	p(C)	差值/%	p(B)	p(C)	差值/%
0.026 3	30.5	30.3	−1.1	30.5	36.0	17.9	30.5	31.9	4.4
0.042 0	50.2	52.3	4.2	50.2	55.1	9.9	50.2	52.6	4.8
0.058 0	71.7	74.0	3.5	71.7	77.1	7.6	71.7	77.1	7.5
0.075 5	94.7	95.7	1.2	94.7	99.2	4.8	94.8	99.2	4.7
0.106 6	139.4	139.0	−0.1	139.4	141.5	1.5	139.4	143.2	2.7
0.134 4	182.0	184.3	1.6	182.0	183.0	0.8	182.0	183.2	0.7
0.154 6	214.6	212.3	−0.7	214.6	216.0	0.7	214.6	215.6	0.5
0.181 9	260.8	259.7	−0.1	260.8	260.6	−0.1	260.8	262.3	0.6
0.204 9	302.0	301.1	0.1	301.9	300.5	−0.5	302.0	302.5	0.2
0.221 1	332.1	332.2	0.1	332.0	331.8	−0.1	332.1	330.7	−0.4

续表

Δ/(g·cm⁻³)	C(1)			C(2)			C(3)		
	p(B)	p(C)	差值/%	p(B)	p(C)	差值/%	p(B)	p(C)	差值/%
0.026 3	30.4	34.2	12.8	30.4	36.0	18.4	—	29.8	—
0.042 0	49.8	54.5	9.7	49.8	50.5	1.5	49.8	50.5	1.4
0.058 5	71.0	75.6	5.8	71.0	71.6	0.9	71.0	71.6	−0.8
0.075 5	93.7	95.9	2.5	93.7	93.4	−0.3	93.6	93.4	−0.2
0.106 6	137.6	139.6	1.3	137.6	136.7	−0.5	137.3	136.8	−0.4
0.134 4	179.5	179.8	0.3	179.4	176.5	−1.4	179.0	176.5	−1.4
0.154 6	211.5	210.6	−0.2	211.4	209.5	−0.7	210.9	208.8	−1.0
0.181 9	257.0	258.6	0.1	256.8	252.5	−1.5	256.2	253.1	−1.2
0.204 9	297.4	290.5	−0.1	297.1	293.5	−1.0	296.4	293.5	−1.0
0.221 1	327.0	325.8	−0.1	326.7	323.5	−0.8	325.9	323.9	−0.6
0.247 9	378.2	373.1	−1.1	377.9	374.3	−0.7	377.0	374.3	−0.7
Δ/(g·cm⁻³)	N(1)			N(2)			N(3)		
	p(B)	p(C)	差值/%	p(B)	p(C)	差值/%	p(B)	p(C)	差值/%
0.026 3	26.9	31.6	17	26.9	28.6	6.6	26.0	27.9	7.0
0.042 0	43.8	48.2	10	43.7	46.2	5.6	42.4	45.6	7.7
0.058 5	62.2	67.1	8	62.1	64.1	3.3	60.2	67.8	4.3
0.075 5	81.9	85.1	4.0	81.8	84.6	3.5	79.2	79.6	0.5
0.106 6	119.8	122.9	2.6	119.8	121.6	1.5	116.2	116.2	0.1
0.134 4	156.1	160.7	3.0	156.2	155.7	−0.3	151.5	153.1	1.1
0.154 6	183.8	188	2.3	184.1	184.2	0.1	178.6	177.1	−0.8
0.181 9	223.8	226.9	1.7	223.8	255.0	0.6	217.2	215.7	−0.7
0.204 9	258.4	264.9	2.5	259.1	258.8	−0.1	251.7	251.2	−0.2
0.221 1	284.2	286.7	0.9	285.1	283.6	−0.5	277.0	277.0	0
0.247 9	328.8	330.6	0.6	330.1	328.6	−0.4	321.0	320.4	−0.2

表 1-25 给出了威斯特和 BLAKE 的计算结果，在装填密度为 0.15 g/cm³ 时，两值比较接近。

表 1-25　BLAKE 计算结果和威斯特结果比较

序　号	Δ/(g·cm⁻³)	p/MPa	
		威斯特	BLAKE
1	0.05 0.10 0.15	43.7 96.8 159.4	48.9 104.2 166.7
2	0.05 0.10 0.15	54.2 117.0 193.2	57.7 122.7 195.0

根据上述讨论，尽管密闭爆发器在真实压力的描述上还存在值得研究的问题，但应

该说，由 BLAKE 编码所得的结果可以被已有的密闭爆发器试验所证实，只在装药密度过低或过高时还缺少实践考证。

1.6.4　应用实例

用 BLAKE 编码能计算火炮条件下的 p-V-T 的关系，能计算发射药燃气的组成以及热力学性质。

当火药组成或性质发生变化时，用 BLAKE 等技术估算弹道性能的变化，这是火药工厂鉴定产品性能可借鉴的估算方法。这里以 M6 火药为例予以说明。现有几个批次 M6 火药，其火药性能，如火药力等已测量过。参照批火药或标准批火药的性能也测量过。表 1-26 列出了测量的和通过 BLAKE 编码计算的火药力值和相对火药力值。计算的和实测的 9 批 M6 火药力（RF）平均偏差为－0.6，平均标准差为 0.7。以此说明 BLAKE 计算结果与实际的符合程度。

表 1-26　由 BLAKE 计算和实测各批药的火药力值（*RF*）

批　次	*RF* 测量值	*RF* 计算值	偏　差
A	100.98	100.25	−0.73
B	102.03	100.34	−1.69
C	100.72	99.72	−1.00
D	102.05	101.01	−1.04
E	99.78	99.40	−0.38
F	101.23	101.93	0.75
G	95.26	94.43	−0.83
H	95.08	94.80	−0.28
I	100.54	99.29	−1.25
参考批	100.00	100.00	

当火药组分发生变化后，如何影响火药的热力学性质，可用微分 $\partial p^{\ominus}/\partial Q$ 表示。$p^{\ominus}$代表热力学性质，Q 是组分量值，有

$$\frac{\partial p^{\ominus}}{\partial Q}=\frac{1}{h}[p^{\ominus}(Q+h)-p^{\ominus}(Q)] \tag{1-121}$$

h 是 Q 的小的变化值，h 的选择以方便为原则，一般可取 Q 的 1%，由 BLAKE 可容易地计算得出 Q 变化 1%后对热力学性质的影响。表 1-27 是火药组分对参数火药力和绝热指数的影响值。如：当 NC 的成分变化 1%后，火药力的变化值为 3 900 J，而绝热指数变化值为－0.001 2。

下面进一步算出这 9 批火药由组分的散布所带来的初速散布的均方差是多少，把火药组分与弹道性能联系起来。

表 1-28 分别给出 9 批药各组分含量的平均值，同时也给出各组分的方差。对 M203A1 装药，155 榴弹炮，m=45 kg，m_p=15 kg，膨胀比 τ=0.2，标准装药火药力 $f=10^6$ J/g，绝热指数 γ= 1.253，初速 v_0=940 m/s。

因为 $\frac{\partial f}{\partial Q_i}$、$\frac{\partial \gamma}{\partial Q_i}$ 是已知的（表 1-27），各批火药、各组分对应的（Q_i-Q_i）也已知（表 1-28），将各值代入下式

$$S_V^2=\left(\frac{v}{2f_1}\right)^2\sum_1^i\left[f_1^2\left(\frac{1}{f}\frac{\partial f}{\partial Q}\right)^2+f_2^2\left(\frac{1}{\gamma-1}\frac{\partial \gamma}{\partial Q}\right)^2\right]S^2(Q_1) \tag{1-122}$$

表 1-27　火药力和绝热指数对组分变化的感度

组　成	$\frac{\partial f}{\partial Q}$	$\frac{\partial \gamma}{\partial Q}$	$\frac{1}{f}\frac{\partial f}{\partial Q}$	$\frac{1}{\gamma-1}\frac{\partial \gamma}{\partial Q}$
NC	3 900	−0.001 2	0.013	−0.004 7
DBP	−6 150	≈0	−0.020	≈0
DPA	−6 970	≈0	−0.022	≈0
K_2SO_4	−6 380	≈0	−0.021	≈0
H_2O	−4 400	≈0	−0.018	≈0
ETOH	−5 470	≈0	−0.018	≈0
DNT	−1 220	0.001 8	−0.003 9	0.007 1
w(N)	8 100	≈0	0.026	≈0

表 1-28　M6 9 批火药生产后组分变化

组　成	平均值 Q_i/%	$\sum(Q_i-Q_i)^2$
w(N)	13.146	0.011 4
NC	84.654	0.493 6
DNT	10.137	0.493 0
DBP	5.208	0.147 8
DPA	1.009	0.064 4
K_2SO_4	1.086	0.116 1
H_2O	0.558	0.093 1
C_2H_5OH	0.365	2.246 6

从而得出 $S_V=19$ m/s。上述方法和求解过程，可用于火药生产的检验，用于确定火药组分的公差以及火药性能的允许偏差，用于估算火药组分散布引起弹道性能改变值。表 1-29 及表 1-30 是一些火药的配方组成和一些有关特性。

表 1-28、表 1-29 和表 1-30 中，w(N) 为 NC 的含氮量。

表 1-29　典型火炮火药组成和一些有关特性（1）

火药组成	M1 MIL-P309A	M2 MIL-P323A	M5 MIL-P323A8	M6 MIL-P309A	M JAN-P381
硝化棉（NC)/%	85.00	77.45	81.95	87.00	52.15
(w(N))/%	(13.15)	(13.25)	(13.25)	(13.15)	(13.25)
硝化甘油/%	—	19.50	15.00	—	43.00
硝酸钡/%	—	1.40	1.40	—	—
硝酸钾/%	—	0.75	0.75	—	1.25
硫酸钾/%	—	—	—	—	—
碳酸钾/%	—	—	—	—	—
硝基胍/%	—	—	—	—	—
二硝基甲苯/%	10.00	—	—	10.00	—
邻苯二甲酸二丁酯/%	5.00	—	—	3.00	—
邻苯二甲酸二乙酯/%	—	—	—	—	3.00
二苯胺/%	1.00[a]	—	—	1.00[a]	—
1 号中定剂/%	—	0.60	0.60	—	0.60
石墨/%	—	0.30	0.30	—	—
冰晶石/%	—	—	—	—	—

续表

火药组成	M1 MIL-P309A	M2 MIL-P323A	M5 MIL-P323A8	M6 MIL-P309A	M JAN-P381
乙醇（残留）/%	0.75	2.30	2.30	0.90	0.40
水分（残留）/%	0.50	0.70	0.70	0.50	0.00
定容火焰温度/K	2 417	3 319	3 245	2 570	3 695
火药力/(kJ·kg^{-1})	911	1 076	1 061	947	1 141
没有氧化的碳/%	8.6	0	0	6.8	0
可燃物/%	65.3	47.2	47.4	62.4	37.2
爆热/(J·g^{-1})	2 916	4 500	4 362	3 158	5 183
气体比容/(mol·g^{-1})	0.045 33	0.039 00	0.039 35	0.044 32	0.037 11
比热容比	0.259 3	0.223 8	1.223 8	1.254 3	1.214 8
余容/(mL·g^{-1})	1.104	1.008	0.995	1.081	0.962
密度/(g·cm^{-3})	1.57	1.65	1.65	1.58	1.62

表1-30　典型火炮火药组成和一些有关特性（2）

火药组成	M10 PA-PD123	M17 MIL-P668A	M30 MIL-P46486	IMR JAN-P733	M18° FA-PD26A
硝化棉（NC)/%	98.00	22.00	28.00	100.00	80.00
(w(N))/%	(13.15)	(13.60)	(13.15)	(13.15)	(13.15)
硝化甘油/%	—	21.50	22.50	—	10.00
硝酸钡/%	—	—	—	—	—
硝酸钾/%	—	—	—	—	—
硫酸钾/%	1.00	—	—	1.00[a]	—
碳酸钾/%	—	—	—	—	—
硝基胍/%	—	54.70	47.7	—	—
二硝基甲苯/%	—	—	—	8.00[b]	—
邻苯二甲酸二丁酯/%	—	—	—	—	—
邻苯二甲酸二乙酯/%	—	—	—	—	—
二苯胺/%	1.00	—	—	0.70	1.00
1号中定剂/%	—	1.50	1.50	—	—
石墨/%	0.1[b]	0.10[b]	0.10[b]	—	—
冰晶石/%	—	0.30	0.30	—	—
乙醇（残留）/%	1.50	0.30	0.30	1.50	0.50
水分（残留）/%	0.50	0.00	0.00	1.00	0.50
定容火药温度/K	3 000	3 017	3 040	2 835	2 577
火药力/(kJ·kg^{-1})	1 013	1 088	1 088	989	953
没有氧化的碳/%	4	3.9	3.2	2.7	6.8
可燃物/%	54.5	38.7	41.0	59.2	66.6
爆热/(J·g^{-1})	3 900	4 008	4 058	3 616	3 216
气体比容/(mol·g^{-1})	0.040 68	0.043 36	0.043 08	0.041 91	0.044 57
比热容比	1.234 2	1.240 2	1.238 5	1.241 3	1.252 3
余容/(mL·g^{-1})	1.003	1.066	1.057	1.044	1.092
密度/(g·cm^{-3})	1.67	1.67	1.66	1.62	1.62

1.6.5 程序化的近期发展

近年来，随着热力学数据的进一步完善和增多，用于火炸药能量特性的编码或软件得到了进一步发展。

在BLAKE问世之后，美国国家航空和航天管理局（NASA）开发CEC（Chemical Equilibrium for Calculations）系列编码，它主要为火箭领域设计，是建立在理想气体状态方程基础上，应用最小自由能原理，采用JANAF热化学表作为燃烧物质的数据库，是使用较广泛的计算复杂化学平衡的软件。随后，NASA又开发出CET系列编码来计算复杂化学平衡反应和产物间热力学及热传递效应。而CEA（Chemical Equilibrium with Applications）程序是将平衡热力学应用于实际问题的最新热力学研究工具。它的核心也是采用最小自由能原理，使用九常数七系数的表达式来保存超过2 000种物质的热力学数据，其中多数数据的温度区间为200～6 000 K。

德国的ICT（the Fraunhofer-Institut für Chemische Technologie）是基于NASA开发的用于计算单管发动机绝热一维流平衡的计算方法所编制的计算软件，它同BLAKE一样，采用三项截短维利方程，同样可用于炸药和常规发射药的产物平衡计算。其所用数据库存储的是推进剂和发射药计算所用数据，如生成热、燃烧热、相对分子质量、氧平衡、密度、结构式等，目前数据库已包含超过12 400种物质。

俄罗斯早期的研究成果ASTRA是立足于基础热力学法则，遵循孤立体系平衡状态时体系熵最大的原理。在旧版ASTRA运算法则的基础上改进得到REAL计算软件，它可计算气相/凝聚相产物。软件采用三种气体状态方程：理想气体状态方程、三项截短维利方程和Nedostup方程，后两种方程尽管在使用上限上没有明确限制，但维利方程在超过600 MPa时就不能确定它的精确度了，而Nedostup方程上限则取决于$\rho/\rho_0<0.9$。

但是，这些计算复杂化学平衡的程序并不能保证每一次在有约束条件下都能进行平衡组成计算。随着科学技术的发展，在不改变化学动力学的基础上，又开发出不少新技术，它们能够满足约束条件下的计算，并在提高计算的精确度的同时加快计算速度。这其中最常用的就是速率控制约束平衡（Rate-Controlled Constrained Equilibrium，RCCE）。RCCE的基础思想是：化学组成由化学平衡决定，因此，缓慢逐步地对系统进行约束，进而可以影响到系统的组成。在使用RCCE进行计算时，需要将平衡组成受制于元素的线性约束。这种方法称为Gibbs函数扩展法，可以用它来解决约束或无约束化学平衡状态的问题。

但这些程序的计算原则都基于以下几种原理之一：燃烧前后体系的能量保持不变；最小自由能原理；最大熵原理。这其中能量守恒原理适用于简单计算火炸药的能量性质，多依赖于平衡数据或经验数据，计算得到的产物数量和精度有限，但计算简便；最小自由能法适合于任意系统的运算，产物种类和精度都比较高，但产物的种类受自由能数据量的限制，在计算时需要多次迭代寻找最小值，计算周期相对较长，是目前主流计算程序所采用的计算原则；熵增原理，即当一个孤立体系达到平衡状态时，体系的熵达到最大值，这是一种类似于最小自由能的计算方法，优缺点基本与最小自由能法的相同，REAL 采用熵增原理作为计算原则。

近年来，计算程序向着智能化方向发展，在 F. J. Shaw、R. A. Fifer 首次报道了计算机辅助火药配方设计的专家系统后，结合计算结果对配方进行计算机优化成为可能，如性能最优化问题等。人工智能也被广泛地应用于火炸药力学性能和能量性质的预测。

第 2 章　装药参数与弹道性能

2.1　火　药　力

2.1.1　火药力与弹道性能的关系

恒温解法的公式为

$$p_{\mathrm{m}}=\frac{f'm_{\mathrm{p}}}{sl_1}\frac{\chi}{\lambda}\left[\left(1+\frac{l_{\mathrm{m}}}{l_1}\right)^{\frac{\chi\lambda}{B'}}-1\right]\left(1+\frac{l_{\mathrm{m}}}{l_1}\right)^{\frac{\chi\lambda}{B'}-1} \tag{2-1}$$

设火药在弹丸运动前燃完，则

$$l_{\mathrm{m}}=l_1\left[\left(1-\frac{1}{2-\frac{B'}{\chi\lambda}}\right)^{\frac{B'}{\chi\lambda}}-1\right] \tag{2-2}$$

$$l_{\mathrm{k}}=l_1\left[\left(\frac{1}{\chi}\right)^{\frac{B'}{\chi\lambda}}-1\right] \tag{2-3}$$

$$v_0=\sqrt{\frac{2m_{\mathrm{p}}f'}{\theta\varphi m}}\cdot\sqrt{1-\left(\frac{V_1}{V_2}\right)^{\theta}} \tag{2-4}$$

式中，f'为火药气体温度为常量（恒温条件）的火药力；B'为恒温条件下的装填参量，$B'=S^2I_{\mathrm{k}}^2/(m\varphi m_{\mathrm{p}}f')^{-1}$；$V_1$ 为药室容积；V_2 为全部炮膛容积。

$f=RT$（T 是恒温条件下的温度），f'是火药力 f 的符合值。由式（2-1）～式（2-4）看出，如果调整火药的弧厚，使装填参量 B'保持不变，则有

$$v_0\propto(f')^{1/2}\propto f^{1/2}$$

$$p_{\mathrm{m}}\propto(f')^{1/2}\propto f^{1/2}$$

而 l_{m}、l_{k} 保持不变。

按照这个关系，当火药力提高 10%、20%、30%时，其弹丸的初速分别提高 4.9%、9.5%和 14%。如某 100 mm 加农炮，控制

$$I_{\mathrm{k1}}^2/f_1=I_{\mathrm{k2}}^2/f_2$$

这时装填参量 B 值保持不变，则得出表 2-1 所示数据。

表 2-1　装填参量数值表

$f/(\mathrm{kJ\cdot kg^{-1}})$	$p_{\mathrm{m}}/\mathrm{MPa}$	$v_0/(\mathrm{m\cdot s^{-1}})$	$l_{\mathrm{m}}/\mathrm{dm}$	$l_{\mathrm{k}}/\mathrm{dm}$	η_{k}
950	328	886.6	4.529	30.67	0.65
1 079	373	945.1	4.529	30.67	0.65

在 f 变动的同时，火药气体做功的效率也在变化。即使 B 值相同，弹丸动能、最大压力与火药力也不完全遵循正比关系。在火药力 f 和装填参量 B 同时变化的情况下，l_k、l_m、p_m、v_0 也都要改变，p_m 与 f 和 v_0 与 $f^{1/2}$ 也不完全是正比关系，而且火药力对最大压力和对燃烧结束点的影响显著大于对初速的影响。

2.1.2　制式火炮装药与火药力

制式火炮是已选定装药并已装备使用的火炮。提高该火炮装药的火药力，可以减少装药量，但如果装药的能量密度没有明显提高，这种方法较少被采用。

常希望通过提高火药力来增加制式火炮的初速，或用制式炮验证高能火药的效果。但在实践中，如果没有其他装药技术的改进，提高初速的目的较难实现。

如果新装药的火药力 f_2 大于原装药的火药力 f_1，要在制式火炮上使用火药力更高的火药，而最大压力又保持不变，即 $p_{m2}=p_{m1}$，$f_2/f_1>1$，这时必须应用渐增性更强的火药。可以采用改变药型等方法提高火药的渐增性，降低装填参量值。如提高某式 100 mm 加农炮的初速，用 $f_2=1.45f_1$ 的火药，同时用更具渐增性的药型，药型系数从 $(\chi\lambda)_1=-0.7$，$(\chi)_1=1.7$，改变为 $(\chi\lambda)_2=-0.06$，$(\chi)_2=1.02$。装填参量 B 由 2.18 变为 1.79。这时 100 mm 加农炮的初速 v_0 值由 887 m/s 提高到 994 m/s，但 p_m 和 l_k 保持不变，见表 2-2 和表 2-3。

计算结果列于表 2-2 和表 2-3。

表 2-2　第一期诸元

l/dm		0.025	0.50	3.0	4.527	6.814	7	13	24	30.67	31.4
原装药	p_1/MPa	7.7	118	314	328		313	250	171	134	
	$v_1/(\mathrm{m\cdot s^{-1}})$	3	53.3	241	320		416	569	725	787	
新装药	p_2/MPa	5.39	92.3	284.3		327.2	327.0	301.1			214.1
	$v_2/(\mathrm{m\cdot s^{-1}})$	205	47	222		396	403	575			964

表 2-3　第二期诸元

l/dm		32	38	44	49.48
原装药	p_1/MPa	136.8	113.8	97.0	89.4
	$v_1/(\mathrm{m\cdot s^{-1}})$	798	838	871	887
新装药	p_2/MPa	204	180	158	147
	$v_2/(\mathrm{m\cdot s^{-1}})$	880	926	971	994

某式 100 mm 加农炮的两种装药的数据见表 2-4。

图 2-1 是本例题的 p-l、v-l 曲线。

表 2-4 某 100 mm 加农炮的两种装药系数

原装药	新装药
$\chi\lambda=-0.7$	$\chi\lambda=-0.06$
$\chi=1.7$	$\chi=1.06$
$B=2.18$	$B=1.79$
$f=949$ kJ/kg	$f=1\ 376$ kJ/kg
$l_k=1\ 804$	$l_k=1\ 968$

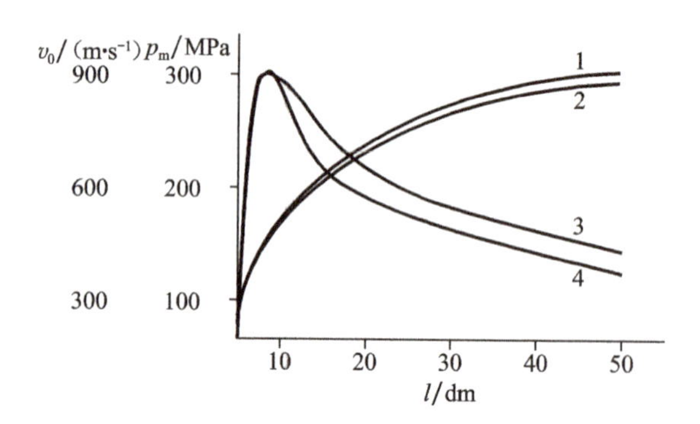

图 2-1 p-l、v-l 曲线

1，3—新装药 v-l、p-l 曲线；2，4—原装药 v-l、p-l 曲线

计算说明，在制式炮上，只有减少 B 值、用渐增性更强的火药，才能在保持最大膛压不变的情况下用高火药力的火药提高初速。除初速提高外，装药的其他性能也有变化，降低了有效功率，增加了膛容利用率和炮口压力。性能对比关系：

有效功率 $r_{g_2}=\left(\dfrac{v_{0_2}}{v_{0_1}}\right)^2, \dfrac{f_1}{f_2}r_{g_1}=0.866r_{g_1}$

膛容利用率 $\eta_{g_2}=\left(\dfrac{v_{0_2}}{v_{0_1}}\right)^2\eta_{g_1}=1.26\eta_{g_1}$

燃烧结束点 $\eta_{k_2}=\eta_{k_1}$

炮口压力 $p_{g_2}=1.65p_{g_1}$

2.1.3 新火炮装药与火药力

① 在弹道设计中火药力的选择。

弹道设计要在给定弹丸质量 m、火炮口径 D 和初速 v_0 的条件下确定装药的诸元。各诸元火药力是影响装药整体性能的关键因素。

在新火炮的弹道设计中，火药力可选取的范围较大。选取高火药力火药，有利于装填密度 Δ、装药量 m_p、弹丸质量 m 的选择和满足初速的要求。火药力高，身管也要有相应的长度。l_g 值大，有利于使用高火药力的火药。从武器烧蚀的角度，大口径线膛炮一般要选用火药力相对较低的火药，滑膛炮可选择火药力高一些的火药。从战术的观点，应综合评定代价和效益的关系。如反坦克火炮，用高火药力的装药，有利于提高摧毁效果，效益优于火炮烧蚀的代价，使用高火药力的火药是合理的。

目前，可用的火药力为 950～1 250 kJ/kg，大口径线膛炮所用的火药力很少超过 1 100 kJ/kg。增加 200 kJ/kg 的火药力，爆温一般要上升 200～700 K。利用火药力的办法可使初速提高约 5%，至少在目前，这个效果也是很可观的。

新武器装药，应以制式火药（单基药、双基药和三基药）为主要选择对象。设计过程是合理选择装药量、药型、点火系统和装药结构，避免选用研制中的火药。火药、火炮同时进行的设计，应有较长期的研究过程。

② 当武器的弹道设计完成后，弹、炮的诸元和火药的种类都已确定，而 Δ、B 值也给出了确定的范围，剩余的问题是继续优化装填密度 Δ、装填参量 B 以及点火等条件。

2.2 装 药 量

2.2.1 装药量与弹道诸元

如果忽略余容 α 的影响，装药量和火药力对 p_m、v_0 的效果是相同的。即在药型、装填参量 B 保持不变的情况下，弹丸动能和最大压力都与火药力和装药量成正比。当装药量提高 10%、20%、30%时，其弹丸的初速分别增加 4.9%、9.5%和 14%。

如果 m_p 增加、火药的 I_k 值不变，则 B 值要随之而变，这时 m_p 和 p_m、v_0 的关系将符合

$$\frac{dp_m}{p_m}=\alpha\frac{\partial m_p}{m_p}+\beta\frac{\partial m_{p_0}}{m_{p_0}}+\cdots$$

$$\frac{dv_0}{v_0}=\alpha'\frac{\partial m_p}{m_p}+\beta'\frac{\partial m_{p_0}}{m_{p_0}}+\cdots$$

式中，系数 α、α'可通过试验求出，也可以从“炮用发射药与装药弹道试验技术条件”查到。对各种火炮，$\alpha>\alpha'$，即 m_p 对 p_m 的影响大于对 v_0 的影响。不同装药的系数 α（或 α'）都有差别，也可以用下式对 m_p 和 v_0 的关系进行估算

$$v_0\propto m_p^n \tag{2-5}$$

n 是一个常数，其值为

$$n=\frac{\mathrm{dlg}\,v_0}{\mathrm{dlg}\,m_p}$$

对各类火炮，可取 $n=0.7$。用式（2-5）估算的数值（表 2-5）高于 $v_0\propto\sqrt{m_p}$，这时 p_m 已与 m_p 的关系也有变化。

表 2-5　取 $n=0.7$，用式（2-5）估算 v_0

$(m_p+\Delta m_p)/m_p$	1.1	1.2	1.3	1.4	1.5
$(v_0+\Delta v_0)/v_0$	1.069	1.136	1.202	1.266	1.328

2.2.2 弹道设计与装药量的选择

① 弹道设计之后，火药品种、火药力都已确定。之后火药厂和装药厂要通过生产进一步精选装填密度 Δ 和装填参量 B。其 Δ 和 B 应既满足弹道指标，又有利于生产。

对一门火炮，p_m、v_0 和 η_k 都是由 I_k 和 Δ 决定的

$$p_m = f_1(I_k, \Delta)$$
$$v_0 = f_2(I_k, \Delta)$$
$$\eta_k = f_3(I_k, \Delta)$$

用计算和试验的方法可以作出弹道性能和装药的关系示意图（图 2-2）。

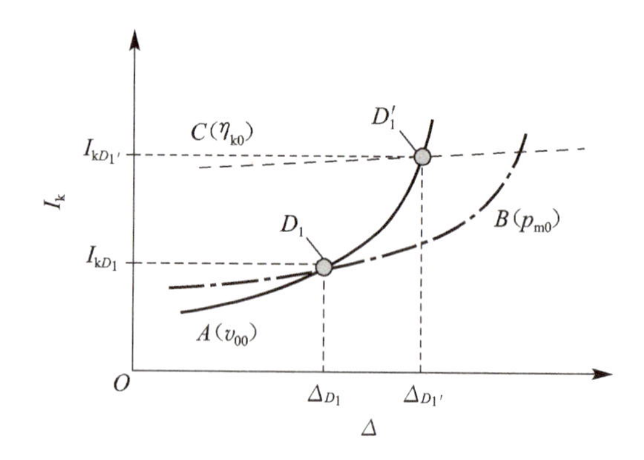

图 2-2　弹道性能和装药关系曲线

B 线是设计要求的等最大压力 p_{m0} 线。在 B 线的上方，$p_m < p_{m0}$；C 线是设计要求的等燃尽系数 η_{k0} 线，在 C 线下方，$\eta_k < \eta_{k0}$。A 线是弹道设计要求的等初速 v_0 线，A 线的右侧的初速高于 v_0。满足 v_0、p_{m0}、η_{k0} 要求的点落在图 2-2 中 $A(v_{00})$ 线的 $\Delta_{D_1} \sim \Delta_{D_1'}$ 线上，所对应的装药诸元为 $\Delta_{D_1} \sim \Delta_{D_1'}$ 和 $I_{kD_1} \sim I_{kD_1'}$。

在弹道设计或火药生产的方案选择中，如果方案点接近于 D_1，装药可选择的 Δ 值范围较小，允许的加工偏差 ΔI_k 也很小，对火药加工的要求更加严格。方案点接近 D_1'，装药可选择的 Δ 值范围变大，允许 ΔI_k 的偏差加大，对生产的要求放宽。所以，尽量用装药密度 Δ 值高的方案，此时的装药满足 η_k 的要求。

在考虑经济因素时，常希望降低装药量，但由此会带来加工的困难和增加废品量。少量装药量的降低，几乎看不到明显的效益。所以，在制定火药生产与装药的工艺规程时，应对加工过程和装药量的综合效果进行全面的评定。可用图 2-2 的规律选择工艺规程的装药指标，它有助于确定方案，避免选中弹道性能不稳定的方案。

② 装药密度是影响膛压和初速的主要装药诸元。GC45-155 mm 火炮模块装药，装药量（装填密度）对膛压、初速的影响见表 2-6。当 6 号装药的装填密度在 0.65～0.85 g/cm^3 区间时，随着装药量的提高，膛压和初速明显增加。在装填密度较低时（如 0.65 g/cm^3），每千克火药增加初速和膛压分别为 41.3 m/s 和 49.5 MPa。但在装填密度较高时（如 0.85 g/cm^3），每千克火药增加初速和膛压分别为 43.3 m/s 和 102.1 MPa。即高装药密度装药，膛压对装药量的敏感度大于对初速的敏感度（图 2-3）。

表 2-6　155 mm 火炮高密度模块装药，装药量对膛压、初速的影响

$\Delta/(g\cdot cm^{-3})$	$v_0/(m\cdot s^{-1})$	dv_0/dm_p	p_m/MPa	dp_m/dm_p
0.65	868		306.3	
0.675	891.8	41.3	334.8	49.5
0.7	915.5	41.4	365.9	54.1
0.725	939.4	41.5	400.1	58.5
0.75	963.4	41.7	437.9	65.7
0.775	987.6	42.0	479.8	71.9
0.8	1 012	42.4	526.4	81
0.825	1 036.7	42.9	578.6	89.4
0.85	1 061.6	43.3	637.3	102.1

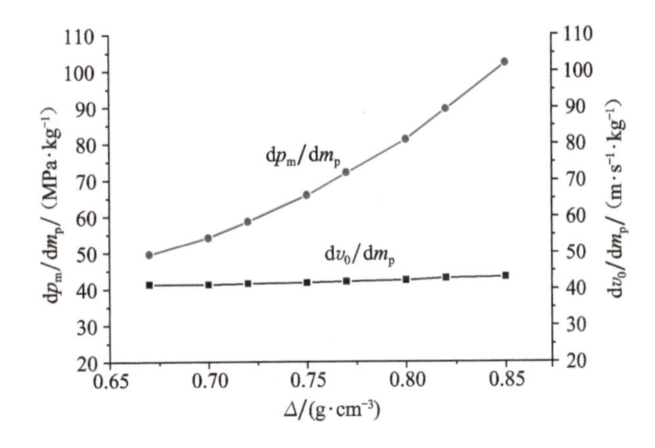

图 2-3　155 mm 火炮高密度模块装药，膛压和初速对装药量的敏感度

低装药密度时，如 3 号装药的装填密度为 0.33～0.39 g/cm³，提高装药量，膛压和初速随之增加，每千克火药约增加初速和膛压分别为 45 m/s 和 21 MPa（表 2-7）。即低密度装药初速和膛压对装药量的敏感度与高密度装药的不同，其初速对装药量的敏感度大于对膛压的敏感度（图 2-4）。

表 2-7　155 mm 火炮低密度模块装药，装药量对膛压、初速的影响

$\Delta/(g\cdot cm^{-3})$	$v_0/(m\cdot s^{-1})$	l_k/l_g	dv_0/dm_p	p_m/MPa	dp_m/dm_p
0.337	561.8	0.92		109.4	
0.35	574.7	0.88	44.5	114.9	19.0
0.36	587.5	0.84	44.1	120.7	20
0.375	601.4	0.81	47.9	127.7	24.1
0.387	614	0.78	43.4	134	21.7

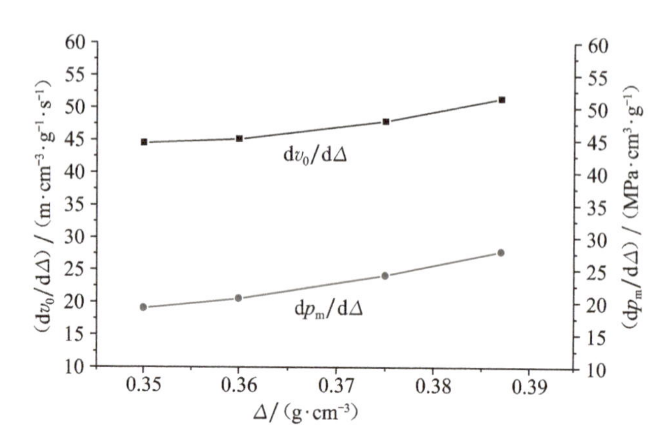

图 2-4　155 mm 火炮低密度模块装药，膛压和初速对装药量的敏感度

所以，低装填密度装药，增加装药量很有效，能够在膛压不明显增加时，初速有较大的提高；但高装填密度装药，增加装药量后，膛压增加的速率远大于初速增加的速率。

③ 生产后，产品火药的 I_k 值通常要偏离工艺规程的 I_k 值。每批产品都通过装药量的选配来满足膛压和初速的要求。就是用 Δ 值的变化来抵消 I_k 的偏差，使弹道诸元落在图 2-2 的 D_1-D_1'线上。如果 ΔI_k 过大，无法用 Δ 值来修正，这种火药就不能通过验收。

可用火炮的装药图研究 p_m、v_0 和 I_k、Δ 的关系，在试验中用装药图能估算装药诸元和弹道诸元。图 2-5 是 37 mm 自动高射炮的装药算图。此图的压力单位为 MPa，I_k 单位为 s^{-1}。如果是管状药，当 I_k=575.4 s^{-1}，Δ=0.72 g/cm^3 时，由图线给出 v_0=860 m/s，铜柱压力 p_m'=2 590 kg/cm^2（264 MPa，见 MM'线）。当火药加工后，I_k=570 s^{-1}，如使 v_0= 860 m/s，则 Δ 应取 0.713 g/cm^3，此时 p_m'=2 580 kg/cm^2（263 MPa，见 N_1N_1'线）。

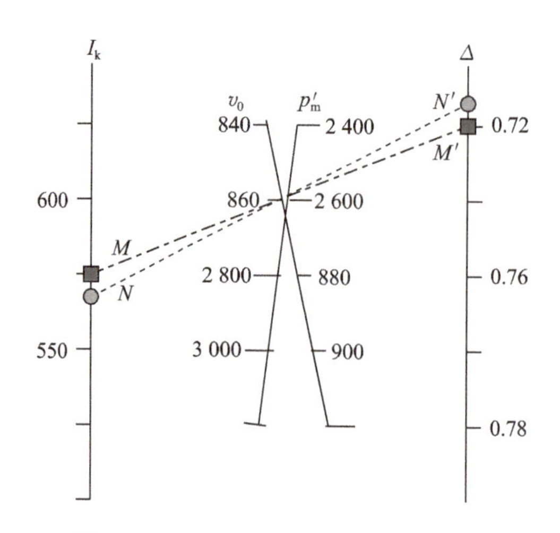

图 2-5　37 mm 自动高射炮的装药算图

2.2.3　用增加装药量的办法提高火炮的初速

① 制式火炮在改变装药的同时保持 p_m 不变，通过火药弧厚改变 B 值可以增加 m_p，但 l_k 值随之增加。所以，用弧厚改变 B 值和提高装药量增加初速的办法也不容易实现。只有原装药 η_k 值有余量，少量提高初速才有可能。这和火药力一样，如果火药装药没有燃烧渐增性的增加，装药量对原装药的改进是有限的。

想在制式火炮上用增加 m_p 的办法提高初速，必须同时进行药型和 B 值的改变，即采用更增面燃烧的火药。

在目前的装药技术研究中，改变 B 和提高渐增性的综合技术有了进展。这些技术包括：高密度装药、钝化、阻燃和变燃速装药等技术，利用它们可以较明显地提高火炮的初速。

② 弹道设计要决定炮、弹和装药的有关诸元，以满足给定火炮初速和膛压的要求。装药主要是选择 f、m_p/m 和 Δ 值。在 f 和 m_p 这两个因素中，m_p/m 的可调范围大，m_p/m 几乎可以成倍地增加，而 f 的可调范围小，约 10%，新的高能火药需要较长的时间研究。因此，增加 m_p/m 值就成为提高 v_0 的主要办法。近年来，也一直采用这种措施提高初速。根据资料统计，20 世纪 30 年代高炮装药量与弹丸质量的比值 m_p/m 大约为 0.28，装药密度 Δ 约为 0.66 g/cm^3。到 70 年代，m_p/m 大于 0.43，在舰炮上甚至大于 0.50，Δ 值也达到了 0.83 g/cm^3。在这段时间内，加农炮的 m_p/m 值从 0.27 提高到 0.40 以上，Δ 值由 0.63 g/cm^3 提高到 0.70 g/cm^3 以上。除少数火药的火药力提高 10%以外，各种火炮所用发射药的能量水平基本未变，而火炮的初速约提高 20%。这是包括炮、弹在内的各因素的综合效果，但起主要作用的还是增加装药量，现在，装药密度可以高于 1 g/cm^3，增加装药量是提高火炮初速的重要方法。

2.2.4　装药量、火药力与装药性能

① 装药量和火药力是控制膛压和初速的主要装药诸元，是提高炮口动能的关键因素。

改变装药量和火药力是调节火炮膛压和初速的主要方法，这两者，火药力优于装药量的实质效果。

45D-23L-155 mm 火炮 6 号模块装药的性能，能够说明装药量、火药力对膛压和初速的作用效果及其差异。

增加装药量（m_p）和火药力（f），能提高火炮的膛压和初速（表 2-8）。一般情况下，两者的效果基本相近：理论上，膛压与 m_p、f，初速与 $m_p^{1/2}$、$f^{1/2}$ 基本成正比关系。实际上，受多种因素的影响，如装药密度的影响，使之偏离正比关系，并在 m_p、f 的作用效果上有明显的差异（图 2-6）。

表 2-8　155 mm 火炮，装药量和火药力对 6 号模块装药膛压和初速的影响

装药量对膛压和初速的影响									
m_p/kg	ρ/(g·cm^{-3})	$K=m_p/m_{p0}$	Δk	dv_0/dm_p	dp_m/dm_p	v_0/(m·s^{-1})	Δv_0	p_m/MPa	Δp_m
14.95 (ω_0)	0.65	1				868		306.3	
15.52	0.675	1.038	0.038	6.3	7.5	891.8	23.8	334.8	28.5
16.10	0.7	1.077	0.039	6.3	8.0	915.5	23.7	365.9	31.1
16.67	0.725	1.115	0.038	6.3	9.0	939.4	23.9	400.1	34.2
17.25	0.75	1.144	0.039	6.36	9.7	963.4	24.0	437.9	37.8
17.82	0.775	1.192	0.038	6.4	11.1	987.6	24.2	479.8	42.1
火药力对膛压和初速的影响									
f/(kJ·kg^{-1})	ρ/(g·cm^{-3})	$K=f/f_0$	Δ	dv_0/df	dp_m/df	v_0/(m·s^{-1})	Δv_0	p_m/MPa	Δp_m
1132 (f_0)	0.65	1				868		306.3	
1175	0.65	1.038 4	0.038 4	4.9	4.7	886.8	18.8	324.2	17.9
1219	0.65	1.076 9	0.038 5	4.7	4.7	904.8	18.0	342.2	18.0
1262	0.65	1.115 3	0.038 4	4.6	4.8	922.5	17.7	360.7	18.5
1305	0.65	1.153 7	0.038 4	4.555	4.918	940.4	17.9	380.2	19.5
1349	0.65	1.192 1	0.038 4	4.5	5.1	957.6	17.2	399.7	19.5
1393	0.65	1.230 5	0.038 4	4.5	5.3	974.9	17.3	420.2	20.5

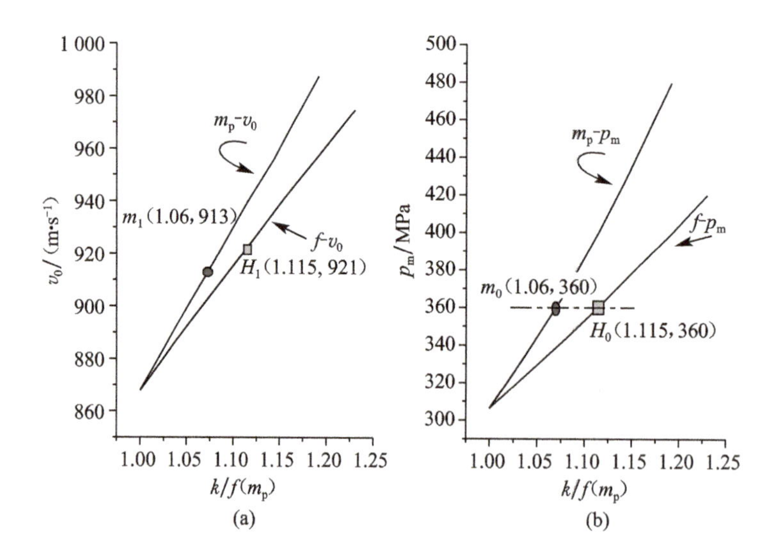

图 2-6　45D-23L-155 mm 火炮 6 号模块装药 m_p、f 与膛压和初速

(a) m_p-v_0，f-v_0；(b) m_p-p_m，f-p_m

通过对比可以看出，火药力优于装药量的实质效果。

取 45D-23L-155 mm 火炮 6 号模块装药 m_{p0}=14.95 kg 和火药力 f_0=1 132 kJ/kg 为基准装药。如果膛压限制为 360 MPa，在图 2-6（b）上有 m_0 和 H_0 两点，对应

360 MPa 压力的装药量是 $1.06m_{p0}$ 和火药力 $1.115f_0$。与之对应（a）图的 m_1 和 H_1 两点，m_1 装药量所获得的初速是 913 m/s；H_1 火药力所获得的初速是 921 m/s。即在最大压力相同情况下，通过火药力比装药量能获得更高的初速，火药力优于装药量的实质效果。

② 膛压对装药量的敏感度大于对火药力的敏感度，火药力对初速有更大的提升空间。

随着装药量的增加，膛压和初速上升得快，尤其是在装药密度较高的情况下，膛压上升得更快，远高于火药力的升率（图 2-7）。

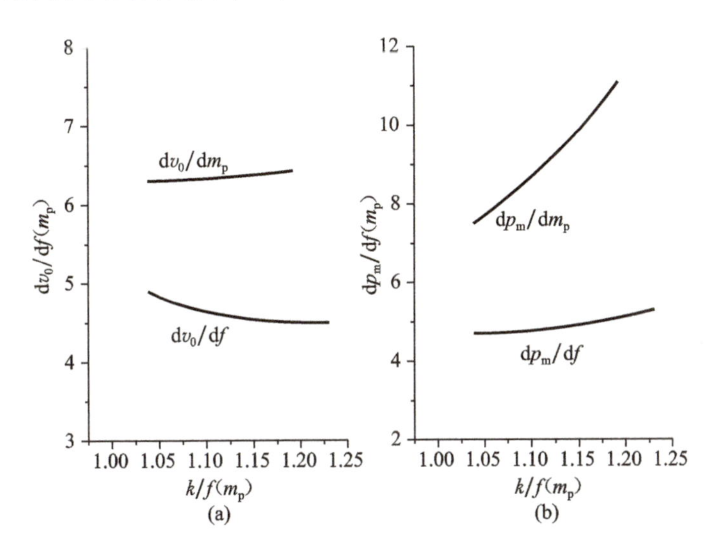

图 2-7　初速、膛压对装药量和火药力的敏感度

图 2-7 中的 dv_0/dm_p 代表初速对装药量的敏感度，是总装药量变化 1%引起的初速变化量。如原装药量是 15.52 kg，增加装药量至 16.1 kg（表 2-8）；装药密度由 0.65 g/cm^3 变化到 0.675 g/cm^3，此时 $dv_0/dm_p=6.3$。说明装药密度为 0.65～0.675 g/cm^3，总装药量变化 1%，引起的初速变化量是 6.3 m/s。

dv_0/df 代表火药力变化 1%引起的初速变化量，是初速对火药力的敏感度。dp_m/dm_p 和 dp_m/df 分别表示膛压对装药量和火药力的敏感度。图 2-7（b）所示的 dp_m/dm_p 上升很快，即在装药密度较高时，装药量小量地增加，压力也会产生大跨度的提升；而图 2-7（a）反映的初速敏感度 dv_0/dm_p 却不高，初速提升不明显，即在高密度条件下，通过装药量提高初速将带来膛压的大幅提升，相对应的初速提高不多。

与之对比，尽管火药力初速敏感度有下降的趋势（图 2-7（a）），但膛压的敏感度 dp_m/df 也很低（图 2-7（b）），使初速有较大的提升空间。

③ 原则上，利用高火药力的装药是合理和理想的。

在不同的条件下，分别通过装药量和火药力提高初速。提高装药量伴随火药及其燃气占有药室的容积，导致大幅度地提高膛压。虽有增加火药弧厚、利用增面燃烧装药和阻燃技术等调节方法，但装药密度较高时，膛压上升快的趋势难以控制。而用火药力提高初速，可以在装药密度较高的条件下控制膛压上升的幅度，使继续提高初速成为可能。

火药力的应用会带来火炮烧蚀加重等结果。目前高能量火药的种类不多，提高火药力的潜力也有限。但对高初速火炮，用火药力的办法会更有效。火药力比较高的火药，用于一般装药不能满足弹道性能要求的装药。

2.3 火药的爆温与膛内火药气体温度

2.3.1 火药爆温

火药爆温（绝热火焰温度）是绝热条件下火药燃烧所能达到的最高温度。根据爆发反应的条件，又可分为定容爆温（T_V）和定压爆温（T_p）。在身管武器装药的研究中，主要使用定容爆温。

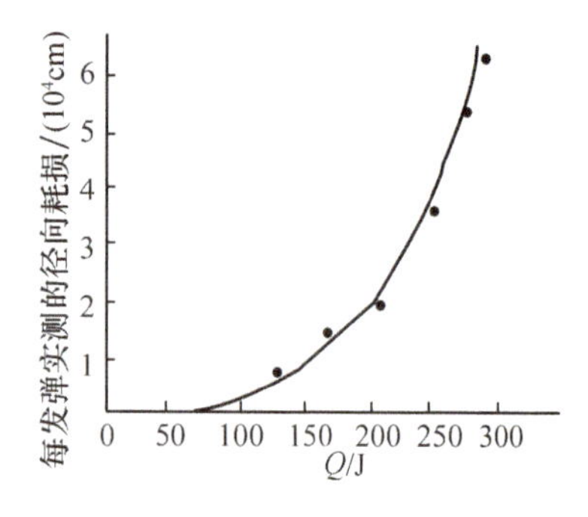

图 2-8 热量与烧蚀的关系

爆温是火药性能的重要指标。从能量的角度，总希望提高火药的 T_V 值。对于燃气组分相近的火药，T_V 越高，火药的潜能越大，做功的能力也越强，这一点由公式 $f=nRT_V$ 可以得到证实。通过提高爆温来增加做功能力的途径也有限制，因为爆温高，火炮烧蚀严重。烧蚀率远远超过爆温的上升率。研究表明，热是影响烧蚀的主要因素，图 2-8 表示了烧蚀与热流量的关系。

图中的纵坐标是每发弹实测的烧蚀量，横坐标是计算的热流量。热流量与烧蚀量反映了火药爆温与武器寿命的规律。Q 值（或 T_V）较大时，Q 值（或 T_V）微小的变化都会引起很严重的烧蚀。因此，T_V 就是决定武器烧蚀的关键因素。Q 增加时，爆温也提高。所以，热或 T_V 往往是评定火药对武器烧蚀的主要指标。

在火药发展中，一直在解决增加能量与降低爆温的矛盾。在这个过程中，出现了冷火药“硝基胍火药”。目前，已经应用了硝胺火药。但总的说来，降低爆温仍然是火药研究的目标。大口径、高初速和高射速的武器对火药爆温有更严格的限制。

选择火药爆温还没有一个可遵循的原则。单基药、制式双基药等爆温较低的火药可用于目前的各类武器。但大口径武器，如 155 mm 口径的远程炮，则希望用低爆温火药（如 DNT 增塑的单基药）和硝基胍等火药。而某些小口径武器、迫击炮和滑膛炮，可以把爆温提高到 T_V=3 200～3 800 K 或更高。随着时代的发展，武器的材料、缓蚀技术也会发展，所以对武器寿命的认识也会发展和更加深入。

2.3.2　膛内火药气体的温度

研究膛内火药气体的温度及其分布对分析火药气体组分、热散失、烧蚀和弹道效率等问题都是重要的。弹丸运动期间，燃气的温度在变化，其瞬间温度 T 可用下式求出

$$\frac{\psi m_{\mathrm{p}} R}{\overline{M}(\gamma-1)}(T_V - T) = \frac{1+\eta}{2}\left(m_1 + \frac{m_{\mathrm{p}}}{3}\right)v^2 \tag{2-6}$$

式中，$\overline{M}$ 为燃气平均摩尔相对分子质量。

如果令

$$T' = T/T_V$$

$$\bar{\gamma} - 1 = (1+\eta)(\gamma - 1)$$

式（2-6）可写成

$$\psi(1-T') = \frac{\bar{\gamma}-1}{2}\left(\frac{m_1}{m_{\mathrm{p}}} + \frac{1}{3}\right)\frac{v^2}{f}\overline{M}$$

由于火药力

$$f = nRT_V$$

可得

$$\psi(1-T') = \frac{\bar{r}-1}{2}\left(\frac{m_1}{m_{\mathrm{p}}} + \frac{1}{3}\right)\frac{v^2}{f}m_{\mathrm{p}}$$

或

$$\psi(1-T') = \frac{\bar{r}-1}{2}\left(m_1 + \frac{m_{\mathrm{p}}}{3}\right)\frac{v^2}{f} \tag{2-7}$$

式中，m_1 为虚拟质量；η 为用以表征热散失的系数，是热散失与弹丸、气体动能的比值。

这样，$(1+\eta)(m_1+m_{\mathrm{p}}/3)v^2/2$ 就相当于热损失动能、弹丸动能和火药气体动能的总和。

$nRT_V/(\gamma-1)$ 称为潜能，是单位质量的能量。如果绝热指数是常数，则 $nRT_V/(\gamma-1)$ 就是火药气体冷至 0 K 放出的能量。

如果燃气组分的化学反应是冻结的，可用式（2-7）求燃气的温度 T，这对分析热损失、烧蚀、炮口焰都是可用的。随着温度的变化，实际上 γ 也在变化，这时最好用式（2-6）求温度。用这个办法可以研究火药燃气组分、效率，进而研究燃气组分对热损失、烧蚀、炮口焰等的影响。热损失系数 η 可用下式求出

$$\eta = \frac{33.8(l+l_0)d^{3/2}(T_0-300)\beta}{v^2\left(m_1+\frac{m_{\mathrm{p}}}{3}\right)\left[1.7+4.02\eta d^{1/2}\left(\frac{d^2}{m_{\mathrm{p}}}\right)^{0.86}\right]} \tag{2-8}$$

式中，β 表示炮膛粗糙程度的系数，一般可取 1.25，步兵武器 β 取 1.4。根据热损失系数 η，也可以估算热损失所引起的初速降。Δv_0 可用式（2-9）计算

$$\Delta v_0 = \frac{\eta}{2}\left(m_1 + \frac{m_p}{3}\right)v^2 \tag{2-9}$$

利用式（2-6）、式（2-7）求温度，还要知道弹丸速度 v 和 ψ 值。因此，求温度的步骤与弹道计算的步骤基本一致：

第一时期（从火药点燃到火药燃烧结束），设 χ，分别用

$$v^2 = \frac{SI_k}{\varphi_m}\chi \tag{2-10}$$

$$\Psi = \chi Z + \chi\lambda Z^2 \tag{2-11}$$

$$l = l_\Psi - (Z_\chi^{-\frac{B}{B'}} - 1) \tag{2-12}$$

求出 v、Ψ、l 值。

第二时期（从火药燃烧结束到弹丸出炮口），设 l，再求速度 v，最后用式（2-7）求 T 沿 l 的分布值。

如果把 γ 考虑成变量，还要引用燃气组分与温度和压力的平衡方程式。

弹丸在炮管内启动的瞬间，温度由 T_1 开始，随着弹丸速度的增加，气体温度开始下降。在弹丸出炮口处，温度已降到 $0.6T_V \sim 0.7T_V$，温度降低的速率很快。图 2-9 是 37 mm 高射炮温度、行程曲线。

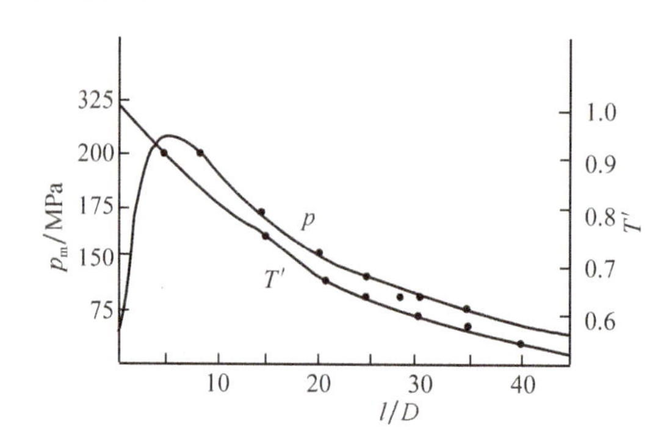

图 2-9　温度与行程曲线

该图说明，弹丸开始运动时，对比温度 T' 等于 1；随后下降，到最大压力时，$T'=0.87$；燃烧结束点处，$T'=0.75$；最后到炮口处，$T'=0.55$。

2.4　火药的爆热和潜能

1 kg 火药在绝热定容下燃烧，燃气冷至 15 ℃所放出的热量称为爆热，单位是kJ/kg。爆热可用量热计测量。燃气组分相近的情况下，爆热高的火药，其做功的能力也大。

水为液态的爆热 $Q_{V(l)}$ 一般要比水为汽态的爆热 $Q_{V(g)}$ 大 10%左右。该值在很大程度上取决于燃气中 H_2O 的最后含量。所以 $Q_{V(g)}$ 要比火药的内能 $U(T)$ 小 10%左右。

爆热是在一定条件下计算或测出的数值（定容燃烧，燃气冷至室温）。这和火炮条

件有一定的差别。所以，爆热和火炮所获得的有用功无直接关系，在爆热值低于 3 000 kJ/kg 时，两者更缺少对应关系。这时，爆热值要比火炮试验算出的热值高 20%。在量热计条件下，火药的燃烧有析碳现象，而在火炮中则不发生。

对火炮，潜能更有实际意义。$nR/(\gamma-1)$ 是温度接近于 T_V 的定容比热容。$nRT_V/(\gamma-1)$ 是潜能，是单位质量火药可利用的总能量。它近似等于单位质量的火药气体在爆温点的内能。在射击时，潜能主要消耗在加热火炮以及给予弹丸、气体和火炮可运动部分的动能。在火炮条件下的潜能与单位质量火药放出的能量大致成正比。但爆热值仍然是可应用的示性数，是在火药研究、检验中不可少的。这个量比较直接，容易计算，容易测量，而且测定值比较准确。

潜能和爆热也存在一定的关系。因为 $Q_{V(g)}$ 可表示为

$$Q_{V(g)} = \Delta U_{T_V} = nR(T-300)/(\bar{\gamma}-1) \tag{2-13}$$

式中，$\bar{\gamma}$ 是 300～T_V 温度范围内 γ 的平均值。

由于通常测得的是 $Q_{V(l)}$，所以，潜能和爆热 $Q_{V(l)}$ 有如下的关系

$$\frac{\text{潜能}}{Q_{V(l)}} \approx \frac{0.9T_V}{T_V-300}\left(\frac{\bar{\gamma}-1}{\gamma-1}\right) \tag{2-14}$$

燃温高的火药，(潜能/爆热) 值约为 1.05；燃温较低的火药，比值约为 1.15。由此，可用爆热来衡量火炮的有用功。

在长期实践中，也积累了爆热与烧蚀、爆热与火药燃速等一些有用的规律。如：根据爆热值选配武器装药的规律、燃速与爆热的规律，以及爆热与火药烧蚀的规律等。

由于上述原因，爆热是火药的重要性能指标，但不是装药的重要特征。

2.5　火药密度

火药密度是火药的重要示性数，它关系到装药的能量密度。

对于一种火药，火药密度 ρ 应有一个固定值。由于生产的原因，ρ 值有一个范围，但 ρ 值的波动不会给装填密度 Δ 带来大的影响，但对 I_k 值影响较大。ρ 值比规定值小，说明火药的密实性差，塑化不好，或者有气泡等疵病。由此常引起弹道参数的散布。在火药生产中，都会对火药的密度进行严格的控制。

我国生产的火药，除特殊品种之外，ρ 值为 1.52～1.67 g/cm^3。大量加入黑索今或硝基胍等高能材料的火药，ρ 值可以达到 1.7 g/cm^3。ρ 值的大小与火药成分和加工方式有关，理论密度值可用下式计算

$$\rho = \sum n_i \rho_i \tag{2-15}$$

式中，n_i 为第 i 种成分的质量分数；ρ_i 为第 i 种成分的密度。

由上式看出，含晶态炸药组分的火药 ρ 值高，硝基胍、黑索今、奥克托今等组分明

显地提高了火药的密度。

由不同火药的密度差别（1.52～1.63 g/cm³），得到的 Δ 值可相差 7%左右。对某些火炮，此值是至关重要的，在装药选择时不能忽略密度这一重要因素。

2.6 药型和火药压力全冲量

2.6.1 药型

χ 是火药形状的特征量，取决于火药的形状。χ 和气体生成速率的关系为

$$\frac{\mathrm{d}\Psi}{\mathrm{d}t}=\chi\sigma\frac{\mathrm{d}Z}{\mathrm{d}t} \tag{2-16}$$

由公式看出，火药形状直接影响膛内的 p-l 曲线。随 χ 值的增加，火药趋向于减面性燃烧，最大压力也随之增加；χ 值减小，火药则趋向于增面性燃烧，最大压力也下降。其规律由图 2-10 的例子反映出来。

图中的相对值 $\bar{p}_m$、$\bar{v}_0$ 是以管状火药（χ=1.06）为对照基准。装填参量 B 对 $\bar{p}_m$-χ、$\bar{v}_0$-χ 曲线的位置和形状有影响，一般随 B 值增大，χ 对 $\bar{p}_m$ 的影响也增强。不同 B 值的曲线交于 χ=1.06 点，该点火药和对照基准火药的 χ 和 B 值分别相同，$\bar{p}_m$=1。图 2-10 上的 $\bar{v}_0$-χ 线近似一条直线，这条线的位置、形状几乎与 B 值无关。由此看出，χ 值对的 $\bar{v}_0$ 影响较小。当 χ 从 0.6 变化到 1.8 时，$\bar{v}_0$ 值仅变化 5%左右，而 p_m 值却增加了4 倍。

图 2-11 以管状火药（χ=1.06）的 l_m、l_k 值为对照基准。由图看出，随着 χ 值的增加，$\bar{l}_k$、$\bar{l}_m$ 都要减少，而 $\bar{l}_k$ 要比 $\bar{l}_m$ 下降得快。χ=1.06 的点是分界点。χ<1.06，$\bar{l}_k$、$\bar{l}_m$ 都大于 1；χ>1.06，$\bar{l}_k$、$\bar{l}_m$ 都小于 1。当 χ 从 0.6 变化到 1.8 时，$\bar{l}_m$ 约增加 2.5 倍，而 $\bar{l}_k$ 则增加 10 倍。

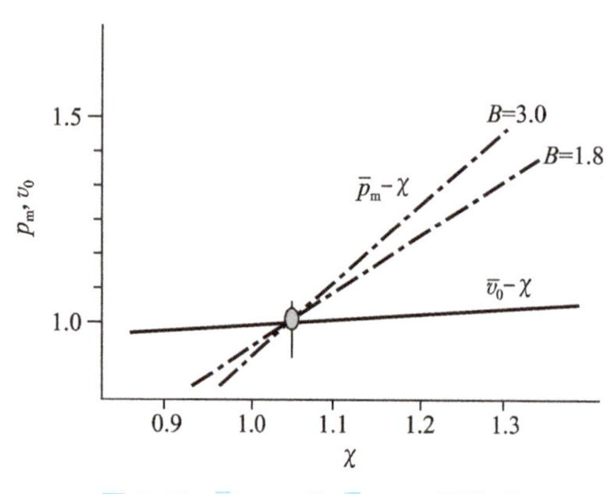

图 2-10 $\bar{p}_m$、v_m 和 $\bar{p}_m$、$\bar{v}_0$ 的关系

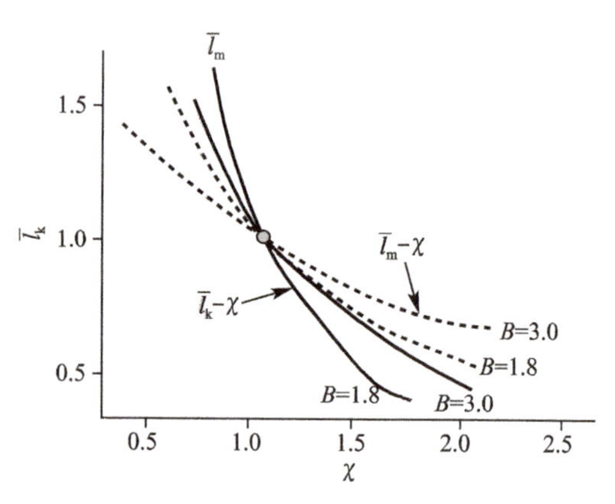

图 2-11 $\bar{l}_k$、$\bar{l}_m$ 与 χ 的关系

装填参量 B 同样影响 $\bar{l}_k$-χ 和 $\bar{l}_m$-χ 曲线的形状和位置。在 B 值减少时，χ 对 $\bar{l}_m$ 和 $\bar{l}_k$ 的影响程度增大。

图 2-10 和图 2-11 虽然是以管状火药为对照基准，对于 χ 不同的任何两种火药，图中所显示的规律是相似的。

上述讨论，说明火药形状对弹道性能有较大影响。可通过火药形状来控制火药的气体生成规律，进而达到控制弹道性能的目的。

装药设计，希望选取 χ 小的火药药型，除非一些特殊武器（如手枪等）会选用 χ 较大的药型，这能减少枪口的压力。选择药型应该考虑工业生产的因素，以及装填密度、点火传火、装药工艺和武器特性等有关因素。但是，要在已有火炮上增加装药量和提高火药力，则必须选用比原 χ 值小的药型。

只通过几何形状来达到“增面性”还不能满足实用的要求。因此，钝感、包覆、阻燃、压实、变燃速等技术也常常被采用。

2.6.2　压力全冲量

在其他装填条件不变的情况下，压力全冲量 I_k 越小，$d\Psi/dt$ 越大，压力上升也越快。在弹道诸元中，对 I_k 最为敏感的量是 p_m 和 l_k。

图 2-12、图 2-13 给出了 I_k 值和弹道性能的关系，主要是火药弧厚与弹道性能的关系。图中各曲线所用的参照药型是管状药，取相对值 I_{k_2}/I_{k_1} 作为变量。

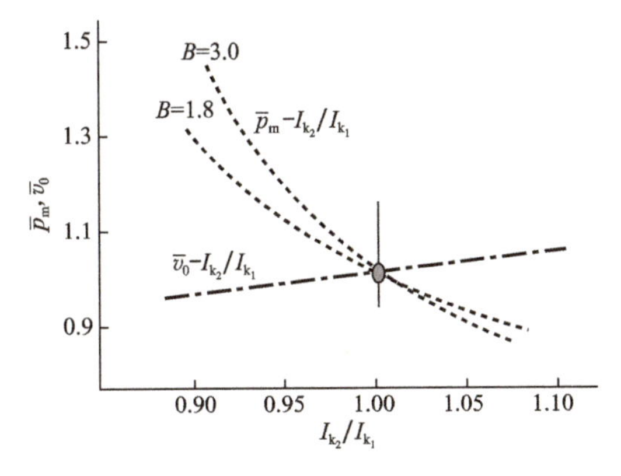

图 2-12　I_k 与弹道诸元的关系

当 I_k 增加时（图 2-12），$\bar{p}_m$ 下降很快，而初速 $\bar{v}_0$ 略有上升。$\bar{p}_m$ 下降的速度与 B 值有关，B 值大的，$\bar{p}_m$ 下降快。如果某火药与对照基准药的 I_k 值差 10%，其 $\bar{p}_m$ 值约是 1.4，而 $\bar{v}_0$ 的变化值小于 4%。

图 2-13 是 I_k 和 l_k、l_m 的关系图。I_k 增加时，l_m 几乎没有变化，而 l_k 则有明显的变化。由于 I_k 的增加，使压力行程曲线变得低平。所以，I_k 值对膛容利用系数影响大，而对弹道效率影响小。

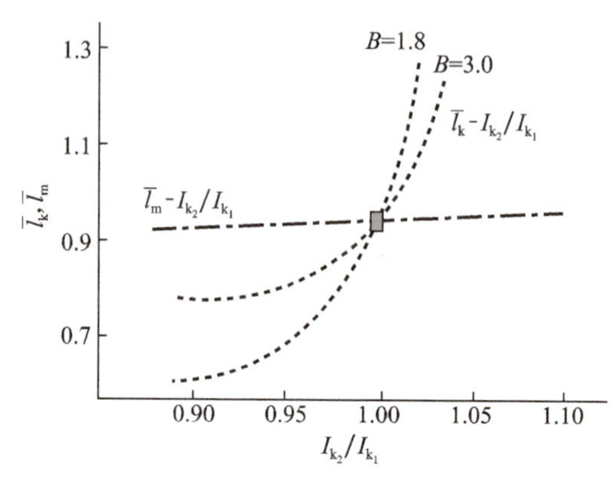

图 2-13 I_k 与 $\overline{I}_k$、$\overline{I}_m$ 的关系

装药的弹道性能主要由 I_k、Δ 值决定。因此，确定火药工艺规程和装药规程时，应优选 I_k 和 Δ 值。确定的装药方案，要允许 I_k 和 Δ 值有较大的偏差，这样，就容易通过 Δ 值的调节来满足弹道性能的要求。I_k 值的变化来自 $2e_1$ 和 u_1 的变化，这两者较小的变动都能对弹道性能带来影响。火药加工是决定 $2e_1$ 和 u_1 值的关键因素，u_1 值在使用条件下也有变化，常规的方法是通过改变装药密度来补偿压力全冲量 I_k 的变化。

2.6.3 χ 和 I_k 同时变化对弹道性能的影响

需要了解药型和 I_k 值同时变化对弹道性能的影响规律，只有同时改变药型和 I_k（或 B），才能更好地控制弹道性能。在实践中，这两者也是同时变化的，可以借助图 2-14 估算它们对弹道性能的影响程度。

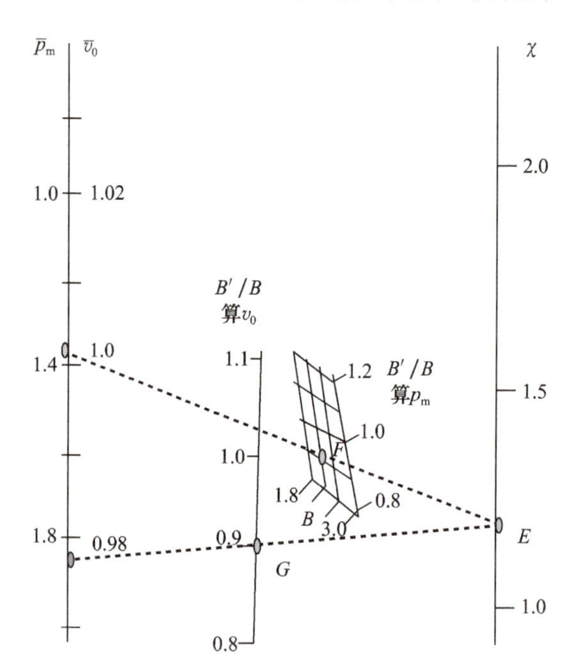

图 2-14 B、χ 对弹道性能的影响

该图的相对值 $B'/B=0.8\sim1.2$，包括了增面和减面的药型，药型系数 χ 为 $0.6\sim2.0$。χ 为 1.06 的管状药为基准药型。

如果原设计装药 $B=2.2$，$\chi=1.06$，生产后的火药弧厚发生了变化，其装填参量 $B'=1.90$（$B'/B=0.9$），新药型 $\chi=1.2$。由图 2-14 可求出最大压力和初速的变化量。

可在χ的图线上取$\chi=1.2$ 的点 E，用计算 $\bar{p}_m$ 的 B'/B 线在网络上取 $B=2.2$ 和 $B'/B=0.9$ 的交点 F，连接 E、F，延长至 $\bar{p}_m$ 线，交点处 $\bar{p}_m=1.38$。用计算 $\bar{v}_0$ 的 B'/B 线取 $B'/B=0.9$ 点 G，连接 E、G，延长至 $\bar{v}_0$ 线，交点处 $\bar{v}_0=0.975$。即最大压力和初速分别是原装药的 1.38 倍和 0.98。

2.7　余　　容

2.7.1　余容的物理意义

在气体的压力很高时，用理想气体定律会产生较大的偏差。例如，火药燃气压力为 250 MPa 时，用理想气体算出固体表面的气体密度比固体的密度还大。适用于高压条件下的状态方程是范德瓦尔斯方程。如果火药气体质量为 1 kg，范德瓦尔斯方程为

$$p(V-b)=nRT \tag{2-17}$$

式中忽略了分子间引力的修正量，对于高温的火药气体，这个值是可以忽略的。b 值是考虑分子本身体积的修正量。T 是绝热火焰温度或比它小的任何温度。在密闭条件下研究火药的燃烧时，有如下经验公式

$$p_m=f\Delta/(1-\alpha\Delta) \tag{2-18}$$

在弹道学上称 α 为余容。

对式（2-17），在闭密条件下 $V=1/\Delta$，$f=nRT$，$p=p_m$，则式（2-17）可写成

$$p_m=f\Delta/(1-b\Delta) \tag{2-19}$$

比较式（2-18）、式（2-19）可见，范德瓦尔斯方程中的 b 值即是式（2-18）中的余容 α。因此，余容 α 就是考虑气体分子体积的修正量。在数值上，它等于 1 kg 火药气体分子体积的 4 倍，是气体分子本身不可压缩的体积。

2.7.2　余容对弹道性能的影响

由式（2-18）看出，α 值直接影响到气体的压力值。在火炮条件下，α 值也直接影响到弹道性能。一般的规律是：随着 α 值的增加，相对应的压力也增加，进而使火炮的初速、最大压力点的位置和炮口压力略有增加，但燃烧结束点的位置则要减小。某式 100 mm 加农炮的弹道性能和余容的关系（图 2-15、表 2-9）反映了这个规律。

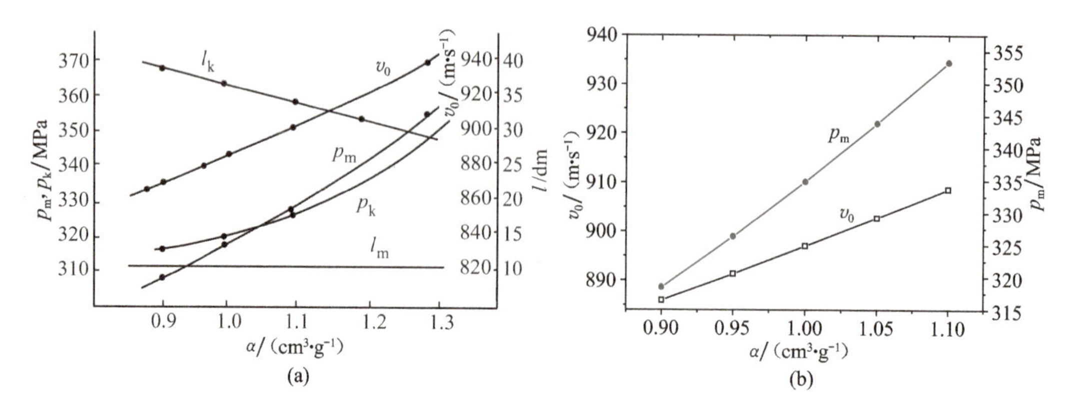

图 2-15　弹道性能和余容的关系

表 2-9　某式 100 mm 加农炮弹道性能与余容的关系

α/(cm^3·g^{-1})	p_m/MPa	v_0/(m·s^{-1})	l_m/dm	l_k/dm	p_g/MPa
0.90	315.8	869.4	5.08	33.69	91.6
0.95	324.6	877.3	5.09	32.43	91.8
1.00	334.0	885.5	5.12	31.16	92.0
1.05	344.0	893.7	5.15	29.90	92.2
1.10	354.9	902.2	5.14	28.63	92.5

余容增加 1%时，由表 2-9 可以估算这门火炮的最大压力约增加 0.6%，初速增加 0.2%。

GC45-155 mm 火炮模块装药，余容 α 值对其弹道性能的影响见表 2-10 和图 2-15。该模块装药 4、5、6 号装药的装填密度分别为 0.45 g/cm^3、0.56 g/cm^3 和 0.68 g/cm^3。随着装药号（装填密度）的提高，增加了余容 α 对膛压、初速和燃尽系数的影响。α 增加 1%，4 号装药的膛压、初速分别增加 0.2%和 0.06%；相对的，6 号装药膛压增加 0.5%，初速增加 0.1%。燃尽系数随 α 增加而减少，但不明显。余容的影响表现为：

① 装填密度增加，余容对弹道性能的影响增强，对高密度装药弹道性能的影响明显。当装填密度为 0.82 g/cm^3 时，余容增加 1%，对应的初速和膛压可以增加到 0.2%

表 2-10　GC45-155 mm 火炮余容 α 对各号装药膛压、初速和燃尽系数的影响

α/(cm^3·g^{-1})	4 号	5 号	6 号	4 号	5 号	6 号	4 号	5 号	6 号
	p_m/MPa			v_0/(m·s^{-1})			l_k/l_g		
0.9	161.9	227.4	318.4	675.4	782.1	885.9	0.65	0.49	0.37
0.95	163.6	231.1	326.3	677.6	785.6	891.3	0.65	0.48	0.36
1.00	165.3	235	334.8	679.9	789.3	897.0	0.64	0.47	0.36
1.05	167.1	239	343.8	682.2	793.0	902.7	0.64	0.47	0.35
1.10	168.8	243.1	353.3	684.5	796.9	908.6	0.64	0.46	0.34

和 0.8%。现有火炮装药的装填密度可以接近于 1 g/cm^3。此时，余容增加 1%，对应的

初速和膛压可以增加 0.3%和 1.5%。

② 目前应用火药的余容为 0.9～1.1 g/cm³，对应的弹道性能有不小的差异。但考虑到火药的余容较接近于 1，为方便分析和计算，弹道学一般取余容为常数，$\alpha=1$。但对于现在高初速火炮的装药密度，少量地增加装药量，膛压上升迅速，膛压提高幅度大。其中余容的影响显著，不宜忽略。

2.7.3　影响余容的有关因素

α 值的大小首先取决于火药本身的组成，爆温高的火药，其余容值一般都比较小，这类火药都是含氧量高的火药。除了火药的组成之外，α 值也与火药燃气所处的状态有关。不同的温度、不同的压力与装填密度都会直接影响火药燃气的组成。α 值的变化主要源于火药组分和维里系数随温度的变化。取状态方程

$$p=\frac{nRT_V}{V}\left(1+\frac{B}{V}+\frac{C}{V^2}\right) \tag{2-20}$$

式中的 n 值几乎不发生什么变化，甚至在离解的条件下也是如此。而压力的变化虽然能使生成物成分有些变化，但综合的结果对 T_V 并不产生大的影响。这样，在对式（2-18）和式（2-19）进行比较之后，可以看出余容的大小主要决定于式（2-20）中的（$1+B/V+C/V^2$）项。系数 B 由二次维里系数 $B(H_2)$、$B(N_2)$、$B(CO_2)$、$B(H_2O)$ 和 $B(CO)$ 值决定。C 由三次维里系数 $B(H_2)$、$B(N_2)$、$C(CO_2)$、$C(H_2O)$ 和 $B(CO)$ 决定。温度变化，α 值随之变化。当火药燃气在膛内运动时，过程是从高温到低温，一方面气体组分有变化，另一方面所用维里系数也有差别，计算余容值的结果也不同。图 2-16 是某式 100 mm 加农炮膛内燃气余容的变化规律。计算中使用了高温条件下的 B 值。

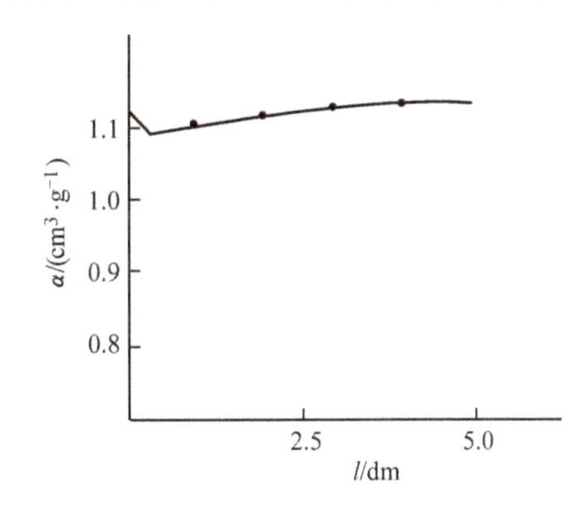

图 2-16　某式 100 mm 加农炮膛内燃气余容的变化

计算结果显示，在最大压力附近，α 值最小。接着，随着弹丸的运动，α 值又升高。但总的变化值不大于 3%。

由于燃气的离解，α 值也有变化。对于燃温大于 3 600 K 的火药，当 $\Delta=0.1$ g/cm³ 时，解离物使余容值增加 2%；$\Delta=0.2$ g/cm³ 时，余容值只增加 1%。在火炮条件下，温度高于 3 600 K 的情况很少出现。所以，完全可以忽略燃气离解对余容的影响。

2.7.4　余容的计算方法

α 可用气体的范德瓦尔斯常数 b_i 求出

$$\alpha=\sum n_i b_i/1\,000 \tag{2-21}$$

式中，n_i 为第 i 种气体的物质的量，mol；b_i 为第 i 种气体的范德瓦尔斯常数。b_i 值由分子体积和温度决定。

高温条件下的 b_i 见表 2-11。

表 2-11　高温下的 b_i

气　体	CO_2	CO	H_2O	H_2	N_2
$b_i/(10^{-6}\ m^3 \cdot mol^{-1})$	63.0	33	10.0	14.0	34.0

在火炮条件下可用下式估算 α 值

$$\alpha = 1.18 + 6.9 \times [C] - 11.5 \times [O] \tag{2-22}$$

式中，[O]、[C] 分别为 1 g 火药分子式中氧和碳的物质的量（mol）。

式（2-22）适用于压力为 350 MPa 的条件，α 的单位是 kg/m^3。当 $\Delta = 0.2\ g/cm^3$ 时，余容的理论值为

$$\alpha = 1.20 - 0.017\varepsilon$$

$$\varepsilon = 67.4[O] - 40.7[C]$$

第3章　火药装药在内弹道过程中的作用及其设计

3.1　火炮火药装药的点火和燃烧过程

射击过程实质上是火药的化学能转化为热能，进而转化为火药燃气及弹丸动能的过程。射击时，为实现火药燃气膨胀推动弹丸运动，必须连续迅速地使装药发生下列变化：火药装药的点火、火药的燃烧、火焰在装药中的传播。实践证明，火炮火药装药的点火与燃烧对整个内弹道循环产生极大的影响。因此，对它们的研究，对于认识射击过程的本质，改进和发展武器都具有实际意义。

3.1.1　装药的点火

装药的点火大致可分为点火药剂的引发、传火药的燃烧、传火药燃烧产物沿装药表面的传播以及装药中单体火药表面的加热和点燃等四个阶段。点火药剂的引发是指在外加冲量（机械的或电的）作用下，装药点火具（药筒火帽、底火、击发门管或电底火等）中的点火药剂着火燃烧放出气体、固体和热量的过程。击发式火帽药剂的一种配方由雷汞 $Hg(ONC)_2$、氯酸钾 $KClO_3$ 和硫化锑 Sb_2S_3 所组成，其燃烧反应可用下列方程式表示

$$5KClO_3 + Sb_2S_3 + 3Hg(ONC)_2 = 3Hg + 5KCl + Sb_2O_3 + 3N_2 + 6CO_2 + 3SO_2 \tag{3-1}$$

1 g 这样的火帽药剂燃烧后可放出 186 mL 气体、0.37 g 固体粒子，同时放出 1 400 J 热量。一个枪、炮火帽所含的药剂质量为 0.02～0.05 g，所产生的热量在 40 J 左右。它可以点燃不超过 10 g 的火药装药，但当点燃更多的装药量时，这一热量就显得不够，此时需使用传火药（或称辅助点火药）。

传火药通常采用黑火药或多孔硝化棉。它在点火药剂燃烧所生成的火焰作用下被迅速点燃。黑火药（各组分质量分数：$w(KNO_3)$ 为 75%，$w(C)$ 为 15%，$w(S)$ 为 10%；折合物质的量（以 1 334 g 计）分别为 10 mol、16.8 mol 和 4.2 mol）的燃烧反应可分为两步，第一步为迅速的氧化过程，第二步为较缓慢的还原过程。氧化过程可用下式表示

$$10KNO_3 + 8C + 3S \rightarrow 2K_2CO_3 + 3K_2SO_4 + 6CO_2 + 5N_2 \tag{3-2}$$

此反应是放热的。多余的 8.8 mol C 及 1.2 mol S 参加第二步还原过程

$$4K_2CO_3 + 7S \rightarrow K_2SO_4 + 3K_2S_2 + 4CO_2 \tag{3-3}$$

$$4K_2SO_4 + 7C \rightarrow 2K_2CO_3 + 2K_2S_2 + 5CO_2 \tag{3-4}$$

它们是吸热的，但由于还原反应进行得较缓慢，因此，在火炮装药条件下，黑火药的第二步反应是不完全的。1 kg 黑火药燃烧后大体生成固体粒子 0.522 kg，标准状态下的气体体积 225 L，同时释放热量 3 100 kJ。黑火药的爆温可达 2 200 ℃～2 500 ℃，火药力 245～294 kJ/kg。

黑火药在大气压力下的线性燃烧速度约为 1 cm/s。线性燃烧速度与黑火药密度及木炭性质有关。美国人怀特（White）和塞西（Sesse）从试验测试数据推得的黑火药在 300～10 000 kPa 范围的线性燃速方程为

$$u = 1.72(p/p_0)^{0.614\pm0.017} \tag{3-5}$$

式中，u 是以 cm/s 为单位的燃速；p 为压力；p_0 为大气压力。

火焰在黑火药床中的传播是很快的。国外有试验表明，在 19 cm 长的开孔管中，黑火药中火焰传播速率为 20～30 m/s，燃烧均匀。如将孔堵上，压力会增高，火焰传播速率可达 100 m/s，并可观察到不均匀的燃烧。

传火药燃烧生成的气体和固体粒子以很大的速度沿装药表面运动。例如，100 kPa 下，黑火药燃烧气体沿药管传播的速度可达 1～3 m/s。压力增高，速度提高得更快。这些高速运动的热产物在装药床中通过，由于热的传导与对流而对火药药粒表面加热，使火药表面层发生分解，并进行氧化还原放热反应。当外界供给的热和火药分解反应放出的热足以使火药药粒表面层的温度升高到发火温度时，火药药粒即被点燃。从火药加热开始到火药局部点燃所需的时间称为点火延迟期。严格地说，火药装药中火药药粒瞬时全面点火的情况是不存在的。不过在许多场合下，点火延迟时间比火药装药全部燃烧的时间要短得多，“瞬时全面点火”是在这种意义下为处理问题方便所做的一种近似。

3.1.2 火药的燃烧

火药表面被点燃之后，火焰即向火药内部扩展传播，进行燃烧。火药的燃烧是一个复杂的物理化学过程。燃烧过程的特性与火药本身的组成和火药装药条件有着密切的关系。重要的火药燃烧特性有火药的燃速、燃速压力指数、燃速温度系数以及火焰温度等。长期以来，为有效地控制火药的燃烧性质、适应武器发展对装药的要求，许多学者对火药燃烧机理进行了大量的试验和理论研究，取得了一定的成就。但是，由于火药燃烧是在高温、高压条件下进行的，受外界条件影响又很大，加之燃烧反应速度很快，燃烧区域很薄，这就使得对火药燃烧过程的深入研究变得十分困难。因此，迄今为止所建立的各种燃烧模型都是在一定的试验观察基础上提出一系列假设并经简化得到的，仍属半经验性质。

对均质（单基、双基）火药燃烧过程的研究证明，火药燃烧的最终产物不是瞬间一步生成的，而是从凝聚相到气相经过一系列中间化学变化才达到的。现代理论认为，均质火药的燃烧过程是多阶段的，大致可分为四个区域，如图 3-1 所示。它们是亚表面及

表面反应区、嘶嘶区、暗区和火焰区。在这四个区中，火药进行一系列连续的物理化学变化，并且彼此相互影响，不能截然分开。

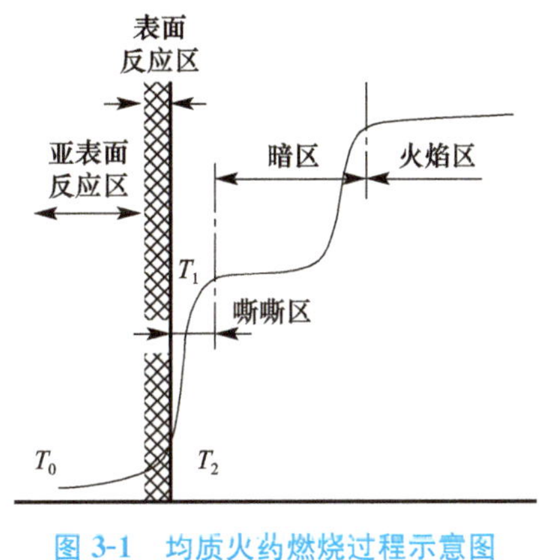

图 3-1　均质火药燃烧过程示意图

在亚表面及表面反应区，距火药燃烧表面较远（亚表面反应区）的火药层中，主要发生硝酸酯的分解反应，这一反应是吸热的

$$\underset{\begin{bmatrix}NC\\NG\end{bmatrix}}{R{-}ONO_2} \rightarrow NO_2 + \underset{\begin{bmatrix}HCHO\\CH_3CHO\\HCOOH\end{bmatrix}\text{吸热反应}}{R'{-}CHO} \tag{3-6}$$

在更接近火药燃烧表面（表面反应区）的一层中，则进行如下放热反应

$$NO_2 + CH_2O \rightarrow NO + H_2O + CO \tag{3-7}$$

$$2NO_2 + CH_2O \rightarrow 2NO + H_2O + CO_2 \tag{3-8}$$

通常情况下，该区反应的总热效应是正的（放热的），其放热量约占火药总放热量的10%。燃烧表面温度 T_s 一般在 300 ℃左右，并随着压力的增大而有所提高。该区厚度随压力增加而减小。

嘶嘶区是一个混合相区。除了固体或液体微粒熔化、蒸发等物理变化外，还发生下述化学反应

$$NO_2 + \underset{\begin{bmatrix}HCHO\\CH_3CHO\\HCOOH\text{ 等}\end{bmatrix}}{R'{-}CHO} \rightarrow NO + \underset{\begin{bmatrix}CO、CO_2\\CH_4、H_2O\\H_2\text{ 等}\end{bmatrix}}{C{-}H{-}O} \tag{3-9}$$

及

$$NO_2 + H_2 \rightarrow NO + H_2O \tag{3-10}$$

$$NO_2 + CO \rightarrow NO + CO_2 \tag{3-11}$$

上述反应都是放热的，使嘶嘶区形成较陡的温度梯度。该区放热量约占火药总放热量的40%，温度 T_1 可达 700 ℃～1 000 ℃。嘶嘶区厚度也随压力增加而变薄。在本区中，燃烧产生大量的 NO、H_2、CO，这些中间产物的还原需要在高温、高压的条件下才能有效地进行。在太低的压力下，火药的燃烧就可能在本区结束。

在暗区，由嘶嘶区燃烧生成的中间产物的还原反应进行得很慢。因此，该区温度梯度极小，温度在 1 500 ℃左右，没有光亮，暗区较厚，但随压力升高，厚度显著减小。

火焰区是燃烧的最终阶段。该区进行着强烈的氧化还原放热反应

$$NO + \underset{\begin{bmatrix}CO、H_2\\CH_4\end{bmatrix}}{C{-}H{-}O} \rightarrow N_2 + CO_2 + H_2O \tag{3-12}$$

典型的反应有

$$NO + H_2 \rightarrow 1/2N_2 + H_2O \tag{3-13}$$

$$NO + CO \rightarrow 1/2N_2 + CO_2 \tag{3-14}$$

该区放热量约占火药总放热量的 50%。燃气在本区被加热到最高温度 T_f。随火药组分的不同，这一温度可达 2 000 ℃～3 500 ℃。在此温度下，该区产生光亮的火焰。火焰区距燃烧表面的距离随压力升高而减小。

依照上述燃烧模型，列出热平衡方程，通过求解可得到均质火药燃烧速度的理论表达式。但是，由于模型本身以及在求解过程中所作的许多假设，实际所得公式不能用来进行燃速的定量计算。但是，可以定性地说明燃速的影响因素与试验规律是基本一致的。例如，均质火药的能量增大，燃速增加；火药初温增高，燃速增大；火药密度增加，燃速降低等。在燃烧过程中，压力对燃速的影响是最重要、最复杂的。这是因为压力不仅影响气相化学反应速度，还影响燃烧过程中的各种物理过程。而且在不同压力下，火药的燃烧火焰结构是不同的，这说明火药的燃烧机理是随压力而变化的。在高压下，燃烧经过四个区，嘶嘶区和暗区被压缩得很薄，火焰区距火药表面很近，火焰区的反应进行得很快很完全，该区反应放出的大量热可直接反馈给凝聚相，维持火药的正常燃烧。在此情况下，火焰区的反应是火药燃烧的主导反应，是速率决定步骤。随压力降低，暗区变厚，火焰区远离火药表面且该区反应速度减缓。当压力低至一定程度时，火焰区消失，燃烧就在暗区结束。由于暗区反应速度很慢，放热量又很少，因此，向火药燃烧表面反馈的热量主要由嘶嘶区提供。此时，嘶嘶区反应是火药燃烧的主导反应，是速率的决定步骤。当压力降至很低时，嘶嘶区离燃烧表面较远，且该区反应速度也大大减缓，火药燃烧只到嘶嘶区即结束，产生 NO_2 等大量不完全燃烧产物，通常称为嘶嘶燃烧。在这种情况下，燃烧表面的凝聚相反应起着主导作用。

实际在工程上使用的燃速关系式都是试验定律，一般是针对一定的火药给出在已知初温条件下燃速 u 与压力 p 的关系。由于在不同压力下，火药的燃烧机理不同，因此，这种关系式只能适用于一定的压力范围。常见的均质火药燃速-压力关系式有如下几种形式：

直线式 $$u = a + bp \tag{3-15}$$

正比式 $$u = bp \tag{3-16}$$

指数式 $$u = bp^n \tag{3-17}$$

综合式 $$u = a + bp^n \tag{3-18}$$

式中，a 为与凝聚相反应特性有关的参数；b 为与火药初温等因素有关的参数；n 为燃速压力指数，定义为 $n=\left(\dfrac{\partial \ln u}{\partial \ln p}\right)_T$。对一定火药，在一定压力变化范围内，$a$、$b$、$n$ 可视作常数。式（3-15）及式（3-18）都由两项组成，第一项 a 与凝聚相反应有关；第二项 bp 或 bp^n 则与气相反应有关，它们适用于低压条件。由于在高压时气相反应起主导作用，凝聚相反应对燃速的影响可略去不计，因此，在较高压力条件下可用指数式

(3-17)。在更高压力 (>100 MPa) 下，均质火药燃速压力指数趋近于 1，此时可用正比式 (3-16)。在火炮条件下，火药在很高的膛内压力下燃烧，此时用正比式描述燃速-应力关系是恰当的。应当指出，对于某些非均质火药，如硝基胍火药，即使在很高的膛压下燃烧，燃速-压力关系仍遵循指数式。式 (3-16) 与式 (3-17) 中的 b 习惯上称为燃速系数，并用 u_1 表示，即

正比式
$$u = u_1 p \tag{3-19}$$

指数式
$$u = u_1 p^n \tag{3-20}$$

3.1.3　火焰在火药装药中的传播

所谓“同时点火”是不存在的，点火药或传火药气体不可能同时到达装药的所有部分。因此，火焰在装药床中的传播就成为装药燃烧的一个重要步骤。火焰传播应包括两个方面的含义：一是被局部点燃的单体火药表面处的火焰沿药粒自身表面的传播；二是装药局部点燃区域的火焰向整个装药床中未点燃区域的传播。这两种过程在火焰传播阶段是交织在一起并同时进行的。

火焰沿单体火药表面的传播过程在理论上可用下述简化模型描述。假定在时间 $t=0$ 时，火药粒表面有一部分正在燃烧。取坐标如图 3-2 所示。为了保持点燃点在 $x=0$ 处，火药必须以火焰传播速度 u 相对于坐标移动。定义在 x 位置处传给火药表面的能量流率为 $q(x)$，这一能量输入将引起表面温度的升高，且由于热传导而使热流传入火药体内。假设热量在火药内只沿 y 方向传导，即 $\partial T/\partial x \ll \partial T/\partial y$，使用能量守恒定律，即可得到火药内部的热平衡方程

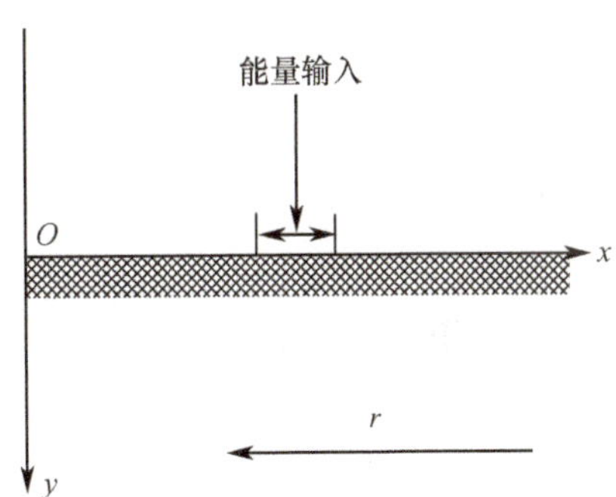

图 3-2　火焰沿单体火药表面传播示意图

$$-\lambda \frac{\partial^2 T}{\partial y^2} + u\rho c \frac{\partial T}{\partial x} = 0 \tag{3-21}$$

式中，λ、ρ、c 分别为火药的导热系数、密度和比热容。其初始和边界条件为

$$T = T_{ign} \qquad (x = 0 \text{ 及 } y = 0) \tag{3-22}$$

$$T = T_0 \begin{pmatrix} x \to \infty, 0 < y < \infty \\ y \to \infty, 0 < x < \infty \end{pmatrix} \tag{3-23}$$

上两式中，T_{ign} 为火药的点火温度；T_0 为火药的初始温度。此外，表面处的能量守恒方程为

$$-\lambda \frac{\partial T}{\partial y} = q(x) \tag{3-24}$$

式 (3-21) 可利用分离变量法求满足式 (3-22) 及式 (3-23) 的通解

$$T = T_0 + (T_{ign} - T_0)e^{-\alpha y}e^{-\frac{\alpha^2\lambda}{c\rho u}x} \tag{3-25}$$

上式中，α 是分离参数。进而由式（3-24）可得

$$q(x) = \alpha\lambda(T_{ign} - T_0)e^{-\frac{\alpha^2\lambda}{c\rho u}x} \tag{3-26}$$

这说明 $q(x)$ 具有

$$q = q_0 e^{\frac{-x}{L}} \tag{3-27}$$

的形式。比较式（3-26）及式（3-27）可得

$$q_0 = \alpha\lambda(T_{ign} - T_0) \tag{3-28}$$

设

$$L = \frac{c\rho u}{\alpha^2\lambda} \tag{3-29}$$

从而

$$u = \alpha^2\lambda L/c\rho = \frac{q_0^2\lambda L}{\lambda^2(T_{ign} - T_0)^2 c\rho} = \frac{Lq_0^2}{\lambda\rho c(T_{ign} - T_0)^2} \tag{3-30}$$

虽然实际热流率不能精确地写成如式（3-27）所示的形式，但却可以通过调整 q_0 和 L 两个参数，用式（3-27）的形式来拟合。所以式（3-30）便是火焰传播速度的近似关系式。注意到在 $x=0$ 处，$q_0=h(T_g-T_0)$，此处 h 为对流热交换系数，T_g 为 $x=0$ 处的气体温度。则式（3-30）可写成

$$u = \frac{Lh^2}{\lambda\rho c}\left(\frac{T_g - T_0}{T_{ign} - T_0}\right)^2 \tag{3-31}$$

由上式可知，增加气体与火药表面的热交换系数，提高点火区域周围的气体温度和火药初温，降低火药的导热系数、密度或比热容，降低火药的点燃温度，均可促进火焰沿火药表面的传播，这些结论与实际结果是一致的。

装药中局部点燃区域的火焰向整个装药床中未点燃区域的传播过程是十分复杂的。一般认为，装药中距点火药近的区域最先点火，该区域被点燃的火药所产生的高温高压气体填充，弥补了最初点火药气体在装药中流动时因冷却而造成的点火能量损失，并向装药更远的部分点火。这样，即使在点火药失去作用后，点火还在继续，火焰阵面在整个装药床中不断推进。与之伴随的压力升高一方面促进燃烧，另一方面使燃气对未燃区域的点火更为有效地进行。直至火焰扩展至整个装药床，即达到了装药的全面点火燃烧。

有关考虑点火过程的内弹道两相流数学模型可以描述装药体中火药的点火和火焰传播过程。这里需要确定一个点火判据，即找出一个可以表明火药从吸收外部点火能量而转变为能自行持续燃烧的条件。目前一般以火药的表面温度和吸收的总能量作为判据。例如，以表面温度作为判据时，当火药表面温度达到这样一个临界温度，即由表面点火而开始向内燃烧时，就认为是火陷阵面的到达。由模型解出装药各位置火药粒的表面温度随时间的变化关系，即可了解火焰传播速度、火焰阵面到达位置等火焰传播细节。显然，点火和火焰传播过程具有明显的三维流动特性，而且由于点火时的传热是非稳态的，火药表面温度及吸收的总热量与点火之间也并不是简单的关系，加上对包括燃烧在

内的其他一些细节也不清楚，因此，这类模型还停留在理论上的定性模拟，距离定量计算和准确预示也许还很遥远。

3.2　火药燃气对炮膛的热传导和烧蚀作用

火药装药燃烧放出大量的热，使燃气与膛壁之间存在很大的温度梯度，尽管高温燃气与膛壁表面接触时间极短，但向膛壁传热的速度仍然很高，其结果是使火炮身管迅速加热。这种加热带来的影响是武器使用寿命受到限制的主要原因。同时，在高射速的情况下，身管温度的升高容易引起发射装药的自燃，从而引发事故。因此，燃气对炮膛热传导，即热散失的问题，早就被内弹道和火药装药工作者所重视。

显然，燃气对膛壁的总传热量 Q_Σ 应该和单位装药量的传热面积成正比，即

$$Q_\Sigma \propto \frac{S}{m_p} \tag{3-32}$$

式中，S 为传热面积；m_p 为装药量。

一般情况下，S/m_p 随武器口径的增加而减小，所以，总的热散失也是随武器口径的增加而减小的。例如，76 mm 加农炮的热散失约占火药全部能量的 6%～8%，而 152 mm 加农炮只占 1%左右。

膛内火药气体流动是非定常的湍流流动，流动情况十分复杂。在此过程中所发生的传热机理，除了对流传热之外，也同时有传导和辐射等传热方式，加之在射击过程中火药气体和膛壁的温度都是不断变化的，因此，对这一热散失问题进行直接精确的计算是很困难的。在许多内弹道模型中常采用修正的方法加以间接考虑，例如，引入热散失系数，或对某些参量加以经验修正等。在常规内弹道模型中，可以采用降低火药力 f 或增大 θ 值（$\theta=\gamma-1$，γ 为燃气的绝热指数）的方法计及燃气对膛壁的传热作用，至于 f 和 θ 减小或增大的数值，则要依据经验决定。

迄今为止，也发展了一些定量计算火药燃气对炮膛热散失的理论模型。这些模型都是建立在大量假设之上的，仍属半经验性质。通常的主要假定包括：燃气在膛内的流动是一维的；燃气对炮膛的传热只沿炮膛径向发生等。描述这一传热过程的主要物理量是传热系数、比热流、膛壁温度以及总热流量。

3.2.1　传热系数和比热流

燃气对膛壁的对流传热可用下式计算

$$H = h(T_g - T_s) \tag{3-33}$$

式中，H 为比热流，其意义是燃气在单位时间内向单位炮膛表面的传热量；h 是燃气与膛壁间的传热系数；T_g 是燃气温度；T_s 是膛壁表面温度。

对于身管武器，h 取下述形式较为合理

$$h = 0.5r_1 c_p \rho v \tag{3-34}$$

这里的 c_p 是燃气的定压比热容；ρ 和 v 分别是燃气的密度和速度；r_1 为无因次摩擦系数。由管内热传导理论可建立起不同口径火炮的 r_1 计算式

$$r_1 = (A + 4\lg d)^{-2} \tag{3-35}$$

式中，d 为火炮口径；A 为经验常数。若 d 以 cm 表示，则 A 取 13.2。

假定燃气速度分布从膛底到弹底是线性的，且密度是均匀的，那么，结合内弹道解很容易求出弹丸出炮口前每一瞬间的 h 值。

在常规内弹道模型中，膛内气体温度 T_g 认为是均匀的，并满足火药气体状态方程

$$p(V - m_c\alpha) = m_c R T_g \tag{3-36}$$

式中，V 是燃气体积；m_c 为已燃药量；α 为燃气余容。

如果假定火药气体的余容恰好等于固体火药的比容，则上述方程可改写为

$$pV_f = m_c R T_g \tag{3-37}$$

此处，V_f 为燃气自由容积，它等于炮膛初始自由容积与弹丸运动所增加的容积之和，即

$$V_f = V_{f0} + Sl \tag{3-38}$$

式中，V_{f0}是炮膛初始自由容积；S 和 l 分别为炮膛截面积和弹丸行程。

注意到 $R = c_V(\gamma - 1)$，则由式（3-37）、式（3-38）可得

$$T_g = \frac{p(V_{f0} + Sl)}{(\gamma - 1)c_V m_c} \tag{3-39}$$

式中，c_V 为燃气定容比热容的平均值，它可以由火药力的定义而给出

$$c_V = \frac{f}{(\gamma - 1)T_1} \tag{3-40}$$

式中，f、T_1 分别表示火药的火药力与爆温。于是，只要知道膛壁表面温度分布，即可计算任意瞬间弹后膛壁表面各点处的比热流。

3.2.2 膛壁温度

如果假定膛壁温度沿炮膛轴向变化较小，这样就可以近似地认为燃气对炮膛的传热只沿炮膛径向发生。

不难建立起沿炮膛径向热传导的一维傅里叶方程

$$\frac{\partial T'}{\partial t} = a_s \frac{\partial^2 T'}{\partial z^2} \tag{3-41}$$

式中，z 为以内膛表面为起点沿径向的坐标；a_s 为膛壁材料的热扩散系数，$a_s = \lambda_s / c_s \rho_s$，其中，$\lambda_s$、$c_s$、$\rho_s$ 分别为炮膛材料的导热系数、比热容及密度；T' 为高于身管初始温度的温度值，它是时间 t 及径向坐标 z 的函数

$$T'(t,z) = T(t,z) - T(0,z) \tag{3-42}$$

式（3-41）的初始及边界条件为

$$\lambda_s \frac{\partial T'}{\partial z} = -h(T'_s - T') \qquad (z=0, 0<t<\infty) \tag{3-43}$$

$$T' = 0 \qquad (t=0, 0\leqslant z<\infty) \tag{3-44}$$

$$T' = 0 \qquad (0<t<\infty, z\to\infty) \tag{3-45}$$

式（3-41）可用数值方法求解。例如，用有限元差分代替对 t 的导数而保留对 z 的导数，可得

$$\frac{T'_{n+1} - T'_n}{\Delta t} = \frac{a_s}{2}\frac{\mathrm{d}^2}{\mathrm{d}z^2}(T'_n + T'_{n+1}) \tag{3-46}$$

式中，$T'_n(z)$ 及 $T'_{n+1}(z)$ 为第 n 时间区段（t_n，t_{n+1}）的起点和终点温度分布函数，该区段延续时间为 Δt。

令
$$q^2 = \frac{2}{a_s \Delta t} \tag{3-47}$$

有
$$\frac{\mathrm{d}^2}{\mathrm{d}z^2}(T'_n + T'_{n+1}) = q^2(T'_n + T'_{n+1}) - 2q^2 T'_n \tag{3-48}$$

其边界条件为

$$h_{n+1}[T'_g(t_{n+1}) - T'_{n+1}] = -\lambda_s \frac{\mathrm{d}}{\mathrm{d}z}T'_{n+1} \quad (z=0) \tag{3-49}$$

$$T'_{n+1} = 0 \quad (z\to\infty) \tag{3-50}$$

若函数 $T'_n(z)$ 已求出并满足下述条件

$$h_n[T'_g(t_n) - T'_n] = -\lambda_s \frac{\mathrm{d}T'_n}{\mathrm{d}z} \quad (z=0) \tag{3-51}$$

$$T'_n = 0 \quad (z\to\infty) \tag{3-52}$$

即有

$$\lambda_s \frac{\mathrm{d}}{\mathrm{d}z}(T'_n + T'_{n+1}) = -[h_{n+1}T'_g(t_n+1) + h_n T'_g(t_n)] + h_{n+1}T'_{n+1} + h_n T'_n \quad (z=0) \tag{3-53}$$

$$T'_n = T'_{n+1} = 0 \quad (z\to\infty) \tag{3-54}$$

则满足式（3-53）、式（3-54）的方程式（3-58）的解为

$$\begin{aligned} T'_n + T'_{n+1} = {} & q\mathrm{e}^{-qz}\int_0^z \mathrm{e}^{qu}T'_n(u)\mathrm{d}u + q\mathrm{e}^{qz}\int_z^{+\infty}\mathrm{e}^{-qu}T'_n(u)\mathrm{d}u + \\ & \mathrm{e}^{-qz}\Big[\frac{h_nT'_g(t_n) + h_{n+1}T'_g(t_{n+1})}{h_{n+1}+\lambda_s q} + \frac{(h_{n+1}-h_n)T'_n(0)}{h_{n+1}+\lambda_s q} - \\ & \Big(\frac{h_{n+1}-\lambda_s q}{h_{n+1}+\lambda_s q}\Big)q\int_0^{+\infty}\mathrm{e}^{-qu}T'_n(u)\mathrm{d}u\Big] \end{aligned} \tag{3-55}$$

由于对起始瞬间 $T'_1(z)=0$（$0\leqslant z<\infty$），且 $h_1=0$，则由式（3-55）即得

$$T'_2(z) = \frac{h_2 T'_g(t_2)\mathrm{e}^{-qz}}{h_2 + \lambda_s q} \tag{3-56}$$

再利用式（3-55）即可得 $T'_3(z)$，$T'_4(z)$，…，对于第 n 个时间区段，有

$$T'_n(z) = e^{-qz}\left[A_0 + A_1(2qz) + \cdots + \frac{A_{n-2}}{(n-2)!}(2qz)^{n-2}\right] \tag{3-57}$$

式（3-57）中，A_0，…，A_{n-2}与z无关，而

$$T'_{n+1}(z) = e^{-qz}\left[B_0 + B_1(2qz) + \cdots + \frac{B_{n-1}}{(n-1)!}(2qz)^{n-1}\right] \tag{3-58}$$

式中

$$B_0 = \frac{h_n T'_g(t_n) + h_{n+1}T'_g(t_{n+1}) - (h_n + \lambda_s q)A_0 + \lambda_s q(A_0 + A_1 + \cdots + A_{n-2})}{h_{n+1} + \lambda_s q}$$

$$B_r = -A_r + 1/2(A_{r-1} + A_r + \cdots + A_{n-2}) \quad 1 \leqslant r \leqslant n-2$$

$$B_{n-1} = \frac{1}{2}A_{n-2}$$

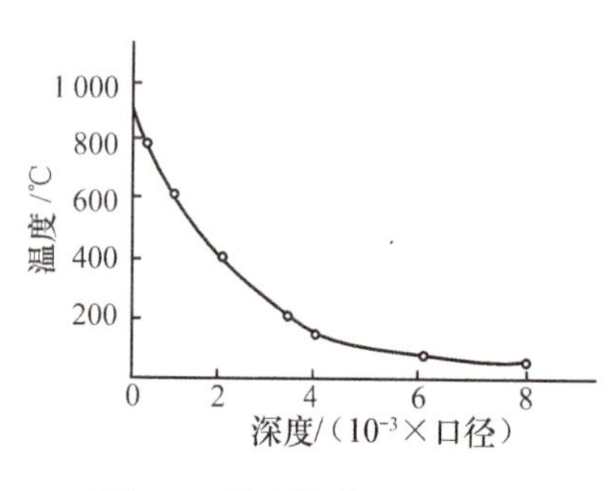

图 3-3 典型的膛壁温度分布

从而可以计算各瞬时膛壁各点处的温度。假如关心的是膛壁表面温度，只要在相应的分析式中令$z=0$即可得到。图 3-3 是炮管壁的典型温度分布曲线。

3.2.3 总热流量

现在，已可以计算弹丸出炮口瞬间火药气体传给膛壁的总热流量即热损失了。显然，在弹丸运动过程中，传热表面是不断增加的，而且弹丸每经过一个时间间隔$\Delta t_i = t_{i+1} - t_i$，火药气体将对所有接触的膛壁表面加热。在$\Delta t_i$时间内，总的传热量$Q_i$可以表示为

$$Q_i = \int_0^{F_i}\int_{t_i}^{t_{i+1}} H(t)\mathrm{d}t\mathrm{d}F_i \tag{3-59}$$

将式（3-33）代入得

$$Q_i = \int_0^{F_i}\int_{t_i}^{t_{i+1}} h(t)(T_g - T_s)\mathrm{d}t\mathrm{d}F_i \tag{3-60}$$

若$T_g - T_s$用$t_i \to t_{i+1}$间隔内的平均值代替，并记为T_e，即有

$$Q_i = T_e\int_0^{F_i}\int_{t_i}^{t_{i+1}} h(t)\mathrm{d}t\mathrm{d}F_i \tag{3-61}$$

上式在实际计算时可采用下列步骤：

① 由内弹道解获得弹丸速度-时间曲线和弹丸行程-时间曲线，即v-t及l-t曲线。

② 将弹丸运动的总时间分成n等份，如图 3-4 所示。

③ 对于第i个时间间隔，利用式（3-34）计算在t_i和t_{i+1}时刻的平均放热系数；利用式（3-39）计算相应时刻的燃气温度；并根据上节给出的各瞬间膛面温度的表达式，计算$z=0$时相应的表面温度。

④ 计算 $$Q_i = \frac{1}{2}(h_{i+1} - h_i)(t_{i+1} - t_i)T_e F_i$$

式中，F_i 为在 t_{i+1} 时刻弹后总传热面积，$F_i=F_0+\pi dl_{i+1}$，其中 F_0 为药室表面积；d 为炮膛直径；l_{i+1} 为 t_{i+1} 瞬间弹丸行程。

弹丸出炮口瞬间火药气体对膛壁的总热流量，即热散失由下式给出

$$Q_\Sigma=\sum_{i=1}^{n}Q_i \tag{3-62}$$

图 3-5 是单位面积的总热损失沿炮膛轴向的典型变化曲线。

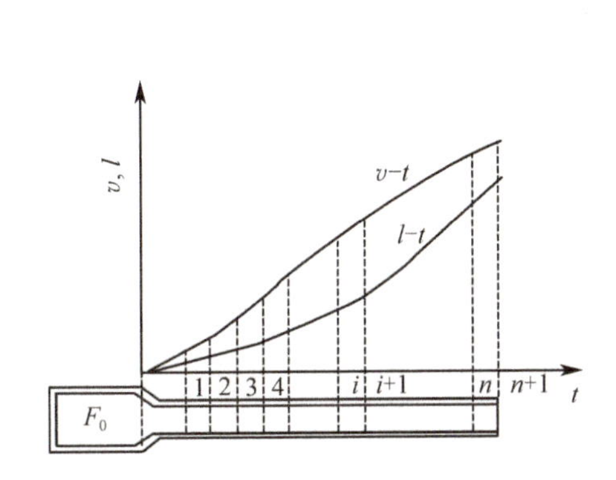

图 3-4　总热流量计算示意图

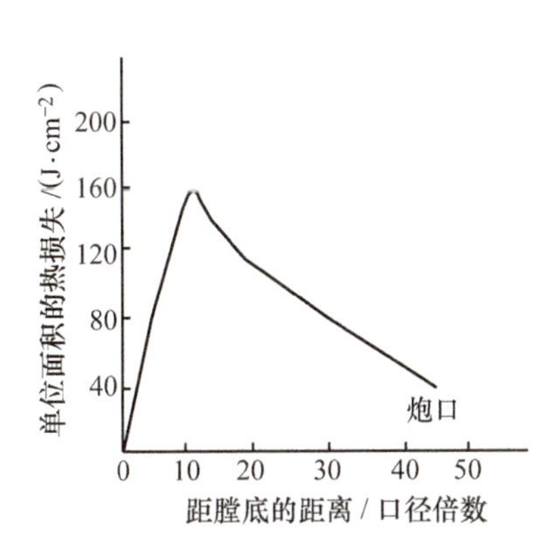

图 3-5　单位面积的热损失沿炮膛轴向的变化

试验和计算表明，射击过程中的传热主要是对流和传导传热，热辐射传热所占比例很小，例如，120 mm 镀铬火炮的最大的辐射热流量约为 10.5 MW/m^2，位置在坡膛附近。而总的热流量约为 1 000 MW/m^2，所以，火炮射击过程中可以忽略辐射热流量。

射击过程中的热传导是十分复杂的现象。迄今虽有许多更为详尽的模型，但所采用的数据仍都缺乏可靠性。因此，这些模型的实用性和适应性受到很大限制，在众多的场合下，这一传统问题仍采用经验方法处理。

3.2.4　计算稳定热传递的简易方法

射击过程中，热传导的计算涉及复杂的内弹道计算，下面是一种简易的计算方法，在大范围的火炮条件下，其计算结果与内弹道计算机编码的计算结果一样精确。该方法可被用来确定在长射击周期内（连续射击）的身管温度。

（1）最大身管温度时气体的密度

$$\rho_g=\frac{1}{\alpha+0.9f/p_{\max}} \tag{3-63}$$

（2）最大身管温度时弹丸的速度

$$v_2=\sqrt{\frac{1.8f}{m/m_p+1/3}} \tag{3-64}$$

（3）最大身管温度时弹丸的位置

$$x_2=m_p/(A\rho_g) \tag{3-65}$$

式中，A 为身管截面积。

（4）时间常数 t_0

$$t_0=\frac{0.48(m+m_p/3)v_0}{p_{max}A} \tag{3-66}$$

（5）雷诺数、热特性比率、膨胀数

$$Re=\frac{\rho_g v_2 x_1^2}{\mu_g x_2}$$

$$R_T=\frac{0.7k}{k_g}\sqrt{\frac{x_1^2}{kt_0}} \tag{3-67}$$

$$E=(\gamma-1)\frac{v_2}{x_2}\sqrt{\frac{m_p c_V d^3}{Vk_g v_0}}$$

式中，x_1、x_2 分别为最大传热和最大身管温度时弹丸位置；c_V 为气体比热容；V 为燃烧室体积；k、k_g 分别为身管和气体的热导率；μ_g 为气体黏度；γ 为比热容比。

（6）最大身管温度和每发射击热传递

$$T_{max}=\frac{0.4Re^{0.7}T_f+R_T T_i}{0.4Re^{0.7}+R_T+1\,300E}$$

$$H_\infty=\frac{(T_{max}-T_i)k}{1.082}\sqrt{\frac{\pi t_0}{k}} \tag{3-68}$$

（7）平衡温度

每发的热传递随着点火前身管温度 T_i 的升高而下降，因而，存在一个热传递为 0 时的温度，称为平衡温度（T_R）。即当 $T_i=T_{max}=T_R$ 时，$H_\infty=0$。

$$T_R=\frac{0.24Re^{0.7}T_f}{0.4Re^{0.7}+1\,300E} \tag{3-69}$$

$$T_R\approx 0.45T_f$$

（8）身管热传递

$$\frac{H_T}{H_0}=\frac{T_R-T_i}{T_R-T_0} \tag{3-70}$$

式中，H_0 为在温度 T_0（例如 300 K）时的热传递；H_T 是点火前瞬间身管温度为 T_i 时的热传递。

3.2.5 火药燃气对炮膛的烧蚀与防烧蚀原理

火药燃气对炮膛的烧蚀作用是射击过程中伴随发生的有害现象。烧蚀是指在火炮使用过程中膛内金属表面逐渐生成裂纹、膛线磨损、药室扩大，从而导致膛压下降、弹丸初速降低、射弹散布增大，最后丧失应有的战斗性能，使武器使用寿命终止的过程。

一般线膛火炮的烧蚀现象表现为膛内金属表面形成硬化薄层，并出现裂纹，随着射击次数的增加，裂纹变多、变长、变深，扩展形成烧蚀网；硬脆的薄层则形成小块，局部崩落。

如果身管温度波动是由一个热脉冲引起的，则在任何离身管表面距离 x 的点的温度波动由下式给出

$$\Delta T=\sqrt{\frac{2}{\pi e}}\frac{H_{\infty}}{\rho c_V x} \tag{3-71}$$

式中，ΔT 为温差，K；H_{∞} 为总热传递，J/（m^2 · rnd^{-1}）；c_V 为比热容，J/kg；x 为离表面的距离，m；ρ 为身管密度，kg/m^3。

由温度波动引起的应力为

$$\sigma=\frac{E\alpha\Delta T}{1-\mu} \tag{3-72}$$

式中，E 为弹性模量，Pa；μ 为泊松比；α 为热膨胀系数，K^{-1}。

对炮钢，当应力强度 $Q\sigma\sqrt{(\pi a_c)}$ 等于临界应力强度 K_{ic} 时，热应力引起一个裂纹长度 $x=a_c$。

由式（3-71）和式（3-72）得，裂纹长度为

$$a_c=\frac{2}{\pi}\left[\frac{QE\alpha}{K_{ic}(1-\mu)}\frac{H_{\infty}}{\rho c_V}\right] \tag{3-73}$$

烧蚀的程度在身管的不同部位是不相同的。药室有药筒保护的部分基本不烧蚀，无药筒保护的部分易产生烧蚀。烧蚀最严重的区域是膛线起始部至最大膛压处的一段距离。最大膛压后烧蚀逐渐降低，在离炮口约一倍口径处又略有增大。身管寿命终了时，烧蚀裂纹的深度可达几毫米，药室增长几十甚至几百毫米。滑膛火炮烧蚀后的膛内金属表面出现斑点。

对于烧蚀的机理，较一致的看法是：炮膛烧蚀是多种因素综合作用的结果，包括有热的、机械的和化学的因素。此外，还与装药条件、火炮构造、炮钢材料的性质以及火炮加工工艺等因素有关。火药燃气的热作用对炮膛烧蚀具有决定性影响，它是影响烧蚀的诸因素中最重要的因素。

烧蚀的热作用机理可解释为射击时高温高压的火药气体强烈地加热金属表面，同时弹丸运动时弹带对膛壁摩擦产生的热使膛壁表面加热至高温。当弹丸飞出炮口后，因周围的冷空气及身管自身的热传导又使膛壁金属表面迅速冷却，如热处理中的淬火现象，使金属表面形成一层硬薄层。忽冷忽热的结果，也使金属表面产生相应的收缩与膨胀，当其应力超过弹性限度时，就产生裂纹。

烧蚀的化学作用机理主要认为在高温高压条件下，火药燃气中的 CO_2、H_2O 和 O_2 与炮膛材料中的铁进行化学作用而生成 Fe_3O_4、FeO 或 Fe_2O_3。

$$Fe+CO_2\rightarrow FeO+CO \tag{3-74}$$

$$Fe+H_2O\rightarrow FeO+H_2 \tag{3-75}$$

$$3Fe+4CO_2\rightarrow Fe_3O_4+4CO \tag{3-76}$$

$$3Fe+4H_2O\rightarrow Fe_3O_4+4H_2 \tag{3-77}$$

这些铁的氧化物密度小、体积大，使原来紧密的金属组织变得松散，有利于氧化反

应继续进行。燃气中的CO也能与Fe进行化学作用，其反应方式是一种渗碳反应

$$3Fe + 2CO \rightarrow Fe_3C + CO_2 \tag{3-78}$$

另一种方式是生成五羰基铁$Fe(CO)_5$

$$Fe + 5CO \rightleftharpoons Fe(CO)_5 \tag{3-79}$$

后一反应是放热的，在高压下反应向右进行，生成的$Fe(CO)_5$具有很大的挥发性，可随燃气从裂缝中流出，使裂纹扩大。

有的专家认为，燃气中的氮也会与炮膛金属材料发生渗氮作用。由于这一作用而使炮钢表面初期形成蚀变层，能在一定程度上降低炮膛的磨损速率。例如，用20 mm的炮管试验，开始发射弹丸时，燃气对炮膛的磨损速率是高的，但射击了大约30发弹丸后，烧蚀达到了低而稳定的数值。

火药气流对烧蚀也起很大作用。例如，因弹丸与膛壁之间密封不严，射击时高温高速流动的火药气体可从缝隙中猛烈冲刷金属表面，加强了对金属表面的热作用。

机械作用主要是指高速弹丸对膛壁的冲击、挤压和磨损。特别是处在高温条件下，金属材料的强度变低，其作用更为明显。事实上，上述因素是错综复杂、互相影响的。热促使硬皮和裂纹产生，裂纹又扩大了化学反应的面积；气流的冲刷、弹丸的冲击也使裂纹扩大并促使硬皮崩落。膛线的磨损使弹丸启动和旋转条件变劣，又加重了机械磨损作用。显然，热作用是烧蚀的起因，也为加速其他各种作用提供了条件，因此，热作用是烧蚀现象中最重要的因素。

很多事实说明，火药的热量（即爆热）越高，对炮膛的烧蚀越严重。例如，对76 mm加农炮进行寿命射击，用爆热（水为液态，下同）为5 230 kJ/kg的火药射击了180发，而用爆热为3 340 kJ/kg的火药却射击了3 000发。热量相差1 890 kJ/kg，寿命相差约17倍。又如，对100 mm加农炮进行寿命射击，用爆热为3 200 kJ/kg的火药只射击了1 500发，而用2 890 kJ/kg的火药却射击了3 900发。热量相差310 kJ/kg，寿命相差约2.5倍。资料报道，硝基胍发射药比等热量的非硝基胍发射药的烧蚀要小。

对于热量相同而成分不同的火药，其中含高能量成分越多者，所引起的烧蚀越严重。如用76 mm加农炮进行寿命射击，用爆热为3 568 kJ/kg的硝化甘油火药只射击500发，而用同样热量的硝化棉火药却射击了1 500发。

火炮装药量越大，烧蚀也越严重。这是因为高温燃气量增多，热作用增强，且由于装药量提高，使膛压上升，弹丸初速增加，化学作用、气流作用和机械作用也随之增强。

迄今还没有建立能定量描述火炮烧蚀的完整理论。由于烧蚀现象极其复杂，要想用一般的方法建立用公式表示的完善的烧蚀理论，可以说是不太可能的。斯密思（Smith）和奥布拉斯基（O'Brasky）报告了一种经验的估计烧蚀寿命的技术。它建立在炮膛温度峰与起始部金属磨损量的关系上。这里介绍一种应用于低射速新火炮膛线起始部附近烧蚀现象的半经验的热理论。这一理论假设由于炮膛表面粗糙，只在局部表面达到熔点。烧蚀便在这些“高温点”发生。高温点只在极短暂的时间内出现，并在炮膛表面上

变换位置。身管表面层磨损的瞬时速度可以在表面进行平均，从而可定义表面瞬时平均耗损速度 v_{ero}。而射击一发所引起的表面平均耗损量 Ω 可用下式表示

$$\Omega = \int_{t_1}^{t_2} v_{ero}\,dt \tag{3-80}$$

式中，t_1 和 t_2 分别表示烧蚀开始和终了时刻。

如令 H_1 为单位面积流向高温点的热流瞬时速度，Q_m 为单位体积金属温度上升到熔点且达到熔化时所需的热量，则有

$$v_{ero} = H_1/Q_m \tag{3-81}$$

且显然有

$$Q_m = \rho_s[c_s(T_m - T_0) + L_s] \tag{3-82}$$

式中，ρ_s 为身管材料的密度；c_s 为身管材料的比热容；T_m 为身管材料的熔点；T_0 为身管材料的初始温度；L_s 为身管材料的熔解热。

利用式（3-33）及式（3-34）可得

$$H_1 = A_1 c_p \rho v(T_g - T_m) \tag{3-83}$$

式中，A_1 定义为烧蚀函数；T_g 为燃气温度。

上式确定了引起烧蚀的那部分热流量。可假设

$$A_1 = kt_1 F_{max} \tag{3-84}$$

式中，F_{max} 为函数 $F(t)=\rho v(T_g - T_m)$ 的最大值；k 为经验常数。

于是式（3-80）变为

$$\Omega = \frac{kc_p t_1 F_{max}}{Q_m}\int_{t_1}^{t_2} F(t)\,dt \tag{3-85}$$

上两式中的烧蚀起始时刻 t_1 及终止时刻 t_2 是这样确定的：先取一 $F(t)$ 的标准值（例如对榴弹炮等低初速武器，可取 $200\times10^4\ g\cdot K\cdot cm^{-2}\cdot s^{-1}$），则 $F(t)$ 由小于标准值而变化到大于标准值的瞬时取为 t_1，类似地，把 $F(t)$ 由大于标准值而变化到小于标准值的时刻取为 t_2。式（3-85）是由热理论导出的烧蚀率的计算公式，用此式计算还是很不方便的，一种经近似简化后的半经验公式是

$$\Omega = \frac{km_p\Delta^2 l_g^3}{\xi^2 d^{4.1}}\left[\frac{(0.145p_m)^2 - 16\,000^2}{(0.415p_m)^3}\right] \tag{3-86}$$

式中，Ω 为用 cm 来表示的射击一发弹引起的直径增大量；k 为系数，可取 1.093×10^{-2}；m_p 为以 kg 表示的装药量；Δ 为以 kg/dm^3 表示的装填密度；l_g 为以 dm 表示的弹丸全行程长；d 为以 dm 表示的火炮口径；p_m 为以 kPa 表示的最大膛压；ξ 为膨胀比，它定义为

$$\xi = 1 + \frac{Sl_g}{V_0} \tag{3-87}$$

其中，S 为炮膛横断面积；V_0 为药室容积。

由于此理论没有考虑坡膛及膛线等火炮结构因素，而这些因素都对烧蚀率有明显的

影响，所以计算结果与实测值在某些场合下会有较大偏差。

3.2.6 防烧蚀的有关措施

针对产生炮膛烧蚀的原因，减少烧蚀显然应从如下几方面入手：降低膛表温度；发展低火焰温度和低烧蚀发射药；完善弹带和膛线设计，并采用惰性弹带材料以减小挤进应力，这样既能有效地密闭气体，又能提供弹丸必需的旋转，而挤进应力又比较小；采用改进的身管材料或在炮管中采用镀覆或衬层。

1. 降低膛内温度，减小对身管的热传导

降低膛内温度，减小对身管的热传导的办法主要有：

① 身管外部冷却；

② FISA 防护套；

③ 发射药装药中采用护膛添加剂。

身管外部冷却也许对航炮实用，对地面火炮则可以采用水冷却，这就带来增加质量和后勤保障上的问题。所谓 FISA 防护套，是一个薄的略带锥度的软钢套，将它套在整装弹上，一端围住药筒，余下部分套住弹丸定心部以下。射击时，药筒口部胀开并封住防护套，以保护膛线起始部不受烧蚀气体的侵蚀，据美军报道，此方法在 37 mm 等小口径武器身管上取得一定减蚀作用，但未被广泛采用。

护膛添加剂的基本概念是在发射药气体作用前用惰性油脂等涂覆炮膛表面，以提供一个临时的热障碍层。英国曾将其试验在一种 76 mm 口径的火炮上，将 110 g 黏度为 $6\times10^{-2}\ m^2/s$ 的硅油装入 PVC 胶囊并置入弹底，可减少对炮膛的热输入约 30%。以每分钟 120 发的射速做 60 发的长点射，在射击 2 200 发后，没有明显烧蚀，而用标准弹药同样射击后，则炮膛扩大将近 3 mm，但当胶囊在弹药勤务处理过程中破损，硅油与发射药混合时，则会产生点传火等严重问题。国外有人在药筒内前半部粘贴聚氨酯泡沫薄片，利用其热分解产生冷气流界面层，使一些火炮身管受烧蚀作用的影响减少到原来的 1/4。瑞典有人建议采用涂覆一种由 45%氧化钛、53.5%蜡、0.5%涤纶纤维和 1.0%硬脂醇组成的混合物的衬纸。这些衬纸放在药筒前端并包裹发射药装药。他们还建议采用氧化钛/蜡作添加剂。射击试验证明，氧化钛-蜡衬纸对一些口径的火炮具有明显的减小烧蚀的作用，但遗憾的是，对另一些口径的火炮效果似乎并不明显。

Dr. Lawton B 测定了在使用和不使用护膛材料情况下，超射程 AS90 155 mm 火炮身管表面的温度和热传递，研究发现：在所有的 50 个弹道循环周期中，添加护膛材料可使身管表面温度波动从约 950 ℃减小到 600 ℃，总的热传递从约 950 kJ/m^2 减小到 600 kJ/m^2。由身管温度的降低可以预计：每射击一发（一个弹道周期），对身管的磨损量由 18 μm 降为 1.6 μm，这使身管寿命提高约 10 倍。身管温度波动的降低，减小了热应力和初始裂纹长度，因而提高了抗疲劳寿命。

我国目前在中大口径火炮发射药装药中通常采用的护膛剂是由石蜡、地蜡和凡士林等高分子化合物组成的熔合物，并将它浸在纸上制成一定形状的护膛具，置于装药周围。这种护膛剂的作用机理为，在装药点火时期，主要表现为护膛剂的熔化与蒸发，吸收一定热量，使火药燃气温度有所降低，因而也增加了点火困难。在装药定容燃烧至膛压达到最大压力之前的时期，膛内压力不断升高，燃气温度也达到最高，护膛剂开始裂解，吸收大量的热，并生成气体物质，在膛表形成一层温度较低的界面层。此外，由于生成物质中甚至可以有游离的碳和氢

$$C_{25}H_{52} \rightarrow 26H_2 + 25C(\Delta H_m = 544\ \text{kJ/mol})\text{（石蜡）} \tag{3-88}$$

在膛压达到最大压力之后，裂解产物进一步和火药燃气作用

$$C + CO_2 \rightarrow 2CO(\Delta H_m = 173.6\ \text{kJ/mol}) \tag{3-89}$$

$$H_2 + CO_2 \rightarrow H_2O + CO(\Delta H_m = 42.7\ \text{kJ/mol}) \tag{3-90}$$

$$2H_2 + 2CO \rightarrow CH_4 + CO_2(\Delta H_m = -334\ \text{kJ/mol}) \tag{3-91}$$

$$3H_2 + CO_2 \rightarrow CH_4 + H_2O(\Delta H_m = -205\ \text{kJ/mol}) \tag{3-92}$$

有些反应虽然还会放出一些热量，但由于此时期燃气已做了不少膨胀功，对炮膛的烧蚀已大为减弱，虽有少量热的补偿，但对烧蚀已无多大影响。

护膛剂裂解产物往往反应不完全，增大了发射时的烟雾。应当指出，在小口径弹药中采用衬纸是相当困难的。因此，在发射药中直接加入1%～2%护膛添加剂，如滑石粉、氧化钛、$CaCO_3$、MoO_3 等被证明是有效的。

2. 采用低火焰温度发射药

一般而言，当发射药火焰温度降低时，其潜能也降低。在研制和发展低火焰温度而高能量发射药方面，国内外已进行了大量的努力。大多数这类配方含有一定量的固体硝胺成分，如黑索今或奥克托今。遗憾的是，已有报告称这些发射药的烧蚀反而要比不含硝胺的发射药的大。有试验证据表明，同样火焰温度时，硝胺药比常规药更具烧蚀性。其原因是硝胺颗粒离开发射药表面而继续燃烧，黑索今或奥克托今颗粒自身的燃烧火焰温度远比发射药平均火焰温度要高，而这些热粒子与膛壁的接触使身管烧蚀恶化。因此，在这类发射药中采用细粒硝胺对降低烧蚀十分重要。

低火焰温度发射药尽管其能量低，但已被美国陆军和海军采用。例如，美国海军直到20世纪60年代后期，一直使用着火焰温度为2 500～2 600 K的诸如皮罗棉（pyro）、柯达（Cordite W）、M1和M6等发射药。60年代后期，美国海军又使用一种称为NACO的冷发射药用于某些火炮。这种发射药是由低氮量（12.0%）硝化棉和某些冷却剂制成的单基药。美军对M199牵引榴弹炮装药进行过试验，将火焰温度约3 000 K的常规药M30A1改成火焰温度约2 600 K的棒状药M31AE1后（均有衬纸），该炮的磨损寿命从1 750发增加到大于2 700发。

3. 减小对膛壁的挤进压力和减少弹带膛壁间的相互作用

研究证明，弹带以其挤压作用及其与钢形成低熔、易磨损合金而使身管产生烧蚀。因此，国外一直在研究优化弹带设计和研究弹带替代材料以减小挤进压力、消除弹带与

膛线间相互作用的方法。1940—1945 年间的令人瞩目的成果是发展了预制膛线槽弹丸，即在弹带上制有与膛线相配的槽。对这种弹丸，还可配合使用固体润滑涂覆以减小摩擦力。在 12.7 mm 枪上的试验证明，经润滑的钢弹带预制膛线槽弹丸可使枪寿命延长 2 倍。这个设想的应用对镀铬身管特别有效。已有报告报道，联合采用镀铬枪膛和润滑的钢弹带预制膛线槽弹丸可使 12.7 mm 枪的烧蚀寿命增加 20 倍，精度寿命增加 8～10 倍。预制膛线槽的一个主要缺点是，每发弹射击时，须将弹带上的槽齿与膛线对准，但这似乎不应是一个不可克服的缺点。

第二次世界大战以来，在寻求与炮膛作用小、摩擦系数小的更好的弹带材料方面进行了许多工作。其中一项成果是采用烧结铁弹带，发现它可以减小膛线起始部的烧蚀，但遗憾的是，炮膛前段由于磨损作用而使烧蚀增加。在采用有机聚合物，如热塑性塑料作为弹带方面也开展了大量的研究。1954 年，第一枚 20 mm 尼龙弹带弹问世，它能有效地密闭气体，并保持初速为1 042 m/s。Debell&Richardson 公司用尼龙 11 和尼龙 12 做弹带，在 30 mm GAU-9/20 火炮身管中进行射击试验，尼龙弹带弹初速达 1 219 m/s，而铜弹带弹的初速为 1 188 m/s。但在一系列 20 mm 炮的射击试验中，发现用尼龙 12 弹带的弹丸启动压力低于铜弹带弹的启动压力达 21%之多，造成最大压力、初速、精度全面降低。因此，必须采用小弧厚的发射药或略微增加装药量。美国海军和空军的试验都证明，采用尼龙弹带的 GAU-8 系统中的 M61 炮的烧蚀寿命增加了 3 倍，而在此寿命期内，弹丸初速几乎保持常数，然而这些火炮有必要镀铬，说明塑料弹带能使铬层在膛表保留更长时间，由此增加火炮寿命；塑料弹带的另一个优点是比铜弹带对高压气体的密闭性好，而且由于熔点低，它们会涂在膛表而减少向膛表的热传递。为了使塑料弹带在大口径火炮中工作有效，必须对弹带材料与设计做认真的修改，以使其能承受弹带炮膛界面上的应力和温度。蒙特哥沫列（Montgomery）认为，弹带材料的磨损率与其熔点的倒数成正比。因此，低熔点的尼龙比铜或钢磨损快。同时，由于大口径弹丸质量大，其尼龙弹带比小口径弹丸的尼龙弹带更易损坏。

减少烧蚀的其他方面措施还包括改进身管材料、采用抗烧蚀身管衬里以及身管镀覆等技术。例如，用改变化学成分和热加工处理对钢进行改进；采用钨铬钴等硬质合金作为身管衬里；身管内表面层镀铬或钽、铌等其他耐磨、耐熔金属。但这方面已不属于发射药装药技术的范畴。

3.3 发射时的其他有害现象

火炮发射时除了会产生烧蚀作用外，还会产生其他一些有害现象，如炮口冲击波、炮口烟和焰、炮尾焰以及发射时的声响等。炮口冲击波、炮口及炮尾焰和发射时的巨大声响可能会对火炮操作人员及发射阵地附近的设施，包括阵地内放置的弹药构成威胁。强烈的炮口焰会暴露发射阵地，浓厚的炮口烟妨碍射手直接瞄准，影响打击精度，在白天也易暴露目标。

炮口冲击波、炮口烟和焰及发射时的声响，都与从炮口喷射到周围空气中的高压、高温反应气体和颗粒混合物所产生的非稳态膛口气流现象有关。因此，要正确认识这些有害现象的成因，寻求消除或减轻其危害的方法，必须从研究膛口气流及其发展入手。

3.3.1　膛口气流及其发展

膛口流场是由从膛内高速流出的膨胀不足的非定常射流及其与膛口空气的相互作用而形成的。在这一过程中，伴随着涡流及冲击波等现象的发生。与此同时，可燃气体与空气中的氧再次作用而发生爆燃，即形成了炮口焰。很明显，膛口流场的形成和发展过程是一个带有化学反应的流体力学问题。膛口流场的形成可以分成两个阶段，即初始流场和火药气体的主流场。

初始流场是指弹丸未出炮口前，在膛口形成的流场。在弹丸未出炮口以前，弹丸在膛内火药气体的作用下，一方面沿炮膛加速运动；另一方面又不断压缩弹前的空气柱，产生一系列压缩波向炮口方向传播。由于后一个压缩波的传播速度总比前一个的大，这些压缩波互相叠加而形成激波。随着弹丸的加速运动，激波不断增强，当激波至膛口时达到最大值。激波出炮口后称为初始冲击波，它先做轴对称的膨胀运动。由于波后的压力比外界的压力高得多，就形成了膨胀不足的初始射流，这就形成了弹丸出炮口前的初始流场，如图 3-6 所示。

当弹丸从膛口射出之后，具有很大压力势能的高温高压火药气体以极高的速度从膛内喷射出来，并迅速推动周围的空气形成冲击波。对一般火炮而言，炮口压力通常在 50～100 MPa 之间变化，远远高于环境压力。因此，膛口射流是高度膨胀不足的射流，并在膛口形成极为复杂的波系，如图 3-7 所示。可以看出，膛口主流场由斜激波（相交激波）、马赫盘组成了瓶状激波系。主流场，即射流边界包围起来的整个区域，可分为以下几个区域。

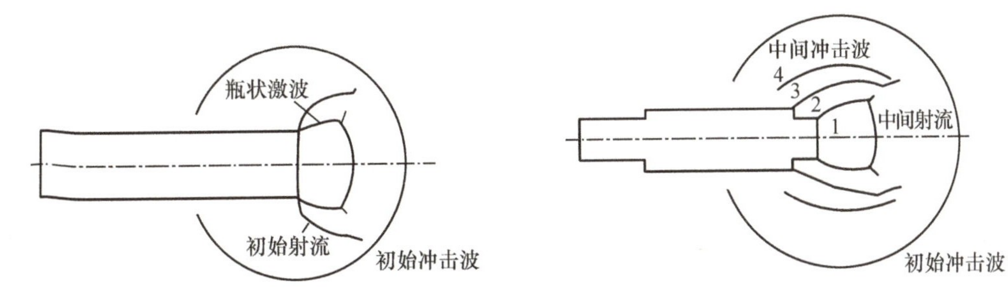

图 3-6　膛口初始流场示意图（无炮口制退器）　　图 3-7　膛口主流场结构示意图

1 区：瓶状激波内的自由膨胀区，气流主要在此瓶状区内膨胀，压力剧降，速度剧增，马赫数 $Ma>1$。

2 区：相交激波与射流边界之间的超声速区，$Ma>1$。

3 区：马赫盘后的亚声速区。气流经正冲击波后，流速下降，温度和压力急增，$Ma<1$。

4 区：经过两次斜冲击波后，流动情况十分复杂。此区压力与 3 区的相同，但 $Ma>1$。3 区和 4 区之间形成一个速度间断面。

3.3.2　炮口焰

炮口焰是出现在炮口前的闪光。可分为三个区域：初次焰（或称一次焰）、中间焰及二次焰，如图 3-8 所示。

图 3-8　炮口焰的结构

1—一次焰；2—中间焰；3—二次焰

处于膛口的初次焰其空间范围小且强度低。它是由膛口处喷出的膛内气体粒子流的热激发造成的。由于出炮口后火药燃烧产物迅速膨胀冷却，因而光度迅速降低，其后即出现暗区。初次焰也可能包括流出炮口的火药燃烧产物本身在炮口继续燃烧形成的火焰。

中间焰区辐射强度较大，扩展范围也更广。它位于初次焰前方，在完全形成的内部激波盘之后。这一气流区的辐射是因为气体粒子流通过内部激波盘时，被再次压缩，对流能转换成气流内能，使温度上升到大致接近炮口的温度而发光。

二次焰在内层激波盘法向的下游方向形成，火焰有时可在距炮口 20 m 处出现。其扩展范围之大、闪光之强都远远超过中间焰。这种二次焰是因为未燃尽的火药可燃产物与卷入空气中的氧气重新点火发生爆燃而引起的。与此同时，还会产生超压。

通常所说的炮口焰，一般即指二次焰。二次焰形状通常是椭圆形，长度可达 0.5～5 m，宽 0.2～20 m，持续时间可从千分之几秒到百分之几秒，夜间在 10～50 km 外都能观察到。二次焰的燃烧反应被认为由一种链式机构支配：

$$H_2+O_2 \rightarrow 2OH \qquad \text{链的引发}$$

$$\left.\begin{aligned}
&OH+H_2 \rightarrow H_2O+H\\
&H+O_2 \rightarrow OH+O\\
&O+H_2 \rightarrow OH+H\\
&OH+CO \rightarrow CO_2+H\\
&H+CO+O_2 \rightarrow CO_2+OH
\end{aligned}\right\} \text{链的分支与传递}$$

$$\left.\begin{array}{l} H+OH \rightarrow H_2O \\ O+O \rightarrow O_2 \\ H+H \rightarrow H_2 \\ O+CO \rightarrow CO_2 \end{array}\right\} \text{链的中断}$$

由此可见，燃烧产物中存在可燃性气体，与空气混合后，如具有足够高的温度与压力以及具备链式反应的条件，就可促使二次焰的产生。

研究表明，火药爆热越高，燃烧产物中可燃性气体成分越多，产生炮口焰的可能性越大。大装药量和小装填密度的火炮也易产生炮口焰。这是因为在大装药量的条件下，火炮膛压、初速提高，燃气流出炮口的压力、温度、速度均增加，有利于炮口焰的产生。在小装填密度的情况下，由于膛压降低，燃烧结束点移向炮口，从而为炮口焰的生成提供了条件。

钾盐对炮口焰有明显的消焰作用，其原因可能是钾盐的存在阻止了链式反应的进行。因此，在许多火炮中将钾盐单独制成消焰剂作为一种装药元件，也有将钾盐直接加入火药组分中使用的。使用黑火药作传火药时，由于其燃烧产物中含有钾盐，故也有消焰作用。

此外，火炮与弹丸的构造情况、射击条件等因素也会影响炮口焰的生成。炮口安装防火帽和制退器，可减少炮口焰。

3.3.3　炮口烟

射击时生成的烟本质上是一种胶体体系，其分散介质为火药气体与空气，分散相是燃烧产物中的固体粒子和凝聚相的水。研究表明，烟雾的性质，如大小、颜色和稳定性，与火药性质、装药结构、装药燃烧条件、武器诸元及空气条件等有关。但其直接起因是火药装药燃烧所生成的凝聚相物质，它们主要来自：

1. 火药成分中的固体无机物

溶塑火药中都含有少量无机盐类和金属氧化物，如 K_2CO_3、Na_2CO_3、$CaCO_3$、$MgCO_3$、CaO、Fe_2O_3 等，这些物质都是在硝化棉的硝化和安定处理过程中残留在硝化棉内的杂质，当火药燃烧时，大多变为稳定的金属氧化物，成为灰。但由于其在火药中的质量分数一般不超过 0.3%，因此不是烟雾的主要来源。

某些火药由于特殊目的而在其组分中使用无机附加物，例如，加入 K_2SO_4 作为消焰剂，会使燃气中固体物质增多，加重了烟雾的生成。

2. 点火药燃烧生成物中的固体粒子

火炮射击时，击发火帽药剂可产生 0.01～0.02 g 凝聚粒子，在发射速度高并与其他因素结合的情况下，也会对烟雾生成产生一定影响。火炮装药中传火药多为黑火药，它燃烧时产生约 50%（质量分数）的 K_2SO_4、K_2CO_3、K_2S 等固体微粒。在中大口径火炮中，通常使用几十克至上百克传火药，其生成的固体物质很可观。可以认为，用黑火药作传火药是射击时产生烟的主要原因。

3. 火药成分不完全燃烧产生的固体物质

火药成分中的非能量成分如苯二甲酸二丁酯、石蜡、凡士林、中定剂等，以及热稳定性大的能量成分，如二硝基甲苯、三硝基甲苯等，它们在火药的燃烧过程中，相对于活性的能量成分来说分解时间稍迟，因此，有可能产生中间有机物、碳粒等凝聚相颗粒，形成烟雾。

4. 其他装药元件产生的固体颗粒

有些火炮用 K_2SO_4 制成消焰剂作为装药元件单独使用，其产生烟雾的原理与将 K_2SO_4 作为火药组分时是一样的。有些火炮装药还使用除铜剂，通常是采用锡铅合金。在射击时，由于除铜剂与膛面上黏附的铜形成共熔物微粒，从而增大了射击时的烟雾。

其他装药元件，如药包布、硬纸紧塞具、钝感衬纸等，在燃烧过程中显然会形成碳粒和其他固体物质，对烟雾生成有很大影响。例如，57 mm 加农炮不使用钝感衬纸，射击时无烟，燃气中检测到的碳粒很少。当装药中使用 55 g 钝感剂，射击时就产生烟雾，测量到每 1 kg 火药气体含 0.5 g 分散的碳粒。此外，当火药燃烧不完全而产生 NO 时，由于 NO 与空气中的氧作用生成 NO_2，会出现棕色烟雾。燃烧产物中的水与空气接触后冷凝成凝聚相微滴，也是形成烟的原因之一。但是，烟雾的最终生成，在很大程度上取决于装药的点火条件。当点火不足或燃烧条件不良时，火药燃烧不完全，会生成大量固体碳粒、凝聚相中间产物和 NO 等。另外，烟雾的生成也与武器构造、环境条件等密切相关。装药量越大，附加元件越多，身管越短，产生烟的可能性也大；气温越低，风越小，对烟雾形成越有利。

目前已有一些预示炮口烟生成的理论模型，但由于问题的复杂性，这些模型显得很不完善，其实用性受到很大限制。

从装药设计的角度来说，要减少烟雾生成的可能性，就是要选用成分简单均一、非能量及热稳定性高的组分含量少、能完全燃烧的火药；对装药元件的使用要慎重；要保证良好的点火和适当的燃烧压力。此外，从火炮设计的角度，可研究机械消烟装置。

3.3.4 炮尾焰

炮尾焰是火炮射击后在开闩和抽筒时在炮尾部形成的火焰。显然，它会危及射手安全。对于坦克炮、自行火炮和自动开闩与闭锁的火炮，是绝对不允许有的。

炮尾焰产生的原因是火药以及其他装药元件不完全燃烧的产物与空气混合后所发生的二次燃烧，其影响因素及防止方法与炮口焰的基本相同。

炮口烟、焰的形成是极其复杂的过程，要完全搞清烟、焰形成机理的每一细节似乎还要做极大的努力。但是，对于烟、焰形成的主要原因和影响因素已经清楚。此外，射击时的烟、炮口焰与炮尾焰三者具有密切的关系。例如，装药中采用消焰剂，消除了炮口焰和炮尾焰，但增大了烟雾；使用炮口制退器减弱了炮口焰，但助长了炮尾焰。因此，装药设计工作者在确定设计方案时，就要结合武器特点和战术技术要求，慎重考虑，统筹兼顾。

3.4　火炮发射过程的内弹道模型

火炮发射过程时间极短，火炮火药装药在膛内瞬间经历了极其复杂的物理化学变化。包括火药的点燃、火药的燃烧、火焰的传播、火药燃气的生成和状态的不断变化，伴随着推动弹丸在膛内不断加速前进，能量转换过程同时发生。内弹道学研究火炮膛内各种弹道参量的变化规律，从 19 世纪中叶经典内弹道学理论体系的基本建立至今，火炮内弹道学有了很大的发展，从以研究膛内弹道参量平均值变化规律为特征的经典内弹道学到以两相乃至多相反应流体力学为基础的现代内弹道学，相应发展起来了各种内弹道模型。如今，现代内弹道学不仅可以研究包括与膛内两相/多相反应流体、火药颗粒床的挤压和药粒破碎、膛内压力波的产生和传播相关的参量在膛内随时间和空间的变化规律，而且也已经在一些非常规新概念火炮（如液体发射药火炮、等离子体电热化学炮等）的应用中取得了令人瞩目的成果。内弹道模型是在一定假设基础上所建立的一组既相互独立又相互关联的数学方程组。通过对内弹道方程组的求解，可以深入地了解膛内压力、弹丸速度等参量的变化规律，现代内弹道模型还可以模拟和预测包括膛内压力波、装药床火药颗粒碰撞破碎等在内的一些内弹道现象。现代内弹道模型也是装药发射安全性评估的一个重要手段。

应当指出，并不是越复杂的模型比起简单模型都能提供更好的结果，结论往往是相反的。这是因为复杂模型需要众多的输入参量，由于理论与试验研究方面的困难，其数据可靠性很低。虽然，随着科学技术的发展，人们对内弹道现象的本质将会有更透彻的了解，但是，由于射击过程的复杂性，在认识发射过程内弹道本质的道路上仍将遇到种种挑战。因此，简单的经验和半经验模型在今后的内弹道研究中将仍然占有重要地位。随着科学技术的发展，现代内弹道模型也将越来越完善，相信将发挥越来越重要的作用。

3.4.1　经典内弹道模型

经典内弹道模型是在对任一瞬间弹后空间的气流及热力学参量取平均值的基础上建立起来的。附加其他不同的假设，即可得到不同形式的经典模型。本节所介绍的经典模型基于如下基本假设：

① 火药燃烧遵循几何燃烧定律。

② 装药所有药粒在平均压力下燃烧，且遵循燃烧速度定律。

③ 炮膛表面的热散失忽略不计（或用减小火药力 f 或增加比热比 γ 的方法间接修正）。

④ 采用系数 φ 考虑各种次要功。

⑤ 不计及挤进过程，即弹带挤进膛线是瞬时完成的。以一定的挤进压力 p_0 标志弹丸的启动条件。

⑥ 火药气体在火炮膛内的高温高压下服从诺贝尔-阿贝尔状态方程。

⑦ 不考虑火药燃气在膨胀做功过程中组分的变化，火药力 f、余容 α、比热比 γ 均视为常数。

经典模型包含 5 个方程，它们组成了内弹道方程组：

（1）火药药粒的形状函数方程

$$\psi = \chi Z(1+\lambda Z+\mu Z^2) \tag{3-93}$$

式中，ψ 为火药已燃百分数；Z 为火药燃去的相对厚度，$Z=e/e_1$，e_1 为药粒弧厚的一半；ψ、χ、μ 为火药形状特征量。

（2）火药的燃烧速度方程

$$\frac{\mathrm{d}Z}{\mathrm{d}t}=\frac{u_1 p^n}{e_1}=\frac{1}{I_\mathrm{k}}p^n \tag{3-94}$$

式中，u_1 为火药的燃速系数；p 为燃气平均压力；n 为燃速压力指数；t 为时间；I_k 为火药燃烧结束瞬间的压力全冲量。

（3）弹丸运动方程

$$\varphi m\frac{\mathrm{d}v}{\mathrm{d}t}=Sp \tag{3-95}$$

式中，φ 为次要功系数；m 为弹丸质量；v 为弹丸运动速度；S 为计及膛线的炮膛横断面积。

（4）内弹道基本方程（能量方程）

$$Sp(l_\psi+l)=fm_\mathrm{p}\psi-\frac{\theta}{2}\varphi mv^2 \tag{3-96}$$

其中

$$l_\psi=l_0\left[1-\frac{\Delta}{\rho_\mathrm{p}}(1-\psi)-\alpha\Delta\psi\right]$$

$$\theta=\gamma-1$$

式中，l 为弹丸沿炮膛的行程长；l_ψ 为药室自由容积缩颈长；l_0 为药室容积缩颈长；f 为火药力；m_p 为火药装药质量；γ 为火药的绝热指数；Δ 为火药装药的装填密度；ρ_p 为火药密度。

（5）弹丸速度与行程关系式

$$\frac{\mathrm{d}l}{\mathrm{d}t}=v \tag{3-97}$$

将上述式（3-93）～式（3-97）联立起来，就组成了内弹道方程组。在这 5 个方程中，共有 p、v、l、t、ψ 和 Z 6 个变量，如取其中一个为自变量，则其余 5 个变量就可以表达为自变量的函数。所以上述给出的内弹道方程组是封闭的。采用一定的数学方法，从这组方程中解出 p-l、v-l、p-t、v-t 的关系，就获得了膛内压力和弹丸速度变化规律的弹道曲线。这个过程称为内弹道解法。在上述经典模型的基础上进一步附加一些条件，可以扩大模型的适用范围和方便求解。

式（3-93）～式（3-97）组成的经典模型，原则上适用于使用单一品号火药装药的火炮。对于像榴弹炮这样的火炮，在战术技术上要求能将弹丸发射到很大的射程范围，且命中地面目标的落角要足够大，以增强杀伤效果。所以，榴弹炮装药采用混合装药的方法，并将装药按装药量多少区分为若干号。这种装药由厚、薄两种火药组成。小号装药主要由薄火药组成，使膛内达到一定的压力以保证火药在膛内正常燃尽和确保弹丸引信可靠解除保险；大号装药中主要是厚火药，以保证发射时膛内最大压力在容许的限度之下。上述经典模型附加如下假设：

① 混合装药由 n 种火药组成，各种火药存在性能、形状或尺寸的不同；

② 不考虑各种火药燃气的混合过程，各种火药燃气的质量和能量具有加和性；

③ 只考虑混合燃气的平均压力，不计及单一火药燃气的分压。

可以得到适用于 n 种火药组成的混合装药火炮内弹道的数学模型

$$\psi_i = \chi_i Z_i (1 + \lambda_i Z_i + \mu_i Z_i^2) \tag{3-98}$$

$$\frac{\mathrm{d}Z_i}{\mathrm{d}t} = \frac{u_{1i} p^{n_i}}{e_{1i}} \tag{3-99}$$

$$Sp(l_\psi + l) = \sum_{i=1}^{n} f_i m_{\mathrm{p}i} \psi_i - \frac{\theta}{2} \varphi m v^2 \tag{3-100}$$

再加上式（3-95）和式（3-97），其表达形式无须变化

$$\varphi m \frac{\mathrm{d}v}{\mathrm{d}t} = Sp$$

$$\frac{\mathrm{d}l}{\mathrm{d}t} = v$$

上述方程组中，$i=1，2，\cdots，n$ 。其中

$$l_\psi = l_0 \left[1 - \sum_{i=1}^{n} \frac{\Delta_i}{\rho_{\mathrm{p}i}} (1 - \psi_i) - \sum_{i=1}^{n} \alpha_i \Delta_i \psi_i \right] \tag{3-101}$$

$$\varphi = \varphi_1 + \frac{1}{3} \frac{\sum_{i=1}^{n} m_{\mathrm{p}i}}{m} \tag{3-102}$$

当应用多孔火药时，形状函数方程应改写为计及分裂点的表达形式

$$\Psi_i = \begin{cases} \chi_i Z_i (1 + \lambda_i Z_i + \mu_i Z_i^{2}) & (0 \leqslant Z_i < 1) \\ \chi_{\mathrm{s}i} Z_i (1 + \lambda_{\mathrm{s}i} Z_i) & (1 \leqslant Z_i < Z_{\mathrm{k}i}) \\ 1 & (Z_i = Z_{\mathrm{k}i}) \end{cases} \tag{3-103}$$

式中，下标 s 代表减面燃烧阶段的形状特征量；$Z_{\mathrm{k}i}$ 为第 i 种火药分裂后碎粒全部燃完时的燃去相对厚度

$$Z_{\mathrm{k}i} = \frac{e_{1i} + \rho_i}{e_{1i}}$$

其中，ρ_i 为第 i 种火药与碎裂面断面相当的内切圆半径。

经典内弹道模型在进一步给定某些假设条件的基础上，还可以导出各种简化模型。这里介绍两种简化的内弹道模型：瞬时全部燃完模型和恒温模型。

1. 瞬时全部燃完模型

这一模型进一步假设：

① 整个内弹道循环无热损失；

② 发射药在瞬间全部燃完。

根据发射药在瞬间燃完的假设，发射药在炮膛内释放的能量全部变成弹丸动能，即

$$v^2 = 2fm_p/[m(\gamma-1)\varphi]\cdot(1-\tau^{\gamma-1}) \tag{3-104}$$

式中，τ 是药室容积与炮膛容积的比值。

当发射药组分或热力学性质发生变化时，引起火药力 f 和燃气比热比 γ 发生变化，进而引起炮口速度 v 的变化，有

$$v = v[f(Q_i),\gamma(Q_i)] \tag{3-105}$$

式中，Q_i 可代表发射药组分或发射药的热力学性质，如果令 $\bar{v}$ 代表速度的平均值，则 Q_i 偏离其平均值 $\bar{Q}$ 的偏差对 v 的影响可用台劳级数来表示

$$v = \bar{v} + \sum\left(\frac{\partial v}{\partial f}\frac{\partial f}{\partial Q_i} + \frac{\partial v}{\partial \gamma}\frac{\partial \gamma}{\partial Q_i}\right)(Q_i - \bar{Q}) \tag{3-106}$$

v 的方差由 $(v-\bar{v})^2$ 的期望值表示

$$S_v^2 = \varepsilon(v-\bar{v})^2 \tag{3-107}$$

$$S_v^2 = \sum_i^n\left[\left(\frac{\partial v}{\partial f}\frac{\partial f}{\partial Q_i}\right)^2 + \left(\frac{\partial v}{\partial \gamma}\frac{\partial \gamma}{\partial Q_i}\right)^2\right]\varepsilon(Q_i-\bar{Q}_i)^2 + 2\sum_{i>j}^n\left[\frac{\partial v}{\partial f}\frac{\partial f}{\partial Q_j} + \frac{\partial v}{\partial \gamma}\frac{\partial \gamma}{\partial Q_i}\frac{\partial v}{\partial f}\frac{\partial f}{\partial Q_j} + \frac{\partial v}{\partial \gamma}\frac{\partial \gamma}{\partial Q_j}\right]\varepsilon(Q_i-\bar{Q}_i)(Q_j-\bar{Q}_j) \tag{3-108}$$

Q_i 方差 $\varepsilon(Q_i-\bar{Q}_i)^2$ 用 $S^2(Q_i)$ 表示。Q_i、Q_j 的协方差 $\varepsilon(Q_i-\bar{Q}_i)(Q_j-\bar{Q}_j)$ 用 $\mathrm{COV}(Q_i, Q_j)$ 表示，并认为 $\mathrm{COV}(Q_i, Q_j)=0$，对式（3-104）求导得

$$\frac{\partial v}{\partial f} = Kf_1/[2v(\gamma-1)\varphi]$$

$$\frac{\partial v}{\partial \gamma} = -\frac{f_2}{f_1}\cdot\frac{v}{2(\gamma-1)}$$

式中

$$f_1 = 1-\tau^{\gamma-1}$$

$$f_2 = f_1 + (\gamma-1)(\ln\tau)\tau^{\gamma-1}$$

$$K = 2m_p/m$$

最后导出

$$S_v^2 = \frac{v^2}{4f_1^2}\sum_i^n f_1^2\left(\frac{1}{f}\frac{\partial f}{\partial Q_i}\right)^2 + f_2^2\left(\frac{1}{\gamma-1}\frac{\partial \gamma}{\partial Q_i}\right)^2 S^2(Q_i) \tag{3-109}$$

由于 f_1、f_2 可求出，$\dfrac{\partial f}{\partial Q_i}$、$\dfrac{\partial \gamma}{\partial Q_i}$、$v$、$S^2(Q_i)$ 已知或可求出，从而建立了发射药组分、性质与弹道性能之间的联系。

2. 恒温模型

恒温模型进一步假设：

① 火药燃速与压力成正比 $\mathrm{d}e/\mathrm{d}t=u_1 p$；

② 整个弹道循环过程不考虑热损失；

③ 火药燃气生成物的成分处于冻结状态；

④ 在任何 ψ 时的药室缩径长 l_ψ 为常数，$l_\psi=l_1=l_0\left(1-\dfrac{\Delta}{\rho_p}\right)$；

⑤ 弹丸启动没有挤进压力，火药开始燃烧瞬间弹丸就开始运动；

⑥ 火药燃烧期间，火药气体温度无变化，火药力 $f'=RT=$常数，内弹道方程简化为 $Sp(l_1+l)=f'm_p\psi$。

根据假设条件，可得到下述恒温模型的简化方程组：

$$
\begin{cases}
\psi = \chi Z + \chi\lambda Z^2 \\
\mathrm{d}e/\mathrm{d}t = u_1 p \\
Sp\,\mathrm{d}t = \varphi m\,\mathrm{d}v \text{ 或 } Sp\,\mathrm{d}l = \varphi m v\,\mathrm{d}v \\
Sp(l_1 + l) = f' m_p \psi
\end{cases}
\tag{3-110}
$$

3.4.2　经典内弹道模型的弹道解

建立内弹道模型的目的，是深入研究复杂的射击过程。射击过程包含多种运动形式，而这些运动形式又不是孤立的，它们互相依存又互相制约，集中和综合地反映在膛内的压力变化规律和弹丸初速变化规律。因此，从内弹道模型求解获得膛内压力和弹丸行程/时间的关系、弹丸初速和弹丸行程/时间的关系，就是研究内弹道理论的核心问题。在电子计算机出现之前，内弹道模型的求解通常采用经验法、解析法、表解法和图解法。随着电子计算机技术的进步和广泛应用，人们可以建立更复杂、更精确的弹道模型。通过数值方法，借助于计算机获得膛内压力、弹丸速度等参量变化规律的更精确的描述。本节介绍经典内弹道模型的解析解法和数值解法。

1. 经典内弹道模型的解析解法

由方程（3-93）～（3-97）组成的经典内弹道方程组进一步附加如下三条假设：

一是火药的燃烧服从正比燃烧速度定律，即

$$
\frac{\mathrm{d}Z}{\mathrm{d}t} = \frac{u_1 p}{e_1} = \frac{p}{I_k}
\tag{3-111}
$$

二是火药相对已燃体积 ψ 取两项式，即

$$
\psi = \chi Z(1 + \lambda Z)
\tag{3-112}
$$

三是在一定的装填密度下，l_ψ 变化不大，可用其平均 $l_{\bar{\psi}}$ 来代替，即

$$l_{\bar{\psi}} = l_0\left[1-\frac{\Delta}{\rho_p}-\Delta\left(\alpha-\frac{1}{\rho_p}\right)\bar{\psi}\right] \tag{3-113}$$

其中

$$\bar{\psi}=\frac{\psi_0+\psi}{2}$$

（1）减面形状火药的弹道解

根据膛内火药气体压力的变化规律，为便于求解，通常把射击过程划分为三个不同的阶段，即前期、第一时期和第二时期。前期即指从点火药瞬间点燃并燃完而达到点火压力 p_B 一直到火药床着火燃烧、火药气体压力达到挤进压力、弹丸的弹带挤入膛线之前的过程。如忽略弹丸计入膛线的这一段很小的行程，这一时期火药可以视为经历定容燃烧过程。第一时期即指前期结束之后，在火药继续燃烧的同时弹丸开始运动，一直到火药燃烧结束。第二时期是指在第一时期结束，即火药燃完之后，火药气体继续膨胀做功，推动弹丸继续加速运动直至弹丸的底面飞离炮口的瞬间。这三个阶段是互相紧密衔接的，前期的最终条件就是第一时期的起始条件，而第一时期的最终条件又是第二时期的起始条件。各个阶段的条件不同，解法也各有特点，不尽相同。

① 前期的解法。

根据基本假设，弹丸是瞬时挤进膛线，并在压力达到挤进压力 p_0 时才开始运动。所以这一时期的特点应该是定容燃烧时期。有

$$l=0 \quad 和 \quad v=0$$

在这一时期中，火药在药室容积 V_0 中燃烧，压力则由 p_B 升高到 p_0，相应的火药形状尺寸诸元为 ψ_0、σ_0 及 Z_0，这些量既是这一时期的最终条件，又是第一时期的起始条件。所以，这一时期的解的目的，实际上就是根据已知的 p_0 分别解出 ψ_0、σ_0 及 Z_0 这一个前期诸元。

首先，由定容状态方程可解出 ψ_0，即

$$\psi_0=\frac{\dfrac{1}{\Delta}-\dfrac{1}{\rho_p}}{\dfrac{f}{p_0-p_B}+\alpha-\dfrac{1}{\rho_p}} \tag{3-114}$$

该式表明，在火药性质及装填密度都已知的情况下，给定 p_0 及 p_B 即可计算出相应的 ψ_0。对于火炮而言，p_0 可以取 30 MPa；对于步兵武器而言，根据不同的弹形，p_0 在 40～50 MPa 之间变化。点火压力 p_B 一般取为 22.5 MPa。但是在实际计算时，由于 p_B 比 p_0 小得多，对 ψ_0 的影响很小，可以忽略不计，上式即可改变为

$$\psi_0\approx\frac{\dfrac{1}{\Delta}-\dfrac{1}{\rho_p}}{\dfrac{f}{p_0}+\alpha-\dfrac{1}{\rho_p}} \tag{3-115}$$

求得了 ψ_0 后，应用减面形状火药相对燃烧表面 σ 与已燃相对厚度 Z 的关系

$$\sigma = 1 + 2\lambda Z + 3\mu Z^2 \tag{3-116}$$

以及式（3-112）可以分别计算出 σ_0 及 Z_0。为方便计算，上述 σ 与 Z 的关系式取前两项近似，可得

$$\sigma_0 = \sqrt{1 + 4\frac{\lambda}{\chi}\psi_0} \tag{3-117}$$

$$Z_0 = \frac{\sigma_0 - 1}{2\lambda} = \frac{2\psi_0}{\chi(1 + \sigma_0)} \tag{3-118}$$

求出了这三个诸元后，即可作为起始条件进行第一时期的弹道求解。

② 第一时期的解法。

第一时期是射击过程中最为复杂的时期，它涉及内弹道方程组所描述的所有射击现象，所以这一时期的弹道解也完全建立在这个方程组的基础之上。方程组的 5 个方程中，共有 p、v、l、t、ψ 及 Z 6 个变量。由于在这个时期，Z 的边界条件是已知的（Z_0 到 1），可以选取 Z 作为自变量。不过在具体解方程组的时候，Z 的起始条件 Z_0 同 Z 总是以 $Z-Z_0$ 的形式出现，所以以 x 变量来代替 $Z-Z_0$，即

$$x = Z - Z_0$$

这样所解出的各变量都将以 x 的函数形式来表示。

a. 速度的函数式 $v=f_1(x)$

将由式（3-93）～式（3-97）组成的方程组中的式（3-95）和式（3-111）联立消去 $p\mathrm{d}t$，即导得如下微分方程

$$\mathrm{d}v = \frac{SI_{\mathrm{k}}}{\varphi m}\mathrm{d}Z$$

从起始条件 $v=0$ 及 $Z=Z_0$ 积分到任一瞬间的 v 及 Z，得

$$\int_0^v \mathrm{d}v = \frac{SI_{\mathrm{k}}}{\varphi m}\int_{Z_0}^{Z}\mathrm{d}Z$$

因 $x= Z-Z_0$，于是对上式积分后可求得

$$v = \frac{SI_{\mathrm{k}}}{\varphi m}x \tag{3-119}$$

该式表明，在一定装填条件下，弹丸速度与火药的已燃厚度成比例。

b. 火药已燃部分的函数式 $\psi=f_2(x)$

将 $Z=x+Z_0$ 代入式（3-112）即可得

$$\begin{aligned}\psi &= \chi Z + \chi\lambda Z^2 \\ &= \chi(x + Z_0) + \chi\lambda(x + Z_0)^2 \\ &= \chi Z_0 + \chi\lambda Z_0^2 + \chi(1 + 2\lambda Z_0)x + \chi\lambda x^2\end{aligned}$$

由于

$$\psi_0 = \chi Z_0 + \chi\lambda Z_0^2$$

$$\sigma_0 = 1 + 2\lambda Z_0$$

令 $K_1 = \chi\sigma_0$，从而导得

$$\psi = \psi_0 + K_1 x + \chi\lambda x^2 \tag{3-120}$$

c. 弹丸行程的函数式 $l = f_3(x)$

为了导出弹丸行程的函数式，将式（3-95）～式（3-97）三式联立，消去 Sp 而得到如下微分式

$$\frac{\mathrm{d}l}{l_\psi + l} = \frac{\varphi m}{f m_{\mathrm{p}}} \cdot \frac{v\mathrm{d}v}{\psi - \dfrac{\theta\varphi m}{2 f m_{\mathrm{p}}} v^2}$$

再将式（3-119）及式（3-120）代入，则上式变为

$$\frac{\mathrm{d}l}{l_\psi + l} = \frac{S^2 I_{\mathrm{k}}^2}{f m_{\mathrm{p}} \varphi m} \cdot \frac{x\mathrm{d}x}{\psi_0 + K_1 x + \chi\lambda x^2 - \dfrac{S^2 I_{\mathrm{k}}^2}{f m_{\mathrm{p}} \varphi m} \cdot \dfrac{\theta}{2} x^2}$$

令

$$B = \frac{S^2 I_{\mathrm{k}}^2}{f m_{\mathrm{p}} \varphi m}$$

B 是各种装填条件组合起来的一个综合参量，称为装填参量，其量纲为 1，但是它的变化对最大压力和燃烧结束位置都有显著影响，因此它是一个重要的弹道参量。

又令

$$B_1 = \frac{B\theta}{2} - \chi\lambda$$

则上式可简化为如下形式

$$\frac{\mathrm{d}l}{l_\psi + l} = -\frac{B}{B_1} \cdot \frac{x\mathrm{d}x}{x^2 - \dfrac{K_1}{B_1} x - \dfrac{\psi_0}{B_1}} = -\frac{B}{B_1} \cdot \frac{x\mathrm{d}x}{\xi_1(x)}$$

式中

$$\xi_1(x) = x^2 - \frac{k_1}{B_1} x - \frac{\psi_0}{B_1}$$

为了导出 $l = f_3(x)$，最简单的数学处理方法就是对等号两边直接进行积分。不妨先导出右边的积分，对于这样的积分，可以采用部分分式的积分方法，为此，将被积函数写成如下形式

$$\frac{x}{\xi_1(x)} = \frac{A_1}{x - x_1} + \frac{A_2}{x - x_2}$$

并得到如下的等式

$$\frac{x}{x^2 - \dfrac{k_1}{B_1} x - \dfrac{\psi_0}{B_1}} = \frac{(A_1 + A_2)x - A_1 x_2 - A_2 x_1}{x^2 - (x_1 + x_2)x + x_1 x_2} \tag{3-121}$$

从式（3-121）可建立如下方程组

$$\begin{cases} x_1+x_2=\dfrac{K_1}{B_1} \\ x_1x_2=-\dfrac{\varphi_0}{B_1} \\ A_1+A_2=1 \\ -A_1x_2-A_2x_1=0 \end{cases}$$

即可解得

$$\begin{cases} x_1=\dfrac{K_1}{2B_1}(1+b) \\ x_2=\dfrac{K_1}{2B_1}(1-b) \\ A_1=\dfrac{b+1}{2b} \\ A_2=\dfrac{b-1}{2b} \end{cases}$$

其中

$$b=\sqrt{1+4\gamma}$$

此处

$$\gamma=\frac{B_1\psi_0}{K_1^2}$$

于是可得如下积分

$$\int_0^x \frac{x\mathrm{d}x}{\xi_1(x)}=\frac{b+1}{2b}\int_0^x \frac{\mathrm{d}x}{x-x_1}+\frac{b-1}{2b}\int_0^x \frac{\mathrm{d}x}{x-x_2}=\ln\left(1-\frac{x}{x_1}\right)^{\frac{b+1}{2b}}\left(1-\frac{x}{x_2}\right)^{\frac{b-1}{2b}}=\ln Zx$$

式中

$$Zx=\left(1-\frac{x}{x_1}\right)^{\frac{b+1}{2b}}\left(1-\frac{x}{x_2}\right)^{\frac{b-1}{2b}}=\left(1-\frac{2}{b+1}\cdot\frac{B_1}{K_1}x\right)^{\frac{b+1}{2b}}\left(1+\frac{2}{b-1}\cdot\frac{B_1}{K_1}x\right)^{\frac{b-1}{2b}}$$

最后可求得

$$-\frac{B}{B_1}\int_0^x \frac{x\mathrm{d}x}{\xi_1(x)}=-\frac{B}{B_1}\ln Zx=-\frac{B}{B_1}\ln Zx^{-1} \tag{3-122}$$

令

$$\beta=\frac{B_1}{K_1}x$$

因为 b 是 γ 的函数，所以式中的 Zx 仅是参量 γ 和变量 β 的函数。这是一个比较复杂的函数。为了计算方便，通常预先编好以 γ 及 β 为头标的 $\ln Zx^{-1}$ 函数表。利用这样的表就可以求得相应的 $\ln Zx^{-1}$ 值。

再观察左边的积分，根据 l_ψ 的公式可知

$$l_\psi=l_0\left[1-\frac{\Delta}{\rho_p}-\Delta\left(\alpha-\frac{1}{\rho_p}\right)\psi\right]$$

l_ψ 是 ψ 或 x 的函数，为了求解方便，根据假设用 $l_{\bar{\psi}}$ 来代替 l_ψ，于是就可得到如下的积分

$$\int_0^l \frac{\mathrm{d}l}{l_{\bar{\psi}}+l}=\ln\frac{l+l_{\bar{\psi}}}{l_{\bar{\psi}}}=\ln\left(1+\frac{l}{l_{\bar{\psi}}}\right) \tag{3-123}$$

从而求得弹丸行程函数

$$\ln\left(1+\frac{l}{l_{\bar{\psi}}}\right)=\frac{B}{B_1}\ln Zx^{-1}$$

或者表示为

$$l=l_{\bar{\psi}}(Zx^{-\frac{B}{B_1}}-1) \tag{3-124}$$

应当指出，根据 l_ψ 公式，Δ 越大时，$\Delta(\alpha-1/\rho_p)$ 对 l_ψ 的影响越大，因而对 $\Delta(\alpha-1/\rho_p)\psi$ 取平均值所产生的误差也越大。根据不同 Δ 的弹道计算表明，当 $\Delta<0.6\ \mathrm{kg/dm^3}$ 时，利用这种方法基本上没有什么显著的误差，但是当 Δ 增加到 $0.7\ \mathrm{kg/dm^3}$ 以上，误差就很显著。因此，在一般火炮的装填密度下，应用这种方法还是正确的。但是在高膛压火炮或步兵武器的装填密度下，应用这种方法就有较大的误差。在这种情况下，就要采用分段解法。即将从 $x=0$ 到 $x=1-Z_0$ 的阶段划分成若干小的区段，进行逐段积分。

$$\int_{l_n}^{l_{n+1}} \frac{\mathrm{d}l}{l_{\bar{\psi}}+l}=-\frac{B}{B_1}\int_{x_n}^{x_{n+1}}\frac{x\,\mathrm{d}x}{\xi_1(x)}$$

这时式中的 $l_{\bar{\psi}}$ 就不是取 $\bar{\psi}=(\psi_0+\psi)/2$，而是取 $\bar{\psi}=(\psi_n+\psi_{n+1})/2$。积分之后求得的弹丸行程为

$$l_{n+1}=(l_n+l_{\bar{\psi}})\frac{Z_{n+1}^{-\frac{B}{B_1}}}{Z_n^{-\frac{B}{B_1}}}-l_{\bar{\psi}} \tag{3-125}$$

显然，采用这种分段解法，即使在装填密度很大的情况下，$\Delta(\alpha-1/\rho_p)\psi$ 的变化对 l_ψ 有显著影响，但就所取的 ψ_n 到 ψ_{n+1} 这个小区间来讲，变化仍然是很小的。因而，在这样的小区间里取平均值积分就不会引起多大的误差。实际的计算结果也表明，在同样情况下，采用这种方法所做出的弹道解，同准确解法的弹道解基本上是一致的。但是也应该指出，分段解法虽然比较准确，但是它的计算过程比较复杂。因此，在具体应用时，就应该根据具体的情况选择适当的解法。

d. 压力函数式 $p=f_4(x)$

从方程（3-96）可得

$$p=\frac{fm_p}{S}\cdot\frac{\psi-\dfrac{\theta\varphi m}{2fm_p}v^2}{l+l_\psi}$$

利用前面已导得的 v、ψ 以及 l 的函数关系式，即可求得 p 的函数式

$$p=\frac{fm_p}{S}\cdot\frac{\psi_0+K_1x-B_1x^2}{l+l_\psi}=\frac{fm_p}{S}\cdot\frac{\psi-\dfrac{B\theta}{2}x^2}{l+l_\psi} \tag{3-126}$$

e. 最大压力的确定

根据最大压力条件式

$$\frac{\mathrm{d}p}{\mathrm{d}t}=0 \quad 或 \quad \frac{\mathrm{d}p}{\mathrm{d}l}=0$$

由内弹道方程可导出最大压力条件式，即

$$\frac{fm_{\mathrm{p}}}{S}\left(1+\frac{p_{\mathrm{m}}}{f\delta_1}\right)\frac{\chi}{I_{\mathrm{k}}}\sigma_{\mathrm{m}}=(1-\theta)v_{\mathrm{m}}$$

式中

$$\delta_1=\frac{1}{\alpha-1/\rho_{\mathrm{p}}}$$

因为

$$v_{\mathrm{m}}=\frac{SI_{\mathrm{k}}}{\varphi m}x_{\mathrm{m}}$$

$$\sigma_{\mathrm{m}}=1+2\lambda Z_{\mathrm{m}}=\sigma_0+2\lambda x_{\mathrm{m}}$$

代入上式即得

$$\frac{fm_{\mathrm{p}}}{S}\left(1+\frac{p_{\mathrm{m}}}{f\delta_1}\right)\frac{\chi}{I_{\mathrm{k}}}(\sigma_0+2\lambda x_{\mathrm{m}})=(1-\theta)\frac{SI_{\mathrm{k}}}{\varphi m}x_{\mathrm{m}}$$

于是解出 x_{m} 为

$$x_{\mathrm{m}}=\frac{K_1}{\dfrac{B(1+\theta)}{1+\dfrac{p_{\mathrm{m}}}{f\delta_1}}-2\chi\lambda} \tag{3-127}$$

由上式采用逐次逼近法可计算 p_{m}。方法是先估计一个 p_{m} 代入上式，求出 x_{m} 的一次近似值 x'_{m}，然后以 x'_{m}分别解出各相应的 v'_{m}、ψ'_{m}、l'_{m}以及 p'_{m}各近似值，如果所解出的 p'_{m}正好与所给定的 p_{m} 相同或很接近，即表明 p'_{m}代表了实际压力。如果不一致，就必须将求得的 p'_{m}代入上式，求出 x_{m} 的二次近似值 x''_{m}，然后再重复整个计算过程，以求出 p_{m} 的二次近似值 p''_{m}。通常只需进行两次近似计算，就可以求出足够准确的 p_{m} 值。

在正常情况下，按照上式计算出的 x_{m} 值应该小于 $x_{\mathrm{k}}=1-Z_0$。这就表示在火药燃烧结束之前出现最大压力。这种情况下的典型压力曲线如图 3-9 所示。

由于 x_{m} 是装填条件的函数，式（3-127）表明，x_{m} 是随 B（装填参量）的减小而增加的。当 B 小到使 x_{m} 正好与 $x_{\mathrm{k}}=1-Z_0$相等时，即表示在火药燃烧结束瞬间正好达到最大压力。这样的压力曲线如图 3-10 所示。如果 B 再小到使 $x_{\mathrm{m}}>x_{\mathrm{k}}$，则表明最大压力出现在火药燃烧之后，实际上这种情况是不可能存在的。这是因为在火药燃烧结束之后，不再有新的气体生成，压力是不可能继续升高的。所以，如果遇到这种情况，仍然应该以 $x_{\mathrm{m}}=x_{\mathrm{k}}$ 进行计算。

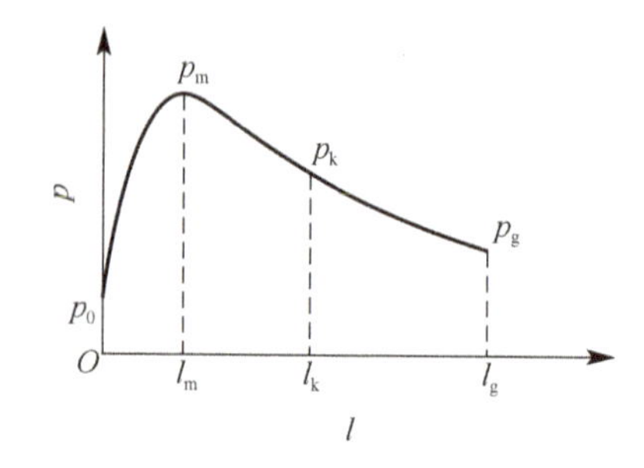

图 3-9 $x_m < x_k$ 时的压力曲线

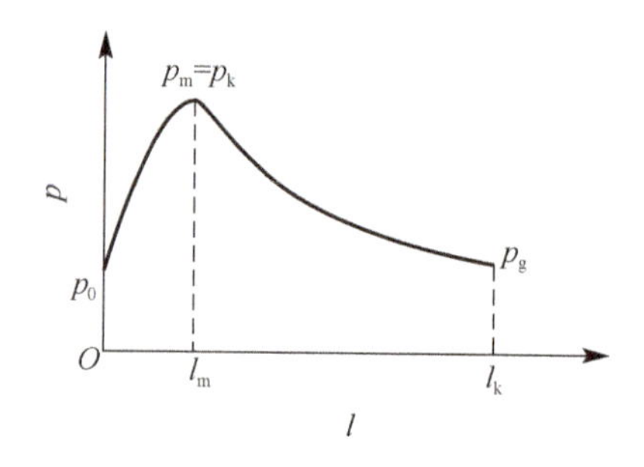

图 3-10 $x_m \geqslant x_k$ 时的压力曲线

f. 燃烧结束瞬间的各弹道诸元值

由于燃烧结束点的各弹道诸元既是第一时期的最终条件，又是第二时期的起始条件，所以燃烧结束点的诸元计算是十分必要的。火药燃烧结束瞬间的条件是

$$Z = 1 \quad \text{或} \quad x = x_k = 1 - Z_0$$

$$\psi = 1$$

由此即可给出 v_k、l_k 及 p_k 的表达式为

$$v_k = \frac{SI_k}{\varphi m}(1 - Z_0) \tag{3-128}$$

$$l_k = l_{\bar{\psi}}(Z_k^{-\frac{B}{B_1}} - 1) \tag{3-129}$$

$$p_k = \frac{fm_p}{S} \cdot \frac{1 - \frac{B\theta}{2}(1 - Z_0)^2}{l_1 + l_k} \tag{3-130}$$

式中

$$l_1 = l_0(1 - \alpha\Delta)$$

至此，就全部完成了第一时期的弹道解。下面可以将上面求得的 v_k、l_k 及 p_k 作为起始条件进行第二时期的弹道求解。

③ 第二时期的弹道解法。

在第二时期中，由于火药已经燃完，因此，方程组中的前两个方程，即式（3-98）和式（3-99）就不再存在，但是，弹丸运动和气体状态变化及其能量转换这些现象仍将继续进行，后面的方程仍然存在，只不过方程中的 ψ 变成 1。于是这一时期的基本方程成为

$$\begin{cases} Sp\,\mathrm{d}l = \varphi mv\,\mathrm{d}v \\ Sp(l + l_1) = fm_p - \frac{\theta}{2}\varphi mv^2 \end{cases} \tag{3-131}$$

在上述方程组中，有 v、l 及 p 三个变量。为了解出这些变量的函数关系，必须指定其中一个变量作为自变量。由于这一时期是从燃烧结束点一直到炮口，所以就起始条件而言，这三个变量的起始条件都是已知的。但是就最终条件而言，只有 l 是已知的，即弹丸全行程长 l_g。显然，在这种情况下，选择 l 作自变量是恰当的，把 v 和 p 作为 l

的函数来表示，所以第二时期的弹道解就是要解出这两个函数式。

a. 速度的函数式：$v=f_1(l)$

将以上两个方程消去 Sp，得到如下的微分式

$$\frac{\mathrm{d}l}{l_1+l}=\frac{\varphi m v\mathrm{d}v}{fm_{\mathrm{p}}\left(1-\dfrac{\theta\varphi m}{2fm_{\mathrm{p}}}v^2\right)}$$

对上式进行如下积分

$$\int_{l_{\mathrm{k}}}^{l}\frac{\mathrm{d}l}{l_1+l}=\frac{1}{\theta}\int_{v_{\mathrm{k}}}^{v}\frac{\mathrm{d}\left(\dfrac{\theta\varphi m}{2fm_{\mathrm{p}}}v^2\right)}{1-\dfrac{\theta\varphi m}{2fm_{\mathrm{p}}}v^2}$$

积分后得

$$\ln\frac{l_1+l}{l_1+l_{\mathrm{k}}}=-\frac{1}{\theta}\ln\frac{1-\left(\dfrac{\theta\varphi m}{2fm_{\mathrm{p}}}\right)v^2}{1-\left(\dfrac{\theta\varphi m}{2fm_{\mathrm{p}}}\right)v_{\mathrm{k}}^2}$$

令

$$\sqrt{\frac{2fm_{\mathrm{p}}}{\theta\varphi m}}=v_{\mathrm{j}}$$

v_{j}即为极限速度。代入上式求得以 l 为函数的速度方程为

$$v=v_{\mathrm{j}}\sqrt{1-\left(\frac{l_1+l_{\mathrm{k}}}{l_1+l}\right)^{\theta}\left(1-\frac{v_{\mathrm{k}}^2}{v_{\mathrm{j}}^2}\right)} \tag{3-132}$$

由于 l_{k} 及 v_{k} 都是已知的燃烧结束点诸元，则在 l_{k} 及 l_{g} 之间给出不同的 l 值，即可求得各相应的 v 值，其中包括炮口初速 v_{g}

$$v_{\mathrm{g}}=v_{\mathrm{j}}\sqrt{1-\left(\frac{l_1+l_{\mathrm{k}}}{l_1+l_{\mathrm{g}}}\right)^{\theta}\left(1-\frac{v_{\mathrm{k}}^2}{v_{\mathrm{j}}^2}\right)} \tag{3-133}$$

上式表明，在一定装填条件下，v_{g} 是随着弹丸行程长 l_{g} 的增加而增加的。当 l_{g} 趋近于无限长时，v_{g} 将趋近于极限速度 v_{j}。这实际上表明，当 l_{g} 越大时，火药气体的能量利用就越充分，获得的有效功率也就越大。

b. 压力的函数式：$p=f_2(l)$

将由给定的 l 所求得的 v 代入式（3-131），即可求得相应的压力

$$p=\frac{fm_{\mathrm{p}}}{S}\frac{1-\dfrac{v^2}{v_{\mathrm{j}}^2}}{l_1+l} \tag{3-134}$$

也可以采用另一种形式的公式，即根据燃烧结束点的压力公式

$$p_{\mathrm{k}}=\frac{fm_{\mathrm{p}}}{S}\frac{1-\dfrac{v_{\mathrm{k}}^2}{v_{\mathrm{j}}^2}}{l_1+l_{\mathrm{k}}}$$

以及式（3-132），消去其中的（$1-v^2/v_j^2$）及（$1-v_k^2/v_j^2$）而得到

$$p=p_k\left(\frac{l_1+l_k}{l_1+l}\right)^{1+\theta} \tag{3-135}$$

当 $l=l_g$ 时，求得炮口压力 p_g 为

$$p_g=p_k\left(\frac{l_1+l_k}{l_1+l_g}\right)^{1+\theta} \tag{3-136}$$

至此，已获得了整个 p-l 及 v-l 曲线。

④ 时间曲线的计算。

由于已经解得 v-l 曲线，根据速度的定义

$$v=\frac{\mathrm{d}l}{\mathrm{d}t}$$

进行如下积分

$$t=\int_0^l\frac{\mathrm{d}l}{v}$$

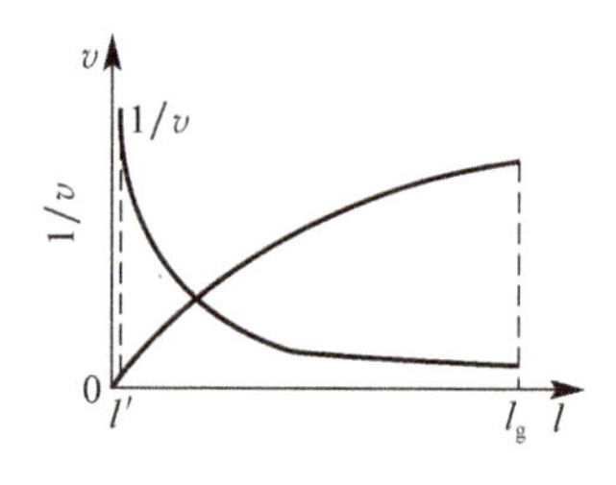

图 3-11 v-l 及 $1/v$-l 曲线

即可求得时间 t。为了求得这样的积分，必须将已知的 v-l 曲线转化为 $1/v$-l 曲线并进行图解积分，如图 3-11 所示。该图表明，当 l 趋近于 0 时，被积函数 $1/v$ 将趋近于无穷大，所以，在起始段不能进行图解积分。对于这种积分，只能采取近似的方法来处理：将要求的 t 分成两段来处理，即

$$t=t'+t''+\int_{l'}^{l}\frac{\mathrm{d}l}{v}$$

计算时首先给定 l'，并求出与 l' 相应的 t'，然后对给定的 l' 到任一 l 之间进行图解积分，从而求得 t''。所以这种方法的近似性质主要是在 t' 这个量的误差上。

关于 t' 的确定，通常取 0～l' 之间速度的平均值，即

$$t'=\frac{l'}{\frac{v'}{2}}=\frac{2l'}{v'} \tag{3-137}$$

于是求得

$$t=\frac{2l'}{v'}+\int_{l'}^{l}\frac{\mathrm{d}l}{v} \tag{3-138}$$

显然，这种方法的误差在于取平均值 $v'/2$，而且与所取 l' 的大小有关。所取的 l' 越大，误差也将越大。因此，为了尽可能减小误差，就必须在 v-l 曲线中取较小的 l' 值。一般弹道计算的结果表明，当 l' 值取得恰当时，误差是可以不计的。

以上已计算获得了 p-l、v-l、p-t 及 v-t 曲线，从而完成了整个弹道解法过程。

（2）多孔火药的弹道解

现在制式火炮大部分都采用多孔火药。其中多数为 7 孔的，也有少数是 14 孔的。

对一些大口径高膛压火炮甚至还出现了 19 孔药。这说明多孔火药的广泛应用是火炮装药发展的一个重要趋势。因此研究和讨论多孔火药的弹道解法具有重要意义。

① 前期。

同减面火药解法的情况一样，根据已知的装填条件分别计算出以下 3 个诸元：

$$\begin{cases} \psi_0 = \dfrac{\dfrac{1}{\Delta} - \dfrac{1}{\rho_p}}{\dfrac{f}{p_0} + \alpha - \dfrac{1}{\rho_p}} \\ \sigma_0 = \sqrt{1 + 4\dfrac{\lambda}{\chi}\psi_0} \\ Z_0 = \dfrac{\sigma_0 - 1}{2\lambda} = \dfrac{2\psi_0}{\chi(\sigma_0 + 1)} \end{cases} \tag{3-139}$$

② 增面燃烧阶段。

同减面火药的解法相比较，在基本方程方面的差别，仅仅是形状函数中 λ 的符号不同而已。减面火药的 λ 为负号，多孔火药的 λ 为正号。从整个数学过程来讲，多孔火药同前面减面燃烧火药的解法一样，取 $x = Z - Z_0$ 作为自变量，先后解出 v、ψ、l 及 p 的函数式。

a. 解出 v 的函数式

$$v = \frac{SI_{k1}}{\varphi m}x \tag{3-140}$$

式中，$I_{k1} = \dfrac{e_1}{u_1}$，而 e_1 则代表多孔火药增面燃烧阶段厚度的一半。

b. 解出 ψ 的函数式

$$\psi = \psi_0 + K_1 x + \chi\lambda x^2 \tag{3-141}$$

c. 解出 l 的函数式

同减面燃烧火药的情况一样，对 l_ψ 取平均值时，给出如下的积分

$$\ln\frac{l + l_{\bar{\psi}}}{l_{\bar{\psi}}} = \int_0^x \frac{Bx\,dx}{\psi_0 + K_1 x + B_1 x^2}$$

式中

$$B_1 = \frac{B\theta}{2} - \chi\lambda$$

对于减面燃烧火药而言，由于 λ 是负号，不论 λ 的绝对值如何，B_1 总是正号，在这种条件下给出的 l 解为

$$l = l_{\bar{\psi}}(Z^{-\frac{B}{B_1}} - 1) \tag{3-142}$$

式中，Z 是 β 和 γ 的函数，$\beta = \dfrac{B_1}{K_1}x$，$\gamma = \dfrac{B_1\psi_0}{K_1^2}$，而 $b = \sqrt{1+4\gamma}$

$$Z=\left(1-\frac{2}{b+1}\beta\right)^{\frac{b+1}{2b}}\left(1+\frac{2}{b-1}\beta\right)^{\frac{b-1}{2b}}$$

但是，这个弹道解不能完全应用于增面燃烧形状火药，这是因为这类火药的 λ 是正号，因而根据 $\chi\lambda$ 同 $\frac{B\theta}{2}$ 的数值差别，有可能使 B_1 出现以下三种不同的情况。

第一种情况：当 $\chi\lambda<\frac{B\theta}{2}$ 时，$B_1>0$，这种情况下的 l 解应该同前面介绍的减面燃烧火药的完全一样。

第二种情况：当 $\chi\lambda=\frac{B\theta}{2}$ 时，$B_1=0$，以上的积分应该表示为

$$\int_0^x\frac{Bx\,\mathrm{d}x}{\psi_0+K_1x}=\frac{B\psi_0}{K_1^2}[x'-\ln(1+x')]$$

式中，$x'=\frac{K_1}{\psi_0}x$。

第三种情况：当 $\chi\lambda>\frac{B\theta}{2}$ 时，$B_1<0$，以上积分就应该表示为

$$\int_0^x\frac{Bx\,\mathrm{d}x}{\psi_0+K_1x+B_1'x^2}=\frac{B}{B_1'}\int_0^\beta\frac{\beta'\,\mathrm{d}\beta'}{\gamma'+\beta'+\beta'^2}=\frac{B}{B_1'}\lg Z_x'$$

式中，$B_1'=\chi\lambda-\frac{B\theta}{2}$，$\beta'=\frac{B_1'}{K_1}x$，$\gamma'=\frac{B_1'\psi_0}{K_1^2}$，而 Z_x' 的函数表示为

$$Z_x'=\left(1+\frac{2}{b'+1}\beta'\right)\frac{b'+1}{2b'}\left(1-\frac{2}{b'-1}\beta'\right)^{\frac{b'-1}{2b'}}$$

其中，$b'=\sqrt{1-4\gamma'}$。

在现有的一般多孔火药装填条件下，多属于第三种情况。为了便于弹道计算，同前面编制 $\lg Z^{-1}$ 的函数表一样，也编制了 $\lg Z_x'$ 的函数表。根据已知的 γ' 以及 β' 值查表，按下式解出 l

$$l=l_{\bar{\psi}}[Z'^{\frac{B}{B_1}}_x-1] \tag{3-143}$$

获知 l 后，可按下式解出压力

$$p=\frac{fm_p}{S}\cdot\frac{\psi_0+K_1x+B_1x^2}{l+l_\psi} \tag{3-144}$$

式中

$$l_\psi=l_0\left[1-\frac{\Delta}{\rho_p}-\Delta\left(\alpha-\frac{1}{\rho_p}\right)\psi\right]$$

根据以上各函数式，从 $x=0$ 到 $x=x_s=1-Z_0$ 之间的各 x 值，分别解出各相应的 v、ψ、l 及 p 值，即得到第一阶段的弹道解。

最大压力应该出现在增面燃烧阶段，同减面燃烧火药的情况一样，用如下公式计算 x_m

$$x_m=\frac{K_1}{\dfrac{B(1+\theta)}{1+\dfrac{p_m}{f\delta_1}}-\chi\lambda}$$

所不同的仍然在于其中 λ 是正号。

在第一阶段，解出了与 $x_s=1-Z_0$ 相应的各诸元后，即以这些诸元作为起始条件解下一阶段的弹道。

③ 减面燃烧阶段。

增面燃烧阶段之后，药粒分裂，进入减面燃烧阶段。一般多孔火药在分裂后形成具有两种不同形状和尺寸的药粒，但可近似地用如下统一的形状函数来表示，即

$$\psi=\chi_s\xi(1-\lambda_s\xi)$$

式中，ξ 代表已燃的相对厚度。

$$\xi=\frac{e}{e_1+\rho}$$

其中，

$$e_1\leqslant e\leqslant e_1+\rho$$

而 ρ 则为分裂后药粒的最小尺寸，对于标准的 7 孔药而言

$$\rho=0.295\ 6\left(\frac{d_0}{2}+e_1\right)$$

至于形状函数中的 χ_s 及 $\chi_s\lambda_s$，则根据分裂瞬间的燃烧结束点的条件式

$$\begin{cases}\psi_s=\chi_s\xi_s(1+\lambda_s\xi_s)\\1=\chi_s(1-\lambda_s)\end{cases}$$

解出 χ_s 及 $\chi_s\lambda_s$ 为

$$\begin{cases}\chi_s=\dfrac{\psi_s-\xi_s^2}{\xi_s-\xi_s^2}\\\chi_s\lambda_s=\chi_s-1\end{cases}$$

在确定了这一阶段的形状函数和火药形状特征量之后，即可采用如下的基本方程作出这一阶段的弹道解。

$$\begin{cases}\psi_s=\chi_s\xi(1+\lambda_s\xi)\\\dfrac{\mathrm{d}e}{\mathrm{d}t}=u_1p\\Sp=\varphi m\dfrac{\mathrm{d}v}{\mathrm{d}t}\text{ 或 }Sp=\varphi mv\dfrac{\mathrm{d}v}{\mathrm{d}l}\\Sp(l+l_\psi)=fm_p\psi-\dfrac{\theta}{2}\varphi mv^2\end{cases}$$

式中 $$l_\psi=l_0\left[1-\frac{\Delta}{\rho_p}-\Delta\left(\alpha-\frac{1}{\rho_p}\right)\psi\right]$$

a. 速度 v 的解

将燃烧速度方程和弹丸运动方程联立，并进行如下积分

$$\int_{v_{k1}}^{v}\mathrm{d}v=\frac{SI_s}{\varphi m}\int_{\xi_s-Z_0}^{\xi-Z_0}\mathrm{d}\xi$$

求得与 ξ 相对应的速度 v

$$v-v_{k1}=\frac{SI_s}{\varphi m}(\xi-\xi_s)$$

式中 $$I_s=\frac{e_1+\rho}{u_1},\quad v_{k1}=\frac{SI_s}{\varphi m}(\xi_s-Z_0)$$

于是求得这一阶段的速度方程为

$$\frac{v}{v_{k1}}=\frac{\xi-Z_0}{\xi_s-Z_0}\tag{3-145}$$

b. 行程 l（或相对行程 Λ）的解

将弹丸运动方程和内弹道基本方程联立，得到如下微分方程

$$\frac{\mathrm{d}l}{l+l_\psi}=\frac{\varphi mv\mathrm{d}v}{fm_p\left(\psi-\frac{\theta\varphi m}{2fm_p}v^2\right)}$$

式中的 l_ψ 由于在减面燃烧阶段，火药已接近全部烧完，这一阶段 ψ 的变化对 l_ψ 所产生的影响很小，完全可以将 l_ψ 当作常量来处理。

$$l_\psi=l_1=l_0(1-\alpha\Delta)$$

于是，令 $\Lambda=l/l_0$，$\Lambda_1=l_1/l_0$，并略去 Z_0 的影响而将 v 和 ψ 分别以 ξ 的函数代入上式，得

$$\frac{\mathrm{d}\Lambda}{\Lambda+1-\alpha\Delta}=\frac{B_2\xi\mathrm{d}\xi}{\chi_s\xi-\chi_s\lambda_s\xi^2-\frac{B_2\theta}{2}\xi^2}$$

式中，B_2 代表这一阶段的装填参量

$$B_2=\frac{S^2I_s^2}{fm_p\varphi m}$$

如果令

$$\bar{B}_2=\frac{B_2}{\chi_s\lambda_s},\quad \bar{\xi}=\lambda_s\xi$$

再进行如下积分

$$\int_{\Lambda_{k1}}^{\Lambda}\frac{\mathrm{d}\Lambda}{\Lambda+1-\alpha\Delta}=\int_{\xi_s}^{\xi}\frac{\bar{B}_2\mathrm{d}\bar{\xi}}{1-\left(1+\frac{\bar{B}_2\theta}{2}\right)\bar{\xi}}$$

积分后得到如下解

$$\frac{\Lambda+1-\alpha\Delta}{\Lambda_{k1}+1-\alpha\Delta}=\left[\frac{1-\left(1+\frac{\bar{B}_2\theta}{2}\right)\bar{\xi}}{1-\left(1+\frac{\bar{B}_2\theta}{2}\right)\bar{\xi}_s}\right]^{-\frac{\bar{B}_2}{1+\frac{\bar{B}_2\theta}{2}}} \tag{3-146}$$

令

$$L=\left[1-\left(1+\frac{\bar{B}_2\theta}{2}\right)\bar{\xi}\right]^{-\frac{\bar{B}_2}{1+\frac{\bar{B}_2\theta}{2}}}$$

当 θ 一定时，L 仅是 $\bar{B}_2$ 和 $\bar{\xi}$ 的函数，可以预先编制 $L=f(\bar{B}_2,\ \bar{\xi})$ 的辅助函数表，根据已知的 $\bar{B}_2$、$\bar{\xi}_s$ 及 $\bar{\xi}$ 查表，即可分别求得 L 及 L_s，从而解出 Λ 及 l。

c. 压力 p 的解

解出 Λ 或 l 之后，直接代入下式即可求出与 ξ 相应的压力值

$$p=f\Delta\frac{\psi-\frac{B_2\theta}{2}(\xi-Z_0)^2}{\Lambda+\Lambda_1} \tag{3-147}$$

当减面燃烧阶段结束时，将 $\xi=1$ 分别代入以上各式，即可求出燃烧结束点的诸元 v_{k2}、Λ_{k2} 及 p_{k2}。

④ 第二时期。

这一时期是绝热膨胀过程，同减面燃烧火药的解法一样，以燃烧结束点诸元作为起始条件，由下式解出压力和初速

$$\begin{cases} p=p_{k2}\left(\frac{\Lambda_1+\Lambda_{k2}}{\Lambda_1+\Lambda}\right)^{1+\theta} \\ v=v_j\sqrt{1-\left(\frac{\Lambda_1+\Lambda_{k2}}{\Lambda_1+\Lambda}\right)^{\theta}\left(1-\frac{v_{k2}^2}{v_j^2}\right)} \end{cases} \tag{3-148}$$

(3) 混合装药的弹道解

前面所讨论的经典内弹道的解法，就火药组成来讲，都属于单一装药。但实际应用中，经常需要采用两种或两种以上不同类型的火药组成混合装药。下面讨论混合装药弹道解法的思路。

混合装药主要用于榴弹炮。根据战术要求，榴弹炮的射程应该有大幅度的变动，而且还要给出较大的落角，以保证弹丸的杀伤效果。显然，为了达到这样的要求，对于同一门火炮而言，就必须根据不同的射程采取不同的初速，而不同的初速又只能用不同的装药量才能得到。在这种情况下，如果仍用单一装药，虽然可以用减少装药量的方法来减小初速，但是随着装药量的减少，火药燃烧结束位置向炮口方向移动，以致在炮口外燃烧结束，从而使得初速不能稳定。这种情况在内弹道设计中应该避免。如果采用不同厚度火药所组成的混合装药，就有可能解决这样的问题。

除了榴弹炮之外，在靶场上进行火炮性能试验时，也常需要应用混合装药。例如，在试验炮身及弹体强度时，必须在保持初速不变的条件下将最大压力提高 10%～15%；而在试验炮架强度时，又必须在保持最大压力不变的条件下将初速提高 20%。显然，对于这些试验，仅用单一装药是不可能达到目的的，必须利用混合装药。例如，对于前一种试验，可以在减少原装药量的情况下用一部分较薄的火药代替正常装药的方法来解决；对于后一种情况，又可以在增加原装药量的情况下用一部分较厚的火药代替正常装药的方法来解决。既然混合装药在火炮中有着广泛的应用，同单一装药相比，混合装药有其自身一定的弹道特点。所以，研究混合装药的弹道解法是很有实际意义的。

混合装药通常由两种不同类型火药所组成。以这类混合装药为典型，建立起内弹道模型，便容易推广到 n 种火药所组成的混合装药。

设有由药量为 m_{p1} 和 m_{p2} 两种火药组成的混合装药，它们的厚度、形状系数、燃速系数及火药力分别表示为 e_{11} 和 e_{12}、$\chi_1\lambda_1$ 和 $\chi_2\lambda_2$、u_{11} 和 u_{12} 以及 f_1 和 f_2。

若 m_p 为装药的总质量，则

$$m_p = m_{p1} + m_{p2}$$

如令

$$\alpha_1 = m_{p1}/m_p,\quad \alpha_2 = m_{p2}/m_p$$

分别表示薄、厚火药在总药量中所占的分数，显然有

$$\alpha_1 + \alpha_2 = 1$$

当火药在某一瞬间时的已燃部分分别记为 ψ_1 及 ψ_2，则总药量的已燃部分 ψ 应表示为

$$\psi = \frac{m_{p1}\psi_1 + m_{p2}\psi_2}{m_p} = \alpha_1\psi_1 + \alpha_2\psi_2 \tag{3-149}$$

当设 Z_1 和 Z_2 分别表示两种火药的相对已燃厚度

$$Z_1 = e_1/e_{11},\quad Z_2 = e_2/e_{12}$$

则有

$$\psi_1 = \chi_1 Z_1(1+\lambda_1 Z_1),\quad \psi_2 = \chi_2 Z_2(1+\lambda_2 Z_2)$$

由于下标 1 标志的是薄火药，则有 $e_{12}>e_{11}$，所以当薄火药先燃尽后，$\psi_1=1$。式（3-149）应改为

$$\psi = \alpha_1 + \alpha_2\psi_2$$

直到 $\psi_2=1$，则 $\psi=1$。转入火药全部燃尽后的情况，仍然采用式（3-131）所示的第二时期方程组。

在大部分混合装药的情况下，两种火药之间的理化性能所导致的燃速系数和火药力差别并不显著，对前者可假设 $u_{11}=u_{12}$，对后者则取如下混合火药力作为两种火药火药力的统一取值。

$$f = \alpha_1 f_1 + \alpha_2 f_2$$

根据式（3-149）表示的混合装药燃气生成函数，以及混合火药力和 $u_{11}=u_{12}$ 的假

设，可以得到形式上同单一装药相似的内弹道模型，差别只是薄厚火药有其自己的形状函数，以及有薄火药燃气和厚火药燃气两个边界条件要考虑。

$$
\begin{cases}
\psi = \alpha_1\psi_1 + \alpha_2\psi_2 \\
\psi_1 = \chi_1 Z_1(1+\lambda_1 Z_1), & Z_1 = \dfrac{e}{e_{11}} \leqslant 1 \\
\psi_2 = \chi_2 Z_2(1+\lambda_2 Z_2), & Z_2 = \dfrac{e}{e_{12}} \leqslant 1 \\
\dfrac{\mathrm{d}e}{\mathrm{d}t} = u_1 p, & u_{11} = u_{12} = u_1 \\
\varphi m \dfrac{\mathrm{d}v}{\mathrm{d}t} = Sp \\
Sp(l + l_\psi) = f m_{\mathrm{p}}\psi - \dfrac{\theta\varphi m v^2}{2}
\end{cases}
\tag{3-150}
$$

上述混合装药模型，是在 $n=1$ 及采用两项式形状函数的情况下得到的。更一般的情形，可按照前面介绍的经典内弹道模型有关方程建立的思路导得。

当有两种火药同时燃烧时，混合装药的燃气生成速率由式（3-149）可得

$$
\frac{\mathrm{d}\psi}{\mathrm{d}t} = \alpha_1 \frac{\mathrm{d}\psi_1}{\mathrm{d}t} + \alpha_2 \frac{\mathrm{d}\psi_2}{\mathrm{d}t}
$$

已知在几何燃烧定律及正比燃速定律的假定条件下，可有

$$
\frac{\chi\sigma}{I_{\mathrm{k}}} = \alpha_1 \frac{\chi_1\sigma_1}{I_{\mathrm{k1}}} + \alpha_2 \frac{\chi_2\sigma_2}{I_{\mathrm{k2}}}
$$

两种不同火药的药型如果差别不大，可以近似地认为

$$
\chi\sigma \approx \chi_1\sigma_1 \approx \chi_2\sigma_2
$$

可以得到混合装药的相当压力全冲量 I_{k} 为

$$
\frac{1}{I_{\mathrm{k}}} = \frac{\alpha_1}{I_{\mathrm{k1}}} + \frac{\alpha_2}{I_{\mathrm{k2}}}
\tag{3-151}
$$

在混合装药的内弹道设计中，该公式用于薄厚火药的厚度或压力全冲量的确定。

就弹道解法而言，混合装药也同样可以用单一装药的分析解法来处理，只不过火药的特征量是混合装药的特征量。由于混合装药有厚火药和薄火药的差别，因此，在同一压力变化规律的条件下，这两种火药的燃烧结束时间也就有迟早的差别，这种差别也正反映出混合装药的解法过程的特点，而使混合装药解法比单一装药有更多的阶段性。只要掌握了各阶段的特点，就很容易在单一装药解法的基础上建立混合装药的解法。具体求解过程如下。

① 前期。

这一时期的解法同单一装药的情况一样，是根据已知的挤进压力 p_0 按以下三式分别解出以下三个诸元

$$\begin{cases} \psi_0 = \dfrac{\dfrac{1}{\Delta} - \dfrac{1}{\rho_p}}{\dfrac{f}{p_0} + \alpha - \dfrac{1}{\rho_p}} \\ \alpha_0 = \sqrt{1 + 4\dfrac{\lambda}{\chi}\psi_0} \\ Z_{02} = \dfrac{2\psi_0}{\chi(\sigma_0 + 1)} \end{cases} \tag{3-152}$$

当然，由于是两种厚度不同的火药同时燃烧，所以式中χ及λ为混合装药的形状特征量。

② 第一时期。

根据单一装药解法的各种基本假设，这一时期仍然有如下的各基本方程，所不同的仅仅是采用了混合装药的ψ、χ及λ各量，以及以厚火药表示的Z_2量。

$$\begin{cases} \psi = \chi Z_2 + \chi\lambda Z_2^2 \\ \dfrac{de}{dt} = u_1 p \\ Sp = \varphi m \dfrac{dv}{dt} \text{ 或 } Sp = \varphi m v \dfrac{dv}{dl} \\ Sp(l + l_\psi) = f m_p \psi - \dfrac{\theta}{2}\varphi m v^2 \end{cases} \tag{3-153}$$

正如前面所指出的，由于两种火药的厚度不同，因而它们的燃烧结束时间和位置也各不相同，薄火药先燃完，厚火药后燃完，因此，这一时期又明显地区分为如下两个不同阶段进行求解。

a. 薄火药燃完之前的阶段

同单一装药的解法一样，取$x = Z_2 - Z_{02}$为自变量，从而求出以x为函数的v、ψ、l及p各个解

$$\begin{cases} v = \dfrac{SI_{k2}}{\varphi m}x \\ \psi = \psi_0 + k_1 x + \chi\lambda x^2 \\ l = l_{\bar{\psi}}(Z_x^{-\frac{B}{B_1}} - 1) \\ p = \dfrac{f m_p}{S} \cdot \dfrac{\psi - \dfrac{B\theta}{2}x^2}{l + l_\psi} \end{cases} \tag{3-154}$$

显然，所有这些弹道解的方程同单一装药解法的完全一样，根据x的定义，它的变化范围应该是从前期的结束瞬间$x=0$开始一直到薄火药燃完为止的$x_{k(1)} = Z_{k1} - Z_{02}$，在这两个量范围之内取不同的$x$值，按以上的方程分别进行计算即可求得这一阶段的弹道解。薄火药燃烧结束时的各诸元$v_{k(1)}$、$\psi_{k(1)}$、$l_{k(1)}$及$p_{k(1)}$即作为下一阶段的起始条件。

b. 厚火药单独燃烧阶段

现在即以上一阶段所给出的 $v_{k(1)}$、$\psi_{k(1)}$、$l_{k(1)}$ 及 $p_{k(1)}$ 作为起始条件，根据方程组（3-153）导出这一阶段的弹道解。

首先，导得的速度方程仍然是

$$v=\frac{SI_{k2}}{\varphi m}x \tag{3-155}$$

所不同的仅仅是这里 x 的变化范围是从薄火药燃烧结束的 $x_{k(1)}$ 到厚火药燃烧结束时的 $x_{k(2)}=1-Z_{02}$。

其次，再导出这一阶段的 $\psi=f(Z_2)$ 函数式。

由于薄火药已经燃完，所以式（3-149）中的 $\psi_1=1$。于是该式即应表示为

$$\psi=\alpha_1+\alpha_2(\chi_2 Z_2+\chi_2\lambda_2 Z_2^2) \tag{3-156}$$

将 $Z_2=x+Z_{02}$代入，则得

$$\psi=\psi_{0(2)}+k_{1(2)}x+\alpha_2\chi_2\lambda_2 x^2 \tag{3-157}$$

式中，$\psi_{0(2)}=\alpha_1+\alpha_2(\chi_2 Z_{02}+\chi_2\lambda_2 Z_{02}^2)$，$k_{1(2)}=\alpha_2\chi_2(1+2\lambda_2 Z_{02})$。

同单一装药解法一样，导出下面的微分方程

$$\frac{\mathrm{d}l}{l_\psi+l}=\frac{\varphi mv\mathrm{d}v}{fm_{\mathrm{p}}\left(\psi-\dfrac{\theta\varphi m}{2fm_{\mathrm{p}}}v^2\right)} \tag{3-158}$$

将以上 v 和 ψ 以 x 的函数代入，并进行如下的积分

$$\int_{l_{k(1)}}^{l}\frac{\mathrm{d}l}{l_\psi+l}=\int_{x_{k(1)}}^{x}\frac{Bx\,\mathrm{d}x}{\psi_{0(2)}+k_{1(2)}x-B_{1(2)}x^2} \tag{3-159}$$

式中

$$B=\frac{S^2 I_{k2}^2}{fm_{\mathrm{p}}\varphi m},\quad B_{1(2)}=\frac{B\theta}{2}-\alpha_2\chi_2\lambda_2$$

同样地，如果对左边的积分取 $l_{\bar{\psi}}$，积分后得

$$\ln\frac{l_{\bar{\psi}}+l}{l_{\bar{\psi}}+l_{k(1)}}=\ln\left(Z_x^{-\frac{B}{B_{1(2)}}}\cdot Z_{0(2)}^{\frac{B}{B_{1(2)}}}\right) \tag{3-160}$$

式中

$$l_{\bar{\psi}}=l_0\left[1-\frac{\Delta}{\rho_{\mathrm{p}}}-\Delta\left(\alpha-\frac{1}{\rho_{\mathrm{p}}}\bar{\psi}\right)\right],\quad \bar{\psi}=\frac{\psi_{k(1)}+\psi}{2}$$

从而求得弹丸行程为

$$l=(l_{\bar{\psi}}+l_{k(1)})Z_{0(2)}^{\frac{B}{B_{1(2)}}}\cdot Z_x^{-\frac{B}{B_{1(2)}}}-l_{\bar{\psi}} \tag{3-161}$$

式中，$Z_{0(2)}^{\frac{B}{B_{1(2)}}}$对第二阶段的任何点而言都是常数，它是 $\gamma_{(2)}$ 及 $\beta_{0(2)}$ 的函数

$$\gamma_{(2)}=\frac{B_{1(2)}}{K_{1(2)}^2}\psi_{0(2)},\quad \beta_{0(2)}=\frac{B_{1(2)}}{K_{1(2)}}x_{k(1)}$$

而

$$Z_x=f(\gamma_{(2)},\beta_{(2)})$$

$$\beta_{(2)}=\frac{B_{1(2)}}{K_{1(2)}}x$$

最后根据已知的 v、ψ 及 l，按下式计算出与 x 相应的压力

$$p=\frac{fm_{\mathrm{p}}}{S}\cdot\frac{\psi-\frac{B\theta}{2}x^2}{l+l_{\psi}} \tag{3-162}$$

已知厚火药的燃烧结束点为 $x_{\mathrm{k}(2)}=1-Z_{02}$，将 $x_{\mathrm{k}(2)}$ 值代入以上各式，即可分别求出 $v_{\mathrm{k}(2)}$、$l_{\mathrm{k}(2)}$ 和 $p_{\mathrm{k}(2)}$ 各诸元，这也表示混合装药第一时期结束的诸元。

至于计算最大压力，在这样的混合装药情况下，一般来说，最大压力总是出现在第一阶段。因此，应该在这一阶段取最大压力的条件式 $\frac{\mathrm{d}p}{\mathrm{d}l}=0$ 进行计算。

$$x_{\mathrm{m}(1)}=\frac{\chi\sigma_0}{\dfrac{B(1+\theta)}{1+\left(\alpha-\dfrac{1}{\rho_{\mathrm{p}}}\right)\dfrac{p_{\mathrm{m}}}{f}}-2\chi\lambda} \tag{3-163}$$

③ 第二时期。

厚火药燃完之后即进入第二时期。这一时期的解法在本质上同单一装药的情况完全相同。

2. 经典内弹道模型的数值解法

上述解析方法是在对经典模型的一般形式做了若干附加假设的基础上进行的。对于一般形式的内弹道方程组，微分方程是非线性的，需通过数值方法求解。求解的过程主要包括：对选用的内弹道数学模型进行处理，使其量纲为 1；选用适当的数值求解方法；编制和调试计算机程序；上机计算。

(1) 量纲为 1 的内弹道方程组

通常在编制内弹道数值解法计算机程序时，火药的形状函数方程采用更为一般的多孔火药形式，即有

$$\begin{cases}\psi=\begin{cases}\chi Z(1+\lambda Z+\mu Z^2) & (Z<1)\\ \chi_{\mathrm{s}}\dfrac{Z}{Z_{\mathrm{k}}}\left(1+\lambda_{\mathrm{s}}\dfrac{Z}{Z_{\mathrm{k}}}\right) & (1\leqslant Z<Z_{\mathrm{k}})\\ 1 & (Z\geqslant Z_{\mathrm{k}})\end{cases}\\ \dfrac{\mathrm{d}Z}{\mathrm{d}t}=\begin{cases}\dfrac{u_1}{e_1}p^n & (Z<Z_{\mathrm{k}})\\ 0 & (Z\geqslant Z_{\mathrm{k}})\end{cases}\\ v=\dfrac{\mathrm{d}l}{\mathrm{d}t}\\ Sp=\varphi m\dfrac{\mathrm{d}v}{\mathrm{d}t}\\ Sp(l+l_{\psi})=fm_{\mathrm{p}}\psi-\dfrac{\theta}{2}\varphi mv^2\end{cases} \tag{3-164}$$

其中

$$l_{\psi}=l_0\left[1-\frac{\Delta}{\rho_p}-\Delta\left(\alpha-\frac{1}{\rho_p}\right)\psi\right],\quad \Delta=\frac{m_p}{V_0},$$

$$l_0=\frac{V_0}{S},\quad \chi_s=\frac{\psi_s-\xi_s}{\xi_s-\xi_s^2},\quad \lambda_s=\frac{1-\chi_s}{\chi_s},$$

$$\psi_s=\chi(1+\lambda+\mu),\quad Z_k=\frac{e_1+\rho}{e_1},\quad \xi_s=\frac{e_1}{e_1+\rho}$$

引入相对变量，使方程组量纲为 1。

$$\bar{l}=\frac{l}{l_0},\quad \bar{t}=\frac{v_j}{l_0}t,\quad \bar{p}=\frac{p}{f\Delta},\quad \bar{v}=\frac{v}{v_j}$$

式中

$$v_j=\sqrt{\frac{2fm_p}{\theta\varphi m}}$$

为使编程方便，将式（3-164）全部变成量纲为 1 形式的微分方程组

$$\begin{cases}\dfrac{\mathrm{d}\psi}{\mathrm{d}\bar{t}}=\begin{cases}\chi(1+2\lambda Z+3\mu Z^2)\sqrt{\dfrac{\theta}{2B}}\bar{p}^n & (Z<1)\\ \dfrac{\chi_s}{Z_k}\left(1+2\lambda_s\dfrac{Z}{Z_k}\right)\sqrt{\dfrac{\theta}{2B}}\bar{p}^n & (1\leqslant Z<Z_k)\\ 0 & (Z\geqslant Z_k)\end{cases}\\ \dfrac{\mathrm{d}Z}{\mathrm{d}\bar{t}}=\begin{cases}\sqrt{\dfrac{\theta}{2B}}\bar{p}^n & (Z<Z_k)\\ 0 & (Z\geqslant Z_k)\end{cases}\\ \dfrac{\mathrm{d}\bar{l}}{\mathrm{d}\bar{t}}=\bar{v}\\ \dfrac{\mathrm{d}\bar{v}}{\mathrm{d}\bar{t}}=\dfrac{\theta}{2}\bar{p}\\ \dfrac{\mathrm{d}\bar{p}}{\mathrm{d}\bar{t}}=\dfrac{l_0}{(\bar{l}+\bar{l}_{\psi})v_j}\left[1+\Delta\left(\alpha-\dfrac{1}{\rho}\right)\bar{p}\right]\dfrac{\mathrm{d}\psi}{\mathrm{d}\bar{t}}-\dfrac{1+\theta}{\bar{l}+\bar{l}_{\psi}}\bar{p}\bar{v}\end{cases}\tag{3-165}$$

其中，$\bar{l}_{\psi}=1-\dfrac{\Delta}{\rho_p}-\Delta\left(\alpha-\dfrac{1}{\rho_p}\right)\psi$，$B=\dfrac{S^2e_1^2}{fm_p\varphi mu_1^2}(f\Delta)^{2(1-n)}$。

在电子计算机求解内弹道方程时，选用什么数值方法十分重要，目前主要采用四阶龙格-库塔法，其优点是计算中步长可任意改变，且不存在计算起步问题，特别适合内弹道循环的计算需求。

（2）龙格-库塔法

对于一阶微分方程组

$$\begin{cases}\dfrac{\mathrm{d}y}{\mathrm{d}x}=f_1(x_1,y_1,y_2,\cdots,y_n)\\ y_i(x_0)=y_{i0}\end{cases}\quad i=1,2,\cdots,n$$

四阶龙格-库塔公式可写成

$$y_{i,k+1} = y_{i,k} + \frac{h}{6}(K_{i1} + 2K_{i2} + 2K_{i3} + K_{i4}) \quad i = 1,2,\cdots,n$$

其中，步长 $h = x_{k+1} - x_k$

$$\begin{cases} K_{i1} = f_i(x_k, y_{1k}, \cdots, y_{nk}) \\ K_{i2} = f_i\left(x_k + \frac{h}{2}, y_{1k} + \frac{hK_{11}}{2}, \cdots, y_{nk} + \frac{hK_{n1}}{2}\right) \\ K_{i3} = f_i\left(x_k + \frac{h}{2}, y_{1k} + \frac{hK_{12}}{2}, \cdots, y_{nk} + \frac{hK_{n2}}{2}\right) \\ K_{i4} = f_i(x_k + h, y_{1k} + hK_{13}, \cdots, y_{nk} + hK_{n3}) \end{cases} \tag{3-166}$$

(3) 计算步骤和程序框图

计算机运算的步骤如下。

① 输入已知数据。

a. 火炮构造及弹丸诸元：S、V_0、l_g、m；

b. 装药条件：f、m_p、α、ρ_p、θ、u_1、n、e_1、χ、λ、μ、χ_s、λ_s；

c. 起始条件：p_0；

d. 计算常数：φ_1、λ_2；

e. 计算条件：步长 h。

通常全弹道过程划分为100～200点即可，可作为确定步长的参考。在程序调试时，可按所选步长、1/2步长等进行计算，根据不同步长对结果的影响大小及所需的计算精度，就可获得合理步长的实际经验。

② 常量计算。

$$\varphi = \varphi_1 + \lambda_2 \frac{m_p}{m}, \quad \Delta = \frac{m_p}{V_0}, \quad l_0 = \frac{V_0}{S},$$

$$v_j = \sqrt{\frac{2fm_p}{\theta\varphi m}}, \quad B = \frac{S^2 e_1^2}{fm_p\varphi m u_1^2}(f\Delta)^{2-2n}, \quad \bar{l}_g = l_g / l_0$$

③ 初值计算。

$$\bar{v}_0 = \bar{t}_0 = 0, \quad \bar{p}_0 = \frac{p_0}{f\Delta}, \quad \psi_0 = \frac{\dfrac{1}{\Delta} - \dfrac{1}{\rho_p}}{\dfrac{f}{p_0} + \left(\alpha - \dfrac{1}{\rho_p}\right)},$$

$$Z_0 = \left(\sqrt{1 + \frac{4\lambda\psi_0}{\chi}} - 1\right) \Big/ 2\lambda$$

该 Z_0 是 $\psi(Z)$ 近似用两项式时的计算公式。当 $\psi(Z)$ 是三项式时，可以近似应用，也可以用逐次逼近法解三次方程 $\psi_0 = f(Z_0)$ 来确定 Z_0。

④ 弹道循环计算。

弹道循环计算中应包括最大压力搜索、特征点（最大膛压点、火药燃烧分裂点、火药燃烧结束点、炮口点）判断等。

⑤ 输出。

一般将相对量换算成绝对量后输出成表格及曲线。

图 3-12、图 3-13 分别为内弹道计算主程序框图及龙格-库塔法（RK）子程序框图。图 3-14 是用黄金分割法计算最大压力点值的程序框图。

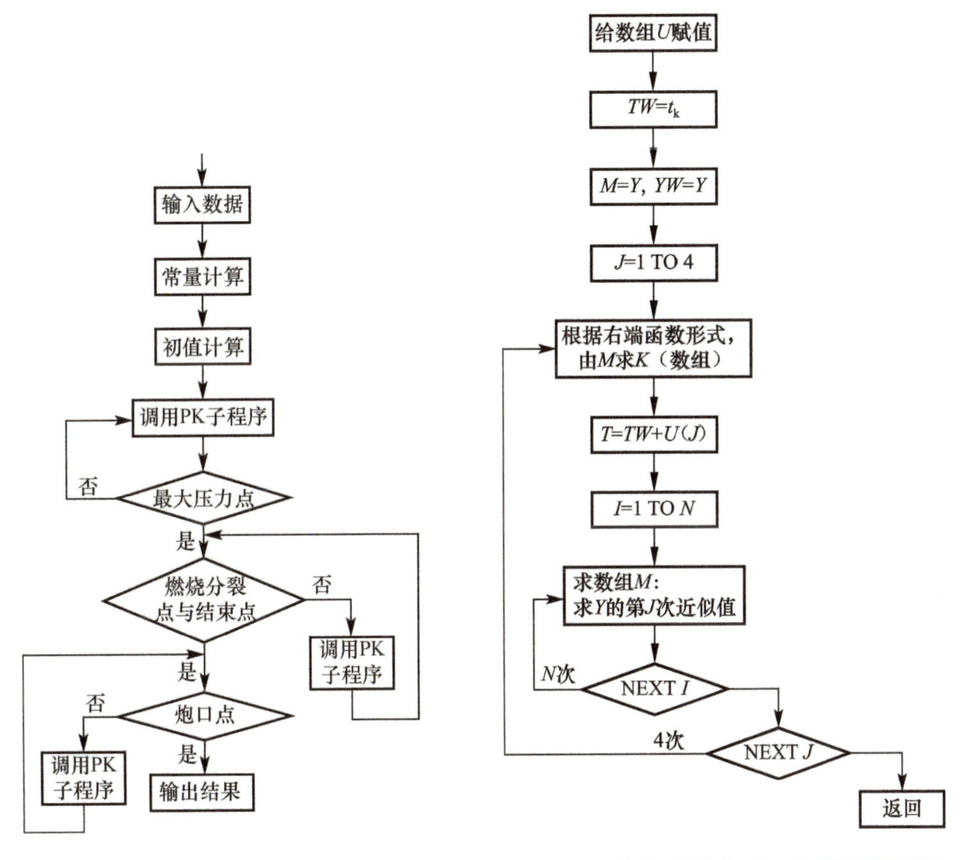

图 3-12　内弹道计算主程序框图　　图 3-13　龙格-库塔法（RK）子程序框图

3.4.3　弹道循环分阶段考虑的内弹道模型

经典内弹道模型研究膛内弹道参量平均值的变化规律。本章介绍的一种内弹道模型做了一种改进，这种模型把弹后空间沿轴向划分为若干个子单元，在同一个子单元内气体性质是均匀的，而各个子单元的性质是不同的。在内弹道过程的各个阶段对这些子单元逐个按数学模型对相关参量进行计算，可以得到包括模拟的膛内压力波传播和变化在内的弹道参量信息。这一模型较适合应用于高初速火炮，理论计算和实际之间的偏差较小。

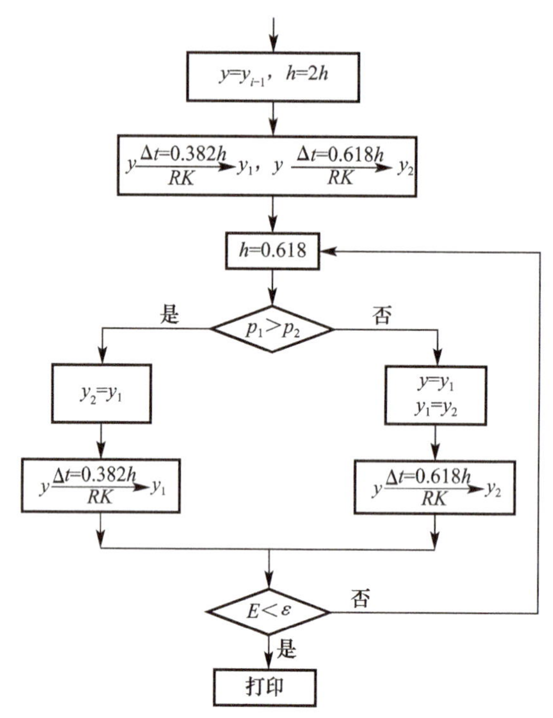

图 3-14　用黄金分割法计算最大压力点值的程序段框图

1. 模型的基本假设

① 将内弹道过程分为四个阶段：定容能量转换阶段、弹丸运动和波传播阶段、发射药运动阶段、气体膨胀与质量传递阶段。

② 弹底和膛底间的气体与发射药形成的圆柱形容积是由若干气体子容积组成的。在任何瞬间，子容积内的气体性质是不变的，但各个子容积的性质不同。在子容积之间不发生气体和发射药的质量传递，但在整个循环中，质量传递则发生于个别指定的时间。

第一个假设将复杂的内弹道过程分解为几个基本过程，并简化为定容燃烧、一维运动与质量传递和有限振幅波的传播。对于一个小的有限时间增量过程，依次引入各因素进行的模拟体系与所有因素同时发生近似一致。这个体系类似于按定下的程序由一套最初条件转化为最终条件的热力学循环体系。

第二个假设简化了对气体和发射药的分析，通过将气体和发射药区分解为若干个小的具有常数特征值的子容积，就可以对子容积用气体有限振幅波理论、一个基本能量方程及简单的质量运动及质量传递方程组进行分析。

2. 物理模型

如图 3-15 所示，火炮的药室与炮膛的直径变化仅发生在炮膛的起始端，变径部分属于药室。弹丸在运动前定位于变径部分，药室分为若干个圆柱体，其旋转轴与药室纵轴一致。所有圆柱体最初容纳相同质量的气体、相同数量的发射药粒和具有相同的容积。所有的圆柱体的气体最初具有同一特征值。

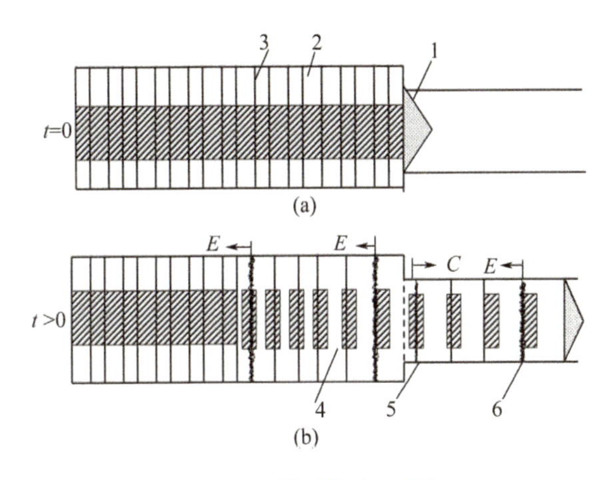

图 3-15　模型的物理过程

(a) 点火前状态；(b) 点火后状态

1—弹丸；2—气体子容积；3—气体边界；4—发射药圆柱区；5—压缩波；6—膨胀波

气体子容积是由圆柱体的边界气体所占用的空间形成。其特性变化来自气体膨胀（波传播）和质量变化。气体质量变化来自通过气体边界断面的质量传递和发射药的燃烧。在限定的时间增量内，圆柱体内发射药燃气的释放量取决于发射药的表面积、气体对发射药的相对流动和发射药所处环境的气体压力。其中气体释放量简化为圆柱体内药粒数与一个药粒质量释放量的乘积。因为每一圆柱体区发射药数是固定的，所以每一区的发射药质量是减少的。

各圆柱体区的位置最初由圆柱体长度确定。发射药柱体不一定处于同一个气体子容积中，如果它被气体子容积边界分割，则柱体区发射药燃速由两个子容积的平均速度和平均压力决定。

气体边界有三个功能：

① 在循环的定容能量转换阶段固定固体的边界；

② 在循环的气体膨胀和发射药运动阶段作为质量传递面；

③ 用于确定有限振幅波的位置（由于弹丸运动产生的振幅波会引起气体特征值的改变）。

如果波传向膛底，此波是逆向波；反之，为顺向波。这样就有四种类型的波：逆向的膨胀波和压缩波；顺向的膨胀波和压缩波。当上述任何一种波通过子容积时，气体特性就要变化。但在任何瞬间，每个气体子容积中的气体的性质是不变的。波不能处于两个气体边界之间，必须在时间增量中有足够的时间，以便使波传过下一个边界。如果波不能通过至少 1/2 子容积的路径，就会被固定在当时的位置。

除了定直径的气体子容积外，还有药室到炮膛段的直径变径部分的气体子容积。此外，气体性质具有不连续性，药室侧和炮膛侧的气体性质不一样。处理时和其他子容积不同，气体质量的传递发生于药室向膛内的传递。

3. **模型与循环过程的叙述**

内弹道循环的第一阶段是定容能量转变阶段。每一个圆柱区，在一个时间增量中会发生发射药的燃烧，并使气体子容积的压力、密度、温度和气体余容发生变化。每个发射药圆柱区的发射药质量下降。当完成增量和调整过气体子容积的特征值之后，循环过程进入第二阶段。

第二阶段是弹丸运动和波传递阶段。在连接弹的子容积中，燃前和燃后的平均压力使弹获得加速度和速度，并使弹移至新的位置。弹速变化形成有限膨胀波，之后，此波向膛底传播。首先传播的是来自前次弹丸运动形成的膨胀波，接着是可能出现的其他形式的波，也包括来自弹丸运动所形成的膨胀波。如果压力波同另一个同向压力波相遇，其波的强度增加，并导致更强的传播。但不同形式的波和反向的同类波不能结合。波传向膛底和弹底产生同类型的反射波，在炮膛变径部分的气体子容积中，则反射成强度和方向相当的两个波。在这个时间增量中，当所有的波传播尽量远时，循环过程进入第三个阶段。

第三阶段是发射药运动阶段。穿过小区长度的压阻是测定的，于是估算的阻力系数和估算的有效容积就用于简化运动方程，以决定发射药小区的新速度和位置。当所有的小区都已运动，循环过程进入第四个阶段。

循环的第四个阶段是气体膨胀和质量传递阶段。穿过一个气体边界，每个波的综合效果是决定新的边界速度。一旦新的速度确定下来，在一个时间增量中，边界即以这个速度运动。

边界速度、炮膛断面面积和下个顺流子容积气体密度，就用于决定此时期通过边界的气体质量传递。所有的边界重新定位，每一个子容积总的发射药质量就重新确定了。

在波的传递阶段，利用确定的子容积压力值，余下的气体特征值就由状态方程决定。最终特性的确定，标志整个循环的结束。如此循环，直至弹丸出炮口瞬间。

4. **建立方程组**

（1）假设

除以上两个基本假设之外，还使用如下假设：

① 所有运动都是一维的；药粒表面各处的燃烧都是均一的；

② 发射药燃烧发生于定容条件下；气体的比热比是常数；

③ 发射药燃速是气体压力和相对于发射药的气体速度的函数；

④ 气体适用于定容条件下诺贝尔-阿贝尔状态方程；

⑤ 气体子容积的边界是绝热的；

⑥ 发射药构成圆柱体区内的阻力系数是常数；

⑦ 作用于弹丸的阻力由变量气体动力阻力和常量摩擦阻力组成；

⑧ 药室至炮膛的直径变化仅出现在一个局部区；

⑨ 给弹丸以向前的正常冲量的同时，弹丸的运动就开始；

⑩ 发射药的存在不影响波的传播过程。

模型忽略了下列因素：

① 对炮膛壁和弹丸的热传导；

② 气体和膛壁的摩擦损失；

③ 弹丸和膛壁的摩擦损失；

④ 弹丸旋转的阻力；

⑤ 发射药气体通过弹丸的泄漏损失；

⑥ 弹前的压力梯度；

⑦ 火炮后坐的影响；

⑧ 发射药初始温度的影响。

(2) 方程组

① 能量方程。

对定容无质量流的子容积，热力学第一定律有

$$Q = \Delta u \tag{3-167}$$

对绝热定容燃烧过程，单位质量

$$\Delta u \approx c_V \Delta T \tag{3-168}$$

$$q = \frac{f}{\gamma - 1} = \frac{f}{\theta} \tag{3-169}$$

由火药力 $f=RT$，方程 (3-167) 成为

$$\frac{RT}{\theta} \approx \frac{R(\Delta T)}{\theta} \tag{3-170}$$

对于一个有限量，式 (3-169)、式 (3-170) 可表示为

$$Q \approx \frac{RT}{\theta}\Delta m_g \tag{3-171}$$

$$\Delta u = \frac{R}{\theta}(m_f T_f - m_i T_i) \tag{3-172}$$

式中，m_f、m_i 分别是最终和最初的气体质量；T_f、T_i 是最终和最初的气体温度。方程式 (3-171)、式 (3-172) 成为

$$\frac{RT}{\theta}(m_f - m_i) = \frac{R}{\theta}(m_f T_f - m_i T_i) \tag{3-173}$$

$$T_f = T\left(1 - \frac{m_i}{m_f}\right) + T_i \frac{m_i}{m_f} \tag{3-174}$$

② 状态方程。

定容诺贝尔-阿贝尔状态方程

$$p(V - m\alpha) = mRT \tag{3-175}$$

③ 发射药质量变化。

在一个时间增量中，发射药构成的一个圆柱体的质量变化

$$\Delta m_g = -\Delta m_p = -(\Delta V_p)\rho_p N_p \tag{3-176}$$

式中，ΔV_p 为一个药粒体积的变化；N_p 为每个柱体的药粒数；m_p、m_g 分别为发射药和气体的质量。

发射药的燃速

$$u = u_1 p^n + K_e v_r \tag{3-177}$$

式中，K_e 是侵蚀燃烧常数；v_r 是气体对发射药的相对流速。如以 $[A_pR_p]$、$[A_pR_p]'$ 分别代表燃烧前后的体积，这时单一药粒体积的变化则为

$$\Delta V_p = |[A_pR_p] - [A_pR_p]'| \tag{3-178}$$

取绝对值可以使 ΔV_p 对渐增性、递减性燃烧的火药都适用。方程（3-176）～式（3-178）用于决定方程（3-174）中 m_i 对 m_f 的关系。

④ 波传播。

由强度为 Δv 的有限振幅波引起的压力变化为

$$\Delta p = -\rho a(\Delta v) \tag{3-179}$$

式中，Δp 为有限压力变化；ρ 为波前的气体密度；a 为波前的声速；Δv 为有限速度变化。

波速由下式给出

$$v_w = a \pm v_g \tag{3-180}$$

v_w、v_g、a 分别为波速、气体速度和气体声速。当一个波碰到药室-炮膛直径变化部的气体子容积时，该波分为两个波。例如，炮膛侧逆流传播的膨胀波，就分裂为传向弹底的压缩波和一个继续向膛底传播的膨胀波，其分裂后的波的强度和波的方向由下述方法决定：

考虑一个逆流传播的膨胀波 Δv_1，正好达到变径部分气体子容积的炮膛侧（图 3-16（a）），炮膛侧子容积压力变化由方程（3-179）表示为

$$\Delta p_1 = -\rho_b a_b \Delta v_1$$

式中，ρ_b、a_b 分别为炮膛一侧气体的密度和气体的声速。

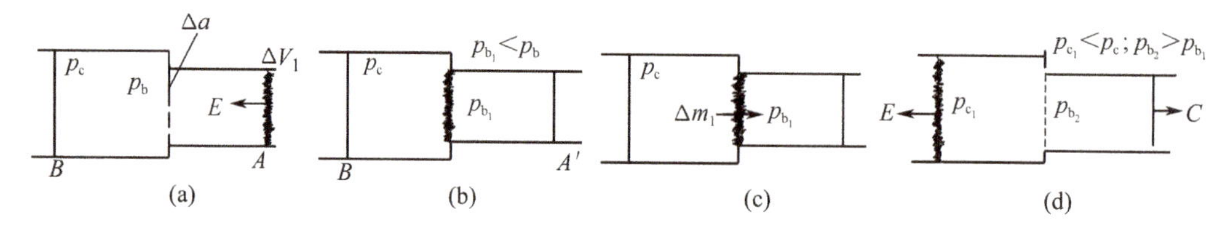

图 3-16　药室子容积区“波的分裂”

（a）流向 Δa 的膨胀波；（b）在 Δa 处的波；（c）质量传递；（d）波分裂

波前进到变面积处及新的炮膛侧（图 3-16（b）），压力和速度值为

$$p_{b_1} = p_b + \Delta p_1 \tag{3-181}$$

$$v_{b_1} = v_b + \Delta v_1 \tag{3-182}$$

炮膛侧压力降低引起一个来自药室侧的增加的质量流。从药室侧传向炮膛侧的质量为

$$\Delta m_1 = \rho_{ch} A_b v_{b_1} (\Delta t) \tag{3-183}$$

式中，ρ_{ch} 为药室侧的气体密度；A_b 为炮膛截面积；Δt 为时间增量。

因此，炮膛侧气体质量有一个增加量 Δm，同时，也在药室侧减少相同的量（图 3-16 (c)）Δm_1。如果认为这个过程的温度是个常数，则炮膛侧新压力变为

$$p_{b_2} = \frac{(m_b + \Delta m_1)RT_b}{V_b - \alpha(m_b + \Delta m_1)} \tag{3-184}$$

$$p_{c_1} = \frac{(m_c - \Delta m_1)RT_c}{V_c - \alpha(m_c - \Delta m_1)} \tag{3-185}$$

式中，T_b、T_c 分别为炮膛侧和药室侧温度，由方程式（3-184）、式（3-185）可以看出 p_{b_2} 大于 p_{b_1}（但仍小于 p_b），此时 p_{c_1} 小于 p_c。由此，综合结果是在 Δa 处（图 3-16 (a)）出现一个顺流传播的强度为 $\Delta p_2 = p_{b_2} - p_{b_1}$（正值）的压力波和在图 3-16（d）处出现一个逆流传播的强度为 $\Delta p_3 = p_{c_1} - p_c$（负值）的膨胀波。对其他的波也可做类似的分析。

⑤ 发射药圆柱体区的运动。

用简化的运动方程决定圆柱体区的运动。在一次时间增量中，对一个柱体作用的合力 $\sum f_p$ 为

$$\sum f_p = \Delta p A_e + D_p \tag{3-186}$$

式中，Δp 是穿过柱体长度的压差；D_p、A_e 分别是估算的气动阻力和有效面积

$$A_e = \frac{V_p}{l_p} \tag{3-187}$$

$$D_p = (1/2)\rho_g v_r^2 A_e C_d$$

式中，V_p、l_p、C_d 分别代表圆柱区体积、长度和阻力系数（常数），圆柱区加速度 a_p 近似由 $a_p = \frac{\Delta v_p}{\Delta t}$ 表示，于是

$$(\Delta p)A_e + (1/2)\rho_g v_r^2 A_e C_d = m_p \frac{\Delta v_p}{\Delta t} \tag{3-188}$$

如果 Δt 起点和终点的圆柱区速度分别为 v_p 和 v_p'，则

$$\Delta v_p = v_p' - v_p$$

于是方程（3-188）成为

$$v_p' = v_p + \frac{\Delta t}{m_p}[(\Delta p)A_e + (1/2)\rho_g {v_r}^2 A_e C_d] \tag{3-189}$$

⑥ 气动阻力。

在炮口一侧，作用于弹丸的阻力（压力）p_d 为

$$p_d = p_a\left\{1 + \frac{\gamma' v}{2a}\left[\left(\frac{\gamma'+1}{2}\right)\frac{v}{a} + \sqrt{\left[\frac{(\gamma'+1)v}{2a}\right]^2 + 4}\right]\right\} \tag{3-190}$$

式中，p_a 为环境压力；γ' 为环境空气的比热比；v 弹丸速度；a 为环境的声速。

⑦ 弹丸运动方程。

$$(p - p_f - p_{ad})A_b = m\frac{dv}{dt} \tag{3-191}$$

式中，p_f、p_{ad}分别为摩擦阻力和空气阻力。

5. 计算机程序的逻辑框图

（1）置初值（图 3-17）

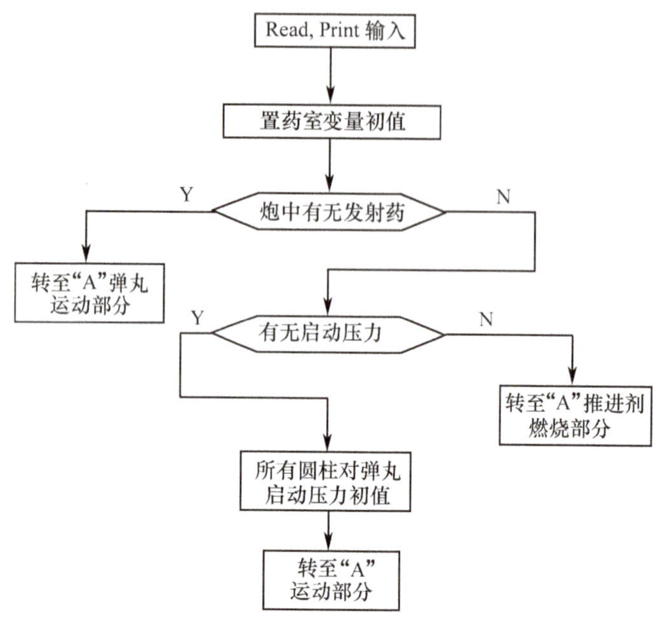

图 3-17　置初值

（2）弹丸运动部分（图 3-18）

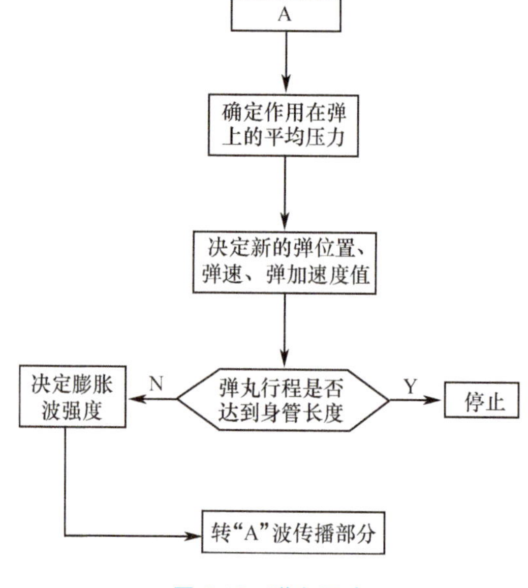

图 3-18　弹丸运动

(3) 发射药燃烧部分 (图 3-19)

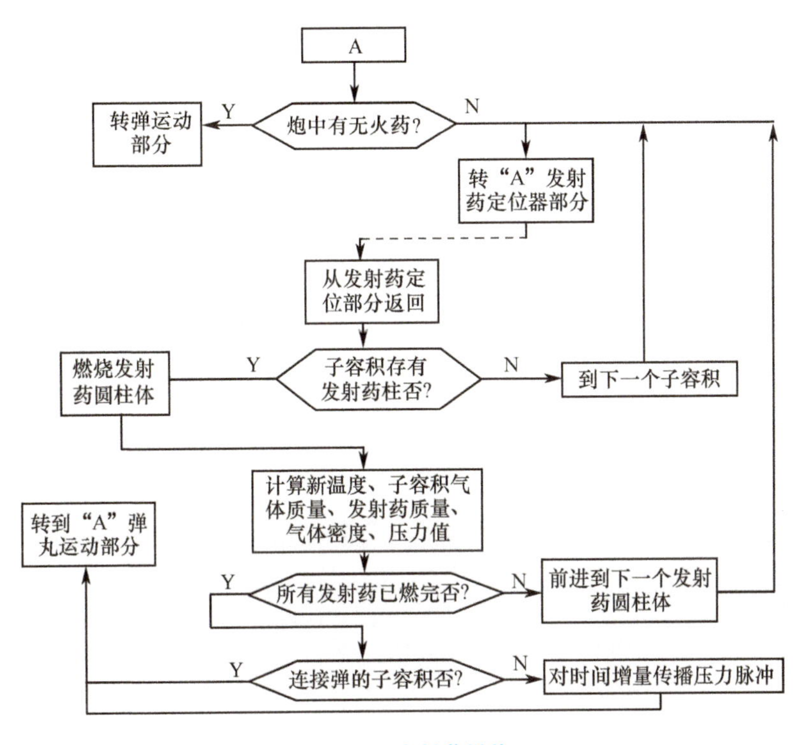

图 3-19 发射药燃烧

(4) 发射药运动部分 (图 3-20)

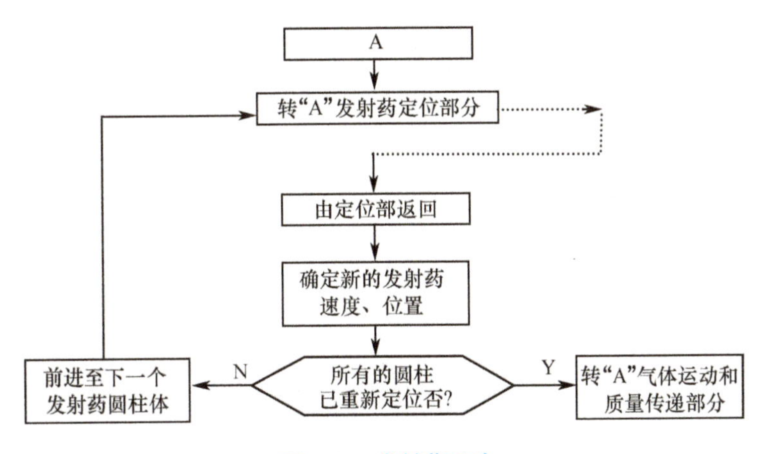

图 3-20 发射药运动

（5）药室内波的形成部分（图 3-21）

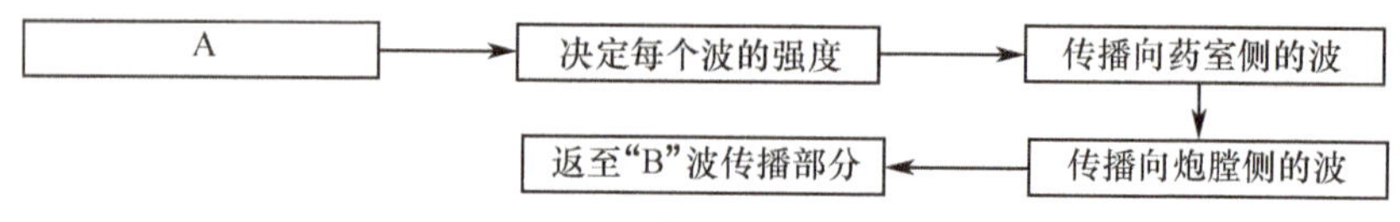

图 3-21 药室内波的形成

（6）波传播部分（图 3-22）

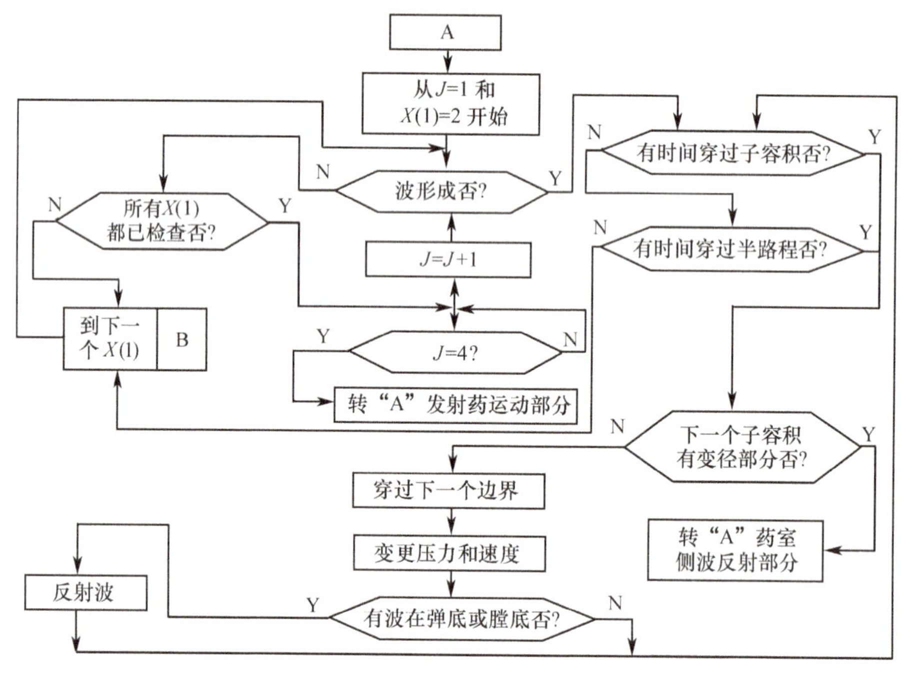

图 3-22 波传播

（7）气体运动和质量传递部分（图 3-23）

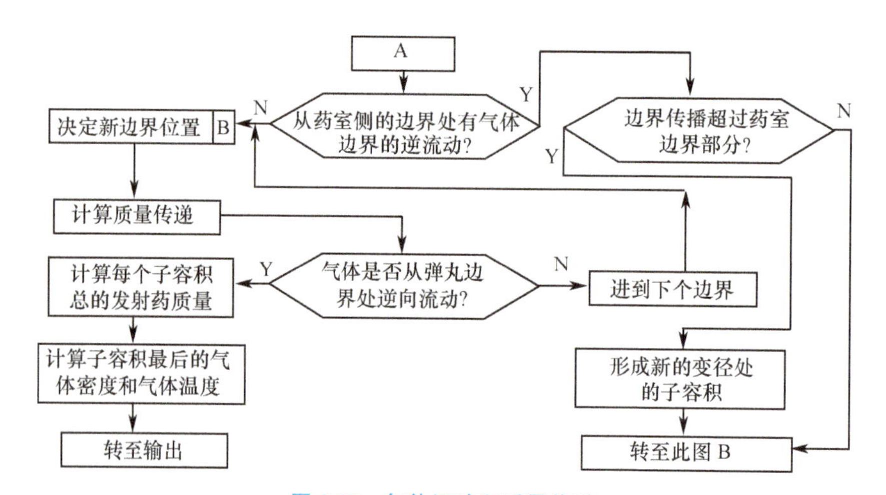

图 3-23 气体运动和质量传递

（8）发射药圆柱体定位部分（图 3-24）

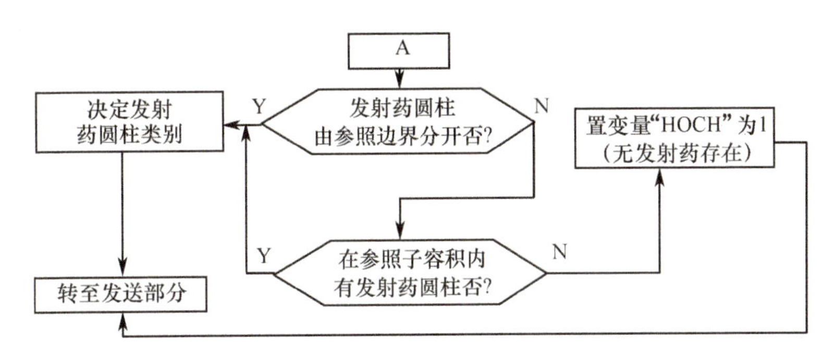

图 3-24　发射药圆柱体定位

（9）发射药圆柱体定位类型（KTVP）（图 3-25）

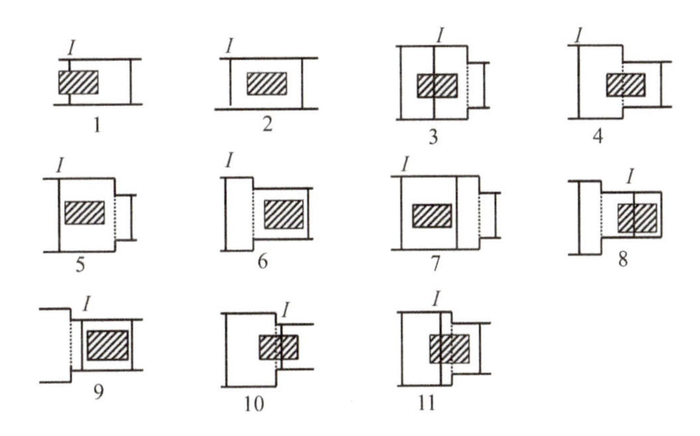

图 3-25　发射药圆柱定位类型（"*I*"为参照边界）

3.4.4　内弹道两相流体力学模型

1. 内弹道准两相流体力学模型

内弹道准两相流体力学模型是在下述假设基础上建立的：

① 膛内流动是一维的。

② 所有涉及的热力学过程视为平衡态；不考虑火药气体的离解；生成物组成保持不变；火药力 f、火药气体余容 α、比热容比 γ 都作为常数；不考虑气、固两相之间的热传导和相互作用。

③ 固相药粒对混合物压力没有贡献，混合物压力就是气相压力。

④ 火药燃烧服从几何燃烧定律和燃烧速度定律。

⑤ 弹丸阻力和火药气体损失通过阻力系数 φ_1、火药力 f 或绝热指数 γ 来修正，不做直接计算。

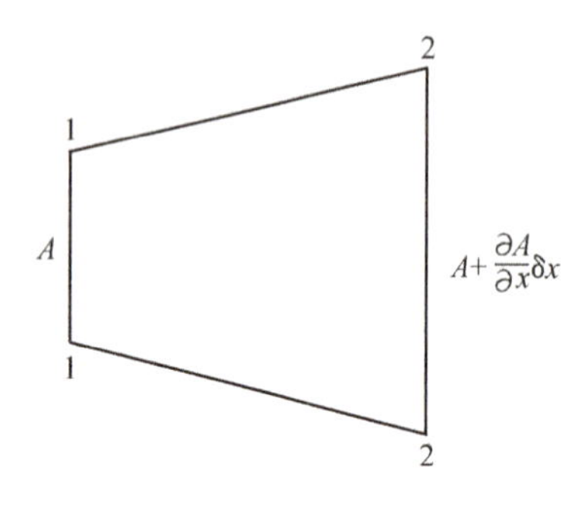

图 3-26 推导准两相流体力学模型的控制体

⑥ 不考虑点火和挤进过程，前期用挤进压力来描述。

⑦ 不考虑气体的黏性及气体对身管的摩擦。

设燃气和正在燃烧的药粒在一个变截面管道中流动，取图 3-26 所示的控制体。以 u_g 代表气体的流速，u_s 代表药粒的运动速度，p 代表压力，A 代表管道的截面积，q 是单位时间内单位质量火药的燃烧释放能。不难证明，混合相密度 ρ 等于气相分密度 ρ_g 与固相分密度 ρ_s 之和，即

$$\rho = \rho_g + \rho_s$$

对控制体使用质量守恒定律可导得连续方程。

由图 3-26，从控制体 1—1 截面单位时间的流入量为

$$\rho_g u_g A + \rho_s u_s A$$

从控制体 2—2 截面单位时间流出量为

$$\left(\rho_g + \frac{\partial \rho_g}{\partial x}\delta x\right)\left(u_g + \frac{\partial u_g}{\partial x}\delta x\right)\left(A + \frac{\partial A}{\partial x}\delta x\right) + \left(\rho_s + \frac{\partial \rho_s}{\partial x}\delta x\right)\left(u_s + \frac{\partial u_s}{\partial x}\delta x\right)\left(A + \frac{\partial A}{\partial x}\delta x\right) \approx$$

$$\rho_g u_g A + \rho_s u_s A + \frac{\partial}{\partial x}(\rho_g u_g A)\delta x + \frac{\partial}{\partial x}(\rho_s u_s A)\delta x$$

控制体内混合物质量净增量为

$$-\frac{\partial}{\partial x}[(\rho_g u_g + \rho_s u_s)A]\delta x$$

单位时间控制体内的质量变化为

$$\frac{\partial}{\partial x}[(\rho_g + \rho_s)A\delta x] = \delta x[A(\rho_g + \rho_s)]$$

用质量守恒定律即得

$$\partial x \frac{\partial}{\partial t}[(\rho_g + \rho_s)A] = -\frac{\partial}{\partial x}[A(\rho_g u_g + \rho_s u_s)]\delta x$$

或

$$\frac{\partial}{\partial t}[(\rho_g + \rho_s)A] + \frac{\partial}{\partial x}[A(\rho_g u_g + \rho_s u_s)] = 0$$

令

$$u_s / u_g = \beta \tag{3-192}$$

认为 β 是火药已燃相对体积（或质量）Ψ 的函数，且具有下列形式

$$\beta = c_1 \Psi^{c_2} \quad (0 \leqslant c_1 \leqslant 1, c_2 \geqslant 0) \tag{3-193}$$

它表明随着 Ψ 的增大，固相速度增加。由于 $0 \leqslant \Psi \leqslant 1$，因此上式还表明当 c_2 值越

大时，固相运动速度越小。当 c_2 大于 10 左右时，在整个燃烧期间可以认为药粒实际上是不动的。当 $c_2=0$，$c_1=1$，则 $\beta=1$，它表明固相药粒与燃气以同一速度运动。若令 $\rho_s=\zeta\rho$，这里 ζ 是固相密度 ρ_s 与混合相密度 ρ 的比值，则

$$\rho_g=(1-\zeta)\rho$$

于是连续方程可以写为

$$\frac{\partial}{\partial t}(\rho A)+\frac{\partial}{\partial x}\{A\rho u_g[1-(1-\beta)\zeta]\}=0 \tag{3-194}$$

不难导得固相药粒的质量守恒方程

$$\frac{\partial}{\partial t}(\rho_s A)+\frac{\partial}{\partial x}(A\rho_s u_s)=-\frac{\rho_s A}{\zeta}\left(\frac{\partial\Psi}{\partial t}+u_s\frac{\partial\Psi}{\partial x}\right) \tag{3-195}$$

对控制体，使用动量守恒定理可导得动量方程

$$\frac{\partial}{\partial t}\{A\rho u_g[1-(1-\beta)\zeta]\}+\frac{\partial}{\partial x}\{A\rho u^2[1-(1-\beta^2)\zeta]\}=-A\frac{\partial p}{\partial x} \tag{3-196}$$

对控制体，使用热力学第一定律可导得能量方程

$$\frac{\partial}{\partial t}(A\rho e_m)+\frac{\partial}{\partial x}\{A\rho u_g[e_m-\zeta(1-\beta)(e_s+1/2\beta^2u_g^2)]\}+\frac{\partial}{\partial x}(pAu_g\rho_n)=\frac{A\rho f}{\gamma-1}\left(\frac{\partial\Psi}{\partial t}+\beta u_g\frac{\partial\Psi}{\partial x}\right) \tag{3-197}$$

式中

$$e_m=(1-\zeta)\left(e_g+\frac{u_g^2}{2}\right)=\zeta(e_s+1/2\beta^2u_g^2)$$

$$\rho_n=1-(1-\beta)\frac{\zeta}{\delta}\rho$$

其中，δ 为火药密度；e_g 和 e_s 分别代表气相和固相的内能。如果考虑余容 α 和未燃烧药粒对自由容积的修正，诺贝尔-阿贝尔状态方程具有如下形式

$$p\left[\frac{1}{\rho}-\alpha(1-\zeta)-\frac{\zeta}{\delta}\right]=(1-\zeta)\tau f \tag{3-198}$$

式中

$$\tau=T/T_1,\quad f=RT_1$$

其中，T_1 是火药定容燃烧温度。当使用指数式的燃烧速度定律时，有

$$\frac{dZ}{dt}=\frac{\bar{u}_1}{e_1}p^n \tag{3-199}$$

式中，$\bar{u}_1$ 是燃速系数；n 是燃速压力指数；e_1 是火药厚度的一半。

另有形状函数方程

$$\Psi = \chi Z(1+\lambda Z+\mu Z^2) \tag{3-200}$$

式中，χ、λ、μ 是火药形状特征量，它们是决定于几何形状和尺寸的常数。假定火药气体内能 e_g 仅是温度的函数，并略去固相的内能 e_s，那么式（3-192）～式（3-200）8 个方程中有 8 个未知数，它们是

$$p、Z、\tau(e_g)、\rho_s、\rho_g、u_g、u_s、\Psi$$

因此，方程总是封闭的。

对于给定的边界值和初始条件，上述方程组要采用数值方法求解。

图 3-27～图 3-29 是取 $\beta=1$，即固相与气相速度相等时，57 mm 高射炮气动力模型的弹道解，图 3-30 显示了膛底压力与弹底压力的比值具有波动特征。常规方法 p_t/p_d 由下式给出

$$\frac{p_t}{p_d}=1+\frac{m_p}{2\varphi_1 m}$$

式中，m_p 为装药量；m 为弹丸质量。显然上式给出的 p_t/p_d 是一个常量。图 3-27 清楚地表明 p_t/p_d 不是一个常量，而是具有波动特征的。在开始阶段，它小于常规方法 p_t/p_d 的比值，而后逐渐增大，又超过常规方法的 p_t/p_d 值。理论值到最大值后又下降，然后又缓慢上升。在这种火炮的条件下，常规方法计算的 p_t/p_d 大致处在准两相流模型 p_t/p_d 的平均值位置。在弹丸运动开始阶段，p_t/p_d 就处在流体力学模型 p_t/p_d 的平均值位置上。图 3-28 所示的是弹后空间理论计算的压力分布。从图中可以看出，在压力上升阶段，近似于抛物线分布。但在压力下降过程中，它显著地偏离了抛物线分布的规律，特别是在坡膛部位，压力变化非常剧烈，并且超过了膛底压力。当接近炮口部位时，压力变化又逐渐缓慢下来。图 3-29 给出了弹丸速度的变化规律，并与常规方法的结果做了比较。图 3-30 显示了 127 mm 54 倍口径药筒装填式火炮的膛底和药筒口部的压力差随时间的变化规律。理论值和试验值之间吻合得很好。从图中可以看出，在射击过程中，膛内确实存在压力波。

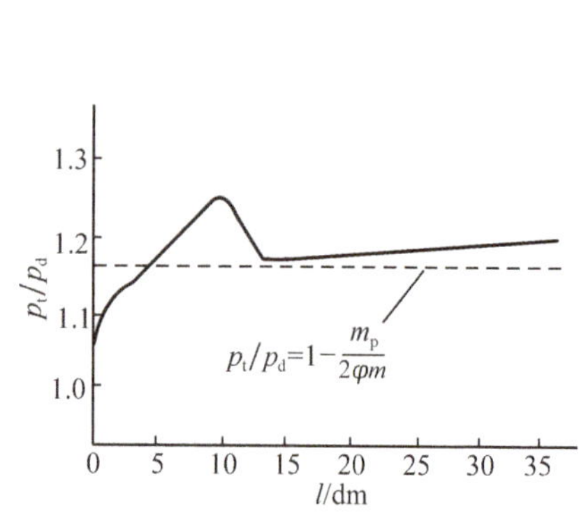

图 3-27　计算的 57 mm 高射炮 p_t/p_d 变化曲线

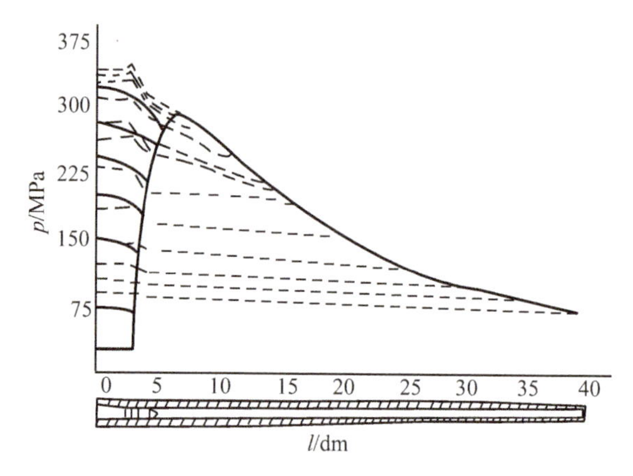

图 3-28　弹后空间理论计算的压力分布曲线

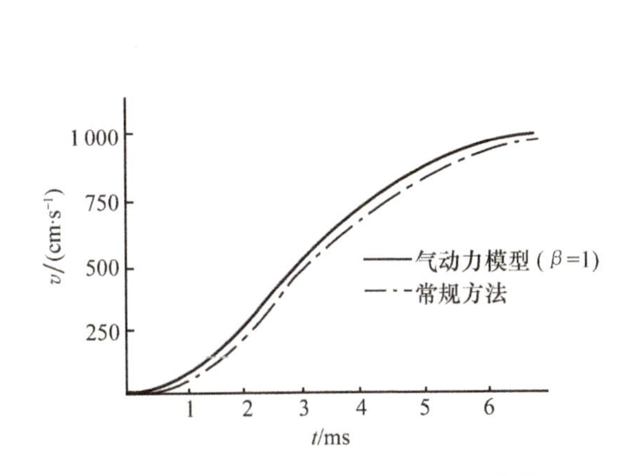

图 3-29　气动力模型与常规方法得出的 v-t 曲线对比

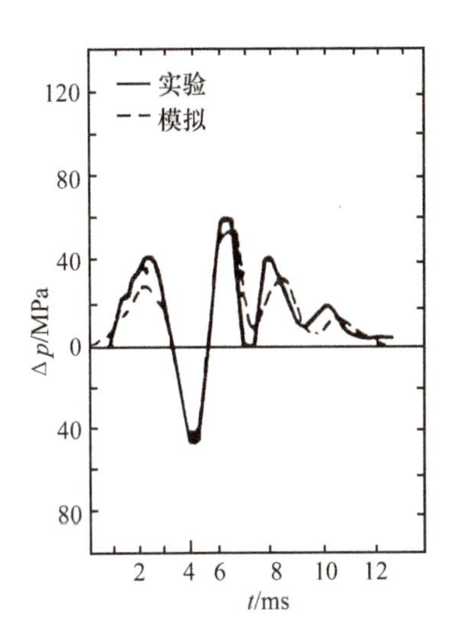

图 3-30　127 mm 54 倍口径药筒装填式火炮的膛底-药筒口部压力差随时间的变化规律

从准两相流体力学模型的建立和解的结果可以看出，这种模型较之常规方法更深入地描述了射击过程的物理本质，揭示了许多常规方法所无法得到的弹道参量的变化规律。这些年来，随着多相流体力学的发展，考虑气、固两相之间作用的内弹道两相流体力学模型的研究十分活跃。以宏观的观点所建立的每一相的平衡方程，不但能够对弹丸、火药气体与未燃烧的药粒分布，以及弹丸运动规律等做出数学模拟，还能对火炮内膛结构、装药气体生成、点火、火焰传播、膛内热传导等进行详尽的数学描述。已经建立的各种两相流模型的结构形式在本质上是相同的，但在细节上各有差别。

2. 二维轴对称两相流模型简介

一维两相流模型编码 NOVA 作为流体动力学问题，重点研究火焰通过发射装药的传播，研究药室内火焰传播路径对压力波形成的影响。

而二维对称两相流模型编码（TDNOVA）则是一个描述二维、轴对称内弹道循环的两相流模型编码，它是在 NOVA 的基础上，考虑到像 155 mm 火炮 M203 装药（图 3-31）这类一维模型不易解决的药包装药而发展起来的。因为这种装药火焰传播强烈地受到药包周围的空隙以及药包袋物质的影响，因此，TDNOVA 做如下考虑和处理：

① 发射药装药外边界（由炮闩面、药室壁、发射药和弹底形成的界面）分成若干个区。各区以及它们与发射装药区两相流之间，借助于共同边界处的有限跃迁条件相互连接，构成总体轮廓结构（图 3-32）。空隙的每个区处理为准一维和选用集总参数。当然，也可根据使用者的要求，采用二维处理方法。

② 底药包或中心传火管可作为药袋的统一结构处理。与药包袋同轴的中心传火管也通过有限跃迁条件考虑在药室末端的空间，在与药包袋内流动状态有关的准一维、两相流的模型中，点火系列可以处理为预测流速和能量的外加动量。

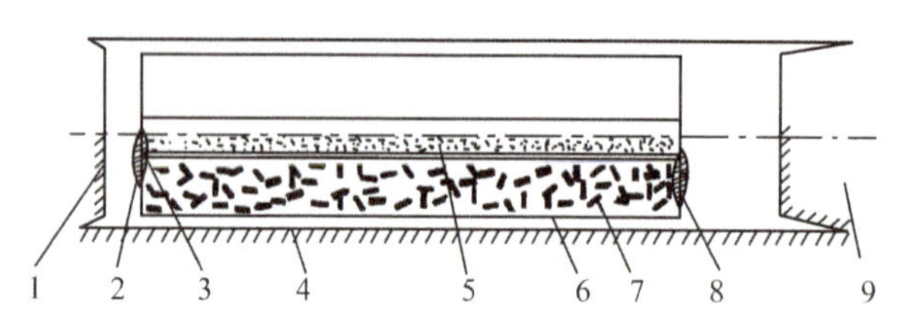

图 3-31 155 mm 火炮 M203 发射装药二维轴对称结构示意图

1—炮栓；2—底点火药包；3—中心传火管壁；4—药室壁；5—中心传火管装药；6—衬纸；7—粒状药；8—粒状消焰剂；9—弹体

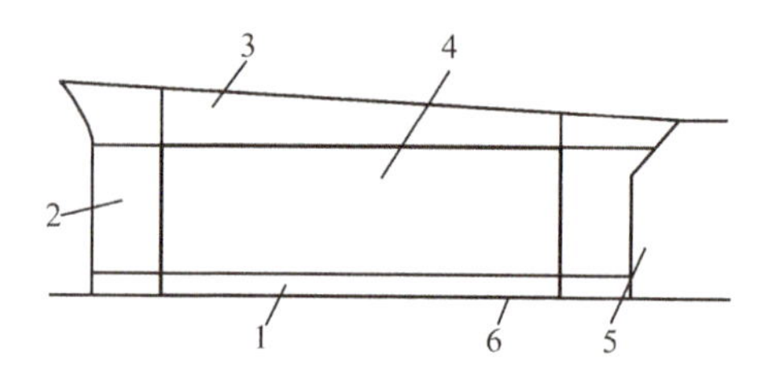

图 3-32 TDNOVA 的计算区划分

1—中心传火管；2—后端面；3—外围空隙；4—发射药装药区；5—弹体；6—纵轴

③ 在动量跃迁条件中，药床不渗透性考虑为准稳态流的损失。放热和吸热组件，如药包袋、钝感纸在质量和能量跃迁中被考虑进去。

④ 开始阶段，发射药床两相区的流动用两维去描述，与药包袋接近的非空间区用准一维处理，非空间区使用集总参数（图 3-33）。

⑤ 随着火焰传播完成、药包袋的破裂和径向压力场压力的平衡，再用准二维处理（图 3-34）。随着弹道循环的延续，呈圆柱形的发射药装药空间用准一维模型。此时，药室端部纵轴空间区使用集总参数。连续流的每一个区的特性，通过数值转换的边界确定的网络，以线和面的形式画于规整的图上（图 3-33）。

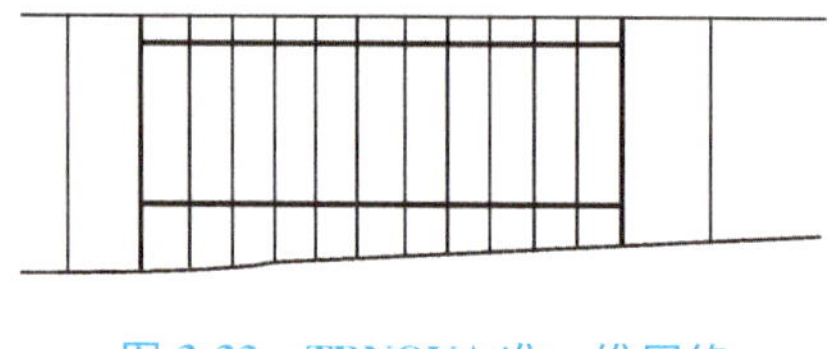

图 3-33 TDNOVA 准一维网络

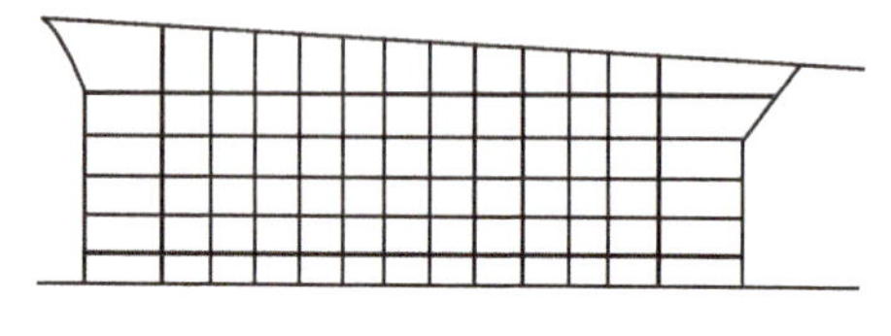

图 3-34 TDNOVA 准二维网络

整个 TDNOVA 编码是利用内、外边界处一组平衡特征方程的两步逼近求解。与 TDNOVA 编码的有关模型和边界的含义如图 3-35 所示。

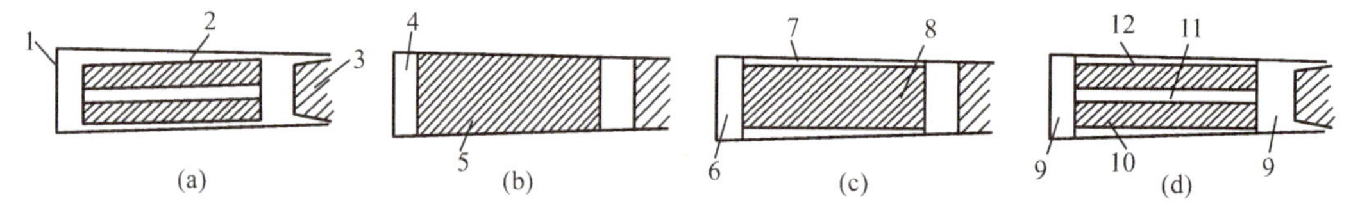

图 3-35 TDNOVA 模型和边界的示意图

(a) 药包装药示意图；(b) 准一维两相流模型示意图；(c) 准二维两相流模型示意图；(d) 二维两相流模型示意图

1—膛底面；2—发射药装药；3—弹体；4—轴向空隙（一维单相连续）；5—发射药床（一维两相连续）；6—轴向空隙（一维单相连续）；7—外空隙（一维单相连续）；8—发射药床（一维两相连续）；9—轴向空隙（一维（或二维）单相连续）；10—发射药床（一维（或二维）两相连续）；11—中心传火管（一维单相或两相连续）；12—外空隙（一维（或二维）单相连续）

3.4.5　高低压火炮内弹道模型的建立

一些特殊类型的火炮，如无后坐力炮、高低压火炮、迫击炮，为适应特定的战术技术要求，其火炮结构、发射原理与常规线膛火炮有较大差别，这就决定了这些武器在发射过程中的内弹道循环也各有其独特的特点。本节以一种高低压火炮为例，介绍特殊类型火炮内弹道模型建立的思路。

高低压火炮在发射过程中，存在气体自高压室向低压室流动的现象。其发射原理适合于那些小装药量、膛压和初速均比较低的发射武器，如榴弹发射器。高低压发射原理是火药在高压室内燃烧，形成一个使火药稳定燃烧的压力环境。达到一定压力后，打开隔离高低压药室的隔板或衬垫，燃气从高压室流向低压室，然后再推动弹丸在发射管中向前运动。这样火药既能在高压室中充分燃烧，保证内弹道性能的稳定，又能满足在低压室中的压力不太高，以减轻发射管质量，有效提高弹丸的装填系数。

1. 理论模型

图 3-36 是一种有高、低压药室的榴弹发射器的弹道循环示意图。

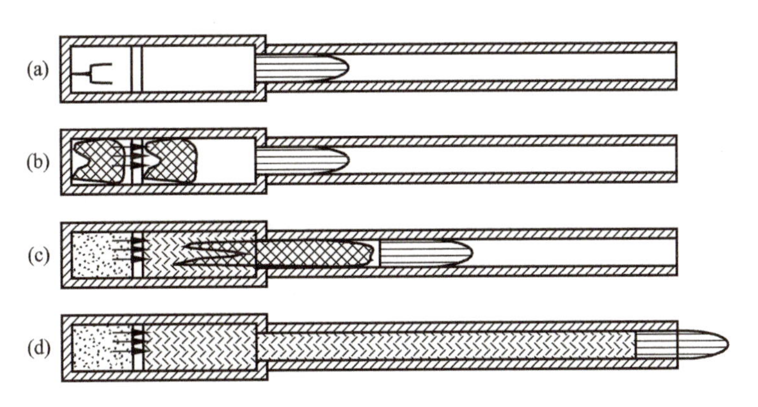

图 3-36　有高、低压药室的榴弹发射器弹道循环示意图

① 发射时，首先是点火帽引火，点燃高压药室的装药（图 3-36（a））。

② 火药装药在定容高压药室燃烧，直到火药气体压力达到 p_e，将装药包装物和外加衬垫穿透；然后，火药气体和已燃药粒从高、低压药室隔离板的孔中流出（图 3-36（b））。

③ 高压药室的火药燃烧和通过隔板的火药继续在低压室燃烧。当低压药室的压力达到榴弹启动压力 p_s 后，榴弹开始沿着发射器身管运动（图 3-36（c））。

④ 燃烧先在高压药室中结束，然后只有火药气体从孔中流过，接着低压药室的火药燃烧接近结束（图 3-36（d）），直到完全结束，榴弹在火药气体膨胀过程中继续加速运动。

2. 基本方程

利用常规的内弹道假设（包括假设高低压室燃气温度恒定）描述高、低压药室系统的方程组有：

（1）高压药室

① 火药燃烧方程

$$Z=e/e_1;\ \mathrm{d}Z/\mathrm{d}t=(u_1p^n+b)/e_1;\Psi=C_1Z+C_2Z^2+C_3Z^3 \tag{3-201}$$

② 状态方程

$$p=[f_b\Omega_b+fm_p(\Psi-\eta)]/[V_0-\alpha m_p(\Psi-\eta)-m_p(1-\Psi-\xi)/\delta] \tag{3-202}$$

③ 火药、火药气体通过孔的流出方程

$$\mathrm{d}\eta/\mathrm{d}t=\dot{m}/m_p;\ \mathrm{d}\xi/\mathrm{d}t=\dot{m}_b/m_p \tag{3-203}$$

式中，p 为高压药室平均压力；η 为孔流出的火药气体相对质量；ξ 为孔流出的火药相对质量；C_1、C_2、C_3 为形状系数；$\dot{m}$ 为流过孔的火药气体质量流速；$\dot{m}_b$ 为流过孔的火药质量流量；Ω_b、m_p 分别是点火药和火药质量；f_b 和 f 分别是点火药和火药的火药力。

（2）低压药室

① 火药燃烧方程

$$Z_1=e'/e_1;\ \mathrm{d}Z_1/\mathrm{d}t=(u_1p_1^n+b)/e_1;\ \Psi_1=C_1Z_1+C_2Z_1^2+C_3Z_1^3 \tag{3-204}$$

② 状态方程

$$p_1=\frac{fm_p\xi\Psi_1+fm_p\eta-(\gamma-1)\varphi m\dfrac{v^2}{2}}{V_1-\dfrac{m_p\xi(1-\Psi_1)}{\delta}-m_p\alpha(\eta+\xi\Psi_1)+Sl} \tag{3-205}$$

③ 榴弹运动方程

$$p_1S=\varphi m\mathrm{d}v/\mathrm{d}t;\ v=\mathrm{d}l/\mathrm{d}t \tag{3-206}$$

式中，p_1 为低压药室和身管平均压力；φ 为虚拟质量系数；V_1 为低压药室容积；Ψ_1 为低压药室火药燃烧相对质量；γ 为火药气体绝热指数；m 为弹质量；v 为弹速度；S 为身管截面积；l 为弹在身管内的行程；Z_1 为低压药室药粒燃烧相对弧厚；$2e'$ 为低压药室火药已燃弧厚。

对于通过孔的两相流动，需要确定火药气体和药粒的质量流速（$\dot{m}$、$\dot{m}_b$）。设气体和固体是均一的混合物，混合物绝热指数

$$\gamma_m=\frac{(1-\varepsilon)c_p+\varepsilon c_{pr}}{(1-\varepsilon)c_V+\varepsilon c_{pr}};\varepsilon=\frac{1-\Psi-\xi}{1-\xi-\eta} \tag{3-207}$$

式中，c_p、c_V 分别为火药气体定压和定容比热容；c_{pr} 为火药比热容；ε 为流过孔的混合物中固相质量。

（3）模型特性式

流过隔板孔的均一混合物的流动与高压药室压力和低压药室底部的压力有关。低压

药室底部临界压力由下式给出

$$p_{1,\text{crit}} = p\left(\frac{2}{\gamma_{\text{m}}+1}\right)^{\frac{\gamma_{\text{m}}}{\gamma_{\text{m}}-1}} \tag{3-208}$$

$p_{1,\text{w}}$为低压药室底部压力，存在两种情况：

① $p_{1,\text{w}}<p_{1,\text{crit}}$。通过孔的混合物质量流动速率和流动速度用下式给出

$$\dot{m}_{\text{m}} = \mu \cdot p \cdot S_{\text{h}} \cdot \sqrt{\gamma_{\text{m}}\left(\frac{2}{\gamma_{\text{m}}+1}\right)^{\frac{\gamma_{\text{m}}+1}{\gamma_{\text{m}}-1}}} \cdot \sqrt{\frac{1}{(1-\varepsilon)f}}$$

$$v_{\text{fi}} = \sqrt{\frac{2\gamma_{\text{m}}}{\gamma_{\text{m}}+1}} \cdot \sqrt{(1-\varepsilon)f} \tag{3-209}$$

式中，S_{h} 为孔截面总面积；μ 为孔流出系数。

② $p_{1,\text{w}} \geqslant p_{1,\text{crit}}$。通过孔的混合物质量流动速率由下式确定

$$\dot{m}_{\text{m}} = \mu \cdot p \cdot S_{\text{h}} \sqrt{\frac{2\gamma_{\text{m}}}{(\gamma_{\text{m}}-1)(1-\varepsilon)f}} \cdot \sqrt{\left(\frac{p_{1,\text{w}}}{p}\right)^{\frac{2}{\gamma_{\text{m}}}} - \left(\frac{p_{1,\text{w}}}{p}\right)^{\frac{\gamma_{\text{m}}+1}{\gamma_{\text{m}}}}} \tag{3-210}$$

通过孔的混合物流动速度由下式表示

$$v_{\text{fi}} = \sqrt{\frac{2\gamma_{\text{m}}}{\gamma_{\text{m}}-1}} \cdot \sqrt{(1-\varepsilon)f} \cdot \sqrt{1-\left(\frac{p_{1,\text{w}}}{p}\right)^{\frac{\gamma_{\text{m}}-1}{\gamma_{\text{m}}}}} \tag{3-211}$$

火药气体流动速率（$\dot{m}$）和药粒流动速率（$\dot{m}_{\text{b}}$）由下式给出

$$\dot{m} = (1-\varepsilon)m_{\text{m}};\dot{m}_{\text{b}} = \varepsilon m_{\text{m}}$$

射击过程中，高、低压药室的典型压力曲线用低压药室和发射管的压力曲线表示。为确定该曲线，采用常规拉格朗日假设和两相流线性流动曲线 $v_x = K_x + v_{\text{fi}}$（图 3-37）。

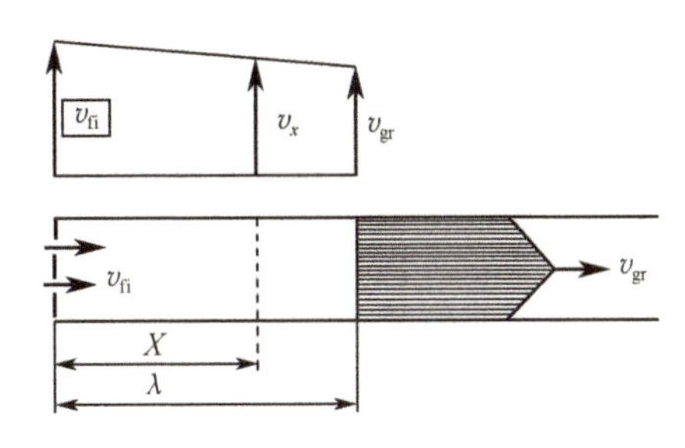

图 3-37　拉格朗日假设和两相流线性流动曲线

进一步分析得到榴弹底部压力 $p_{1,\text{gr}}$和平均弹道压力 p_1 之间的关系

$$p_{1,\text{gr}} = \frac{p_1 + \frac{\rho_\lambda v_{\text{fi}}^2}{6}\left(\frac{v_{\text{gr}}}{v_{\text{fi}}}-1\right)}{1+\frac{m_{\text{p}}'}{3\varphi_1 m_{\text{gr}}}} \tag{3-212}$$

式（3-212）中，榴弹底部两相流混合物的质量 m_{p}'和密度 ρ_λ 由下式给出

$$m_{\text{p}}' = m_{\text{p}}(\eta+\xi)\rho_\lambda = m_{\text{p}}/(V_1+Sl)$$

低压药室底部压力 $p_{1,\text{w}}$用下式表示

$$p_{1,\text{w}} = p_{1,\text{gt}}\left(1+\frac{m_{\text{p}}'}{2\varphi_1 m_{\text{gr}}}\right) - \frac{\rho_\lambda v_{\text{fi}}^2}{2}\left(\frac{v_{\text{gr}}}{v_{\text{fi}}}-1\right) \tag{3-213}$$

3. 理论模拟和试验验证

上述方程，即构成了由一阶常微分方程和代数方程组成的、可以描述高低压药室弹道循环过程的方程组。国外已据此编写出针对高低压榴弹发射器的 HILOP 编码。图 3-38 是由这种编码计算给出的 30 mm 榴弹发射器发射时的平均压力 p 和 p_1 与时间 t 的函数曲线，装药是 2.7 g 硝化棉火药 NC1。

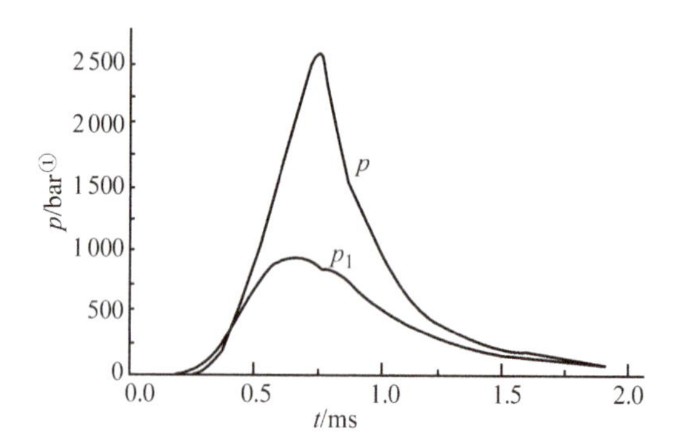

图 3-38 高压室和低压室的压力-时间曲线

进一步利用模型研究了火药类型，药室容积，药室隔板上孔的数量、尺寸和位置，以及孔的衬垫等对弹道性能的影响，并与试验结果做了对比。

火药类型对基本内弹道特征的影响见表 3-1。

表 3-1 火药类型对基本内弹道特征的影响

装药		p_m/bar	$p_{1,wm}$/bar	v_0/(m·s^{-1})
2.7 g NC1	试验值 计算值	2 605 2 629	1 456 1 491	176.4 177.3
2.3 g NG1	试验值 计算值	2 982 3 034	1 875 1 893	184.3 184.2

表中，p_m 为高压药室最大压力，$p_{1.wm}$ 为低压药室底部最大压力，v_0 为榴弹初速。

表 3-1 数据表明，计算与试验结果的一致性较好，NC1 硝化棉火药比 NG1 双基药的效果好，进一步试验使用 NC1 火药。

药室容积对弹道性能的影响见表 3-2，试验和计算结果也有较好的一致性。

表 3-2 药室容积对弹道性能的影响

V_0/V_1		p_m/bar	$p_{1,wm}$/bar	v_0/(m·s^{-1})
10	试验 计算	2 605 2 629	1 456 1 491	176.4 177.3
140	试验 计算	2 769 2 778	1 401 1 421	177.2 178.4

① 1 bar=10^5 Pa。

装药放置于赛璐珞盒中，为了保持弹道的一致性，在隔板孔位置放置不同厚度的铜衬垫，研究结果见表 3-3。

表 3-3　装药包装物和隔板孔衬垫对弹道性能的影响

衬　垫		p_m/bar	$p_{1,wm}$/bar	v_0/(m·s^{-1})
赛璐珞	试验 计算	2 605 2 629	1 456 1 491	176.4 177.3
赛璐珞+0.1 mm 铜片	试验 计算	2 785 2 827	1 607 1 555	178.6 179.3
赛璐珞+0.2 mm 铜片	试验 计算	2 961 3 002	1 677 1 644	180.3 181.0

HILOP 程序充分地预估了装药包装物和外加在隔离板孔的衬垫的影响。

为了确定药室间隔板孔的数量和直径的影响，分别对 6 孔 3.0 mm 直径、6 孔 3.3 mm 直径和 9 孔 2.1 mm 直径进行了试验，试验结果见表 3-4。

表 3-4　隔板孔数量和直径对弹道性能的影响

装　药	孔数×直径		p_m/bar	$p_{1,wm}$/bar	v_0/(m·s^{-1})
2.7 g NC1	6×3.0 mm	试验 计算	2 605 2 629	1 456 1 491	176.4 177.3
3.0 g NC1	6×3.3 mm	试验 计算	3 518 3 561	1 661 1 665	183.5 184.8
3.0 g NC1	9×2.1 mm	试验 计算	2 430 2 462	1 438 1 451	178.2 178.3

表 3-4 的数据显示，试验结果和计算结果有较好的一致性。

高低压室装药是一类有特征的装药，此处讨论了与之对应的数值模拟的基础关系式。尽管表 3-1～表 3-4 是 30 mm 自动榴弹发射器的分析结果，但它表明了高、低压药室概念的发射特征和高低压室模型对于相应武器弹道性能预测的适用性。

3.4.6　身管武器膛内 p-$t(l)$ 和 v-$t(l)$ 曲线

研究各种内弹道模型的目的是希望能更详尽、更准确地揭示膛内发生的内弹道现象，掌握其变化规律。膛内弹道曲线，即压力-时间/行程（p-$t(l)$）曲线和弹丸速度-时间/行程（v-$t(l)$）曲线无疑是最为重要的。弹道曲线能对内弹道过程进行最本质的描述，通过弹道曲线能了解弹丸运动和装药燃烧的过程。理论与试验曲线的符合技术是验证弹道理论的重要方法。下面是几类典型身管武器的弹道曲线的介绍和比较。

1. 小口径武器弹道曲线

弹道曲线是由弹丸内弹道分析（PIHA）程序得到的。表 3-5 的内容是有关这些曲线的说明。

表 3-5 小口径武器膛内弹道曲线说明

<table>
<tr><td colspan="2" rowspan="3">装药武器类型
参数</td><td>武器</td><td colspan="2">5.56 mm 枪用装药</td><td colspan="2">7.62 mm 枪用装药</td><td colspan="2">20 mm 炮用燃烧榴弹装药</td></tr>
<tr><td>曲线</td><td>时间曲线</td><td>行程曲线</td><td>时间曲线</td><td>行程曲线</td><td>时间曲线</td><td>行程曲线</td></tr>
<tr><td>图号</td><td>3-39</td><td>3-40</td><td>3-41</td><td>3-42</td><td>3-43</td><td>3-44</td></tr>
<tr><td rowspan="6">曲线参数</td><td colspan="2">身管口径/mm</td><td colspan="2">5.56</td><td colspan="2">7.62</td><td colspan="2">20</td></tr>
<tr><td colspan="2">弹药</td><td colspan="2">球形，M193</td><td colspan="2">球形 M80</td><td colspan="2">球形，M56A3 燃烧榴弹</td></tr>
<tr><td colspan="2">膛压 p_m/MPa</td><td colspan="2">329.8</td><td colspan="2">342.9</td><td colspan="2">326.4</td></tr>
<tr><td colspan="2">初速 v_0/(m・s^{-1})</td><td colspan="2">951</td><td colspan="2">833</td><td colspan="2">1005</td></tr>
<tr><td colspan="2">发射药牌号</td><td colspan="2">WC844</td><td colspan="2">WC846</td><td colspan="2">WC870</td></tr>
<tr><td colspan="2">底火</td><td colspan="2">34 号</td><td colspan="2">41 号</td><td colspan="2">34 号</td></tr>
<tr><td rowspan="7">火炮、弹丸、火药参数</td><td colspan="2">初温/℃</td><td colspan="2">室温</td><td colspan="2">室温</td><td colspan="2">室温</td></tr>
<tr><td colspan="2">V_0/cm^3</td><td colspan="2">1.78</td><td colspan="2">3.09</td><td colspan="2">44.2</td></tr>
<tr><td colspan="2">S/cm^2</td><td colspan="2">0.24</td><td colspan="2">0.47</td><td colspan="2">3.32</td></tr>
<tr><td colspan="2">身管长度 l_g/cm</td><td colspan="2">46.48</td><td colspan="2">51.05</td><td colspan="2">144.0</td></tr>
<tr><td colspan="2">弹丸质量 m/g</td><td colspan="2">3.63</td><td colspan="2">9.65</td><td colspan="2"></td></tr>
<tr><td colspan="2">药型</td><td colspan="2">球形 WX846/WC844</td><td colspan="2">球形 WC846</td><td colspan="2">球形 WC870</td></tr>
<tr><td colspan="2">装药质量/g</td><td colspan="2">1.78</td><td colspan="2">2.2</td><td colspan="2">28.4</td></tr>
<tr><td rowspan="3">性能指数</td><td colspan="2">药室最大压力/MPa</td><td colspan="2">329.8</td><td colspan="2">340.17</td><td colspan="2">326.37</td></tr>
<tr><td colspan="2">实际速度/(m・s^{-1})</td><td colspan="2">951</td><td colspan="2">833</td><td colspan="2">1 004</td></tr>
<tr><td colspan="2">计算速度/(m・s^{-1})</td><td colspan="2">957</td><td colspan="2">857</td><td colspan="2">1 008</td></tr>
</table>

图 3-39～图 3-44 反映了小口径武器弹道曲线的特征：

① 某些 p-t 曲线有两个峰，这是钝感球形药所发生的燃烧现象；

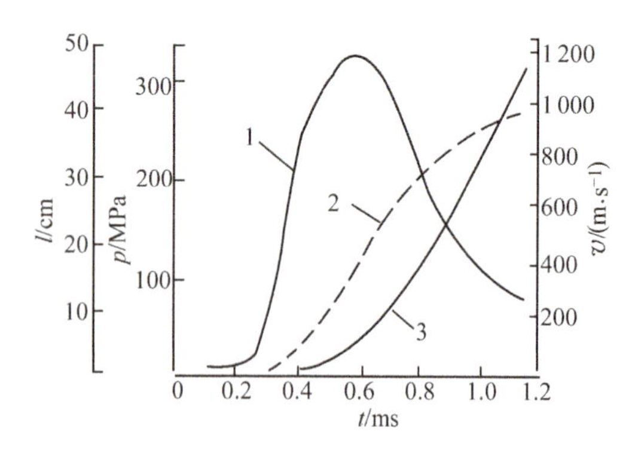

图 3-39 5.56 mm 枪弹 M193 球形药压力、行程、速度与时间曲线

1—压力-时间曲线；2—速度-时间曲线；3—行程-时间曲线

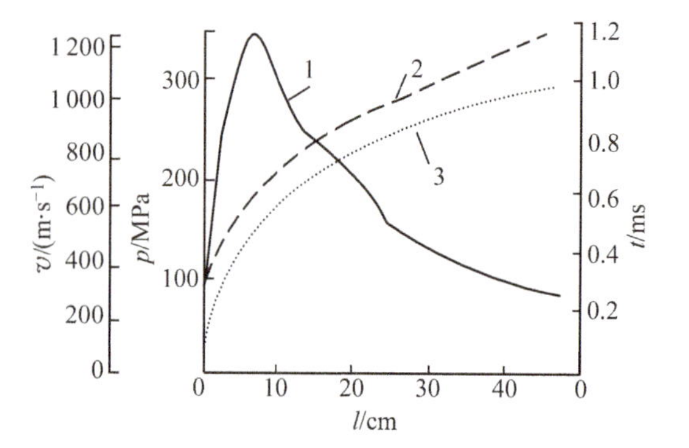

图 3-40 5.56 mm 枪弹 M193 球形药压力、速度、时间与行程曲线

1—压力-行程曲线；2—速度-行程曲线；3—时间-行程曲线

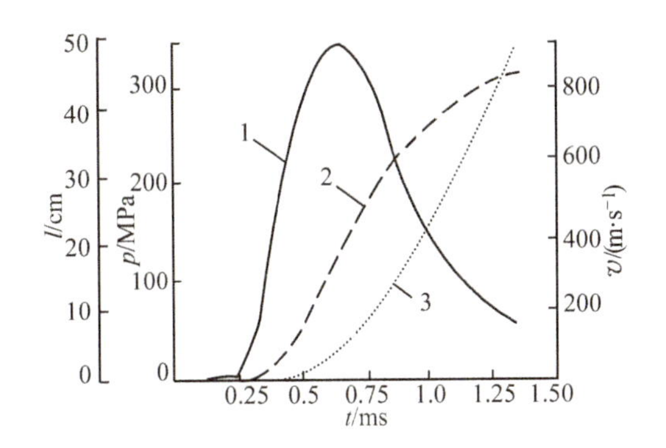

图 3-41 7.62 mm 枪弹 M80 球形药压力、行程、速度与时间曲线

1—压力-时间曲线；2—速度-时间曲线；3—行程-时间曲线

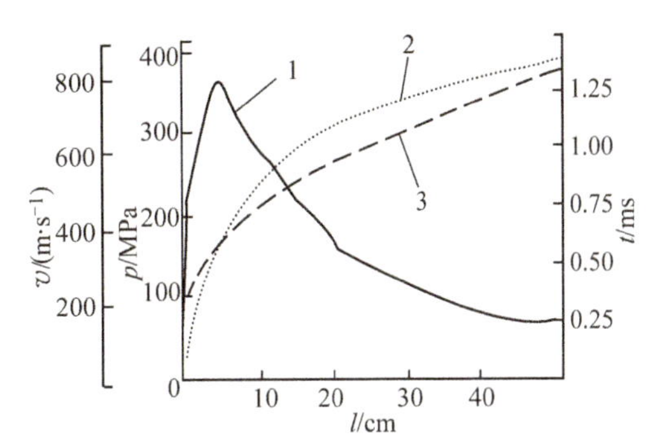

图 3-42 7.62 mm 枪弹 M80 球形药压力、速度、时间与行程曲线

1—压力-行程曲线；2—速度-行程曲线；3—时间-行程曲线

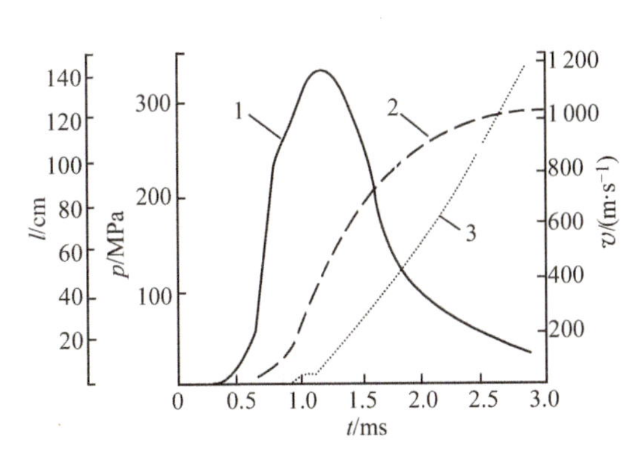

图 3-43 20 mm M56A3 燃烧榴弹的压力、行程、速度与时间曲线

1—压力-时间曲线；2—速度-时间曲线；3—行程-时间曲线

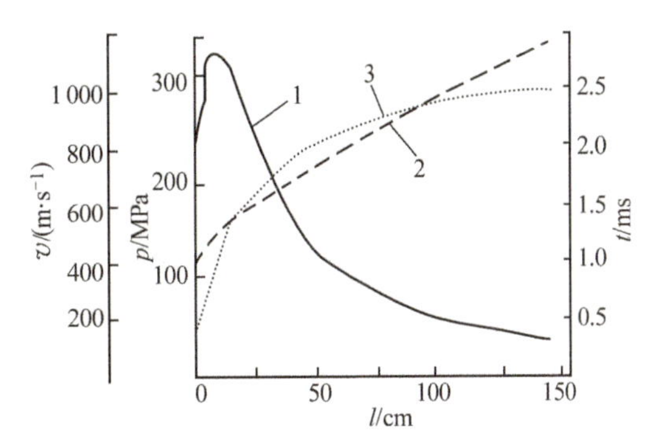

图 3-44 20 mm M56A3 燃烧榴弹的压力、速度、时间与行程曲线

1—压力-行程曲线；2—速度-行程曲线；3—时间-行程曲线

② 大约有 25%的行程是在 65%的总时间内完成的，剩余的行程发生于较短的时间内；

③ p-t 曲线的 p_m 出现在内弹道循环近 1/2 的时间。在 p-l 曲线上，p_m 出现在弹丸行程的 10%～20%。

2. 大口径火炮弹药的弹道曲线

用内弹道人机对话模型（IBIS），并经试验符合导出各火炮的内弹道曲线。曲线的有关说明见表 3-6。大口径火炮的弹道曲线如图 3-45～图 3-52 所示。

表 3-6 大口径武器内弹道曲线说明

说明 \ 火炮类型	武器	81 mm 迫击炮		105 mm 坦克炮		155 mm 榴弹炮		155 mm 榴弹炮	
	曲线	时间曲线	行程曲线	时间曲线	行程曲线	时间曲线	行程曲线	时间曲线	行程曲线
	图号	3-45	3-46	3-47	3-48	3-49	3-50	3-51	3-52
图曲线说明	弹丸类型	榴弹		曳光榴弹		榴弹		火箭增程榴弹	
	装药类型	大号装药				大号装药		大号装药	
	$v_0/(\mathrm{m\cdot s^{-1}})$	267		1 174		684		823.4	
	p_m/MPa	57.9		409.8		206.8		306.4	
装药说明	$V_0/\mathrm{cm^3}$	1.032 4		5.099		19.123		19.123	
	$S/\mathrm{cm^2}$	0.52		0.891		1.92		1.92	
	l_g/cm	8.33		47.2		50.7		50.7	
	m_g/kg	4.08		10.5		43.09		43.5	
	V_n/kg	0.015							
	m_p/kg	0.108		5.53		9.2		11.93	
	发射药类型			M30		M6		M30A1	

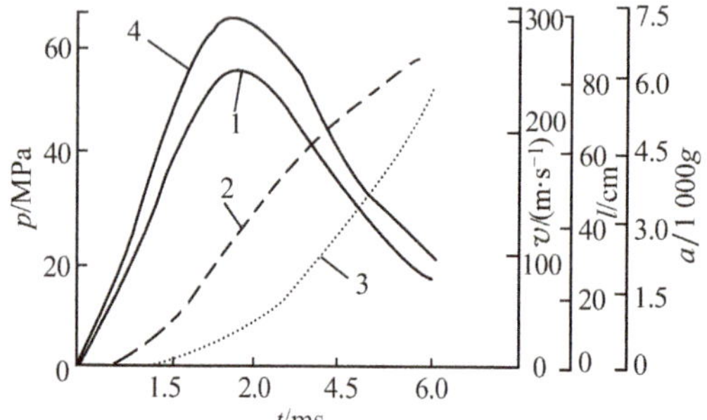

图 3-45 81 mm 迫击炮最大号装药的压力、行程、速度、加速度与时间曲线

1—压力-时间曲线；2—速度-时间曲线；
3—行程-时间曲线；4—加速度-时间曲线

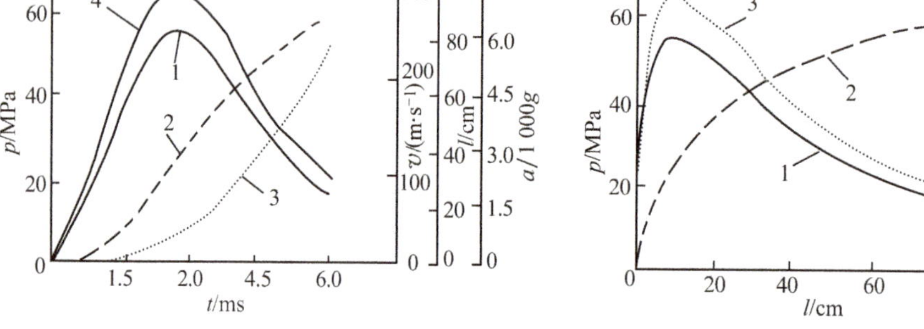

图 3-46 81 mm 迫击炮最大号装药的压力、速度、加速度与行程曲线

1—压力-行程曲线；2—速度-行程曲线；
3—加速度-行程曲线

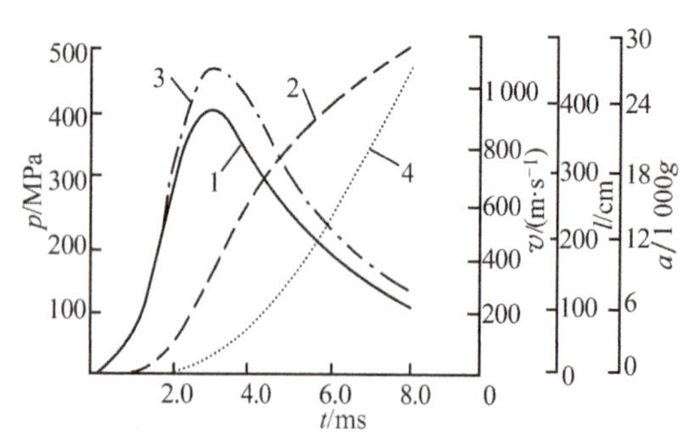

图 3-47 105 mm 坦克炮反坦克榴弹的压力、行程、速度、加速度与时间曲线

1—压力-时间曲线；2—速度-时间曲线；
3—加速度-时间曲线；4—行程-时间曲线

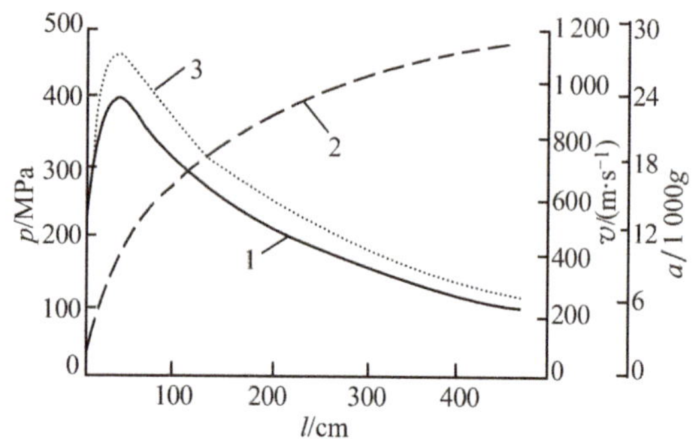

图 3-48 105 mm 坦克炮反坦克榴弹的压力、速度、加速度与行程曲线

1—压力-行程曲线；2—速度-行程曲线；
3—加速度-行程曲线

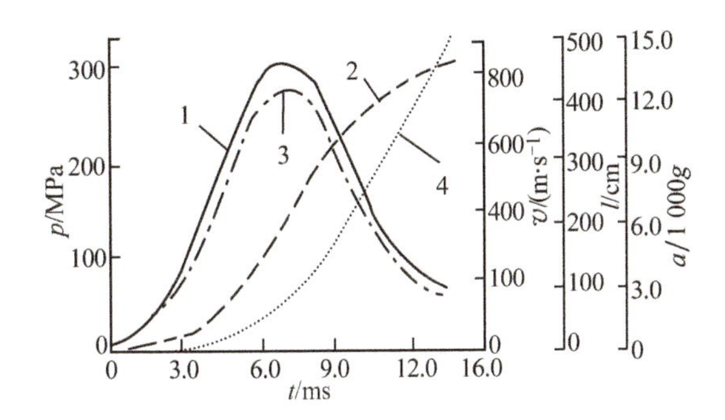

图 3-49　155 mm 榴弹炮大号装药的压力、速度、行程、加速度与时间曲线

1—压力-时间曲线；2—速度-时间曲线；3—加速度-时间曲线；4—行程-时间曲线

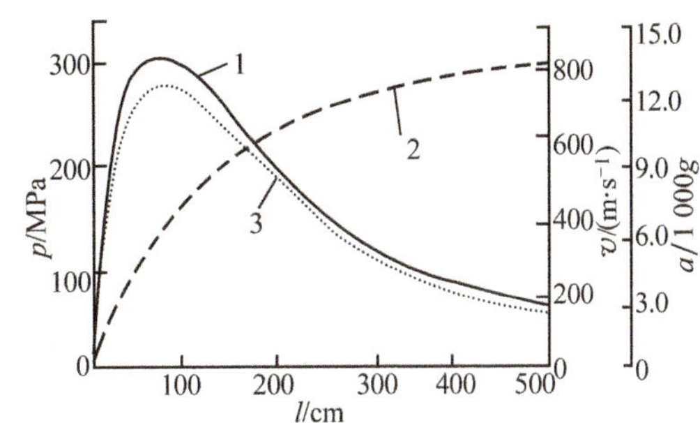

图 3-50　155 mm 榴弹炮大号装药的压力、速度、加速度与行程曲线

1—压力-行程曲线；2—速度-行程曲线；3—加速度-行程曲线

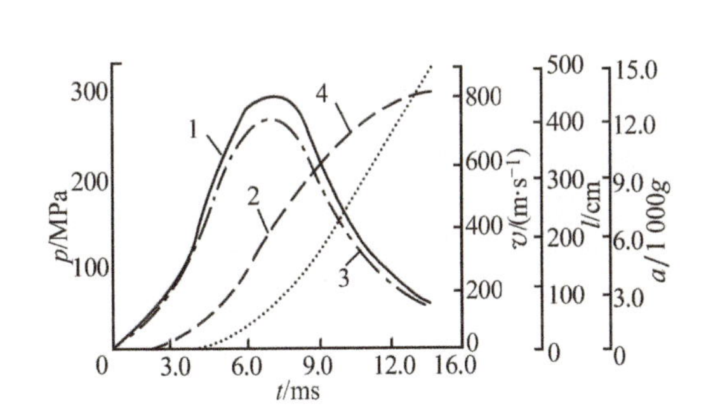

图 3-51　155 mm 榴弹炮大号装药火箭增程弹的压力、速度、行程、加速度与时间曲线

1—压力-时间曲线；2—速度-时间曲线；3—加速度-时间曲线；4—行程-时间曲线

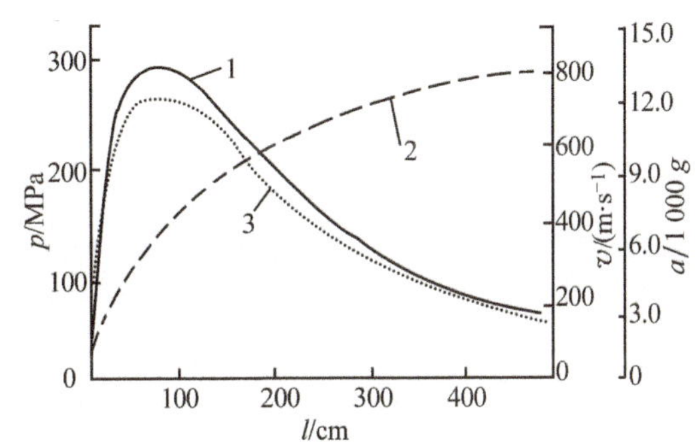

图 3-52　155 mm 榴弹炮大号装药火箭增程弹的压力、速度、加速度与行程曲线

1—压力-行程曲线；2—速度-行程曲线；3—加速度-行程曲线

3.5　火炮内弹道模型与火炮火药装药设计

3.5.1　火炮内弹道模型与火炮火药装药设计

火炮装药设计主要包括两方面的工作：一是装药的弹道设计；二是装药的结构设计。装药弹道设计的任务是根据火炮内弹道设计所给定的弹丸初速、最大膛压等弹道指标，选择合适的火药及药型，求解装填条件、计算单体火药的燃烧层厚度，其基本依据是火炮内弹道理论。装药结构设计的任务则是确定装药在药筒或药室中的配置方式、设计点火系统和选择其他装药元件，它与火药的点火和燃烧、火焰在装药中的传播、火药燃气对炮膛的传热和烧蚀以及烟、焰形成等机理密切相关。

火炮装药弹道设计的方法是根据火炮内弹道理论建立起来的。内弹道理论的发展对装药设计技术的进步有着指导意义。

火炮内弹道的研究，已有大约 200 多年的历史。最早的内弹道问题几乎只局限于在给定火炮、弹丸及装药诸元的条件之下，确定膛内最大压力 p_m 和弹丸初速 v_0。相应地建立了火炮内弹道的经验模型。经验模型是把 p_m 和 v_0 作为身管长度、口径、火药药室容积、装药量、火药厚度等诸元（或由这些诸元组成的综合参量）的函数，用火炮试验数据符合出如下形式的方程

$$p_m = p(y_1, y_2, y_3, \cdots) \tag{3-214}$$

$$v_0 = v(y_1, y_2, y_3, \cdots) \tag{3-215}$$

式中，y_1，y_2，y_3，…是火炮、弹丸及装药诸元或其综合参量。

由于武器的发展以及测试、计算技术的进步，人们希望尽可能确切地了解发生在火炮中的物理过程，因此就提出了许多模拟火炮内弹道物理过程的理论，建立了各种各样的内弹道模型。但是，迄今为止，这些模拟火炮内弹道过程的模型都还属于半经验的。按照这些模型所采用的假设与简化方法的不同，可以把火炮内弹道的半经验模型大体分为经典的常规模型和现代的流体动力学模型两大类。本章前面部分已经做了比较详细的介绍。

经典内弹道模型是在对任一瞬间弹后空间的气流及热力学参量取平均值的基础上建立起来的。附加不同的假设，即可得到不同形式的常规模型。在装药量与弹丸质量之比较小（一般认为 $m_p/m<1$）或火炮初速比较低（一般认为 $v_0<915$ m/s）的情况下，常规方法对射击现象通常能做出较好的模拟。随着对火炮在射程和精度方面要求的提高，火炮火药装填密度提高，装药结构变得越来越复杂，弹丸初速不断增加，常规内弹道模型的弹道解与试验之间出现了差距，特别是无法解释诸如压力反常、胀膛、炸膛、近弹、迟发火等反常内弹道现象。这就促使人们建立新的数学物理模型，更真实地模拟火炮内弹道的物理过程，从理论上解释射击中遇到的各种内弹道现象，以正确指导火炮-弹药系统的设计。现代内弹道流体力学模型就是在研究武器内弹道问题的实践中建立和发展起来的。

内弹道的流体力学问题是由拉格朗日（Lagrange）首先提出和研究的。简单地说，内弹道流体力学问题就是求解在整个射击过程中膛底与弹底之间的压力、密度以及气体速度的分布。其结果可用来研究诸如扰动波（例如压力扰动）发展的这类动态过程，而这一点，对于大量反常内弹道现象的产生往往是至关重要的。

由于现代试验手段的进步和计算技术的发展，内弹道流体动力学模型在 20 世纪 60 年代之后获得了很大的进展。它由原来药粒瞬间燃尽假设发展到分阶段的逐步燃烧，由等截面发展到变截面，由单一的气体流动发展到火药气体和未燃尽药粒的两相流动，由一维发展到二维、三维等。

这种模型较之常规方法更深入地描述了射击过程的物理本质，揭示了许多常规方法所无法得到的弹道参量的变化规律。

应当指出，并不是越复杂的模型比起简单模型都能提供更好的结果，结论往往是相反的。这是因为复杂模型需要众多的输入参量，例如上面所介绍的准两相流模型（见 3.4.4 节）中的速度比 β、两相流模型中的相间阻力等，由于理论与试验研究方面的困难，其数据可靠性很低。此外，像点火、挤进以及燃气对炮膛表面的热传导等这样一些过程，迄今也还没有很完善的理论。因此，一些涉及点火、挤进和热传导过程的模型，其可靠性和适应性都受到很大的限制。

火炮内弹道模型是进行火炮发射装药弹道设计的理论基础，其实质就是利用内弹道模型解弹道的反面问题。

火炮发射装药的弹道设计是由给定的火炮口径 d、弹丸质量 m、炮口初速 v_0 以及最大膛压 p_m 等少数已知量解出膛内构造诸元和装填条件等众多未知量的过程。因此，这是一个多解问题，而且，弹道设计结果的准确性将取决于内弹道模型及其弹道解法的准确性。

采用常规模型进行装药设计时，通常利用计及挤进压力的分析解法作为基础，因为这种解法能比较正确地反映普通线膛火炮射击过程的本质。其原理是依据分析解法中第二时期初速解的公式

$$v_0^2 = v_j^2\left\{1-\left(\frac{\Lambda_k+1-\alpha\Delta}{\Lambda_g+1-\alpha\Delta}\right)^{\theta}\left[1-\frac{B\theta}{2}(1-Z_0)^2\right]\right\} \tag{3-216}$$

式中，v_0 为弹丸炮口初速；v_j 为弹丸极限速度；Λ_k 为火药燃烧结束时弹丸的相对行程；Λ_g 为弹丸达到炮口点时的相对行程；Δ 为装填密度；B 为综合装填参量，$B=\dfrac{S^2I_k^2}{fm_p\varphi m}$，其中 I_k 为火药燃烧结束瞬间的压力全冲量，m_p 为装药量；Z_0 为弹丸运动开始瞬间火药燃去的相对厚度。

由于

$$\frac{v_0^2}{v_j^2} = \frac{v_0^2}{\dfrac{2fm_p}{\theta\varphi m}} = \varphi\frac{\dfrac{1}{2}mv_0^2}{\dfrac{fm_p}{\theta}} = \varphi\gamma_g \tag{3-217}$$

式中，γ_g 是火炮的有效功率，于是得

$$\varphi\gamma_g = 1-\left(\frac{\Lambda_k+1-\alpha\Delta}{\Lambda_g+1-\alpha\Delta}\right)^{\theta}\left[1-\frac{B\theta}{2}(1-Z_0)^2\right] \tag{3-218}$$

或改写为

$$(\Lambda_g+1-\alpha\Delta)(1-\varphi\gamma_g)^{\frac{1}{\theta}} = (\Lambda_k+1-\alpha\Delta)\left[1-\frac{B\theta}{2}(1-Z_0)^2\right]^{\frac{1}{\theta}} \tag{3-219}$$

当火药性质、形状、挤进压力一定时，Λ_k 及 B 都是 Δ 及 p_m 的函数，而 Z_0 是 Δ 的函数，故上式右边仅是 p_m 及 Δ 的函数，即

$$(\Lambda_k+1-\alpha\Delta)\left[1-\frac{B\theta}{2}(1-Z_0)^2\right]^{\frac{1}{\theta}} = F(p_m,\Delta) \tag{3-220}$$

将上式代入式（3-219），并解出 Λ_g，得

$$\Lambda_g = \frac{F(p_m, \Delta)}{(1-\varphi\gamma_g)^{1/\theta}} + \alpha\Delta - 1 \tag{3-221}$$

式（3-221）表明，当火药性质一定时，Λ_g 应该是 p_m、Δ 和 $\varphi\gamma_g$ 的函数，即

$$\Lambda_g = f(p_m, \Delta, \varphi\gamma_g) \tag{3-222}$$

$\varphi\gamma_g$ 可进一步改写为

$$\varphi\gamma_g = \varphi\frac{\frac{1}{2}mv_0^2}{\frac{fm_p}{\theta}} \tag{3-223}$$

其中，$\varphi=K+b\dfrac{m_p}{m}$、$K$、$b$ 均为系数，显然 $\varphi\gamma_g$ 是 m_p/m 及 v_0 的函数，即

$$\varphi\gamma_g = f\left(\frac{m_p}{m}, v_0\right) \tag{3-224}$$

因此，在 v_0、p_m 给定的情况下，由式（3-222）可知，Λ_g 仅仅是 Δ 及 m_p/m 的函数

$$\Lambda_g = f(\Delta, m_p/m) \tag{3-225}$$

此时，指定属于装填条件的 Δ、m_p/m 两个量，即可计算出膛内构造诸元之一的弹丸相对行程长 Λ_g。利用其他简单关系式，即可计算其他构造诸元。由此可知，式（3-225）表示了在给定 v_0、最大压力 p_m 的情况下，构造诸元与装填诸元之间的函数关系。因此，式（3-225）也称为火药装药弹道设计的基本方程。利用经典的常规模型进行装药弹道设计的过程，实质上就是对式（3-225）求解的过程。

国外已有多种用于火炮装药弹道设计的计算机程序。如美国迈耶-哈特（Mayer-Hart）程序，它是由综合参量型的常规内弹道模型改编而成的。当向计算机输入最大膛底压力（或最大弹底压力）、初速、弹丸质量、弹径以及有关火药示性数之后，将会给出装药量与各种装填密度下弹丸行程（以口径倍数表示）的曲线。设计者选定一个装填密度，即可权衡装药量和火炮长度，进行多种方案的选择比较。国内也有根据常规模型编制的装药弹道设计程序。

火炮装药弹道设计可初步确定单体火药的种类、形状、尺寸等有关参数和装药量。但仅有这些参量还不足以组成一个完整的、确定的装药。只有元件完备、结构合适的装药才能保证火炮具有预定的弹道性能。在火炮装药的结构设计中，内弹道模型同样具有重要意义，特别是近年来发展起来的计及点火、挤进、传热等过程的两相流模型，其弹道解可以提供装药结构设计许多理论依据。例如，一些模型能揭示点火具的结构与位置对火炮中压力波的影响，因而提供了在装药设计中减少膛内压力波的措施。

3.5.2 火药装药设计的步骤

上面已经提到火炮火药装药设计包括火药装药的弹道设计和装药的结构设计。装药

的弹道设计是为武器满足所要求的弹道性能而进行的火药能量、装药密度和 I_k 值的运算，最后确定火药的种类、装药量、药型和火药的弧厚。火药装药的结构设计，包括点火系统设计、辅助元件设计与装药整体结构的设计，具体来说，就是选择点火剂、装药容器、钝感衬纸、消焰剂、除铜剂、固定元件、传火元件以及确定诸元件的相对位置和装药的整体结构，装药结构设计在很大程度上是为了满足下述要求：

① 将装药潜能尽可能高效率地转化为有效功；

② 辅助控制装药的能-功转换过程，使装药的能量释放按预定的过程进行，抑制反常的燃烧；

③ 减少或避免射击中的烟、焰、烧蚀等有害现象；

④ 赋予装药储存、运输、使用等有利于勤务处理的特性。

由于武器系统对高精度、安全性和可靠性的追求，以及高装药密度、长药室和高膛压技术的应用，使点火系统设计的重要性增强了。但对于点火系统、辅助元件以及装药结构的设计，目前还缺少完整的设计方法和优化的判据。对于这些设计，还主要依靠经验，往往在弹道设计之后，进行必要的试验并结合经验，选用一些行之有效的装药元件并确定装药结构。

从整体上看，装药的弹道设计是审核装药系统的做功能力与装药潜能，并确定它们间的定量关系。装药的弹道设计是整体装药设计的核心内容。

下面介绍火药装药设计的一般步骤。

1. 火药选择

（1）装药设计的基础参数

装药的基础条件由武器提供，其中包括：

① 火炮条件，如火炮类型（榴弹炮、加榴炮、加农炮、线膛炮、滑膛炮等），火炮主要参数有火炮使用的压力范围、火炮口径、炮膛断面积、药室结构、炮管长度等。

② 弹条件，如弹的种类（穿甲弹、破甲弹、榴弹或特种弹）、弹丸质量、弹的结构等。

③ 弹道指标，最高膛压与最小膛压、初速、初速分级和分级初速、或然误差、膛压温度系数、速度温度系数等。

④ 射击环境，如使用环境（坦克携带、机载、舰载、野战环境等）、环境温度、火炮寿命、装药方法以及使用容器等。

（2）初选火药

根据经验和装药设计的基本参数提出几个可供考虑的火药配方。初选火药时要注意以下几点。

① 一般要选择制式火药，选择生产的或成熟的火药品种。目前可供选用的火药仍然是单基药、双基药、三基药，以及由它们派生出来的火药，如混合硝酸酯火药、硝胺火药等。因为火药研制的周期较长，除特殊情况外，新火药设计一般不与武器系统的设

计同步进行。

② 以火炮寿命和炮口动能为依据选取燃温和能量与之相应的火药。寿命要求长的大口径榴弹炮、加农炮，一般不选用热值高的火药；相反，迫击炮、滑膛炮、低膛压火炮，一般不用燃速低和能量低的火药。高膛压、高初速的火炮，尽量选择能量高的火药。高能火药包括双基药、混合硝酸酯火药，其火药力为1 127～1 176 kJ/kg。低燃温、能量较低的火药有单基药和含降温剂的双基药，其燃温为2 600～2 800 K，火药力为941～1 029 kJ/kg。三基药和高氮单基药是中能量级的火药，火药力为1 029～1 127 kJ/kg，燃温2 800～3 200 K。

③ 火药的力学性质是初选火药的重要依据。高膛压武器，应尽量选用强度高的火药。力学性质中重点考虑火药的冲击韧性和火药的抗压强度。在现有的火药中，单基药的强度明显高于三基药。三基药在高温高膛压和低温条件下，外加载荷有可能使其脆化和发生碎裂。双基药、混合酯火药的高温冲击韧性和抗压强度比单基药的高。但双基药和混合硝酸酯火药在常、低温度段有一个强度转变点，低于转变点，火药的冲击韧性急剧下降，并明显低于单基药的冲击韧性。对于一般的火炮条件，现有的双基药、单基药、三基药和混合硝酸酯火药的力学性能都能满足要求。但对高膛压武器、超低温条件下使用的武器，都必须将力学性质作为选择火药的重要依据。

④ 满足膛压和速度的温度系数要求。低能量火药的温度系数较低，利用这种火药，在环境温度变化时，火炮的初速和膛压变化不大，而高能火药的温度系数一般都很高。所以，要求低温初速减小和高温膛压不能高的火炮，都要重点考虑火药的温度系数。在装药结构优化的情况下，低能火药的弹道效果有可能好于高能火药。

初选火药的重要依据还是火药的能量。即在装药条件下，火药的潜能能否满足炮口动能的要求。当寿命等其他因素和火药能量要求出现矛盾时，可考虑下述处理原则：

① 利用辅助装药元件，如加钝感衬纸、用钝感火药等。

② 在保证炮口动能和火炮寿命条件下研究装药的能量转换效率，如利用强增面、强增燃等特种装药技术，并考虑用低温感的装药技术等。

③ 要从火炮和弹丸的总系统来考虑，要发挥炮和弹的潜力。过分地增加装药的负担，将损害武器的整体性能。

经过上述程序，可以弃去多数不能满足要求的火药品种和火药配方。初选的1～2个火药品种中的数个火药配方，是满足强度、寿命和火药能量等性质要求的火药配方。

2. 装药能量密度和火药渐增性的核算

对筛选后留下的火药配方进行弹道计算。取自变量：火药力 f 和装药密度 Δ（或渐增性参数 $\sigma_s=S/S_0$），求出 $p_m<p_{m选定}$ 条件下的 p_m、v_0 和 η_k 值，得到的是多组与自变量对应的弹道参数。上述过程用内弹道计算机程序完成，得到表3-7所示的结果。

表 3-7　对应 f、Δ 的多组 p_m、v_0、η_k 值

Δ_i	f_1	f_2	…	f_n
Δ_1	p_{m11}、v_{011}、η_{k11}	p_{m21}、v_{021}、η_{k21}	…	p_{mn1}、v_{0n1}、η_{kn1}
Δ_2	p_{m12}、v_{012}、η_{k12}	p_{m22}、v_{022}、η_{k22}	…	p_{mn2}、v_{0n2}、η_{kn2}
⋮				
Δ_k	p_{m1k}、v_{01k}、η_{k1k}	p_{m2k}、v_{02k}、η_{k2k}	…	p_{mnk}、v_{0nk}、η_{knk}

如果还以 σ_s 为自变量，可简单地将 σ_s 理解为火药的药型，如单孔、7 孔、19 孔、钝感等。根据表 3-7 的数据继续优选方案：

① 尽量用低能、强度高的火药；

② 尽量用杆状、7 孔、19 孔火药，而后考虑其他增燃技术；

③ 在 p_m、v_0 满足要求的情况下，尽量选择 Δ 小的方案；

④ 尽量选用 η_k 适合的方案，保证在各种温度下火药都能在膛内燃尽。

此步骤是在弃去强度、对火炮的使用寿命、能量不能满足要求的火药之后，又去掉装药密度过高或装药燃不尽的装药方案，初步选定的 Δ 适合、满足 p_m 和 v_0 要求的方案。

3. 装药高、低温弹道性能的核算

用现有火药燃烧性能的数据进行高、低温弹道性能计算。计算时，注意式 $u=u_1p^n$ 中的 u_1 和 n 的数值应分别采用高、低温相应的数据，求出火炮的压力温度系数和速度温度系数。这个步骤可以与步骤 2 同时进行，以获得不同温度下如表 3-7 所示形式的数据表。

4. 火药样品试制（或选用现有火药）

经过上述步骤的选择，取两种或两种以上配方作为主选火药，制出（或选出）火药试品，用于密闭爆发器试验。

5. 密闭爆发器试验

对火药试品，在指定的 p_m 下测出并比较各配方在高、低、常温下的 f、α、n、u_1 值和 p-t 曲线，换算出 Γ-ψ、$\mathrm{d}p/\mathrm{d}t$-t 曲线，着重求出不同温度下的火药燃速公式。比较各火药在不同温度下的强度和增面因素 σ_s，从中淘汰强度不适合的火药，还可以借助中止试验监测火药的强度。

6. 寿命模拟

武器的寿命与炮、弹、射击条件以及装药等多种因素有关。其中，火药的烧蚀主要来自它的热作用和化学作用。用于比较火药烧蚀性能的方法有烧蚀管和模拟烧蚀枪两种，也可用 3.2.5 节所述的公式进行烧蚀性能的估算

$$\Omega=\frac{kc_pt_1F_{\max}}{Q_m}\int_{t_1}^{t_2}F(t)\mathrm{d}t$$

$$\Omega=\frac{km_p\Delta^2l_g^3}{\xi^2d^{4.1}}\left[\frac{(0.145p_m)^2-16\ 000^2}{(0.145p_m)^3}\right]$$

7. 将密闭爆发器所获得数据输入内弹道程序进行符合计算

解出 p_m、v_0、η_k、p-t、m_p、$2e_1$，得到了各火药的药型弧厚、装药密度与 p_m、v_0 的关系。因为它是在密闭爆发器试验和火药试制品的基础上获得的，与表 3-7 的数据相

比，这些关系更接近实际的结果。经过以上 7 个步骤，可以基本选定 1～2 种火药配方，即火药强度、高低温性能、弹道性能和身管寿命能满足要求的配方。

8. 试制弹道试验用装药

试制火药时，除计算的弧厚 $2e_1$ 外，再取 $2e_1(1+\pm5\%)$ 两种弧厚，合计用三种弧厚试制弹道试验用的装药。

9. 选择点火系统和配置装药元件

一般粒状药尽量采用中心传火管的点火系统，而杆状药可选择药包点火系统。之后配用有关装药元件，如衬纸、固定元件、消焰药包等。选择过程可以包括装药元件和点火系统的研究过程。但通常在选药的前期，就设法固定点火和装药元件等有关参数，以突出研究火药与弹道性能关系的内容。

10. 靶场试验

经过选择和制出的试验装药，经必要的理化和密闭爆发器分析后进入靶场试验。测定内容有 p_m、$v_0=F(T, 2e_1, m_p, f)$ 以及 p-t 曲线，并尽量测定压力波和药室与膛内不同位置的 p-t 曲线。按试制火药的试验结果和试验条件修正装药的有关系数及内弹道程序，再计算装药诸元，而后返回至步骤 8，直到装药能基本满足弹道诸元要求、勤务要求、战术要求和生产要求为止。在此循环中，不断地修改密闭爆发器试验、靶场试验、弹道程序的有关系数，达到预测与试验结果的统一；不断地修改装药元件和装药结构，使装药成为可用于生产、实战的装药。

11. 靶场验收与鉴定

在技术文件、生产条件、靶场验收完善的情况下，会同有关各方通过鉴定。

12. 装药设计过程框图

装药设计过程框图如图 3-53 所示。

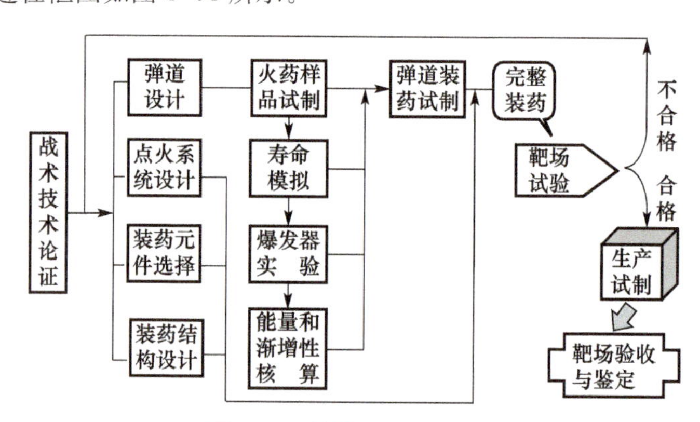

图 3-53　装药设计过程框图

3.5.3　火药装药弹道设计的方法

前已提及火药装药的弹道设计是由给定的火炮口径 d、弹丸质量 m 以及炮口初速 v_0、最大膛压 p_m 等少数已知量解出膛内构造诸元和装填条件等众多未知量的过程。因此，其实质就是利用内弹道模型解弹道的反面问题。这一反面问题的求解可以采用如下几种方法。

1. 借助计算机编码的计算校核法

在根据武器要求初选若干火药品种和配方之后，设计以火药力 f 和装填密度 Δ 为自变量的一系列装药方案，用计算机进行弹道计算，将膛内最大压力满足小于给定的 p_m 值的弹道结果，列成多组与自变量 f、Δ 相对应的 p_m、v_0、η_k 弹道解的表格，见表 3-7，供进一步筛选使用。这一方法实际上是将解弹道的反面问题转化为正面问题，这在计算机应用已十分普及的今天已成为可能。

2. 装药列线图法

火药装药列线图是一种装约图解设计计算方法。列线图概括了药型、尺寸（$2e_1$）、燃速系数（u_1）、火药力（f）、装填密度（Δ）、压力全冲量 I_k 与膛压 p_m 和初速 v_0 的函数关系。它把弹道诸元和装药诸元定量地联系起来。可以用它选择火药、决定装药方案、确定弹道结果和指导弹道试验。列线图简明清楚、使用方便。制式火炮的装药列线图只用于特定的火炮，主要火炮都有其自身的列线图。对某些特殊武器，可以按照算图的原理自行绘制。

图 3-54 为火炮装药列线图的结构示意图。它是 p_m、v_0 与装药诸元之间关系的算图。p_m 代表用铜柱实测的压力。这个算图又分左、中、右三个部分。

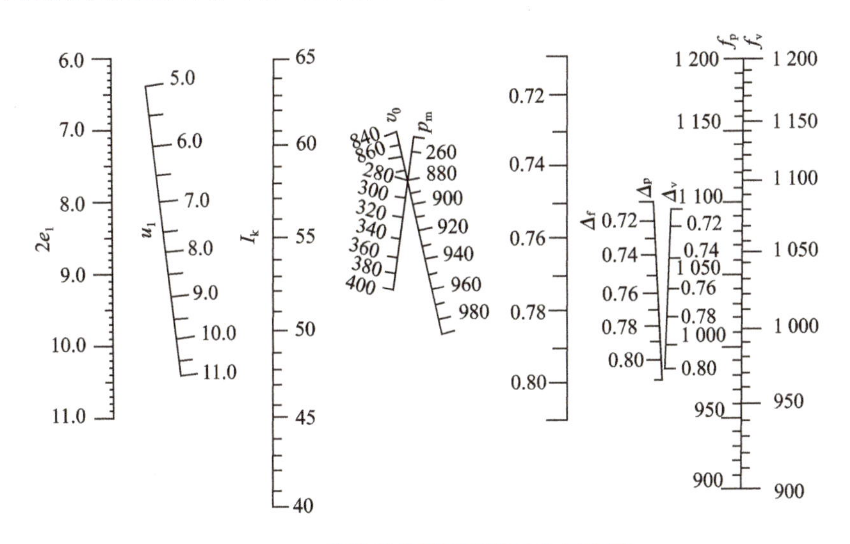

图 3-54　火炮装药列线图的结构示意图

(1) 图的中间部分

它是 I_k、Δ 和 v_0（或 p_m'）的算图，是装药列线图的核心部分，用它可以进行内弹道的正面解法和反面解法。I_k 的单位是 MPa·s。如：火药的 I_k=58.8 MPa·s，要求 p_m=313.8 MPa，由图给出装填密度 Δ=0.793 g/cm^3；反之，对 Δ=0.75 g/cm^3 的装药，要求 p_m=294.2 MPa，由图给出 I_k值是 56 MPa·s。如果使用 I_k=58.8 MPa·s 的

装药，要求 p_m=313.8 MPa，v_0=930 m/s，由图看出，这个要求实现不了。在这种条件下，初速 v_0 只能是 920 m/s。如果想达到 p_m=313.8 MPa，v_0=930 m/s，必须使用 I_k=62.3 MPa·s 的火药，而装药密度 Δ 应取 0.817 g/cm³。

（2）图的右侧部分

列线图中间部分是在火药力为某一特定值时作出来的。每一种武器都可能使用不同类型的火药，这时火药力有了变化，所以在图的右侧安排了修正火药力的算图。

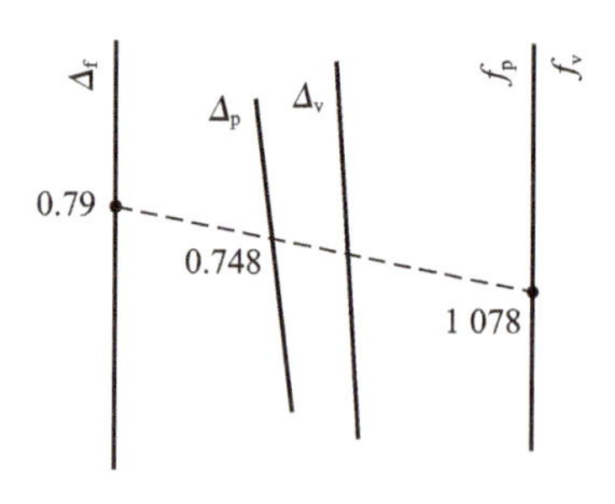

图 3-55 列线图右侧部分简图

下面将图 3-54 的右侧部分单独作成简图（图 3-55），以说明火药力有变化时列线图的使用方法。用 f_p、Δ_p 和 Δ_f 这三条线观察火药力对 p_m 的影响。如果火药 I_k=58.8 MPa·s，f=1 078.7 kJ/kg，要求 p_m 达到 313.8 MPa。因为图中间部分适用的火药力是 f=980.7 kJ/kg，此时的 Δ_f 是 0.79 g/cm³。参照图 3-55，在 Δ_f 尺上取点 Δ_f=0.79 g/cm³。在 f_p 尺上取点 f_p=1 078.7 kJ/kg。连接 Δ_f、f_p 两点，连线与 Δ_p 尺相交得到 Δ=0.745 g/cm³，这就是新火药应取的装填密度。如果计算火药力对初速的影响，用图过程相同，只是改用 Δ_f、f_v 和 Δ_v 这三条尺度线。

（3）图的左侧部分

这部分是火药药型、弧厚和燃速系数 u_1 与火药压力全冲量 I_k 关系的算图，它只代表了一个简单的函数关系式：

$$2e_1 = 2Ku_1 I_k$$

有多种因素影响弹道性能，对其进行修正以消除其影响的方法也很多。在算图中是将 K 作为综合性的修正系数（符合系数），各种偏差都用 K 值来修正。另外，药型对弹道性能也有重要影响。现将管状火药的 I_k 作为标准，取 K=1。其他药型的符合系数等于它在分裂点时的 I_s 和管状火药 I_k 的比值。例如，7 孔火药的符合系数为

$$K = I_k(\text{管状})/I_s(7\text{孔})$$

即当 7 孔火药的压力冲量 $I_s=I_k$(管状)$/K$ 时，它与管装药有相同的效果。对压力和初速分别有压力符合系数和速度符合系数。又如 14 孔梅花型火药，其符合系数为

$$K = I_k(\text{管状})/I_s(14\text{梅})$$

即在 $I_s=I_k$(管状)$/K$ 的条件下，14 孔梅花型火药和管状火药也有相同的弹道效果。有了这个换算关系，各种形式的火药都可以按管状药的规律去处理。各种药型的 K 值列在装药列线图的附表中。

装药列线图的三个部分，其中间部分涉及弹道诸元，两侧部分涉及装药诸元。通过 I_k 和 Δ_f 这两条线实现了各诸元的定量联系。把这些函数关系集中在一张图上，正是这种算图的突出特点。

有关装药列线图的原理、使用方法、实际应用等方面的进一步的介绍，可参阅相关

专著。

3. 内弹道设计指导图法

内弹道设计指导图就是根据炮膛构造诸元和装填条件的内在联系，预先作出它们之间互相联系的几何图线，以达到指导弹道设计的目的。指导图绘制的依据是前面已经介绍过的火药装药弹道设计的基本方程

$$\Lambda_g = f(\Delta, m_p/m)$$

以及

$$\frac{V_0}{m} = \frac{1}{\Delta}\frac{m_p}{m}$$

$$\Lambda_g = \frac{l_g}{l_0} = \frac{Sl_g}{Sl_0} = \frac{V_g}{V_0}$$

$$V_{nt} = V_g + V_0 = V_0(\Lambda_g + 1)$$

上式两边同除以 m 可得

$$\frac{V_{nt}}{m} = \frac{V_0}{m}(\Lambda_g + 1)$$

式中，V_{nt}是炮膛容积，它等于药室容积 V_0与炮膛工作容积 V_g 之和。

从以上各式可以看出，在给定弹丸初速 v_g 及最大压力 p_m 的条件下，弹丸相对行程长 Λ_g、相对药室容积 V_0/m 以及相对炮膛容积 V_{nt}/m 均是Δ 和m_p/m 的函数。如果以 Δ 和 m_p/m 分别作为横坐标和纵坐标，将膛内构造诸元、装填条件及其他一些弹道参量随 Δ 和 m_p/m 的变化规律绘成曲线，那么这样的曲线就可以清楚地表明各弹道参量的变化趋势和规律，可以指导装药弹道设计。这样的图线就称为内弹道设计指导图。图 3-56 为弹道设计指导图的图形示意图。

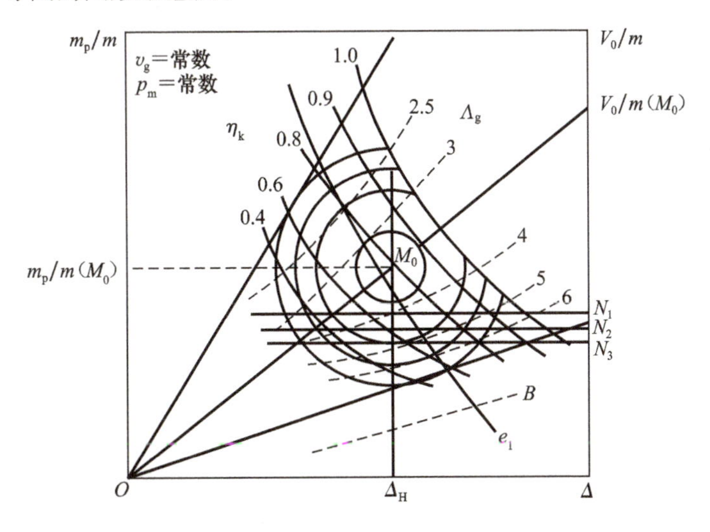

图 3-56　弹道设计指导图（示意图）

从图 3-56 中可以看出，在 Δ 和 m_p/m 平面上的任意一点都代表在满足给定的 p_m 和 v_g 条件下的一组炮膛构造诸元和装填条件。由此可知，弹道设计的解不是唯一的，应该有多解，也就是可以用不同的炮膛构造诸元和装填条件来满足预先所规定的初速 v_g 和最大压力 p_m。下面分别讨论图形中的各种曲线的物理意义。

（1）等膛容（V_{nt}/m）线

这种图形接近卵形，同一卵形线上的膛容都相等，卵形越大，膛容也越大。卵形线中的 M_0 点代表的膛容最小，所以 M_0 点所对应的方案称为最小膛容方案。膛容变化规律是以最小膛容 M_0 点为中心，离 M_0 点越远，膛容也就越大。

（2）等药室容积（V_0/m）线

从原点引出的与 Δ 轴成一定角度的直线都是等药室容积线。凡在同一条直线上的 V_0/m 都相等。因为

$$\frac{V_0}{m}=\frac{m_p}{m}\frac{1}{\Delta}=\tan\alpha$$

所以与 Δ 轴的夹角 α 越大的直线，V_0/m 也越大。从图 3-56 上还可以看出，对同一的等膛容线来说，可以与两条等药室容积线相切，一条是代表药室容积最大值，一条是代表药室容积最小值。

（3）等弹丸相对行程长（Λ_g）线

由于

$$\Lambda_g=\frac{V_g}{V_0}=\frac{\dfrac{V_{nt}}{m}-\dfrac{V_0}{m}}{\dfrac{V_0}{m}}$$

所以只要知道 Δ-m_p/m 平面图上任一点的 V_{nt}/m 及 V_0/m 值后，即可定出该点的 Λ_g，如将相同的 Λ_g 值连成曲线，即成图 3-56 中虚线所表示的等 Λ_g 线。由于 V_0/m 越往左上方越大，所以 Λ_g 越往左上方越小，越往右下方，则 Λ_g 越大。

（4）等相对燃烧结束位置（η_k）线

由于 Λ_k 是 Δ 和 m_p/m 的函数，所以将 Δ-m_p/m 平面图上每一点的 Λ_k 和 Λ_g 求出之后，即可求出该点的 $\eta_k=\Lambda_k/\Lambda_g$ 值，将相同 η_k 的各点连成曲线，即成图 3-56 中的等 η_k 线。η_k 最大值为 1，它相当于火药在炮口燃烧结束。

（5）等寿命（N）线

因为火炮条件寿命公式为

$$N_{tj}=K'\frac{\Lambda_g+1}{\dfrac{m_p}{m}}$$

Λ_g 是 Δ 和 m_p/m 的函数，只要在 Δ-m_p/m 平面图上每点 Λ_g 求出之后，即可作出 N 线，寿命 N 随 m_p/m 的增加而减小。

（6）Δ-B 线

在 p_m 一定时，装填参量 B 仅是 Δ 的函数。图线表明 B 随着 Δ 增加而增加，接近

直线关系。

（7）η_{m_p} 线

η_{m_p} 定义为

$$\eta_{m_p}=\frac{\frac{v_g^2}{2}}{m_p/m}$$

称为装药利用系数。在 v_g 给定的情况下，η_{m_p} 相当于 m_p/m 轴上的倒数值，沿 m_p/m 轴向上，η_{m_p} 值减小。因为这个量变化很明显，图上没有表示出来。

（8）η_g 线

η_g 定义为

$$\eta_g=\frac{\int_0^{l_g}p\mathrm{d}l}{p_m l_g}$$

称为示压效率，它代表炮膛工作容积利用效率。由弹丸运动方程

$$S\int_0^{l_g}p\mathrm{d}l=\frac{1}{2}\varphi m v_g^2$$

则

$$\eta_g=\frac{\varphi m v_g^2}{2V_g p_m}=\frac{\varphi v_g^2}{2\left(\frac{V_{nt}}{m}-\frac{V_0}{m}\right)p_m}$$

当 p_m 和 v_g 一定时，由于 V_{nt}/m 及 V_0/m 均是 m_p/m 的函数，因此，η_g 也是 Δ 和 m_p/m 的函数，等 η_g 线如图 3-57 所示。由图中可看出，在保持 Δ 不变的条件下，η_g 随着 m_p/m 增加而增加，而对于同一条的等 η_g 线上，必有一个最小的 m_p/m 相对应。

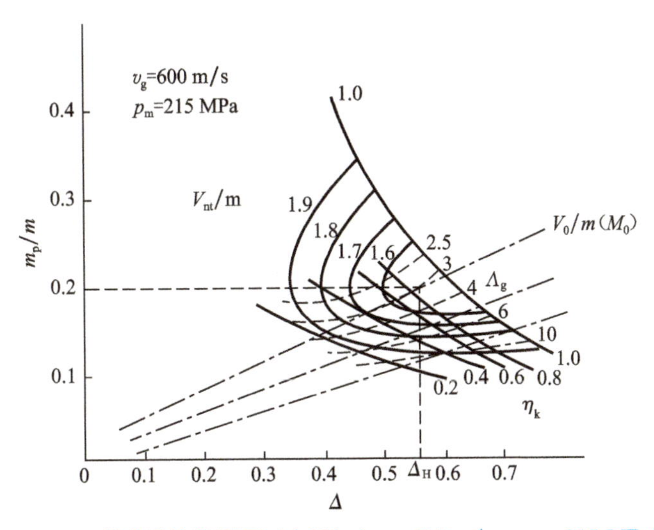

图 3-57　弹道设计指导图（实际）（$v_g=600$ m/s，$p_m=215$ MPa）

从上述公式还可以看出，如果不考虑 φ 的影响，则在同一等药室容积线上与 V_{nt}/m 线相切的那一点的 V_{nt}/m 最小，故这一点的 η_g 值为最大。而离开这一切点以后，不论

往什么方向，V_{nt}/m 都将逐渐增大，这就表示 η_g 减小。通过这样的分析，也可以明确 η_g 的变化概念。

在实际的设计当中，指导图不仅仅指出了方案计算的方向，同时还可以明确指出可取的设计方案的区域，例如在实际设计当中，为了保证火药在膛内燃烧结束，加农炮设计特别是榴弹炮设计都不利用曲线 $\eta_k=0.8$ 的右上方区域；此外，在火炮结构上要求药室容积不能太大，也就是 Λ_g 不能太小，所以 OM_0 线左上方区域通常也不考虑，这样的设计范围只限于 M_0 点以下的扇形面积之内。同时还要考虑到在现在炮用管状药下，实际最大装填密度 $\Delta_j \leqslant 0.75$，单孔和 7 孔粒状药的 $\Delta_j \leqslant 0.8 \sim 0.9$，因此，在设计时，装填密度 Δ 也不能大于此数值。

指导图中的 M_0 点所对应的方案是最小膛容方案，这种方案只能在高初速情况下（$v_g>1\ 300 \sim 1\ 500$ m/s）才能采用。在较低初速情况下（$v_g=600 \sim 1\ 000$ m/s），由于最小膛容方案具有较小的弹丸相对全行程长 Λ_g（3.0～3.3），因此，药室容积及相对装药量都十分大。燃烧结束相对位置 η_k 接近炮口（$\eta_k \geqslant 0.8$），装药利用系数 η_{m_p} 却又很小（850～800 kJ/kg）。η_{m_p} 的下降是由于在大的 m_p/m 情况下，消耗在推动火药气体及未燃完火药所需要的功也就增大，这主要表现在次要功计算系数 $\varphi=\varphi_1+b(m_p/m)$ 中的 $b(m_p/m)$ 项的增大，因此，用于推动弹丸运动的能量就相对地减小。所以，在一般情况下，最小膛容方案只能作为一个参考方案。

最小膛容的装填密度 Δ_H 取决于最大压力 p_m、火药性质及火药形状，随着 p_m 的增加而增加，但和 m_p/m 无关。在 $p_0=30$ MPa 的条件下，Δ_H 与 p_m 及火药形状特征量 χ 的关系见表 3-8。

表 3-8 Δ_H 与 p_m 及火药形状特征量 χ 的关系

火药形状	χ \ p_m	200	240	280	320	360	400
带状	1.06	0.54	0.60	0.66	0.71	0.76	0.80
管状	1.00	0.55	0.62	0.68	0.73	0.77	0.82
七孔	0.72	0.66	0.74	0.78	0.84	0.88	0.93

对带状药而言（$\chi=1.06$ 和 $p_0=30$ MPa），最小膛容所对应的装填密度 Δ_H 可以由下述公式来计算

$$\Delta_H=\sqrt{\frac{p_m-30}{570}} \tag{3-226}$$

式中，p_m 的单位为 MPa。

应该指出，对于不同的 v_g 和 p_m，指导图的总的变化规律是相同的，但图线的形状将有所差别。因此，只要掌握指导图上各种弹道参量的变化规律，就可以帮助我们迅速地找到较优的弹道设计方案。图 3-58 是另一实际情况下的弹道设计指导图。

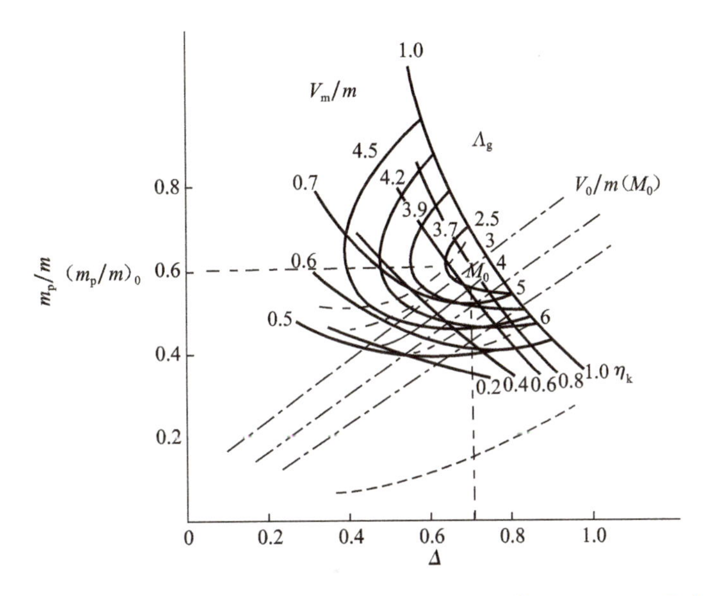

图 3-58　弹道设计指导图（实际）（v_g=1 000 m/s，p_m=300 MPa）

3.5.4　变装药的弹道设计

1. 变装药的初速分级

弹丸的最大射角取 45°，最小射角取 20°，其对应射程为 X_{45}、X_{20}，对于不同号装药，因装药量不同，所对应的射程 X_{45}（或 X_{20}）也不同。初速分级要保证相邻号装药之间的射程有重叠，如图 3-59 所示，重叠量 d_i 由相邻的大号装药射程 X_{45}、X_{20} 值决定的，即

$$d_i = 0.04(X_{45} - X_{20})_{i-1}$$

射程由相邻的大号装药射程 X_{20} 和重叠量 d_i 来决定，即

$$X_{45} = X_{20} + 0.04(X_{45} - X_{20})_{i-1}$$

分级过程是首先确定全装药。根据弹形系数 i 和弹丸质量 m 求出射程 X_{45_0} 和 X_{20_0}。

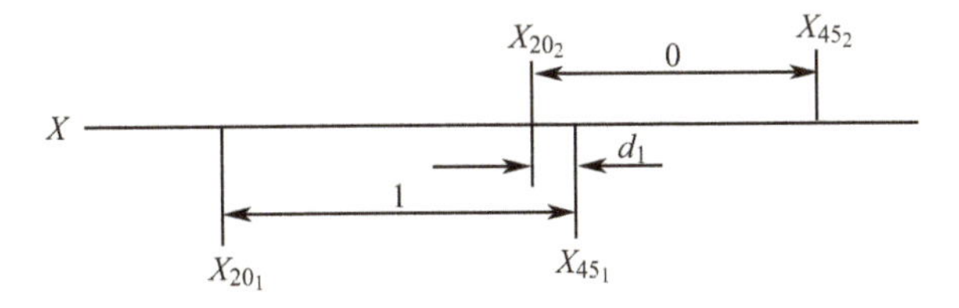

图 3-59　射程重叠示意图

0—全装药射程区间；1—1 号装药射程区间；d_1—射程重叠量

接着确定全装约相邻的 1 号装药射程

$$X_{45_1} = X_{20_0} + 0.04(X_{45_0} - X_{20_0})$$

继续利用 X_{45_1}、m、i 求出 1 号装药的初速 v_{0_1} 及射程 X_{20_1}，有了一号装药初速之后，继

续求 2 号装药的初速和射程，即

$$X_{45_2}=X_{20_1}+0.04(X_{45_1}-X_{20_1})$$

并由 X_{45_2}、m、i 求出 2 号装药初速 v_{0_2} 及射程 X_{20_2}，依此类推，直到最小号装药为止。

求出分级初速后，再计算各装药的 p_m、η_k。除最小号装药外，降低了对中间号装药的限制程度。但要考虑装填密度、热损失、小号装药解除保险压力、运用射程正比于速度的关系所引起的误差，以及实际使用的药包结构等。要及时地修正有关系数。最后保证最小号装药能解脱保险，各号装药能在膛内燃尽，实现采用尽可能简单的分级得到便于使用的变装药结构。

2. 变装药弹道设计计算

(1) 全装药设计计算

已知量为火炮和弹丸的基本参数、火药力、p_m 和 v_0，求 I_k 和 m_p 值。

选定 η_k 值不应太大，以保证在低温下火药的燃尽性。如榴弹炮，通常取 $\eta_k=0.25\sim0.30$，计算所得的 m_p 和 I_k 值是混合火药的 m_p 和 I_k。

(2) 基本装药计算

基本装药的装药密度低，武器系统的热损失较大，一般要进行装药的能量修正。可取火药力为 $0.9f$。初选的 Δ 值，榴弹炮可取 $0.10\sim0.15$，加农炮取全装药 Δ 值的 $30\%\sim50\%$。在现代的计算技术面前，这些经验值已不十分重要，计算者可根据所采用的模型，取更多、更合理的拟合方法。基本装药计算值 m_p 和 I_k 是专指薄火药的，记为 I_k'、m_p'。

(3) 确定中间装药号的装药量

对于混合装药，初速和装药量基本是直线关系。有了全装药和基本装药的装药量和初速后，由各号装药的分级初速可算出它们的装药量。

$$m_{pi}=m_{p\min}+\frac{v_i-v_{\min}}{v_0-v_{\min}}(m_{p0}-m_{p\min})$$

选取中间装药时，尽量调整附加药包，并使其有同等质量。

(4) 检验中间各号装药的弹道性能

由 m_{pi}、v_i 计算 p_{m_i} 和 η_{k_i}，检查 p_{m_i} 和 η_{k_i} 是否满足火药在膛内燃尽和解脱保险的要求。如果满足不了，可采用两组以上的变装药，即采用可变装药。

(5) 确定厚火药的压力全冲量和装药量 I_k''、m_p''

根据混合装药和薄火药的 I_k'、m_p'值，求厚火药的压力全冲量和装药量 I_k''、m_p''值，可以参照等面燃烧火药的公式，当 $\alpha'=\dfrac{m_p'}{m_p}$，$\alpha''=\dfrac{m_p''}{m_p}$时，有

$$\frac{1}{I_k}=\frac{\alpha'}{I_k'}+\frac{\alpha''}{I_k''}$$

$$I_k''=\frac{I_k'I_km_p''}{I_k'(m_p'+m_p'')-I_km_p'}$$

因为混合装药的 m_p、I_k 以及薄火药的 I_{k_1}'、m_p'是已知的，通过上式可求出厚火药

的 m_p'' 和 I_k''，此值又可通过密闭爆发器和靶场试验给予修正和核定，并保证厚火药在不同温度下能在炮管内燃尽。

上述计算过程处于整个装药设计循环之中。所有系数、参数甚至计算公式都要根据试验结果进行修正，并且要得到靶场最终试验的证实。

3.6　火药单体形状和尺寸的选择

根据武器的弹道性能及装药的需要，发射药必须有一定的形状和尺寸。这是因为发射药气体的生成速率与其表面有密切关系。而燃烧过程中表面面积的变化又取决于发射药的厚度和形状。通过对发射药形状和尺寸的变化可调整发射药燃气生成速率，从而控制膛内压力变化的规律，以保证弹丸在射击过程中获得所需要的速度。因此，发射药形状和尺寸的选择对于装药设计来说是十分重要的。

常见的发射药形状有管状、带状、片状、球状、圆环状等较简单的形状，也有多孔（如 7 孔、14 孔、19 孔）粒状、多孔花边形粒状等较为复杂的形状。发射药的厚度 $2e_1$ 又称弧厚，是发射药单体最重要的尺寸参数。

火药的形状应该根据火炮的类型、口径和威力来选择。选择时，还应在满足弹道性能要求时尽可能使火药的制造工艺简单。

目前使用最广泛的发射药是 7 孔粒状药。这是因为粒状药在弹道性能、制造工艺和装药结构等各方面都有许多优点。例如燃烧有增面性、易于混同、易于装填，以及装填密度较高等。现在使用的粒状药，尺寸都已规格化了。粒状药多使用于中小口径以下的小口径和中口径加农炮以及压力为 250～300 MPa 而药室又不特别长的火炮。

由于大威力火炮的药室容积大，身管长，使用粒状药时应强化点火系统的效能。这是因为粒状药的堆放紧密，在药室较长时不容易做到同时点火，会妨碍装药的正常燃烧。为了改进粒状药的点燃条件，扩大粒状药的应用范围，可以采用杆状点火具，如用中心点火管或用长管状药束（其质量为装药总量的 12%～20%），这种装药结构可以保证口径为 100 mm 以上的加农炮也能使用粒状药。

当火炮口径在 100 mm 以上时，为了保证火药正常燃烧，有时采用管状火药。长管状火药的燃烧接近于定面燃烧，且便于装药传火。但是长管状药在实际使用中，发现其实测最大压力要比理论预测值高 1/4 左右。管状药越长，这一问题越严重。这是由于一方面管状药燃烧时管内压力高，沿管状药内孔轴向向两端气流速度加快，发生了侵蚀燃烧效应。燃烧过程中，管状药越靠近两端的内孔，直径越大，成喇叭状，从而使管内燃烧面增大。另一方面，过高的管内压力易使管状药破裂，更增大了燃气生成速率。为此，要限制管状药的长度，不能过长。近来发展一种新药型，即在管状药上沿轴向开一个贯通全药厚的槽，该火药称为开槽棒状药。经开槽后的管状药相当于一种卷制的长方形的片状药，它有效地改善了管状药内孔的通气状况，又基本保持了管状药恒面燃烧的特性，该药已经获得应用。

美国等西方国家在大口径火炮发射装药中也常采用粒状药，近年来也有采用球扁药的，但在这些情况下，都需配合中心点火管以改善装药的点火状况。一般步兵武器都采用方片状、单孔粒状或球形等火药，目前还试制了如球扁药等异形球形药。这些火药虽然是减面性较大的火药，但是经过钝感处理之后还能适应步兵武器的弹道要求。这类火药的主要优点在于工艺简单，便于大量生产，装药时流散性好，便于实现装药的自动化。

关于迫击炮装药，为了适应尾管装药和辅助装药的形式，除了用双基带状药外，还特别制造了薄片环状药。

由弹道设计得到发射药压力全冲量 I_k，结合发射药的燃速系数 u_1，按下式推算出发射药的厚度 $2e_1$

$$I_k = 2e_1/2u_1$$

若发射药为多孔药，应该用多孔发射药燃烧至分裂瞬间的压力全冲量 I_s 来替代 I_k。按照武器类型对发射药单体形状的要求，从制式发射药产品中选择合适的发射药品号，或者试制新发射药，只有在制式发射药无法满足武器要求时，才试制新品种或新规格的发射药。

3.7 火炮火药装药弹道设计方案的评价

装药的弹道设计是一个多解问题，因此，它必然包含一个方案的选择和优化过程。方案选择的任务是使所选方案不仅能满足战术上的要求，而且其弹道性能还必须是优越的。在方案选择时，可以直接地比较各种不同方案的构造诸元及装填条件，但由于这些量之间有着密切的制约关系，其反映往往是不全面和不深刻的。因此，有必要选取一些能综合反映弹道性能的特征量作为对不同方案弹道性能的评价标准。本节就介绍几种最主要的评价标准，并简要介绍装药诸元和装药结构的优化问题。

3.7.1 发射药装药弹道设计方案评价的有关标准

1. 弹道效率

火炮是利用火药燃烧后所释放出来的热能使之转变为弹丸动能的一种特殊形式的热机。显然，火药的能量能否充分利用，应当作为评价火炮性能的一条很重要的标准。这一标准称为热力学效率或弹道效率 γ_g，它定义为火药完成的主要功 $1/2mv_0^2$ 与火药气体的总能量 fm_p/θ 之比，即

$$\gamma_g = \frac{\frac{1}{2}mv_0^2}{\frac{fm_p}{\theta}} \tag{3-227}$$

式中，m 为弹丸质量；v_0 为弹丸初速；f 为火药力；m_p 为装药量；$\theta=\gamma-1$，γ 为火药燃气的绝热指数。有时亦称 γ_g 为有效功率。

在火药性质一定的条件下（即 f、θ 一定），上述标准可进一步转化为

$$\eta_{m_p}=\frac{\frac{1}{2}mv_0^2}{m_p} \tag{3-228}$$

η_{m_p} 称为装药利用系数，显然两者有以下关系

$$\eta_{m_p}=\frac{f}{\theta}\gamma_g \tag{3-229}$$

它们的本质是一样的。在进行弹道设计方案比较时，采用其中一个就可以了。它们的数值大小，表示火药装药能量利用效率的高低。从能量利用效率的角度看，弹道效率 γ_g 或装药利用系数 η_{m_p} 应该越大越好。在一般火炮中，γ_g 为 0.16～0.30。

2. 示压效率

示压效率 η_g 定义为整个弹丸行程中产生弹丸初速的平均压力 $\bar{p}$ 与最大膛压 p_m 之比。即

$$\eta_g=\frac{\bar{p}}{p_m} \tag{3-230}$$

显然，由于平均压力 $\bar{p}$ 总是小于最大膛压 p_m，所以 η_g 的数值小于 1。根据平均压力的定义

$$\bar{p}_d=\frac{\int_0^{l_g}p\mathrm{d}l}{l_g} \tag{3-231}$$

式中，p 为弹后压力；l_g 表示弹丸全行程长。代入式（3-230）即得

$$\eta_g=\frac{\int_0^{l_g}p\mathrm{d}l}{l_g p_m}=\frac{S\int_0^{l_g}p\mathrm{d}l}{Sl_g p_m} \tag{3-232}$$

式中，S 为炮膛断面积。由于 $\int_0^{l_g}p\mathrm{d}l$ 为 p-l 曲线下的面积，$S\int_0^{l_g}p\mathrm{d}l$ 为火药气体所做的压力功，而 Sl_g 为炮膛工作容积，因此，示压效率又代表了 p_m 一定时单位炮膛工作容积所做的功，其数值的大小意味着炮膛工作容积利用效率的高低。

由式（3-232）还可看出，示压效率表示了 p-l 曲线下的面积充满 $p_m l_g$ 矩形面积的程度，如图 3-60 所示。

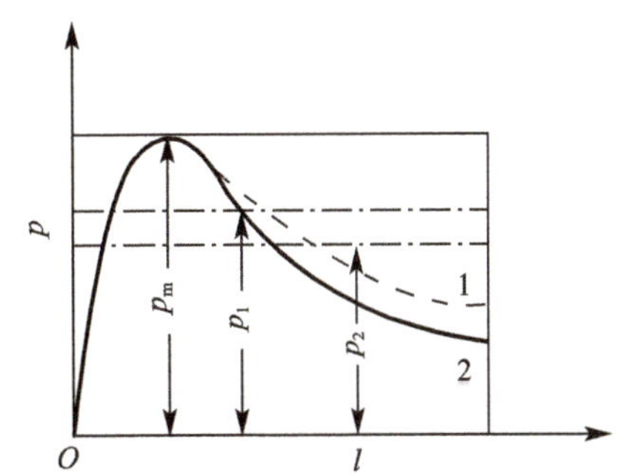

图 3-60　示压效率的图示

在相同 p_m 下，示压效率的高低反映了压力曲线的平缓或陡直情况。在满足 p_m 及 v_0 的前提下，示压效率越高，则弹丸全行程 l_g 越短，它意味着火

炮炮身质量轻、机动性好。所以，从炮膛利用效率来看，示压效率也应越高越好。一般火炮的 η_g 为 0.4～0.66，加农炮的 η_g 较大，榴弹炮的 η_g 较小。

3. 火药燃烧相对结束位置

火药相对燃烧结束位置的定义为

$$\eta_k = \frac{l_k}{l_g} \tag{3-233}$$

式中，l_k 为火药燃烧结束位置。由于火药点火的不均匀性以及药粒厚度的不一致性，不可能所有药粒在同一位置 l_k 燃完。事实上，l_k 仅是一个理论值，各药粒的燃烧结束位置分散在这个理论值附近的一定区域内。因此，当理论计算出的火药燃烧结束位置 l_k 接近炮口时，必然会有一些火药没有燃完即从炮口飞出。在这种情况下，不仅火药的能量不能得到充分的利用，而且，由于每次射击时未燃完火药的情况不可能一致，因而会造成初速的较大分散，同时增加了炮口烟焰的生成。所以选择方案时，一般火炮的 η_k 应小于 0.70。加农炮 η_k 为 0.50～0.70。榴弹炮是分级装药，考虑到小号装药也应能在膛内燃完，其全装药的 η_k 选取 0.25～0.30 比较合适。表 3-9 列出了各种典型火炮的 η_k 值。

表 3-9 典型火炮的 η_{m_p}、η_g、η_k 和 p_g 值

方案评价标准 / 火炮名称	$\eta_{m_p}/(\text{kJ}\cdot\text{kg}^{-1})$	η_g	η_k	p_g/kPa
1955 年式 57 mm 战防炮	1 062	0.646	0.612	—
1956 年式 85 mm 加农炮	1 210	0.640	0.506	13 850
1960 年式 122 mm 加农炮	1 090	0.664	0.548	104 440
1959 年式 130 mm 加农炮	1 121	0.650	0.495	100 020
1959 年式 152 mm 加农炮	1 208	0.604	0.540	64 920
1955 年式 37 mm 高射炮	1 339	0.484	0.546	68 650
1959 年式 57 mm 高射炮	1 177	0.558	0.599	78 550
1959 年式 100 mm 高射炮	1 098	0.606	0.564	94 140
1954 年式 122 mm 榴弹炮	1 393	0.479	0.277	42 360
1956 年式 152 mm 榴弹炮	1 483	0.419	0.290	33 340

4. 炮口压力

弹丸离开炮口的瞬间，膛内火药气体仍具有较高压力（4.9×10^4～9.8×10^4 kPa）和较高温度（1 200～1 500 K）。它们高速流出炮口，与炮口附近的空气发生强烈的相互作用而形成膛口主流场，在周围空气中会形成强度很高的冲击波和声响。炮口压力越高，冲击波强度也越大，强度大的冲击波危及炮手安全，也促使炮口焰的生成。因此，对于不同的火炮，炮口压力要有一定的限制。在方案选择时，必须予以考虑。若干种典型火炮的炮口压力 p_g 也已列于表 3-9。

5. 武器寿命

由于火药燃气的烧蚀作用，最终会使火炮性能逐渐衰退到火炮不能继续使用的程

度。通常以武器在丧失一定的战术与弹道性能以前所能射击的发数来表示武器寿命。一般情况下，武器弹道性能衰退到下述情况之一，即认为是寿命的终止：

① 弹丸射击的密集度 $B_z \times B_x$ 增大至 8 倍；

② 弹丸初速降低 10%，对高射炮和海军炮来说，降低 5%～6%；

③ 射击时切断弹带；

④ 以最小号装药射击时，引信不能解除保险的射弹数超过了 30%。

有人对不同口径加农炮的射击试验数据进行了研究，发现身管寿命与膛线起始部阳线最高处首先受到挤压部位的耗损有很大关系。火炮寿命终止时，这一位置的耗损量一般达到原阳线直径的 3.5%～5%。因此，可以将膛线起始部耗损量达到身管原直径的 5%作为允许极限值。这样，由式（3-85）或式（3-86）计算出射击一发的耗损率后，即可从理论上估算出火炮寿命。

事实上，影响武器寿命的因素很多，也很复杂。但从弹道设计的角度来看，最大压力、装药量、弹丸行程等因素是最主要的。膛压越高，火药气体密度也越大，从而促进了向炮膛内表面的传热，加剧了火药气体对炮膛的烧蚀。装药量越大，一般装药量与膛内表面积的比值也越大，因而烧蚀也就越严重。弹丸行程长则对武器寿命有着相矛盾的两种影响：一方面，身管越长，火药气体与膛内表面接触的时间越长，会加剧烧蚀作用；另一方面，在初速给定的条件下，弹丸行程越长，装药量可以相对地减少，炮膛内表面积增加，却又可以减缓烧蚀作用。在弹道设计中可使用下述半经验半理论公式估算武器寿命

$$N = K' \frac{\Lambda_g + 1}{\frac{m_p}{m}} \tag{3-234}$$

式中，N 为条件寿命；Λ_g 为弹丸相对行程长；m_p/m 为相对装药量；K' 为系数，对加农炮，$K' \approx 200$ 发。上式计算所得的条件寿命，可作为选择装药弹道设计方案的相对标准。

3.7.2　装药优化设计的概念

前已指出，火炮装药设计主要包括两方面的工作：装药的弹道设计和装药的结构设计。因此，装药优化设计也应当包括两个方面的含义：装药弹道优化设计，以确定装药诸元；装药结构优化设计，以确定装药元件的配置方式和相对位置。

装药弹道优化设计所依据的指标主要是有关的评价标准。一般而言，当利用已有火炮设计新装药时，优化问题就转化为如何保证在火炮允许的最大膛压下，充分利用已确定的药室容积而使弹丸获得尽可能高的初速。而在新火炮设计时，火药装药工作者面临的任务就可能是在保证弹丸初速不小于战技指标要求的前提下，充分比较各种装药方案，选择满足火药燃烧相对结束位置、炮口压力等指标且最大膛压较低的方案，以提高武器的机动性和经济性。

这些评价标准是相互联系、相互制约的。在实际选择方案时，期望所有的标准都达到理论的要求是不合情理的；而在诸标准之间出现矛盾的情况，即某些标准较好而另一些标准较差则是正常的。进行方案评定的意义就在于根据武器的战术技术要求，从实际出发，全面权衡，综合考虑，以选择相对为优的方案。

国内外的装药设计工作者也研究了一些装药弹道优化设计的数学模型及其相应的计算程序。但由于这些模型本身是高度简化的，离实际相差甚远，因此，其实用性是很受限制的。

装药结构的优化设计是在弹道优化设计的基础上进行的。根据弹道设计所提供的装填条件和单体火药的燃烧层厚度确定装药在药筒或药室中的配置方式、设计点火系统、选择并设计其他装药元件。结构优化设计的目的是保证点、传火可靠，能使膛内压力波有效降低；装药结构要求简单、牢靠，特别是可变装药应便于在夜间射击操作；尽可能地减轻或消除射击过程中的有害现象，减少炮膛烧蚀，延长火炮使用寿命。近年来，随着大口径高膛压火炮的发展，膛内压力波已成为影响火炮弹道稳定性和威胁火炮发射安全性的重要因素，因此，尽可能地减轻或消除火炮发射时的膛内压力波，就成为装药结构优化的最为重要的目标之一。人们在这方面已通过长期的实践获得了一些经验或半经验性的规律。例如，在火药性质方面，力学强度不好的火药，当在较低初温下受火药气体的冲击时就易碎裂，使燃烧面突增，从而产生膛压反常升高；膛内使用 19 孔或 37 孔粒装药较之使用 7 孔粒状药不易产生压力波；管状药也不易产生压力波。

在装填条件方面，装填密度过小，药室自由容积太大，易产生压力波，而当装药床长度大于药筒长度的 2/3 时，可有效抑制压力波；装药在药筒或药室放置匀称时，不易产生压力波。

在点传火条件方面，局部点火较同时全面点火易产生压力波；采用中间点火和装药周围留有适当自由空间，则不易产生压力波；迅速而分散的点传火，有利于降低压力波。

有关压力波的知识在本书另外章节还要进一步介绍。

装药方案的最后评定是靶场实弹射击。实弹射击的评定标准是初速、初速或然误差以及最大膛压等弹道指标。但是，这并不是说装药弹道设计优化和装药结构优化毫无用处，恰恰相反，它们为装药的试制定型指示了方向，节省了大量的人力、物力和财力。

第 4 章　火炮火药装药的结构设计

火药装药结构设计是在弹道方案、火药形状尺寸已确定的情况下，选择发射药在药室中的位置、点火具的结构和选用其他装药元件（护膛剂、除铜剂、消焰剂等），使装药能满足弹道指标和生产、运输、储存使用寿命等的要求。

装药结构对装药性能有重要的影响，装药结构设计是火药装药设计的重要组成部分。但结构设计理论还不完善，没有形成系统的设计方法，缺少设计所需的基础数据。目前的装药结构设计过程，首先是以现有结构为雏形，再经过试验检验、修改，直到形成满足要求的结构。

装药结构不合理会引起弹道反常。弹道稳定性、勤务操作与弹道指标是进行结构设计时需要考虑的重要内容。

4.1　装药结构与火炮性能

射击过程中膛内存在纵向的压力波现象早已为装药工作者所熟知。对于膛压和初速都比较低的火炮，膛内压力波的发生还不很显著。近年来，由于大口径高膛压火炮的出现，火药装填密度明显增大，由压力波而引起的燃烧不稳定性和火药的碎裂，造成膛压反常升高，甚至严重的膛炸的事故都有所增加。因此，在装药结构是否合理的评价中，装药对压力波的敏感度显然是一个最重要的方面。在装药设计中采取必要的措施防止因压力波而发生的弹道反常和膛炸现象，显然是装药设计工作者面临的一项新的课题。

4.1.1　膛内压力波的产生

膛内压力波形成的物理实质可以做如下定性描述：在火炮射击条件下装药并非瞬间全面点燃。底火的燃烧产物首先点燃紧挨底火的点火药。点火药的燃烧，在膛底形成一个点火波并同时点燃其附近的一部分装药。点火药和火药燃烧气体渗入装药体，以对流方式加热药粒并使之点燃，随后导致火焰的传播。所形成的压力梯度和相间拽引力使得药粒向前加速撞击弹底，并挤压弹丸的底部。燃烧振荡压力波追到弹丸底部而滞止，并向膛底反射。这种在弹底和膛底间来回传播的压力波动，其增长或衰减取决于燃气生成速率、膛内有效的自由空间、火药床的渗透性和弹丸的运动等。

对压力波的测量可以在火炮上进行，将一个压电传感器装在膛底，另一个传感器则安装在药室前端的药筒口部附近。在射击过程中同时测出膛底和药室前端的压力曲线，然后在对应的时间上描绘出膛底与药室前端压力差的变化曲线。在理想的没有压力波的情况下，膛底压力总比药室前端压力大，所以压力差曲线就不存在波动现象，如图 4-1 所示。在一般情况下，膛内存在压力波动，图 4-2 表示了一种典型的膛内压力曲线和压力差曲线。压力差曲线不仅形象地描绘了膛内纵向压力波的演变情况，同时也可对压力波的大小进行定量的估计，进而对火炮的弹道稳定性和发射安全性做出评价。通常可以将膛底和弹底压力差-时间曲线上的第一反向压力差 Δp（又称起始负压差）的大小作为衡量弹道稳定性和发射安全性的指标。

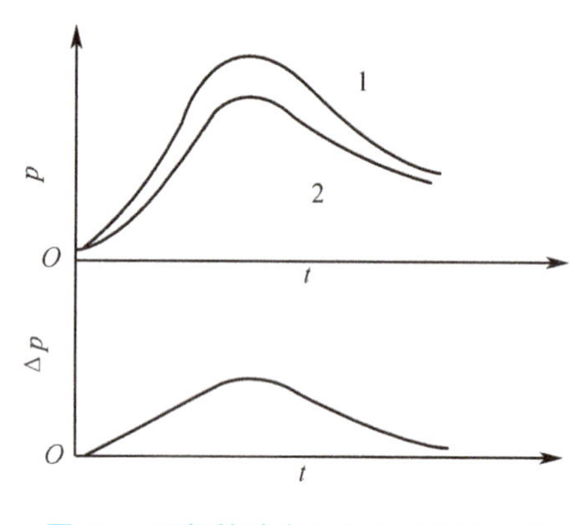

图 4-1　理想的膛内压力和压力差曲线

1—膛底；2—药室前端

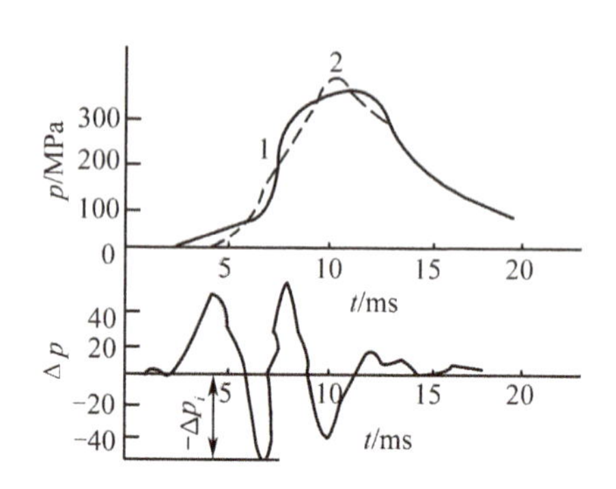

图 4-2　典型的膛内压力和压力差曲线

1—膛底；2—药室前端

4.1.2　装药设计因素对压力波的影响

1. 点火条件

研究表明，点火引燃条件是产生压力波的主要影响因素。点火激发能量过小，装药最初的点火区域太局限，那么离起始火点较远的部分装药虽然也能受到加热，但不能进行及时有效的点火。因而这部分火药产生不完全燃烧，其产生的大量燃烧中间产物积聚起来可发生爆炸性点火，结果是不时地产生高的压力波。当点火激发能量过大且过分集中时（例如在大口径火炮装药中采用很强的底部点火），也会引起点火和气体压力增长的不均匀性，进而导致高的压力波。大量试验表明，不均匀的局部点火容易产生大振幅的压力波，严重情况下可能引起膛炸现象。而能量适中、均匀一致、迅速而分散的点火可以显著地减小压力波的强度。另外，试验研究还表明，点火系统必须具有良好的重现性，否则弹道偏差就要显著增加。

2. 初始气体生成速率

初始气体生成速率对压力波的影响已经得到了许多试验的验证。初始气体生成速率越大，越易产生压力波。初始气体生成速率 $\mathrm{d}\Psi/\mathrm{d}t$ 取决于火药燃烧面及火药燃烧速度两个因素。就燃烧速度来说，在低压下不同火药的燃速可以相差数倍，通常具有较大燃速指数的火药在开始点燃情况下燃烧比较慢，这就使得气体生成速率比较小。这样，膛内产生的局部压力波就有较多的时间在药室内消散，从而使压力波衰减下来。霍斯特

（A. W. Horst）用 NOVA 程序模拟计算了 127 mm 火炮装药初始燃气生成速率对压力波增长的影响，其结果表明，火药的燃速压力指数从 0.75 增加到 0.9 时，起始负压差 Δp 降低近一半（图 4-3）。前已提到，具有较大燃速指数的火药在开始点燃情况下燃烧比较缓慢，因此，其计算结果也证明了火药初始燃速越大，越易产生压力波。考虑到初温对燃速的影响，在低温情况下的压力波应该比高温时的压力波要小。

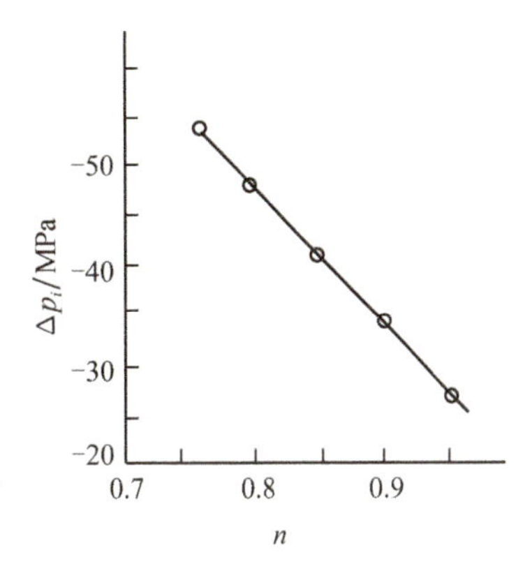

图 4-3　燃速压力指数与起始负压差 Δp_i 的关系（计算值）

此外，初始气体生成速率也受到燃烧表面的影响。初始燃烧表面越大，相应的初始气体生成速率也越大，压力波越易产生。可以预测，端面堵孔、包覆、钝感火药等钝化火药具有降低压力波的倾向。在弹道等效的条件下，19 孔和 37 孔火药比 7 孔火药的初始燃烧表面要小，因此，它们也有降低压力波的倾向（图 4-4）。

实践证明，在同样的装药结构条件下，高膛压下应用的装药比低膛压下应用的装药更易出现压力波的问题。这是为了得到较高的压力而提高低压下燃速的结果。在一定药室容积下，为了提高压力，除了增大燃速之外，还可以通过增大装填密度来实现。装填密度越高，初始气体生成速率就越大，压力波也随之增强（见表 4-1，理想最大压力是指无压力波时的最大压力）。

表 4-1　装填密度对压力波的影响

弹号	装填密度/(g·cm^{-3})	试验最大压力/MPa	Δp_i/MPa	理想最大压力/MPa
121	0.54	225	27	226
126	0.60	307	51	286
127	0.64	437	84	341

3. 装药床的透气性

装药床的透气性或空隙率对压力波的形成有相当敏感的作用。装药床具有良好的透气性，能使点火阶段的火药气体顺利地通过装药床，从而有效地减小压力梯度，使压力波衰减下来。高装填密度的装药床，其压力波的增加，包含有透气性变差的影响。因为在高装填密度的情况下，点火气体受到强烈的滞止作用，促使压力梯度增大，因而使压力波逐渐加强。

采用管状药的中心药束或者采用中心点火管，都可增加装药床的透气性，对降低压力波具有显著作用。装药床的透气性随药粒尺寸的增大而增加。在总的燃烧表面保持不变的情况下，用 19 孔或 37 孔火药比用 7 孔火药的药粒尺寸有明显的增加。试验表明，膛内压力波的大小随药粒尺寸增大而减小，见表 4-2。

表 4-2 不同尺寸火药对压力波的影响

装药形状	m_p/kg	v_0/(m·s^{-1})	p_m/MPa	Δp_i/MPa
7 孔（77G-069805）	10.89	796	340	87
19 孔（PE-480-43）	11.34	802	320	66
37 孔（PE-480-40）	10.89	789	302	34
37 孔（PE-480-41）	11.34	770	299	40

图 4-4 表示了火药的平均有效直径（$d=6V_p/S_p$）和初始负压差的关系图。V_p 表示药粒的体积，S_p 表示药粒的燃烧面积。从该图可看出，随着火药孔数的增多或平均有效直径的增加，初始负压差逐渐减小。将装药床中的药粒全部或部分地排列起来，可以增加装药床的透气性，从而可以降低压力波。当装药外形直径小于药室内径时，会造成一环形间隙，增加装药床的透气性，也具有降低压力波的作用。

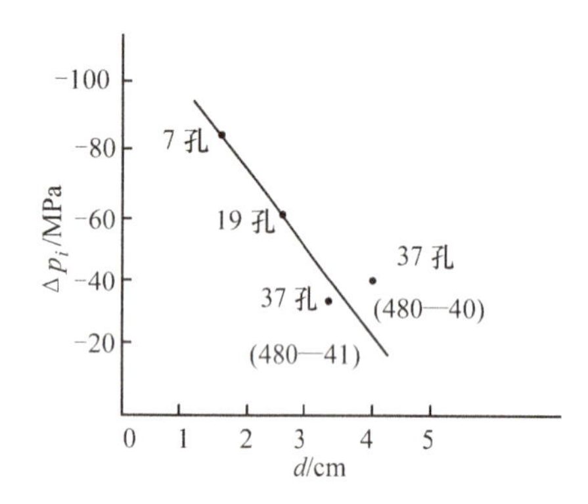

图 4-4 火药平均有效直径 d 和孔数与初始负压差的关系图

4. 药室内自由空间的影响

通过研究表明，在装药前后存在自由空间将促使压力波的生成。例如在榴弹炮的小号装药条件下，这时装填密度很小（例如 0.1 g/cm^3），若装药集中在一端，就会产生严重的压力波。如果将装药分布在整个药室长度方向上，就可以有效地消除压力波。经验表明，当装药高度大于药筒全高的 2/3 时，就可避免产生膛压反常现象。药室中自由空间对压力波的影响主要是由两方面原因造成的：

一是在点火开始瞬间所产生的压力梯度引起了整个装药床的运动，并且产生药粒相继挤压和堆积的效应，火药床被压缩，孔隙率和透气性降低，燃气流动阻力增加，从而易于产生压力波。

二是由于装药床的运动，药粒将以一定速度撞击弹底，或相互挤压而造成破碎，从而使火药燃烧面骤增，气体生成速率增大，促使压力波增强。国外弹道和装药工作者的研究表明，药粒破碎的速度临界值是随温度升高而增大的，并且与火药粒的几何形状和成分有关。常温下，7 孔火药临界撞击速度（超过此速度时药粒开始破碎）为 40 m/s，而 19 孔火药的为 30 m/s。用 X 射线闪光摄影仪测得点火时膛内药粒的速度分布，观察到有些药粒在撞击弹底之前的速度可能超过 200 m/s，已远远超过火药的临界撞击速度。

事实上，上述各因素对压力波的影响是综合的。由于弹丸底部的自由空间而造成的药粒撞击弹丸底部的速度加快，可以导致药粒破碎燃烧面增加，进而造成气体生成速率的突增而促成反常高压的产生。

压力波不仅发生是膛胀、膛炸等反常内弹道现象的主要原因，还会引起其他一系列反常弹道现象。例如，由于压力波而使燃烧速度发生变化，进而使气体生成速率变化，再进一步地影响压力波动，其结果是初速散布增大，射击精度下降。过高速度的药粒撞击在弹丸底部，造成火药药粒破碎，燃面急剧增加，压力急升，其冲击激发作用有时足以达到引爆弹丸的炸药，造成早爆事故。此外，压力波还会引起武器射频的变化，这给速射自动武器带来了极大的麻烦。因此，在装药设计中，充分考虑诸因素对压力波的影响具有极为重要的意义。

4.2　火炮火药装药结构

火药装药结构有多种类型，本节介绍几类常规的装药结构。

4.2.1　线膛火炮的装药结构

线膛火炮的装药可分为药筒定装式、药筒分装式以及药包分装式等几种结构。

1. 药筒定装式装药

现有中小口径加农炮、高射炮都采用药筒定装式装药。这种装药的装药量是固定的。无论是在保管、运输还是在发射时，装有一定量火药装药的药筒与弹丸结合成一个整体。该装药的优点是发射速度快，在战场上能迅速形成密集猛烈的火力，装配后的全弹结合牢固，密封性好，运输、储存和使用方便。

加农炮和高射炮的初速较高，火药装填密度较大。这类装药大部分使用单孔或多孔粒状药，少数使用管状药。

粒状药一般是散装在药筒内，管状药是成捆地装入药筒内。用底火或与辅助点火药一起作为点火器。大部分装药都使用护膛剂和除铜剂，为了固定装药，还用了紧塞具。按一定结构将装药元件放在药筒后，再将药筒和弹丸结合成为一个弹药的整体。

某 37 mm 高射炮榴弹的装药就是一个典型的药筒定装式装药，如图 4-5 所示。火药是 7/14 的粒状硝化棉火药，散装在药筒内。装药用底-2 式底火和 5 g 2 号黑火药点火。在药筒内侧和火药之间有一层钝感衬纸，在火药上方放有除铜剂，整个装药用厚纸盖和厚纸圈固定。药筒和弹丸配合后，在药筒口部辊口结合。

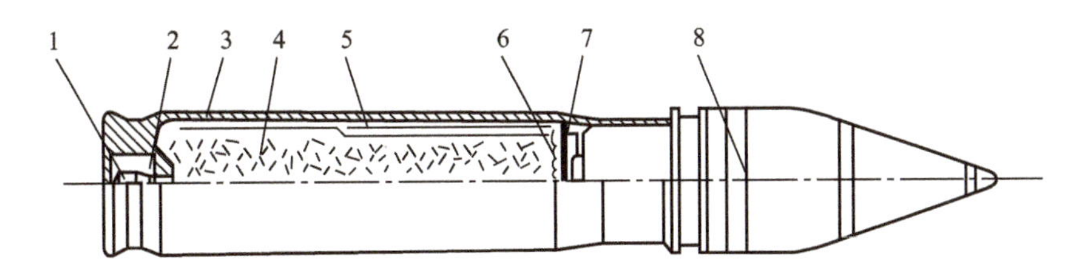

图 4-5　某 37 mm 高射炮榴弹火药装药结构

1—底火；2—点火药；3—药筒；4—7/14 火药；5—钝感衬纸；6—除铜剂；7—紧塞具；8—弹丸

多孔粒状药的优点是装填密度较高，同一种火药可用在不同的装药中，具有实用性。粒状药的缺点是在药筒较长时，上层药粒点火较困难。粒状药的装药长度大于 500 mm 时，离点火药较远一端的药粒可能产生明显的点火延迟。这是因为粒状药传火途径的阻力大，点火距离越长，越难全面同时点火。为了解决这个问题，常采取以下几个措施：

① 利用杆状点火具，如中心点火管使点火药沿药筒纵向均匀分布，如图 4-6 所示。

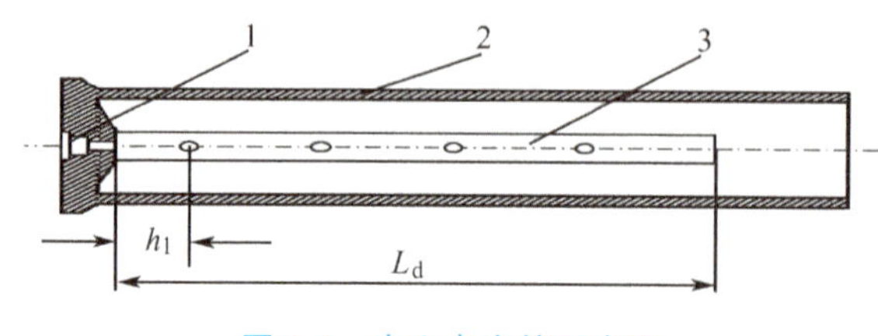

图 4-6 中心点火管示意图

1—底火；2—药筒；3—中心点火管

② 用几个点火药包分别放在装药底部、中部或顶部等不同的部位，进行多点同时点火。

③ 用单孔管状药药束替代传火管改善点火条件。

37 mm 高射炮装药长 210 mm，57 mm 高射炮装药长 298 mm，因此，只用底火和点火药点火，没有其他装置。

随着武器发展对弹道稳定性、射击精度等要求的提高和发射装药装填密度的增加，对一些中小口径火炮，也发展了采用短点火管的点火方式。采用短点火管的目的是为发射药提供一个较“温和”的点火行为，缓解火药低温破碎现象，避免由于采用药包而造成的点火过于集中的不足，以提高装药的点火均匀和同时性。图 4-7 是美国 M552 式 30 mm 榴弹采用短点火管的装药结构图。

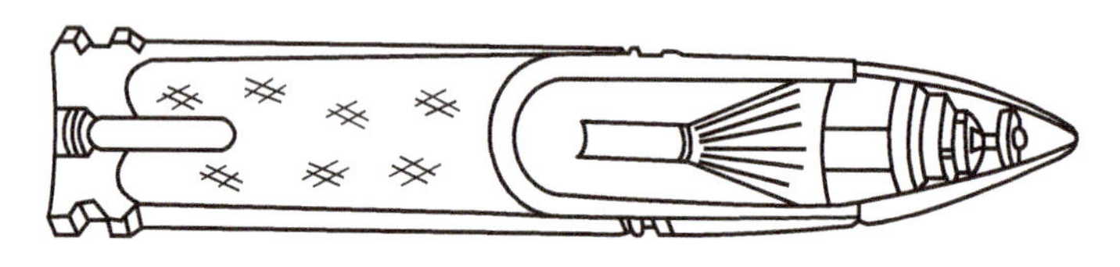

图 4-7 美国 M552 式 30 mm 榴弹的装药结构

某 85 mm 加农炮药筒长 558 mm，就需要有附加的点火元件。其装药结构如图 4-8 所示。

该 85 mm 加农炮的全装药用 14/7 和 18/1 两种火药，14/7 火药占全部火药的 88%，18/1 管状药占 12%。装药时先将 18/1 药束放入药袋内，然后倒入 14/7 火药。再放除铜剂，药袋外包钝感衬纸后装入药筒内。装药用底-4 式底火和 1 号黑火药制成的点火药包点火，18/1 管状药药束起传火管作用。

该 85 mm 加农炮杀伤榴弹还配有减装药。装药量减少后，装药高度达不到药筒长度的 2/3。太短的装药燃烧时易产生压力波，使膛压反常增高。当装药高度大于药筒长的 2/3 时，有助于避免反常压力波的形成。所以，该 85 mm 加农炮的减装药采用一束管状药，其长度接近药筒的长度。

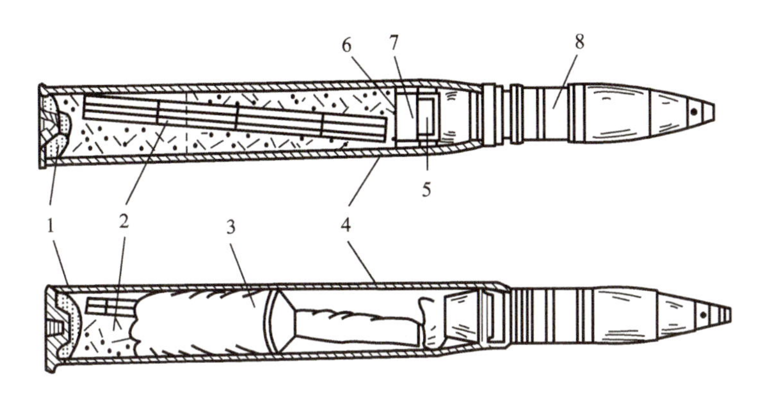

图 4-8　某 85 mm 加农炮装药结构图

1—点火药；2—火药；3—药包纸；4—药筒；5—厚纸盖；6—紧塞具；7—厚纸筒；8—弹丸

某 100 mm 高射炮弹药使用管状药，是药筒定装式装药（图 4-9）。榴弹用双芳-3（18/1 型）火药。火炮的药室长 607 mm，用粒状药时比较难实现瞬时同时点火，而管状药可以改善装药的传火条件。因此，大口径加农炮常使用管状火药。100 mm 高射炮弹药装药时，先把管状药扎成两个药束，依次放入药筒中。药筒和药束间有钝感衬纸，装药上方有除铜剂和紧塞具。装药用底-13 式底火和黑火药制成的点火药包点火。

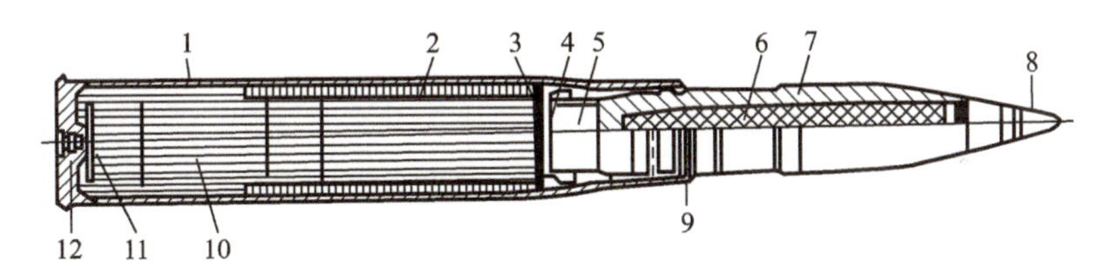

图 4-9　某 100 mm 高射炮装药结构图

1—药筒；2—护膛剂；3—除铜剂；4—抑气盖；5—厚纸筒；6—炸药；7—弹头；
8—引信；9—弹带；10—火药；11—点火药；12—底火

大口径弹药较重，装填操作困难，机械装填可有效地克服这一缺点。

2. 药筒分装式装药

药筒分装式装药是将装有火药的药筒和弹丸分开包装，分别储存。射击时先装弹头，再装发射装药。药筒分装式装药一般是变装药，火药量是可变的。我国大中口径榴弹炮、加农榴弹炮和大口径加农炮，如 122 mm 和 152 mm 等榴弹炮，152 mm 加农榴弹炮，122 mm、130 mm 和 152 mm 等加农炮都配用药筒分装式装药。使用变装药在炮位不变的情况下即可获得不同的初速，射击不同距离的目标。对近距离目标，用小药量进行射击，这有助于减小烧蚀，增加火炮寿命。榴弹炮可通过对装药量的适当调节改变弹丸的落角。

药筒分装式装药主要是由混合装药组成可变装药，少数是单一装药。混合装药中可能有单孔或多孔、单基或双基等不同的药型与火药。常用薄火药制成基本药包，用于近程射击；用厚火药制成附加药包，它与基本药包一起用于远程射击。为了简单和战斗使用方便，附加药包大都是等重量药包。单独使用基本药包，射击时必须达到规定的最低初速和解脱引信保险的最小膛压，全装药必须达到规定的最高初速和不超过允许的最高膛压。

用药筒分装式装药的火炮口径较大，点火都用底火和辅助点火药包。依据不同的装药结构，辅助点火药包可以集中地放在药筒底部，也可以分散地放在药筒的几个地方。变装药中常有护膛剂和除铜剂，中威力装药有时只用除铜剂。

变装药的药包布能阻碍药包之间的传火，因此，对药包布的要求包括：有足够的强度；不妨碍火焰传播和射击后不留残渣。常用的药包布有人造丝、天然丝、亚麻、棉花、硝化纤维等药包布和赛璐珞等。

药包结构和位置直接影响到点火和弹道性能的稳定程度，也影响到阵地操作和射击勤务。

早期的发射装药基本药包和附加药包都是扁圆形的，它们重叠堆放组成整个装药。药包间有两层药包布垫，点火药气体要穿过十几层药包布才能达到装药的顶端，容易使点火和弹道性能不稳定。因此这种结构已逐渐被淘汰，目前大多采用等重药包并排放置在基本药包之上的结构。

按照战术技术要求，有的火炮最大和最小初速之差太大，只用一组变装药不能满足要求，在对近程目标射击时，要取出大量火药包。为此，常采用两组变装药，分别称为全变装药和减变装药。全变装药能满足弹药最大和部分中间初速、减变装药满足弹药的最小和中间某些初速的要求。全变和减变装药中的部分装药初速允许有重叠。

我国 PLZ-96 式 122 mm 榴弹炮采用双药筒装药，即用于远程发射的全装药和用于其他射程发射的减变装药。图 4-10、图 4-11 是我国 PLZ-96 式 122 mm 榴弹炮装药示意图。全装药由管状药和粒状药组成，管状药用于改善点火性能，捆扎后放于装药的中心（图 4-10）。减变装药有内装 4/1 火药的扁圆形中心带孔的基本药包，放在底火上部，药包中心孔中放置内装黑火药的蛇形点火药包。另有 3 个内装 13/7 火药的附加药包。附加药包呈圆柱形。药包间有较大的缝隙，便于点火药气体向上传播，改善了点火条件。装药的上方有除铜剂和紧塞具，为防止火药受潮，顶部还有密封盖。

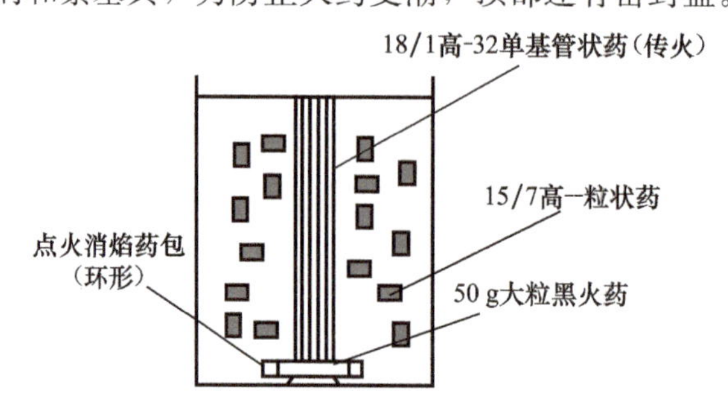

图 4-10　PLZ-96 式 122 mm 榴弹炮全装药结构示意图

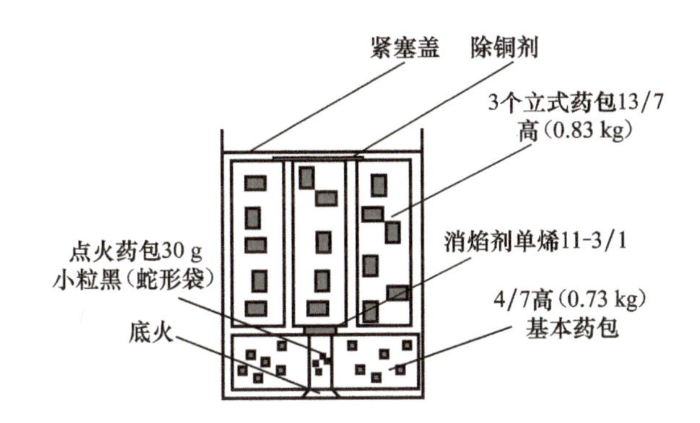

图 4-11　PLZ-96 式 122 mm 榴弹炮减变装药结构示意图

苏联某 122 mm 加农炮的装药是利用管状药组成的药筒分装式装药（图 4-12）。该装药由 1 个基本药束和 3 个附加药束组成，都用乙芳-3-17/1 火药。基本药束和中间附加药束都不用药包布。基本药束底部扎有一个 130 g 黑火药点火药包，装药的外侧面有钝感衬纸，基本药束放在药筒内，其下面是底-4 式底火。中心附加药束放置在基本药束的上方。另两个附加药束为等重药束，用药包布包装成两个药包，每个药包用线缝成三等份，分别装入等质量的管状药。两个药包放在中心药束的两边，两个附加药束（6 个等重药束）就以等边六边形的分布围在中心药束的外侧。在整个装药上方有除铜剂和紧塞具。

1960 年式 122 mm 加农炮的减变装药是由粒状药和管状药组成的（图 4-13）。它的基本药包有 12/1 和 13/7 两种火药，装药有两个瓶颈。附加药包是两个等重的 13/7 药包。装药时，先把一个圆环形的消焰药包放在底火凸出部的周围，再放基本药包。由于它有管状药，所以装药能沿药室全长分布。在第二个细颈部上扎有除铜剂。两个等重附加药包内有护膛剂，每个附加药包分成四等份，呈四边形把基本药包围在中间，装药上方有紧塞具和密封盖。

为加强点火的同时性，一些装药采用圆环形药包结构。在圆环的中心装有传火管，美国 M413 式 105 mm 杀伤子母弹的装药即是该类型装药（图 4-14）。

3. 药包分装式装药

药包分装式同药筒分装式装药的结构相似，其差别是一个用药包而另一个用药筒装火药。药包分装式用绳子、带子、绳圈把药包绑在一起，平时保存在密封的箱子内，射击时直接放入火炮的药室。用药包分装式装药的火炮的炮闩有特殊的闭气装置。大口径的榴弹炮和加农炮用这类装药。

美国 155 mm 火炮采用药包分装式装药和模块装药，药包分装式装药包括：

M3 系列发射装药　M3 系列发射装药包括 M3 和 M3A1（图 4-15）装药，该发射装药为绿色药包装药，由 1 个基本药包和 4 个不等重附加药包组成，总长 406 mm，构成 1～5 号装药。附加药包用 4 条缝在基本药包上的布带捆在一起，手工在药包顶部打结。点火药包为红色，缝在基本药包后面。整个 M3 装药包含大约 2.5 kg 单孔发射药。

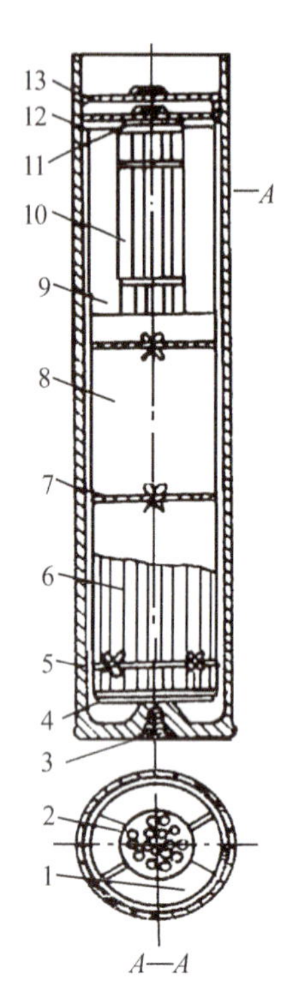

图 4-12 苏联某 122 mm 加农炮装药结构图

1—等重药包；2—中间药束；3—底火；4—点火药；5—药筒；6—基本药包；7—捆紧绳；8—钝感衬纸；9—等重药包；10—中间药束；11—除铜剂；12—紧塞盖；13—密封盖

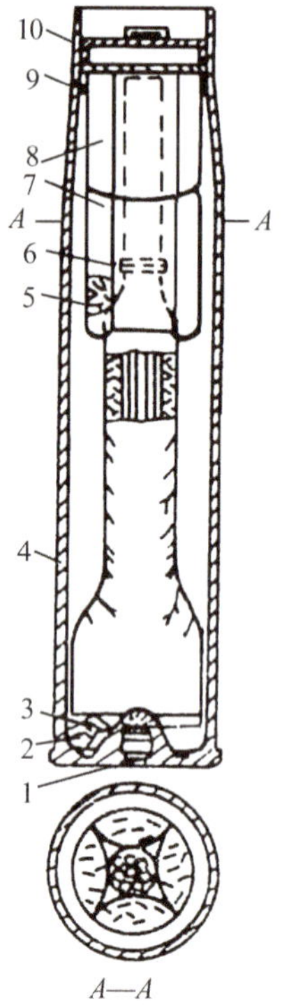

图 4-13 1960 年式 122 mm 加农炮减变装药结构图

1—底火；2—消焰剂；3—点火药；4—药筒；5—基本药包；6—除铜剂；7—等重药包；8—钝感衬纸；9—紧塞盖；10—密封盖

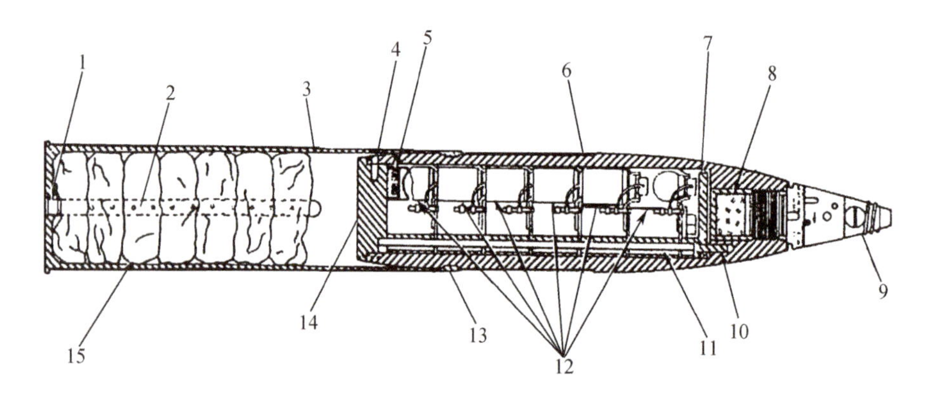

图 4-14 美国 M413 式 105 mm 杀伤子母弹的装药结构图

1—底火；2—传火管；3—药筒；4—剪切销（3 个）；5—黄色染料标识剂（3 袋）；6—弹体；7—推板；8—抛射药；9—引信；10—定位销（3 个）；11—固定杆；12—M35 式子弹（18 个）；13—弹带；14—弹底塞；15—发射药

M3A1 和 M3 装药结构类似，其主要区别在于：M3 装药不含消焰药包，点火药为 85 g 黑火药；M3A1 装药则包含 3 个消焰药包，基本药包前方加一个消焰剂药包，每包 57 g，附加药包 4 号和 5 号前各加一个消焰剂药包，每包 28.4 g。消焰剂为硫酸钾或硝酸钾，其作用是限制炮尾焰、炮口焰和炮口超压冲击波。由于该装药系列膛压低，发射药易发生不完全燃烧，所以消焰剂用量较大，点火药为 100 g CBI 点火药。

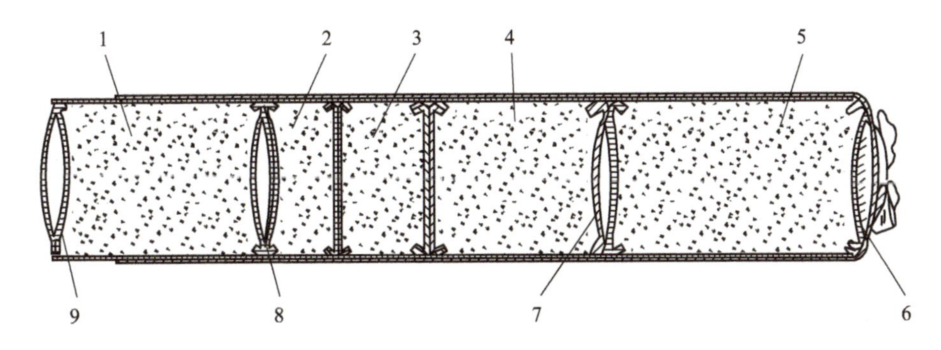

图 4-15　美国 155 mm 榴弹炮 M3A1 装药结构图

1—底部药包；2—2 号药包；3—3 号药包；4—4 号药包；5—5 号药包；6，7，8—消焰剂；9—点火药包

M4 系列发射装药　包括 M4A1 和 M4A2（图 4-16）装药，该发射装药为白色药包装药，由 1 个基本药包和 4 个附加药包组成，构成 3～7 号装药。装药包含大约 6.0 kg 多孔（7 孔）发射药，最大长度约 534 mm，其基本构造与 M3A1 装药的类似。M4A1 和 M4A2 装药的主要区别在于：M4A1 装药不含消焰药包，点火药为 85 g 黑火药；如果需要，消焰药包可作为分装件使用；M4A2 装药则包含 1 个消焰药包，质量 28.4 g。和 M3 系列相比，由于膛压的升高，消焰剂用量减小。点火药则为 100 g CBI 点火药。

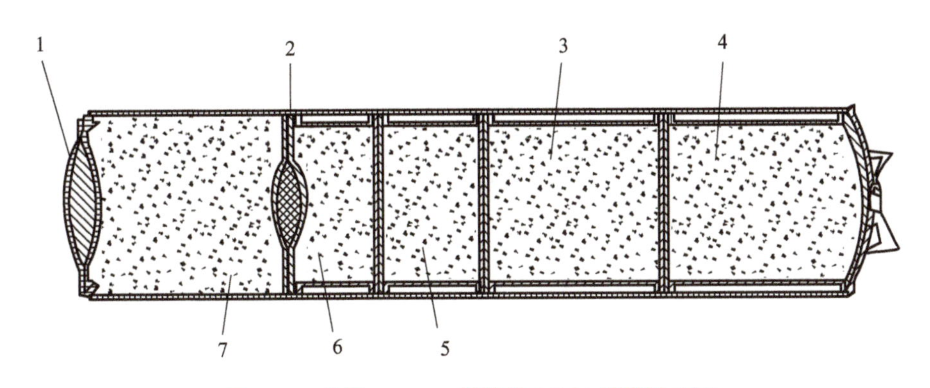

图 4-16　美国 155 mm 榴弹炮 M4A2 装药结构图

1—点火药包；2—消焰剂；3—6 号药包；4—7 号药包；5—5 号药包；6—4 号药包；7—底部药包（3 号药包）

M119 系列装药　包含 M119（图 4 17）、M119A1 和 M119A2，该发射装药为单一白色药包 8 号装药，中心传火管穿过整个装药的中心。储存时必须水平放置，以免中心传火管弯曲或折断。

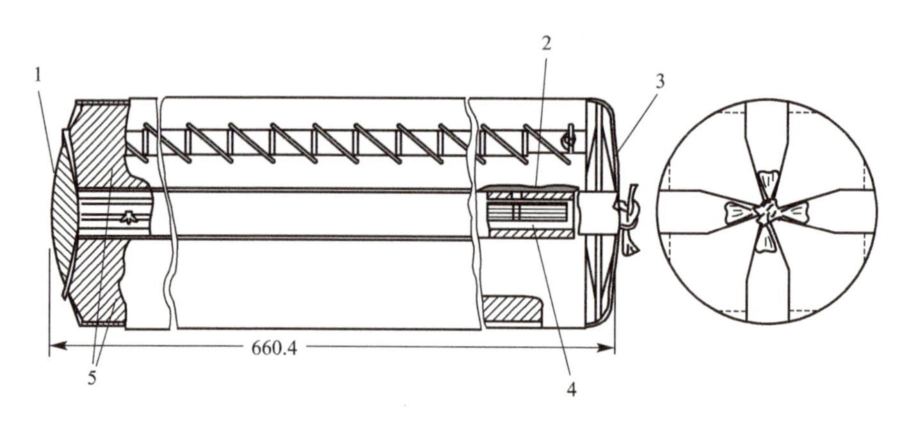

图 4-17 美国 155 mm 榴弹炮 M119 装药结构图

1—点火药包；2—中心传火管；3—消焰剂；4—奔奈点火药条；5—发射药

M119 药包（装 9.3 kg M6 发射药）下放有一个装 51 g CBI 点火药的圆形点火药包（红色），装药前端缝有消焰剂药包（0.45 kg），装药长 660 mm。该装药仅用于长身管 155 mm 榴弹炮（M19 系列和 M198 系列）。由于装药前端缝有圆形消焰剂药包，对火箭发动机点火可能产生影响，该装药不能用来射击火箭增程弹。

M119A1 除了前端缝有环形消焰剂药包外，与 M119 装药结构基本相同。环形药包的设计，免除了射击火箭增程弹时对火箭发动机点火的影响。

M119A2 装药为单一红色药包 8 号装药，用于装有 M185 和 M199 身管的 155 mm 榴弹炮。装药前端有 85 g 铅箔衬里和 4 个圆周均布纵向缝在主药包上的消焰剂药包，每个消焰剂药包含有 113 g 硫酸钾。M119A2 装药是为与北约现行射表一致而设计的，可与 M119A/M119A1 互换使用，仅有微小的初速差异。

M203 装药 该发射装药为单一红色药包 8 号装药，是为 M198、M109A5/A6 榴弹炮扩展射程而设计的。该装药底部有一点火药包，内装 28.35 g 黑火药，中心传火管穿过整个装药的中心，内装 113.4 g 黑火药，装药前端缝有环形消焰剂药包，该装药还包括 156 g 除铜衬纸、496 g TiO_2/腊减蚀剂。该装药共装 11.7 kg M30A1 发射药，仅用于射击 M549A1（装填 TNT）火箭增程弹、M825 发烟弹和 M864 底排弹。

美国 203 mm 榴弹的装药与 155 mm 火炮装药具有类似的结构，主要包括 M1（1～5 号装药）、M2（5～7 号装药）和 M188（为提高 203 mm 榴弹（如 M106 式榴弹）的射程而设计）。

图 4-18～图 4-20 是美国 203 mm 榴弹炮装药的结构示意图。

4. 模块装药

由于布袋药包装药射速低和不适于机械装填等原因，近年来，对布袋装药进行了改进，将软包装变成硬包装。用可燃容器取代布袋装填不同质量的发射药及装药元件，成为装药模块。这些由单一或者几种模块组成的装药称为模块装药。在射击时，可根据不

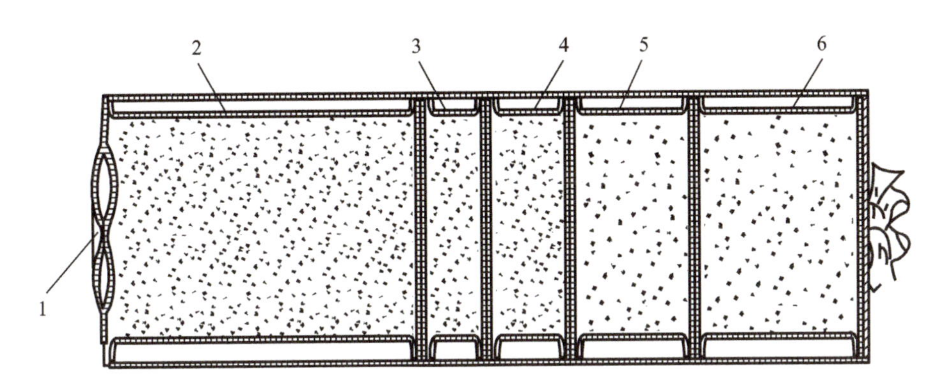

图 4-18　美国 203 mm 榴弹炮 M1（1～5 号装药）的结构示意图

1—点火药包；2—底部药包；3—2 号药包；4—3 号药包；5—4 号药包；6—5 号药包

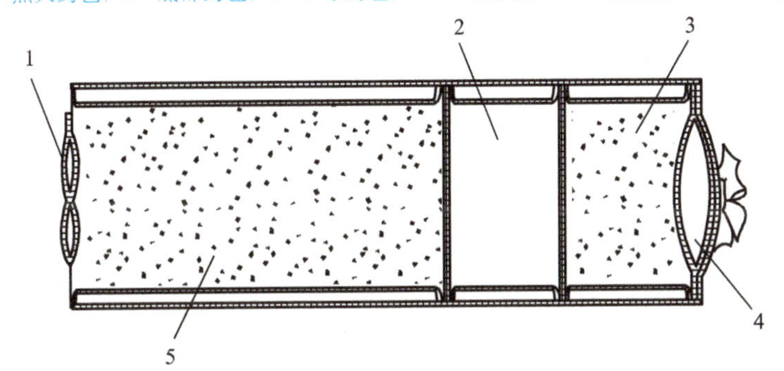

图 4-19　美国 203 mm 榴弹炮 M2（5～7 号装药）的结构示意图

1—点火药包；2—6 号药包；3—7 号药包；4—消焰剂；5—底部药包（5 号药包）

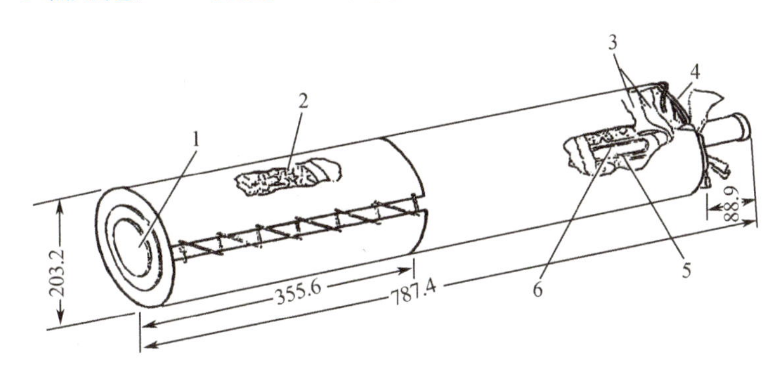

图 4-20　美国 203 mm 榴弹炮 M188（8 号装药）的结构示意图

1—底部点火药包；2—M30A1 发射药；3—除铜剂和缓蚀剂；4—消焰剂；5—传火管；6—中心传火药芯

同的射程要求，采用不同模块的组合来获得不同的初速。

模块装药又分为全等式和不等式两类。全等式所用的模块是相同的，改变模块数即可满足不同的初速、射程要求。但是，研究全等式模块装药还有困难。目前，国际上成熟的模块装药是由两种模块组合的双模块装药，它是用两种不同模块的组合来满足几种不同的初速要求。

图 4-21 是美国的 155 mm 榴弹炮 XM216 模块装药结构示意图，XM216 装药包括 A、B 两种模块，一个 A 模块可作为 2 号装药；一个 A 模块和一个 B 模块组成 3 号装药；一个 A 模块和两个 B 模块组成 4 号装药。每个模块均由内装的 M31A1E1 三基开槽杆状药和外部的可燃壳体组成。模块 A 长 266.7 mm，装药量 3.42 kg，药柱弧厚 1.75 mm。模块 A 底部配有点火件，点火药是 85 g 速燃药 CBI 和 15 g 黑火药，模块 B 内装 M31A1E1 三基开槽杆状药 2.8 kg，可燃壳体内放有铅箔除铜剂，质量约 42.6 g。

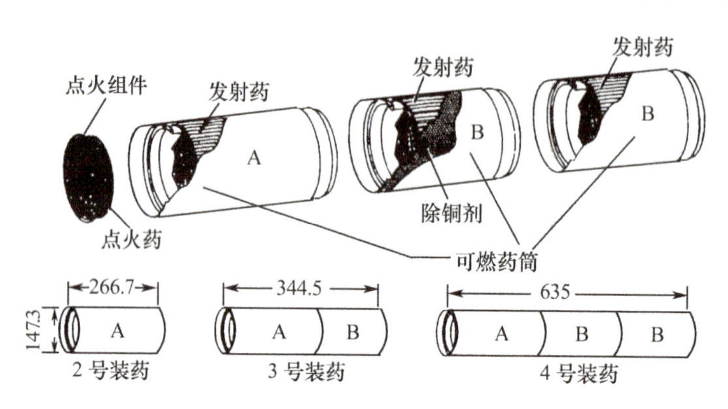

图 4-21　美国的 155 mm 榴弹炮 XM216 模块装药结构示意图（1）

另一种形式的变装药包括 XM215 和 XM216 两种装药：XM216 装药的 A 模块长 127 mm，直径 147 mm，内装 1.58 kg M31A1E1 发射药。由 2、3、4、5 个 A 模块分别构成 2 号、3 号、4 号、5 号装药（图 4-22）。XM215 模块装药（图 4-23）用于小号装药（1 号），由直径 147.3 mm、长 152.4 mm 的壳体和内装 1.4 kg 单孔 M1 单基药组成，在装药底部有 85 g CBI 和 14 g 黑火药的点火件。

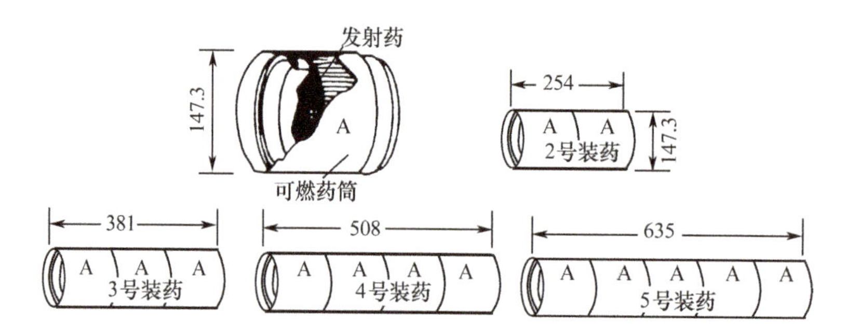

图 4-22　美国的 155 mm 榴弹炮 XM216 模块装药结构示意图（2）

155 mm 榴弹炮的 5 号装药是一个模块（XM217），模块长 768.3 mm，直径 158.7 mm，内装 13.16 kg M31A1E1 三基开槽杆状药（图 4-24）。

由 XM215、XM216、XM217 组成的 1 号、2 号、3 号、4 号、5 号装药构成了 155 mm 榴弹炮的初速分级，满足了不同的射程要求。

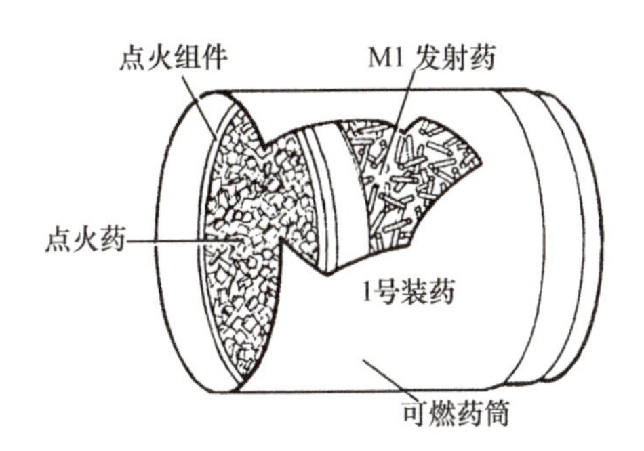

图 4-23　美国的 155 mm 榴弹炮 XM215 模块装药结构示意图

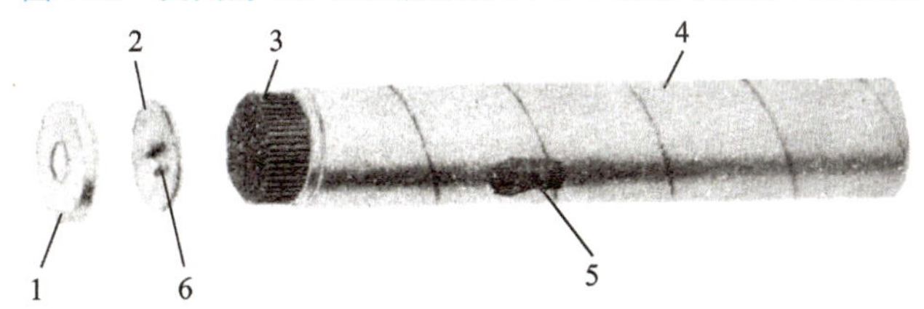

图 4-24　美国的 155 mm 榴弹炮 XM217 模块装药结构示意图

1—底盖；2—点火组件；3—发射药；4—可燃药筒；5—除铜剂；6—点火药

由美国发展的双模块系统 MACS（模块化火炮装药系统）是 155 mm 发射装药的替代装药系统，与传统药包装药相比，简化了后勤处理。MACS 由 XM231 装药模块和 XM232 装药模块组成。XM231 模块用于小号装药射击（一次使用 1 或 2 个模块），XM232 模块则用于大号装药射击（一次使用 3、4、5 或 6 个模块）。XM231 和 XM232 都是基于单元装药设计的，即具有双向中心点火系统，粒状发射药装于刚性可燃容器内。然而 XM231 和 XM232 两者设计上并不相同，XM231 模块使用的发射药是 M1MP 配方单基药，XM232 模块则使用 M30A2 配方三基药。所有的 XM231 模块都是完全相同，可以互换的（XM232 模块也是这样）。这种设计使得 MACS 模块适于手工或自动操作，能够满足未来火炮的需要。MACS 装药由美国 ATK 公司专为“十字军战士”设计，同时向下兼容现行的 155 mm 野战火炮系统（即 M109A6 帕拉丁、M198 牵引炮等）。MACS 与现行药包装药的对比如图 4-25 所示。

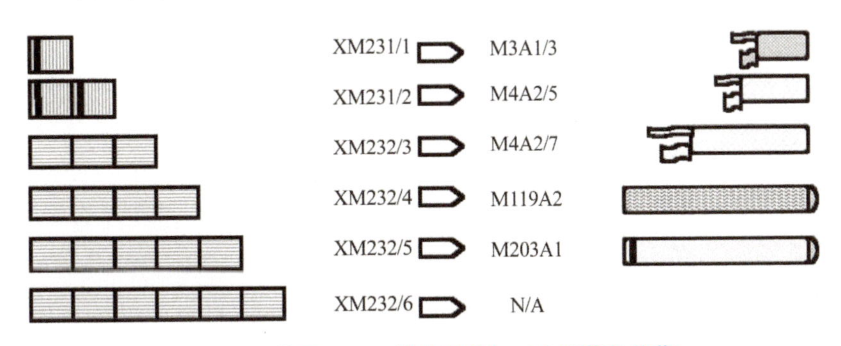

图 4-25　美国 MACS 模块装药与对应的药包装药

4.2.2 滑膛火炮的装药结构

1. 迫击炮装药

① 迫击炮一般是滑膛炮，射击时炮弹从炮口装入，称为前膛炮。迫击炮装药属于药包分装式装药，由基本装药和附加药包组成。基本药包即是基本药管。平时基本药管、附加药包和弹体、引信分别包装存放，射击时先装上基本药管，再根据射程要求装上适当数量附加药包。基本药管和附加药包的放置位置如图 4-26 所示。

迫击炮的基本装药有黑火药和双基药，它们装在以金属壳为底座的厚纸筒内，构成基本药管，如图 4-27 所示。基本药管置于迫击炮弹的尾管内。迫击炮的辅助装药一般都装在尾管的外面，依弹道要求分成若干个等重药包。药包的形状根据药型和弹尾结构决定。

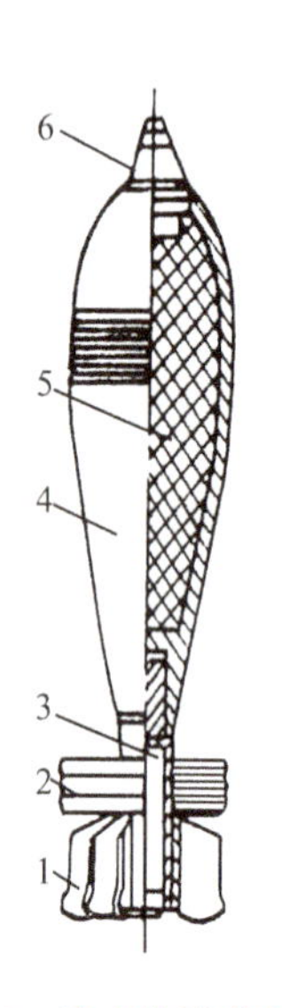

图 4-26 迫击炮装药结构图

1—尾翼；2—附加药包；3—基本药管；4—弹体；5—炸药；6—引信

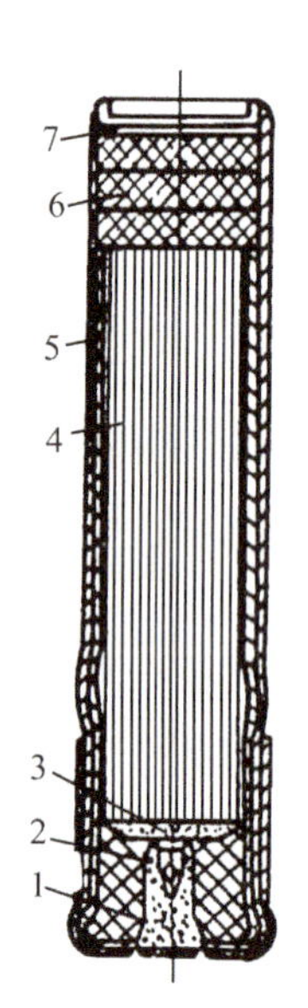

图 4-27 迫击炮基本药管结构图

1—底火；2—发火砧；3—2 号黑火药；4—发射药；5—管壳；6—厚纸塞；7—漆

射击时，底火点燃基本药管中的火药，达到一定的压力后，燃烧气体冲破纸筒经尾管孔流入弹后空间，再引燃辅助装药。基本装药是小号装药，又是辅助装药的点火具。基本药管的性能对弹道稳定性有重要的影响。由于迫击炮膛压低、弹丸行程短、用变装药，所以火药一般是高燃速、薄弧厚的双基药，如片状、带状、环状等双基药，近年开始采用球形药或粒状双基药。

② 奥地利 SMI 81 mm 迫击炮杀伤榴弹、燃烧弹、发烟弹装药结构和弹道数据如表 4-3 和图 4-28 所示。它有 0～8 号共 9 种装药，0 号装药要求平均初速为（78±2）m/s，由基本药管装药完成。

表 4-3　奥地利 SMI 81 mm 迫击炮杀伤榴弹、燃烧弹、发烟弹装药弹道指标

指　标	0 号	1	2	3	4	5	6	7	8
平均初速/（m·s^{-1}）	78	126	166	199	223	246	270	292	312
初速中间误差/（m·s^{-1}）	≤1.0	≤1.2	≤1.2	≤1.2	≤1.2	≤1.2	≤1.2	≤1.2	≤1.3
平均最大膛压/MPa	0 号：平均最大膛压≥6.37；最大膛压最小值≥5.88 8 号：平均最大膛压≤66.6；最大膛压最大值≤69.65								

1～8 号装药除基本药管外，还分别加 1～7 个附加药盒。药盒外径 ϕ71 mm，内径 ϕ27.5 mm，厚度 12 mm。1 号、2 号加红色 A 药盒，其火药的弧厚小，燃烧快；继续加的药盒是白色的 B 药盒，内装厚火药。

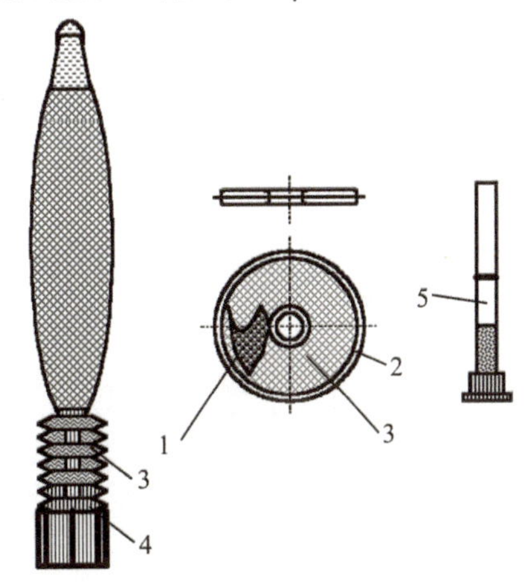

图 4-28　SMI 81 mm 迫击炮杀伤榴弹、燃烧弹、发烟弹装药结构

1—小粒药；2—药包边缘；3—附加药包；4—基本药包；5—尾管

基本药管包括火药、发火座和传火管。基本药管外径约 16.90 mm，长度 85 mm。装药是双醋-11-粒 31-100，用药量约 10.6 g。

现在的迫击炮常用如双醋-11-粒 11-80（$2e_1$ = 0.11 mm，ϕ0.80 mm）、球 65（ϕ0.65 mm）等多种小粒药。用可燃的药包盒替代药包布。药盒壳体的成分是硝化棉、药盒布、增塑剂（如癸二酸二烯酯）和安定剂（如Ⅱ号中定剂）等。

2. 无后坐炮装药

无后坐炮在炮尾有喷管，射击时有火药气体从炮尾流出，其反作用力能抵消火炮后坐力，这有助于减小武器的重量。有气体由炮尾流出是无后坐炮弹道的特征，反映在装药上：第一，无后坐炮大都是低压火炮，为使低压下的火药能正常燃烧，装药点火器的点火强度要高；第二，火药气体流出可能携带未燃完的药粒，装药结构应当考虑如何减少未燃火药的流失问题；第三，与初速相同的一般火炮相比，装药量大约要多出两倍；第四，装药结构能建立一个稳定的喷口打开压力；第五，为适应低压的弹道特点，应该采用多孔或带状的高热量、高燃速火药。

两种类型无后坐炮装药：

① 多孔药筒线膛无后坐炮装药。其基本结构与线膛火炮的定装式装药相似。图 4-29 是某 75 mm 无后坐炮的装药示意图。

该 75 mm 无后坐炮用 9/14 高钾硝化棉火药，多孔的药筒内有一牛皮纸纸筒。由底 41 式底火和装 20 g 黑火药的传火管组成点火件。射击时底火点燃传火管内的黑火药，点火药气体从传火管小孔喷出，点燃火药，达到一定压力后，火药气体冲破纸筒，从小孔流入药筒外面的药室和通过喷管流出。杆状点火具能增加点火强度；用纸筒厚度和药筒孔径控制喷口打开压力；多孔药筒能防止未燃火药流失。无后坐炮装药能获得稳定的

弹道性能。

② 尾翼稳定滑膛无后坐炮装药。某 82 mm 无后坐炮装药如图 4-30 所示。炮弹由尾杆尾翼稳定，与迫击炮弹药相似，装药结构类似迫击炮全装药结构。在尾杆内有点火器，点火药是大粒黑火药，放在纸管内形成点火管 5。尾管有传火孔，放置双带火药的药包 6 绑在尾管 8 上。在尾翼上端有塑料挡药板 4，尾翅下端有塑料定位板 2。射击后火药气体打碎定位板，从喷口逸出，此时的压力是打开喷口的压力。这种装药比 75 mm 无后坐炮装药紧凑，火炮更轻，但火药流失较大，弹道性能不易稳定。

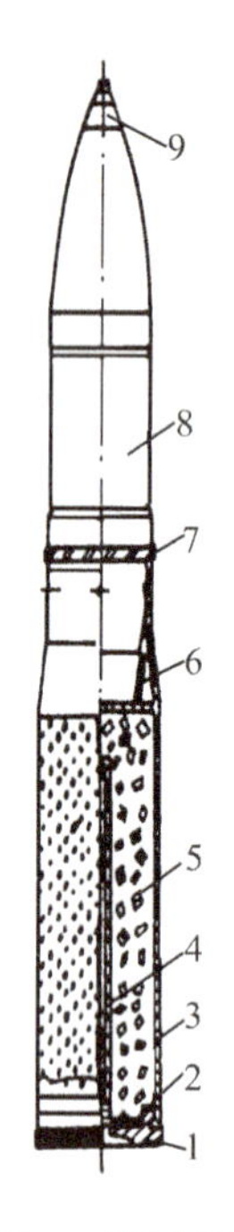

图 4-29　某 75 mm 无后坐炮装药结构图

1—底火；2—内衬纸筒；3—药筒；4—传火管；5—火药；6—纸筒；7—弹带；8—弹体；9—引信

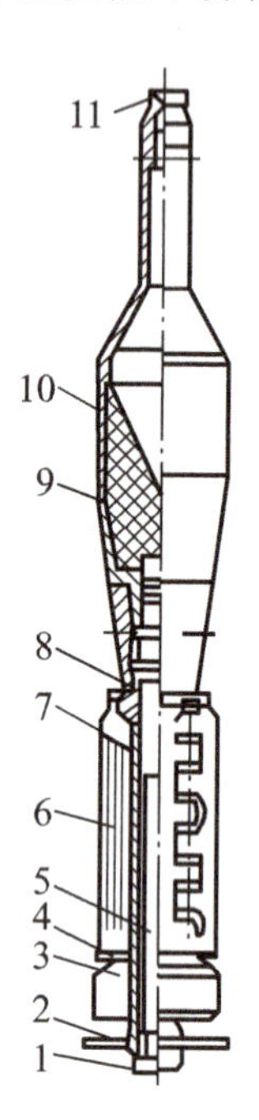

图 4-30　某 82 mm 无后坐炮装药结构图

1—螺塞；2—定位板；3—尾翼；4—挡药板；5—点火管；6—药包；7—传火孔；8—尾管；9—炸药；10—药型罩；11—防滑帽

3. 高压滑膛炮装药

高压滑膛火炮能使穿甲弹获得高初速。现有的高压滑膛火炮膛压可接近 800 MPa，弹丸初速能达到 1 800 m/s。常用滑膛炮发射高速穿甲弹，这有助于减少炮膛烧蚀，增加火炮使用寿命。该类装药有如下特点：

① 较高的装填密度，常采用多孔粒状药和中心点火管点火；

② 有尾翼的弹尾伸入装药内占据部分装药空间，点火具长度有限制；

③ 常用可燃的药筒和元器件，有助于提高装药总能量和示压效率；简化抽筒操作，提高发射速度，改善坦克内乘员的操作环境。

图 4-31 是某 120 mm 高压滑膛炮脱壳穿甲弹装药的结构示意图。

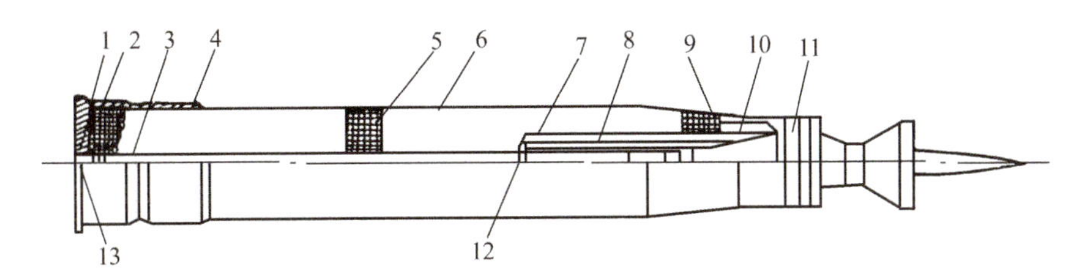

图 4-31　某 120 mm 高压滑膛炮脱壳穿甲弹的结构示意图

1—底火；2—消焰剂药包；3—可燃传火管；4—可燃药筒；5—粒状药；6—护膛衬纸；7—尾翼药筒；8—管装传火管；9—紧塞具；10—火药固定筒；11—穿甲弹丸；12—上点火药包；13—O 形密封圈

某 125 mm 坦克炮穿甲弹装药如图 4-32 和图 4-33 所示。由于坦克内空间有限，为便于输弹机操作，将药筒分为主、副两个药筒，副药筒和弹丸相连。主药筒装粒状药，底部有消焰药包，传火用中心传火管，主药筒有防烧蚀衬纸。为增加传火效率，在主副药筒间有传火药包。副药筒距底火较远，影响粒状药的瞬时同时点火，所以在副药筒中有用于传火的管状药。副药筒中有防烧蚀衬纸。

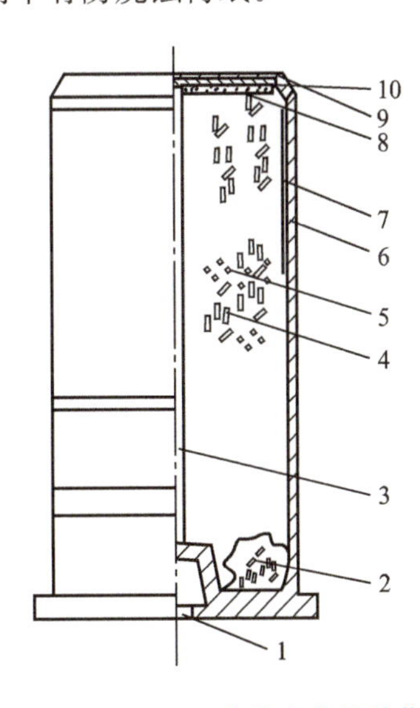

图 4-32　某 125 mm 坦克炮主药筒装药示意图

1—底火；2—消焰药包；3—可燃传火管；4，5—粒状发射药；6—可燃药筒；7—防烧蚀衬纸；8—上点火药包；9—密封盖；10—紧塞具

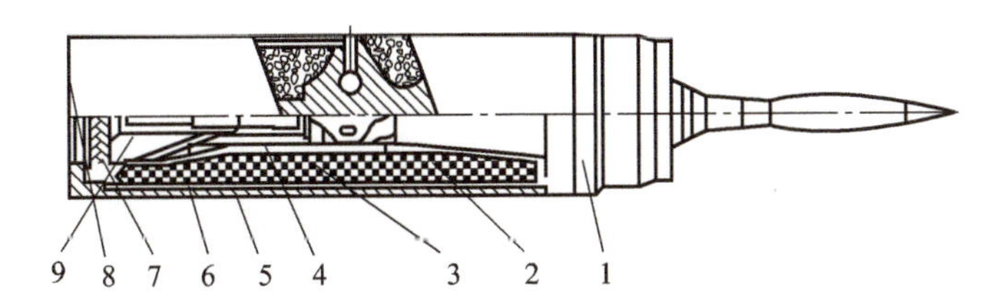

图 4-33　某 125 mm 坦克炮副药筒装药示意图

1—弹丸；2，3—粒状发射药；4—管状药；5—副药筒；6—防烧蚀衬纸；7—点火药包；8—底盖；9—尾翼

4.2.3 特种发射药装药结构

1. 布撒器装药

特种弹药是包括照明弹、宣传弹、发烟弹、诱饵弹、训练弹等用于特殊任务的一类弹药。这类弹药除了具有通常的发射装药之外，在其弹药的“战斗部”中常设有抛撒装药，用于烟幕等子弹的布撒。其原理是在引信作用后点燃抛射装药，所产生的气体驱动活塞或直接推进物体运动，完成特定的抛射布撒动作。抛射装药常使用高燃速火药，如黑火药、迫击炮用发射药等。

美国 MK19Modo 406 mm 杀伤子母弹（图 4-34）的布撒装药是 400 g M9 式迫击炮发射药。在布撒装药被点燃后，燃气通过推弹板将子弹推出，完成子弹的布撒过程。利用同样原理，可以完成烟幕剂、照明剂、传单、毒气等的布撒过程。

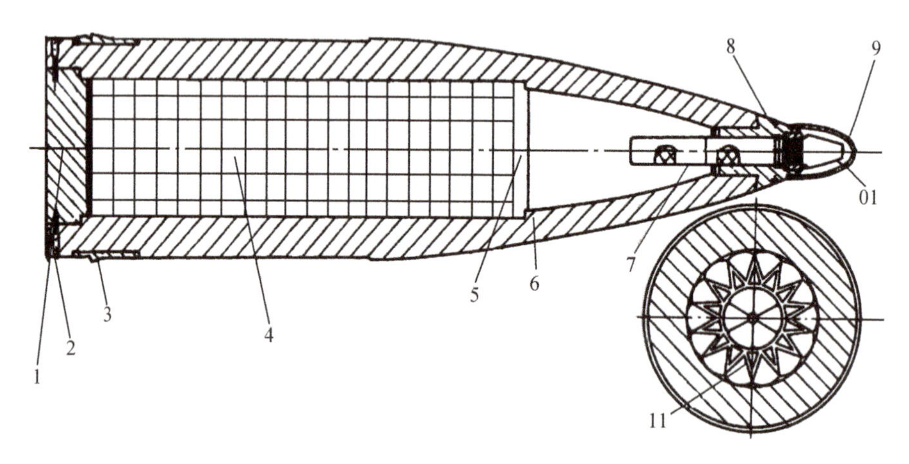

图 4-34 美国 MK19Modo 406 mm 杀伤子母弹装药示意图

1—底螺塞；2—剪切销；3—弹带；4—M43A1 式子弹；5—推弹板；6—弹体；7—抛射药；8—头螺；9—防护帽；10—引信；11—垫块

图 4-35 是美国 M84B1 系列 105 mm 含布撒装药的宣传弹结构示意图；图 4-36 是美国 M314 系列 105 mm 含布撒装药的照明弹结构示意图；图 4-37 是美国 M84 系列 105 mm 含布撒装药的发烟弹结构示意图；图 4-38 是美国 XM845 式 155 mm 含布撒装药的电视侦察弹结构示意图。这些弹丸的布撒火药都是黑火药。

2. 炮射导弹发射装药

炮射导弹是利用火炮发射的一类导弹，具有许多优点。由于导弹火箭发动机及其装药占据了大部分药室容积，其尾部几乎延伸到药筒底部，所剩可装发射药的空间较小，常常是狭长的环状体。炮射导弹的初速和膛压一般都较低（200～400 m/s、40～60 MPa），因此，对发射药点火及燃烧也提出了一些新要求。由于工作膛压较低，发射药易发生燃烧不完全现象，产生大量有毒气体，危害操作人员的安全，因此，常在装药中增加高压氮气瓶，膛内压力达到一定值时，由于压力的作用，氮气瓶阀门打开，当膛

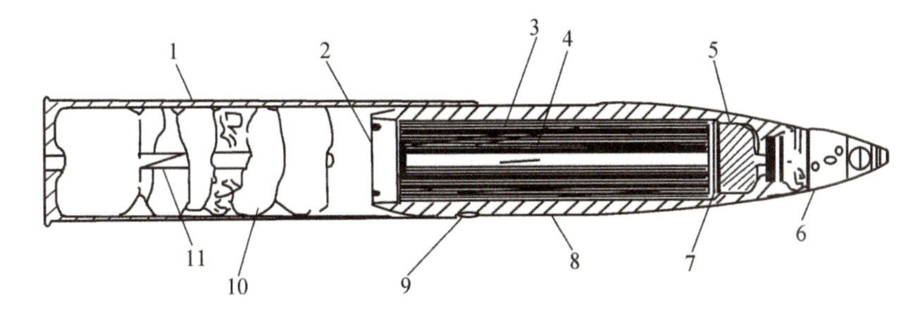

图 4-35　美国 105 mm M84B1 宣传弹装药示意图

1—药筒；2—底塞；3—传单；4—木杆；5—发射药；6—引信；
7—推板；8—弹丸；9—弹带；10—发射药；11—传火管

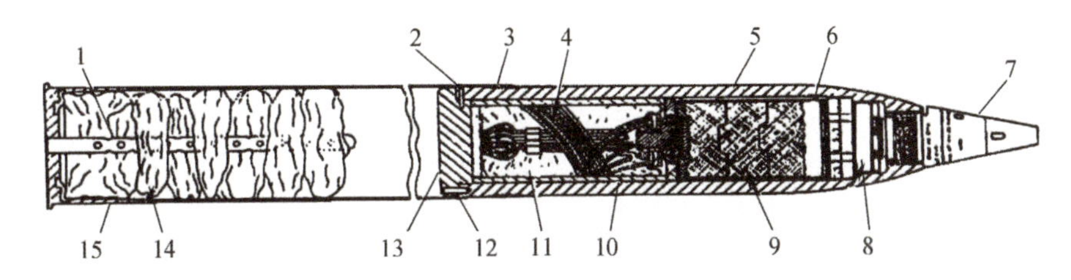

图 4-36　美国 M314 系列 105 mm 照明弹装药示意图

1—底火；2—剪切销；3—弹带；4—伞绳；5—弹体；6—引燃药；7—机械时间引信；8—抛射药；
9—照明剂；10—半圆瓦；11—吊伞；12—抗旋销；13—弹底塞；14—发射装药；15—药筒

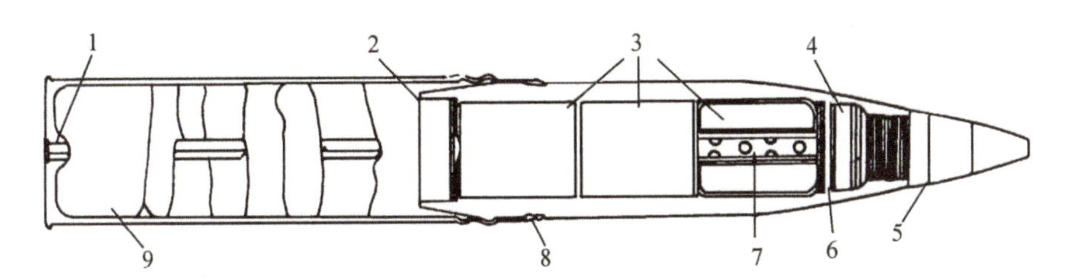

图 4-37　美国 M84 系列 105 mm 底抛式六氯乙烷发烟弹装示意图

1—底火；2—弹底塞；3—发烟罐；4—抛射药；5—机械时间引信；6—隔板；
7—传火管；8—弹带；9—发射装药

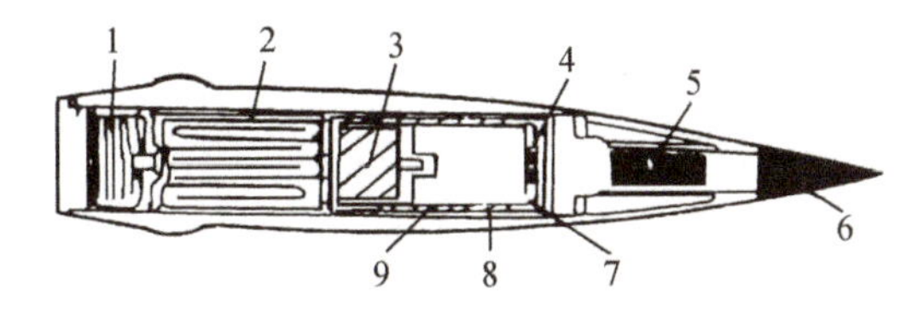

图 4-38　美国 XM845 式 155 mm 电视侦察弹装药

1—阻力伞；2—主伞；3—电池；4—透镜；5—抛射药；6—引信；7—摄像机；8—天线；9—发射机

内压力低于瓶内压力时，高压氮气流出，将有毒气体从炮口吹出。

图 4-39 是典型的炮射导弹装药示意图。发射时，点火药点燃发射药推动弹丸运动。

为了增加传火效果，常使用管状药，为保证装药的燃尽性，有时采用具有更高燃烧渐增性的钝感粒状药，必要时在发射药中间加传火药袋。

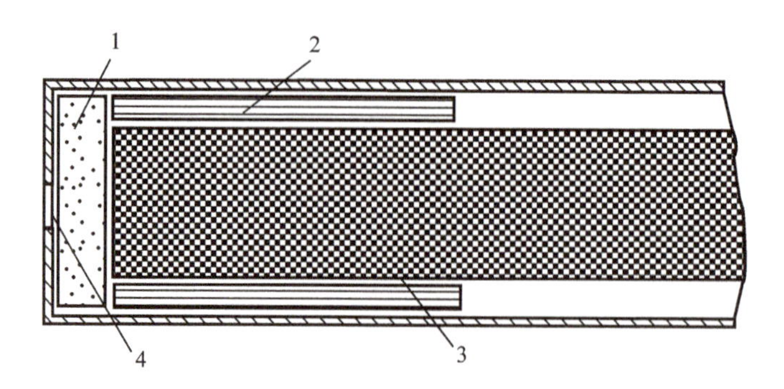

图 4-39 典型的炮射导弹装药结构示意图

1—点火药包（盒）；2—发射药；3—导弹弹丸；4—底火

图 4-40 是某 100 mm 炮射导弹装药结构图。

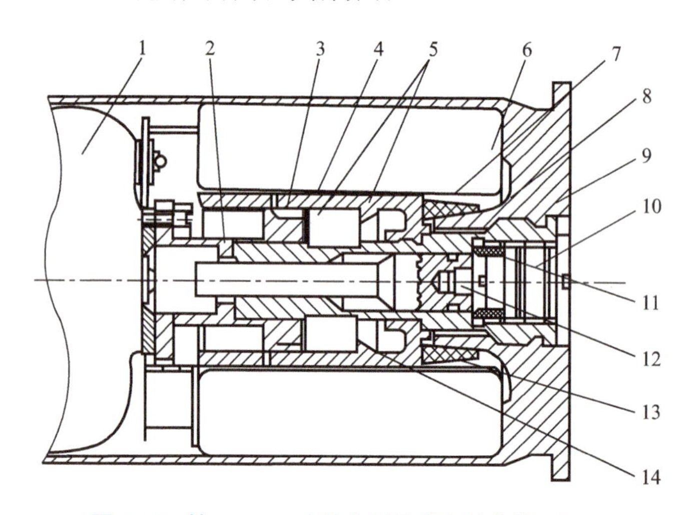

图 4-40 某 100 mm 火炮炮射导弹发射装药结构图

1—弹丸；2—衬套；3—挡药筒；4—挡片；5—药垫；6—发射药包；7—套管；8—撞杆；9—药筒；10—底火；11—螺母；12—螺钉；13—塑料垫圈；14—助燃药

该 100 mm 炮射导弹的发射装药采用了药筒定装药结构。装药由发射药包和助燃药盒组成，发射药包是把发射药均匀分装在呈 6 等份的长方形布袋内，且呈环形放置在药筒底部，助燃药盒是把助燃药同硝基软片药盒装入药筒中心的挡药筒内，与弹丸底部的电子感应点火具组成了中心点传火系统。中心的挡药筒壁在距药筒底部约 2/3 高处周围有两圈相互错位的 20 个 $\phi3$ 的喷火孔，可使点火后助燃药的高温高压燃气分散、均匀，瞬时传播至发射药床，实现中上部点火。

由于火炮膛内工作压力低，药室长径比小，采用这样的装药结构其装填密度小，发射药床的透气性好，点传火通道畅通，有利于瞬时、均匀、全面点火，有利于弹丸的发射安全性，有利于弹道性能的稳定性，有利于发射药能量的充分利用，也有利于弹道效率的提高。

图 4-41、图 4-42 是某 105 mm 炮射导弹装药结构图以及主装药药包。

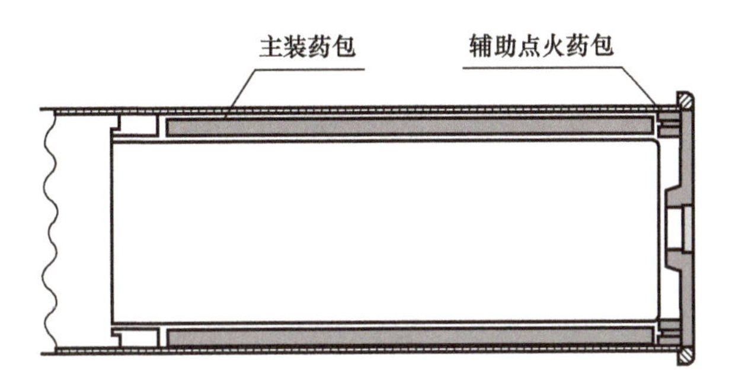

图 4-41　某 105 mm 炮射导弹装药结构图

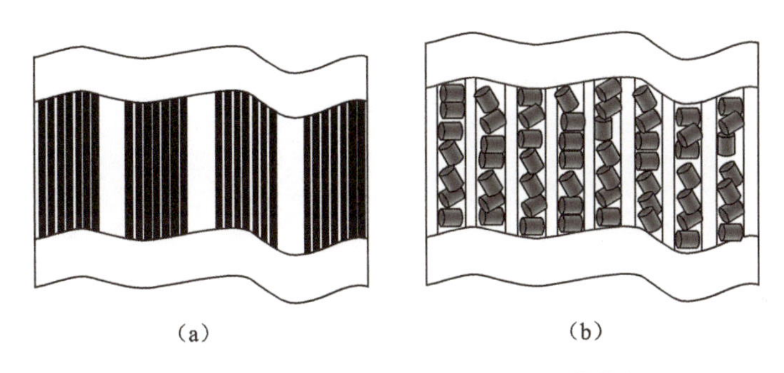

图 4-42　某 105 mm 炮射导弹用主装药药包
(a) 管状药装药包；(b) 粒状药装药包

图 4-43 是某 125 mm 炮射导弹装药结构图。装药采用多孔粒状药，装药中加入气瓶吹散火药燃气。

3. 双药室装药

串联双药室火炮运用了一种新的发射方法，它在膛压不高的情况下可提高弹丸的初速，可用于现有火炮的改造，其技术具有广泛的应用前景。

它具有以下优点：

① 不需改变炮尾结构，身管可以互换，可以降低坦克火力系统的研制经费；

② 主药室、副药室膛压较低，能增加火炮发射的安全性；

③ 副药室装药可加速弹丸，达到提高弹丸初速的目的。

发射过程分为以下几个阶段（图 4-44）：

第 1 阶段，点火具点燃主装药，达到启动压力后，燃烧气体推动活塞、副药室和弹丸一起运动，此时副药室未点燃；弹丸推动卡瓣运动。

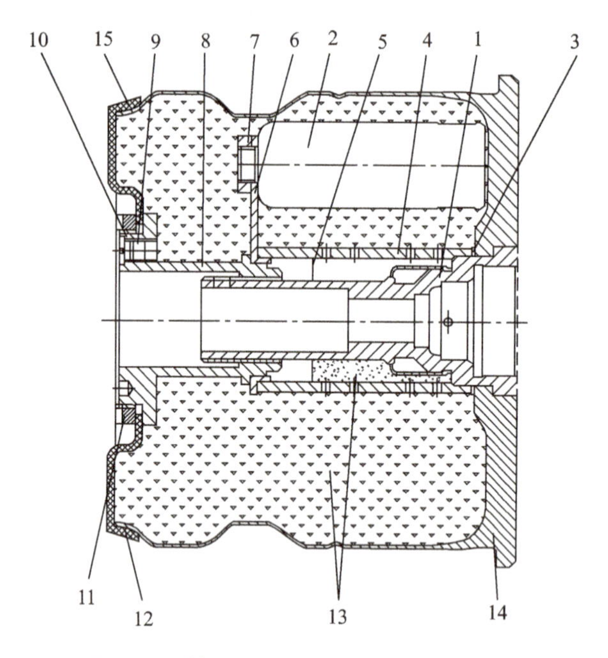

图 4-43　某 125 mm 炮射导弹装药结构图

1—传火管；2—气瓶；3—垫片；4—挡药筒；5—药垫；6—固定件；7—螺帽；8—堵盖；9—气帽；10—密封圈；11—大螺环；12—紧塞具；13—发射药；14—药筒；15—密封胶

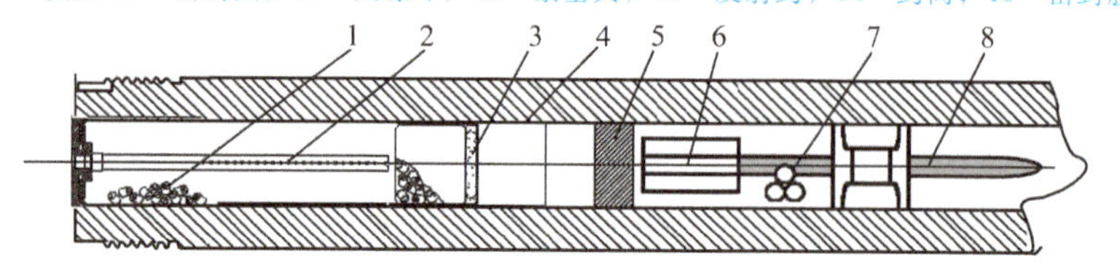

图 4-44　串联双药室火炮发射原理图

1—主药室火药；2—主药室点火管；3—固定盖；4—药筒；5—活塞；6—尾翼；7—副药室发射药；8—弹丸

第 2 阶段，当主药室压力达到一定值后，点燃副药室火药，此时活塞、副药室和弹丸仍然一起运动，弹丸仍推动卡瓣运动。

第 3 阶段，当副药室压力大于主药室压力时，弹丸与活塞分离，此时卡瓣带动弹丸运动。

4. 高低压药室装药

一些小口径榴弹发射器的身管较短，为了保证发射药在膛内燃完，同时降低枪口压力，通常采用速燃发射药，如使用多-125 发射药等。但速燃发射药趋向于增加膛压，从而增大武器的质量。

高低压药室装药结构有助于该问题的解决，如图 4-45 所示。

装药在高压室中燃烧产生的气体通过喷口到达低压室，然后推动弹丸运动。该结构可保证发射药在高压室燃完，充分利用了发射药的能量，同时，由于火药装药在高压室中燃烧武器承受压力较低，减少了身管厚度和武器的质量。

5. 金属风暴系统

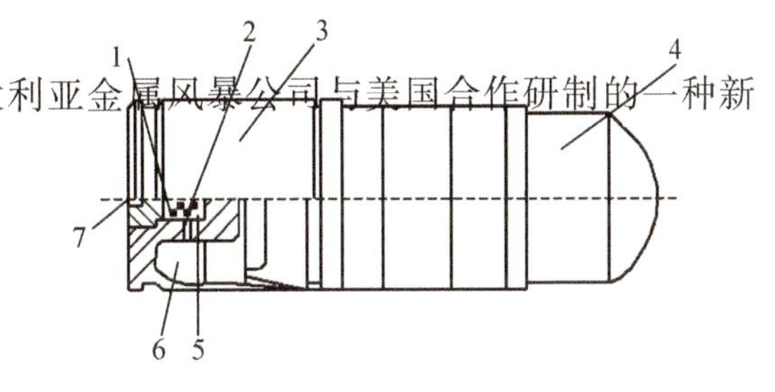

图 4-45　一种具有高低压药室的发射装药结构示意图

1—发射药；2—气体喷孔；3—弹筒；4—弹丸；
5—高压燃烧室；6—低压室；7—底火

金属风暴武器系统（图 4-46）是澳大利亚金属风暴公司与美国合作研制的一种新概念速射武器系统。虽然金属风暴武器系统仍然使用的是常规发射药，采用“金属风暴”技术的武器，没有任何活动的零件，没有单独的弹夹，不需要装弹和排弹，也不需要退壳装置。“金属风暴”在工作时，唯一的动作就是射出弹丸，一切控制完全依靠电子电路。在发射时，依靠电子装置控制设置在身管中的节点点燃发射药，发射药的燃烧气体膨胀做功，推动弹丸高速飞出身管，后面的弹丸会在燃烧气体的高压作用下而膨胀，密封住身管，使燃烧气体不向后而泄漏，更不会造成后面的发射药意外点燃。身管既可以单管使用，也可以多管组合使用，为武器的速射提供了便利条件，因此，“金属风暴”武器系统的射速极高，杀伤威力极大，射速范围为 600 万～100 万发/min。

图 4-46　多管金属风暴系统

目前研究和发展的金属风暴武器从发射装药结构来说，可分为弹药串联装填方式和侧装式两种，如图 4-47 和图 4-48 所示。

侧装式发射装药的发射药装填在身管的侧面药室中，发射时依次点燃药室中的发射装药，推动弹丸运动，侧装式发射装药的特点是：由于发射药装填在身管的侧面，相同的身管长度条件下可以装填更多的弹丸（图 4-47）。

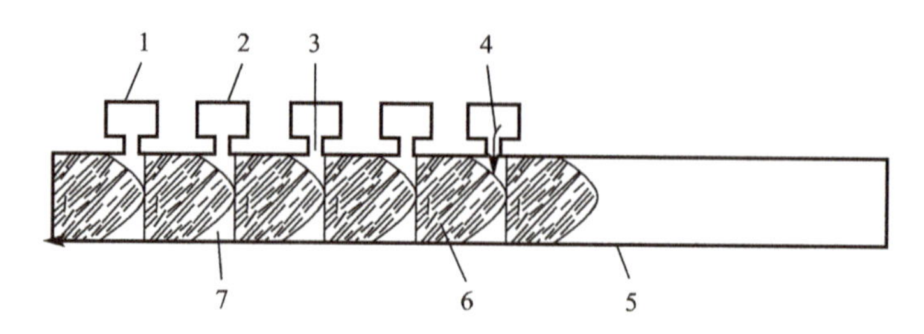

图 4-47　侧装式发射装药结构示意图

1—发射药；2—药室；3—导气孔；4—火药燃气流；5—身管；6—弹丸；7—膛内初始容积

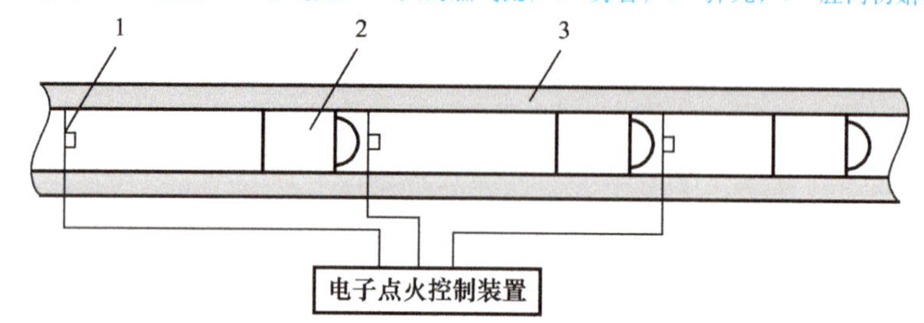

图 4-48　串联式发射装药结构示意图

1—电子点火头；2—弹丸；3—火炮身管

串联式发射装药发射药装填在弹丸的后方，其特点是：武器结构相对简单（图4-48）。

金属风暴武器系统的内弹道过程与普通有壳弹的内弹道过程相类似，但由于金属风暴特殊的装药结构，产生了与常规装药不同的弹道特征。药室容积在射击过程中不断发生变化，在嵌入膛线之前，金属风暴弹药系统中各发弹的运动情况是不同的。第 1 发弹从启动至嵌入膛线的过程与普通有壳弹相类似，但第 2 发弹及后续弹与此不同。第 2 发弹在其装药点燃后，在燃气压力作用下先滑行至少一个弹长加一个装药长的距离后（串联式），再进入坡膛，完成挤进过程，进入常规内弹道时期；第 3 发弹在其发射药点燃后，先滑行至少两个弹长加两个装药长的距离后，再进入坡膛，完成挤进过程，进入常规内弹道时期，依此类推。金属风暴武器身管中各发弹之间由于在启动至进入坡膛这一过程中存在差异以及各发弹后的装药结构的差异，会导致各发弹内弹道结果的差异。同时，由于高的射速，常常在前面弹丸没有出炮口时，后面弹丸的发射装药已点燃，弹道过程相互影响，产生所谓的“耦合”效应。因此，装药设计需要根据不同的弹道要求，调整各弹丸发射药装药药型和装药量。

以 12.7 mm 枪弹串联式为例，假设每发弹后的发射装药相同（4/7 火药，弹丸质量为 0.048 2 kg，装药量为 0.017 kg，第 1 发弹启动压力为 30×10^6 Pa，挤进阻力为 25×10^6 Pa，两发弹间距为 0.16 m），发射 3 发（强耦合时 2 发），弹道计算结果如下。

（1）次发弹的发射在发射前发弹的火药燃气排空后进行（非耦合情况）

由图 4-49 可以看出，在装药药型、装药量相同的情况下，按射击顺序，弹丸初速是逐渐增加的（弹丸行程逐渐增长），最大膛压首发较高，后续逐渐稳定。因此，要保

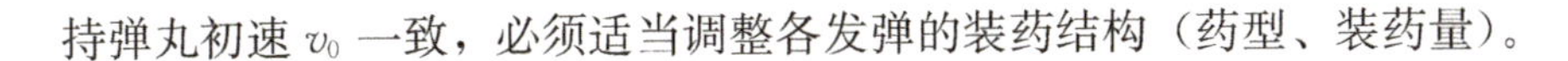
持弹丸初速 v_0 一致，必须适当调整各发弹的装药结构（药型、装药量）。

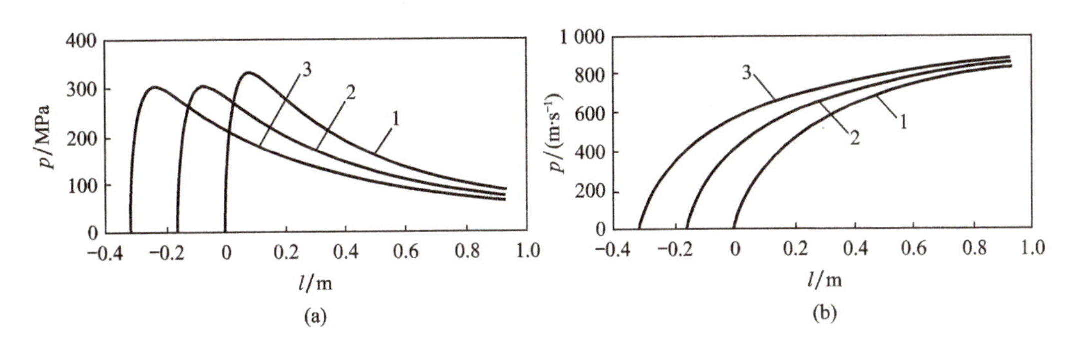

图 4-49　非耦合情况

（a）p-l 曲线；（b）v-l 曲线

（2）次发弹的发射在前发弹射出膛口，但火药燃气尚未排空后进行（弱耦合情形）（计算取击发时间间隔 4 ms）

由图 4-50 可以看出，和非耦合情况类似，弹丸初速按射击顺序逐渐增加，p_m 首发最高，但和非耦合不同，从第 2 发开始，由于受前发弹后续效应的影响，p_m 逐渐增加。

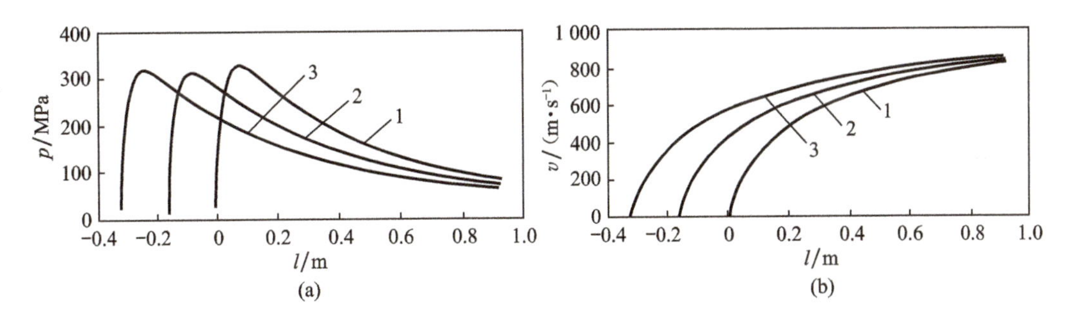

图 4-50　弱耦合情况

（a）p-l 曲线；（b）v-l 曲线

（3）次发弹的发射在前发弹还未离开膛口时击发（强耦合情形）（计算取击发时间间隔 1.9 ms）

由图 4-51 可以看出，初速 v_0 按射序逐渐增加，第 2 发弹由于弹丸在挤进时期突然受到挤进阻力的作用，在挤进膛线开始时刻的膛压有所上升，第 2 发弹受第 1 发弹的影响相当大，第 2 发弹的最高膛压上升较大。

随着射击频率的提高，前发弹与次发弹之间的内弹道过程，耦合现象越来越明显，武器的内弹道过程也越来越复杂。

对于侧装式发射装药，和串联式相比，如对侧药室密封（即后序弹道过程不受前面弹装药药室的影响），计算表明了类似的内弹道特征；如侧药室不密封，由于侧药室的影响，弹丸初速逐渐降低，射击频率越高，影响越显著。

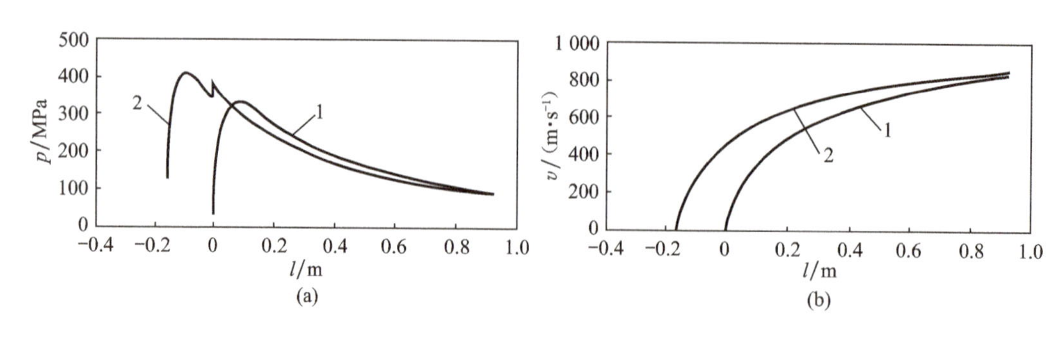

图 4-51　强耦合情况

（a）p-l 曲线；（b）v-l 曲线

因此，对于金属风暴的发射装药设计，根据弹道要求，必须充分考虑相关的“耦合”特性，对不同位置的发射装药装药量、药型等进行设计。

4.3　火药装药中的点火系统

火药装药中的点火系统对武器性能具有至关重要的影响。对火药装药中的点火系统的要求是：第一，能提供点燃装药所必需的能量；第二，能实现对装药的均匀而分散的点火；第三，点火性能有重现性。本节将介绍常用的点火器材、影响点火过程的因素以及装药中点火系统设计的一般知识。

4.3.1　点火器件

火药受到一定的外来能量激发后才能引起燃烧。因此，火炮射击时要利用点火器材。这些点火器材在受到简单的激发冲量（如冲击、电刺激、加热等）后能迅速释放热冲量以点燃火药装药。目前常用的点火具有药筒火帽、底火、中心点火管、辅助点火药包等。

1. 药筒火帽

目前常用的药筒火帽大体由三或四个构件组成。三个构件的火帽如图 4-52 所示。

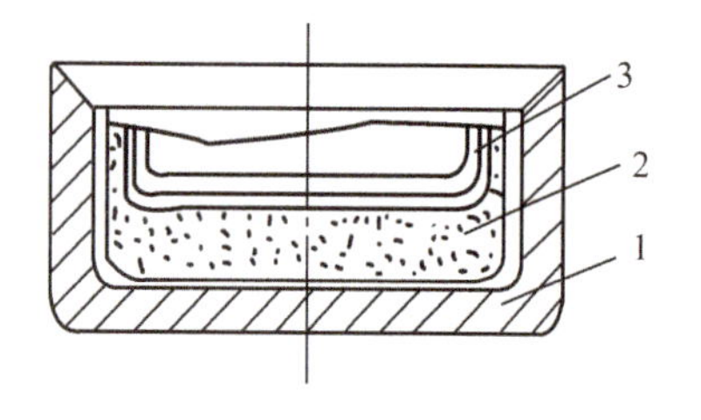

图 4-52　药筒火帽结构示意图（三构件）

1—火帽壳；2—击发剂；3—盖片

它由火帽壳、击发剂和盖片组成。火帽壳是一个有一定形状和准确尺寸的铜制凹形壳体。击发剂是由雷汞 $Hg(ONC)_2$（起爆药）、氯酸钾 $KClO_3$（氧化剂）和硫化梯 Sb_2S_3（可燃物）混合而成，火帽的点火能力主要取决于击发剂的成分比例、药剂质量、混合的均一性和装入火帽壳的压装压力；盖片是由锡或铅或羊皮纸制成的小圆片，平时起防潮作用，射击时它的厚薄对火帽性能也有影响。

四构件的火帽多了一个击砧，击砧是锥形或拱形金属片，它的尖端抵在击发剂上，后部与帽壳固定。击砧和击针夹击击发剂使得火帽作用更可靠。

射击时，击针撞击药筒火帽的外壳，火帽壳产生了变形，使击发剂所受的压力增大，击针的动能转化为热能。当热能足够大时即引起了击发剂的燃烧，从而生成热量和气体物质，使压力增强，冲破盖片，高温气体物质和灼热粒子进入药筒或药室，进而引燃了辅助点火药或装药。

药筒火帽的性能会影响到弹丸的弹道性能，甚至影响火炮的发射情况，所以对它必须提出严格要求：

① 药筒火帽应具有一定的外廓尺寸，尺寸应与枪炮的药筒紧密配合。

② 有适当的感度，在击针冲击之下能产生一定的冲击能量保证火帽的确实作用。

③ 有良好的点火能力，能可靠地点燃辅助点火药和火药。实践证明，火帽产生的火焰温度和火焰强度（即火焰长度及燃烧生成物气体的压力）是火帽点火能力的主要标志。火帽的火焰温度越高，装药越接近瞬时发火；火焰强度越大和作用于火药的时间越长，火帽可以点燃的表面越大。如果火帽点火能力不够，可能发生“迟发火”现象。

④ 点火作用一致，具有良好的重现性。为了保证弹丸有良好的弹道性能，火帽作用必须一致，点燃火药的能力应有再现性和可靠性。

⑤ 使用安全，火帽应能足以承受制造、运输和勤务处理中不可避免的振动和撞击。

⑥ 保存时性能安定。

⑦ 构造简单，制造容易，成本低廉。

2. 底火

口径在 25 mm 以下的火炮可以单独使用药筒火帽作为点火具；37 mm 口径以上的火炮火药量较大，需要更大的激发冲量才能保证正常点火，因此，往往需要用少量有烟火药作为辅助点火剂。

将火帽与有烟火药结合成一体的装置称为底火。

各种底火的构造基本上是类似的，主要组成部分包括底火本体、有烟火药装药、击发火帽和击砧，此外，还有封闭火药气体的专门装置。

在定装式和药筒分装式的弹药中，底火安装在药筒底部的驻室中，而在药包分装式的弹药中则装在炮闩的门管驻室中，相应的点火元件即称为击发门管。

底火的有烟火药量应保证底火有足够的点火能力，使发射装药着火确实并得到正常的弹道性能。底火本体应有足够的强度，要能够承受火药气体的压力，防止火药气体由炮闩冲出。底火必须保证在运输、勤务处理和装填时的振动情况下不会着火，以免发生危险。

图 4-53 是底-4 式底火的构造示意图。这种底火由黄铜或钢制成底火体，在底火体底部装有用螺套压紧的火帽。火帽上方是发火砧，射击时它可以使火帽确实作用。在发

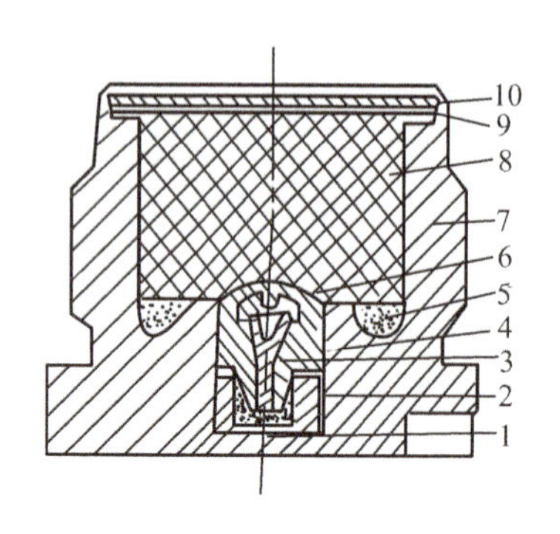

图 4-53 底-4 式底火结构图

1—内帽；2—螺套；3—锥形塞；4—发火砧；5—粒状黑火药；6—纸片；7—底火体；8—黑火药饼；9—垫片；10—盖片

火砧中间装有紫铜锥形塞，它起到一个单向活门的作用。击发后，火帽火焰将锥形塞抬起，气体冲入底火体上部，把装在上部的黑火药饼（6.1 g）点燃。黑火药燃烧后，火药气体压力反过来把紫铜锥形塞压紧，防止了火药气体从底火底部冲出。在黑火药饼上方有起防潮作用的盖片、垫片。底-4 式底火可承受的最大膛压为 350 MPa，它用在 57～122 mm 等口径火炮的药筒上。

3. 中心点火管

图 4-54、图 4-55 表示了两种不同的中心点火管。一种中心点火管（图 4-54（a）、图 4-55（a））管本体内部充以黑火药或其他适用的点火材料，靠管尾安装的底火引燃。点火管安放在装有散装粒状药药筒的中心轴位置，由几个沿管体轴向排列的径向孔传播点火能量。影响装药床点火的因素有：火药初温、点火管内装药的数量和类型、点火管伸入药床的长度以及孔的数量和位置等。图 4-54（b）表示的中心点火管用于药包分装式装药。它被直接放入火炮药室腔内。这种点火管有一个点火具（图 4-55（b）），安放于武器的击发闩体上。发射时，点火具通过喷孔输入能量，点燃一个贴在发射装药包上的黑火药底垫，从而点燃中心点火管内蛇形袋中的黑火药，使火焰沿轴向的传播得以增强。药包分装式火药床的点火受如下因素的影响：火药初温、药包脱开的距离、喷孔与黑火药底垫的不同心度等。

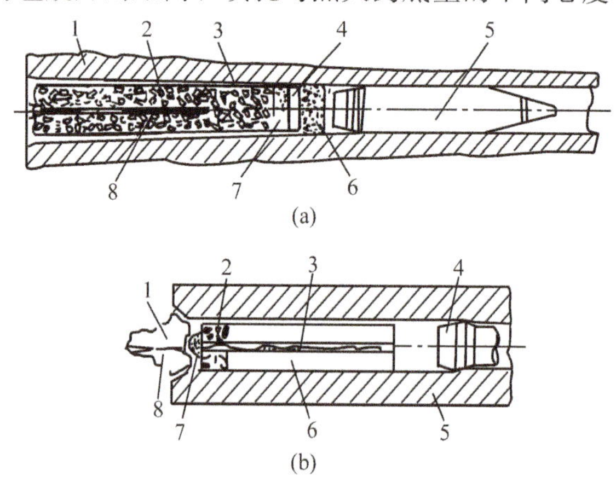

图 4-54 典型的中心点火管在装药中的安放位置示意图

（a）药筒装填用的中心点火管：1—身管；2—中心点火管；3—药筒；4—空隙；5—弹丸；6—软木塞；7—衬垫；8—药床

（b）药包装填用的中心点火管：1—导火孔；2—粒状火药；3—中心点火管；4—弹丸；5—炮管；6—火药；7—黑火药底垫；8—闩体

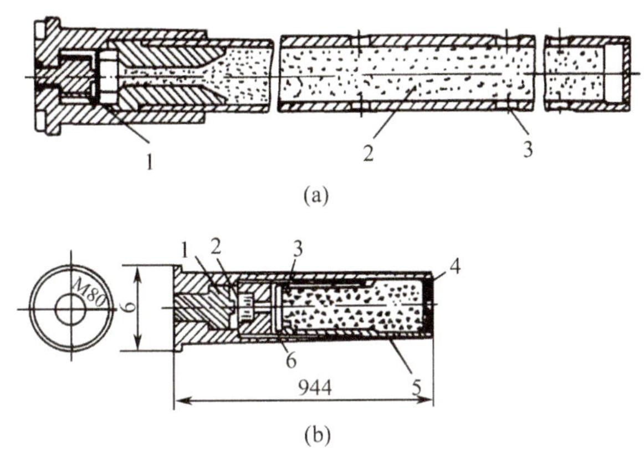

图 4-55　中心点火管结构图

(a) 药筒装填用的中心点火管：1—点火元件；2—黑火药；3—排气孔

(b) 药包装填用的中心点火管：1—击针；2—底火；3—垫圈；4—壳体；5—组件；6—密封圈

4. 火药装药的新型点火装置

目前，随着高装填密度装药等技术的发展，对装药的点火提出了更高的要求。由此，正在研究和发展一系列的新型点火装置，如激光点火、等离子体点火、低速爆轰点火等，这些内容将在第 5 章中介绍。

4.3.2　影响点火过程的因素

影响点火过程的因素大致可分为来自点火系统和来自装药结构这两大方面。点火过程中两方面因素不是孤立的，而是相互影响和制约的。显然，一个良好的点火过程不仅取决于点火系统气相和固相产物的物化特性和流动特性，也取决于火药床的结构和它的物理化学因素。

1. 点火药的物理化学性质

目前在火药装药点火系统中使用的点火药有黑火药、多孔性硝化棉和烟火剂等。作为点火系统核心部分的点火药，其点火能力是影响点火过程的重要因素。黑火药的组分十分简单，至今仍是应用最为广泛的点火药。黑火药由硝酸钾、木炭和硫黄三组分构成(质量分数分别为 75%、15%、10%)，其中硝酸钾为氧化剂，木炭是可燃物，硫黄既是黏结剂，又起氧化剂和燃烧催化剂的作用。黑火药的燃烧反应机理十分复杂，至今尚未完全搞清。但是试验研究已揭示了影响黑火药燃烧性能的一些规律。

黑火药的燃烧速度与它的组成和密度有很大关系，密度增加时，燃速降低。黑火药中含水量达到 2%时点火就会发生困难。

黑火药自身的火焰传播速度对于点火药用量较多的装药床的点火十分重要。研究表明，黑火药床中火焰传播速度与黑火药粒能否运动相关，自由药粒比固定药粒的火焰传播速度快，就药粒尺寸而言，小粒黑火药的火焰传播速度比大粒黑火药的快。黑火药自身火焰传播性能的差异可归结为药粒结构的影响。不同的原材料、不同的加工工艺直接影响黑火药的结构，从而影响火焰传播速度。黑火药粒密度小、空隙多、比表面积大，因此火焰传播速度快。不同厂家生产的，甚至同一厂家生产的不同批号的黑火药的燃烧性能都可能不一致。这种不一致性显然会影响火药床的点火，进而影响火炮的弹道一致性。这也是黑火药的一个缺点。

为改善点火药的点火能力，国外已使用一些高燃速的新型点火药。奔奈药条就是其中的一种。它是黑火药与硝化纤维素以溶剂法压制的药条状火药。用它取代大口径火炮装药中部分黑火药，可以明显地增强火焰传播速度。采用高燃速点火剂点火可使装药床更接近于瞬时全面着火，一方面可消除压力波，另一方面也可减轻药粒间的相互挤压作用，使火药粒不易破碎，从而改善射击时的弹道一致性。点火药量显然会影响点火系统的点火能力。点火药量过小，容易造成装药局部点火，从而促使装药床产生较强的压力波。当点火药量过大，特别是过于集中时，不但膛压将显著增高，压力波也易于生成。

2. **点火药位置及点火具结构**

试验结果表明，点火药位置对装药的燃烧有极为重要的影响。迅速而分散的点火有利于降低压力波并获得较好的点火重现性，从而获得较为稳定的弹道性能。表 4-4 是某火炮的不同点传火结构膛内压力波的试验结果。

表 4-4 某火炮的不同点传火结构膛内压力波的试验结果

序号	装药量/kg	点传火结构	最大负压差/MPa
1	单基药，5	内装奔奈药条的可燃传火管	−32.8
2	单基药，5	16/1 管状药	−33.6
3	单基药，5	内装 2 号大粒黑的可燃传火管	−118.0
4	单基药，5	底部点火药包	−153.3

由表 4-4 可以看出，在装药量相同的情况下，采用内装奔奈药条的可燃传火管和 16/1 管状药的点传火结构，最大负压差较小，而采用底部点火药包出现了较大的负压差。当将可燃传火管内装的奔奈药条换成 2 号大粒黑后，最大负压差出现了较大幅度的增长。这是由于传火管内装入 2 号大粒黑后，药管内药粒堆积密度增大，点火药产生的气体自然流通通道减小，同时，可燃传火管强度低，破裂早，使装药的点火均匀性变差。可以预计，当将 2 号大粒黑装入蛇形药袋后再装入传火管中，采用金属结构传火管等措施后，装药的点传火性能将获得较大幅度的提高。

一般当装药长度超过 0.7～0.8 m 时，仅用一个底部点火药包不能保证装药的良好点火，应考虑在装药纵向其他部位配置附加的点火药包或使用中心点火管。点火管的几何结构，如点火管内径、长度、传火孔的孔径及其分布情况等，都对点火性能有影响。特别是点火管的细长比（传火孔径与点火管长度之比），对点火性能的影响尤为明显。细长比过小，对气体流动阻力就较大，因而会妨碍火焰在管内的传播，其结果是影响装药的瞬时全面着火，同时，由于点火管底部压力较高，也容易促使膛内压力波的增长。

点火管传火孔的排列方式、传火孔径以及传火孔总面积都需在设计时予以考虑。点火管第一排传火孔的高度 h_1 对装药的点火也有显著的影响。如果 h_1 比较小，则第一排孔在点火过程中破孔较早，使管压上升缓慢；反之，当 h_1 增大，破孔时间随之延迟，管压相应增高。

3. 火药的理化性能及火药床结构

从被点燃的火药床方面考虑，火药的理化性能和火药床的结构对点火也具有显著的影响。火药的理化性能包括火药组分、爆热、燃烧温度、分解温度、燃速、火药表面性质、粒度及热传导性质等。各种火药依据其是否容易点燃，大体可排成下列顺序：

有烟药>热量较高的硝化甘油火药>硝化纤维素火药>经石墨光泽和钝化处理过的硝化纤维素火药

一般来说，火药的几项因素和点燃性能有关：

① 火药的气化点和分解温度。当外界条件一定时，这两个量越高，说明火药开始燃烧所需的点火热量也就越高，火药也就越不容易点燃。

② 燃速越大的火药越容易点燃。

③ 火药的热传导系数 λ 对点火的影响是复杂的。λ 如果过大，点火热量刚刚传给火药表面，火药局部加热尚未达到发火程度，热量又很快向火药深处传递散失，因此，λ 过大时，点火是困难的；λ 如果过小，点火药气体不容易把热量传给火药表面，因此点火也会发生困难。

④ 火药的密度 δ 与 λ 值有密切关系。在一般情况下，δ 大时，λ 也大。因此，火药密度对点火的影响也是复杂的。但是，火药密度是火药紧密程度的标志，火药结构越疏松，越容易点火。

⑤ 火药的形状和表面状况与点火也有关，火药表面越粗糙，越容易点火，而经过石墨光泽和钝化处理过的火药难点火。

这一系列影响点火的因素不是孤立地起作用，而是互相关联的。点火难易是多因素的综合影响。

除了火药本身的物理化学性质对点火有着明显影响外，火药的初始温度对点火也有显著影响，表 4-5 给出了辅助点火药量为 5.2 g，火药装药量为 180 g 时火药的初温和时间的关系。

表 4-5　某火炮火药初始温度对点火的影响

火药牌号	装药温度/℃	挤进压力/MPa	弹道前期/s	点火时间/s
18/1	−45	22.6	0.013 0	0.006 4
18/1	0	26	0.015 0	0.004 4

续表

火药牌号	装药温度/℃	挤进压力/MPa	弹道前期/s	点火时间/s
18/1	18	24	0.007 8	0.002 0
18/1	45	26.2	0.006 6	0.001 0
双芳-3 18/1	−45	11.4	0.021 2	0.015 8
双芳-3 18/1	0	20.4	0.014 7	0.007 5
双芳-3 18/1	18	19.6	0.012 8	0.006 2
130/50	−45	18.6	0.016 6	0.008 6
130/50	0	20.4	0.013 7	0.006 2
130/50	18	19.0	0.010 6	0.003 7
130/50	40	22.4	0.009 5	0.002 5

由表 4-5 可以看出，火药初温由−45 ℃增至 40 ℃时，弹道前期的时间约减少 1/2，而装药的点火时间减少了 2/3～5/6。因为在低温条件下要把火药点燃，须将火药表面层加热到一定温度，并维持火药内部具有一定的温度梯度，这比初始温度高时所需的点火药热量要多。在点火药量和其他条件不变时，必然要延长点火时间。因此，在设计辅助点火药用量时，不仅要保证常温下的点火一致性，还要保证低温条件下能有确实的和一致的点火条件。

在装药床结构方面，除装药床的孔隙率（或装填密度）、药室的长径比和药室的自由空间等对点火过程的影响外，火药装药的起始总燃烧面积对点火过程有明显的影响。起始总燃烧面积大的装药结构，在点火阶段易于产生压力波。在弹道等效条件下，19 孔和 37 孔火药的起始燃面要比 7 孔火药的小，因此，国外广泛采用 19 孔大颗粒火药，它不仅可以减少起始燃烧表面积，还改善了装药床的透气性，有利于火焰的传播和实现点火的一致性。

在使用药包的情况下，药包布能减弱点火传火气体的气流速度，当气体穿透或破坏厚而致密的药包布时，要消耗一定的能量，因此，装药中的药包布必须选用不严重阻碍点火的丝织物或薄的棉织物。

4.3.3 装药点火系统设计的一般知识

实际装药的点燃与理想的“瞬时全面点火”总是有差别的，并非所有火药表面温度都达到发火点时才开始点燃，而是点火药燃气和灼热的固体粒子先点燃靠近点火药附近的一部分火药，而这部分火药点燃后所产生的燃气又参与其余部分火药的点燃。究竟装药中应有多大火药表面被点燃才能维持火药装药的稳定燃烧，从理论上和试验上都很难确定。通常的办法是用点火压力达到一定值或点火延迟期最小时的点火药量作为选择点火药的标准。

1. 强迫点火理论与点火强度指标

为建立点火压力与火药装药点燃所需热量间的关系，假定一种非常简单的点火过程模型。这一模型假设：

① 火药的点火只取决于点火药气体对火药表面的传热，当火药表面从点火药气体中吸收的热量达到足够大时火药即可着火，这个热量的最小值一般表示为 Q_{min}；

② 点火热源的温度 T_i 是一个恒定数值，均匀地对火药加热；

③ 点火药气体服从理想气体状态方程，则

$$T_i = p_i/(R_{ign}\rho_i) \tag{4-1}$$

式中，T_i 为点火药气体温度；R_{ign} 为点火药气体常数；p_i 为点火药气体压力；ρ_i 为点火药气体密度。

单位时间内点火药气体传给火药表面的热量，用传热公式可以表示为

$$dQ/dt = cu\rho_i(T_i - T_0)S_0 \tag{4-2}$$

式中，T_0 为火药的初温；c 为点火气体的比热容；u 为火药气体流向火药表面的法向平均速度；S_0 为火药的受热表面积；t 为传热时间。

如令

$$\xi = 1 - T_0/T_i$$

从状态方程得知

$$T_i\rho_i = p_i/R_{ign} \tag{4-3}$$

则式（4-2）可改写成

$$dQ/dt = cu\xi S_0 p_i / R_{ign} \tag{4-4}$$

令 $\alpha_1 = cu\xi/R_{ign}$（称为理论传热系数），则

$$dQ/dt = \alpha_1 S_0 p_i \tag{4-5}$$

由于在上式中没有考虑点火药气体沿火药表面的湍流流动和点火药气体中含有炽热的固体粒子等因素，因此，在传热系数中应引入大于 1 的系数 α_2，又由于点火药气体传播是有一个过程的，因而装药各部分加热情况并不一致。为了简化起见，假设火药表面的点火药气体温度是一致的，并对点火药气体压力取平均值。由于这一假设引起的误差由系数 α_3 修正，所以

$$dQ/dt = \alpha_1\alpha_2\alpha_3 S_0 p_i \tag{4-6}$$

令

$$\alpha = \alpha_1\alpha_2\alpha_3 = cu\xi\alpha_2\alpha_3/R$$

$$dQ/dt = \alpha S_0 p_i \tag{4-7}$$

式中，α 称为总传热系数，是一个与点火药气体性质、火药初温、点火过程、点火温度、点火结构和装药结构有关的量。

从式（4-7）可以看出，为了保证正常的点火条件，必须根据装药中火药的形状尺寸和装药量来选择点火药的种类、用量和合理的点火结构。而点火药气体的压力是点火强度的重要标志之一。但点火压力只代表了点火强度条件的一个方面，要使火药点燃，火药吸收的热量应大于某一个最低热量 Q_{min}。若 t_{min} 为点火药气体把热量 Q_{min} 传给火药表面所需时间，对式（4-7）积分得

$$Q_{\min} = \alpha S_0 \int_0^{t_{\min}} p_i \mathrm{d}t \tag{4-8}$$

令

$$q_{\min} = Q_{\min} / S_0$$

则

$$q_{\min} = \alpha \int_0^{t_{\min}} p_i \mathrm{d}t \tag{4-9}$$

式中，$q_{\min}$表示要使火药点燃，火药的单位表面应当吸收的最低热量。

因此，要得到有效的点火，火药单位表面实际分配的热量 q_i 应大于 $q_{\min}$。所以 q_i 就成为点火设计中的重要依据，这是点火强度的又一重要指标。用微量量热计可以直接测得一般火药表面加热层的热量，试验证明有效点火时，q_i 为 7.6～9.6 J/cm^2。

从式（4-9）还可以看出，若要保证 $q_{\min}$ 大于某一个数值，在总传热系数 α 一定时，对点火 p_i-t 曲线下的面积也必须有一定的要求。但是为了方便起见，经常用点火的最大压力 p_B（p_i 的最大值）、点火压力 p_i 达到最大值 p_B 的点火时间 t_B 以及点火药气体压力上升后的变化趋势来判别。点火压力 p_i 不仅影响到点火药热量向火药传递的情况，还标志着点火药气体在装药中的传播能力，所以，点火药气体压力的最大值 p_B 往往作为点火强度的指标，它必须大于一定的数值。在一定的点火气体压力 p_B 下，为了使热量及时传给火药，还必须保证一定的点火时间。因为形成点火最大压力 p_B 也是有一个过程的，点火过程的压力曲线也必须是近似一致的，即各发点火压力和点火时间跳动不大，点火压力曲线上升的趋势应该接近一致。

因此，在点火系统设计中经常提出以下几条作为点火强度的指标：

① 点火药气体压力平均最大值 p_B；

② 点火时间 t_B；

③ 点火药气体压力曲线上升的趋势；

④ 装药单位表面积所吸收的热量 q_i；

⑤ 点火压力曲线的重现性。

这些指标都是从点火药方面提出的，由于装药的具体条件不同，对这些指标的要求也会有所不同。对于一般线膛武器，主要是控制点火压力、点火时间和点火热量，因为在控制这些量后，其他两项指标就比较容易满足了。而对于有气体流出的低压火炮，这五项指标都必须考虑。为了达到点火指标的要求，应当控制好点火的条件。对于一般武器，选择好点火药的种类、控制点火药量和合理安排点火结构是控制各项点火指标最有效的方法。

2. 点火系统设计的一般知识

（1）点火药种类的选择

最常用的点火药是黑火药。黑火药燃烧后产生占其产物质量 55.7%的固体粒子，这些微粒上聚集了一部分热量成为灼热粒子。当这些粒子接触到火药表面时，把热量集中地传给火药的某一区域，能较好地使装药局部加热，使这部分装药迅速引燃，再扩大到其他部分。因此，黑火药的点火能力较强。黑火药生成物中有大量的钾离子 K^+，它是一种消焰剂。所以，利用黑火药点火本身就可以起到消焰作用。但黑火药的热量较低，射击时会产生烟，射击后膛内残留物质较多，容易污染炮膛，在运输保管中容易破碎和吸潮，所以也有不少缺点。

多孔性硝化棉火药的热量较高，燃烧时不产生固体粒子，点火能力虽然不如黑火药的强，但满足无烟射击的要求。在半自动炮门和有炮口制退器的火炮上采用这种点火药容易产生炮尾焰，为了消除炮尾焰，如在装药中另加入消焰剂，则又增加了发射时的烟，将抵消使用多孔性硝化棉火药的优点，更重要的是，多孔性硝化棉火药的性能不稳定。因此，这种点火药主要在低压火炮中配合黑火药使用，以弥补黑火药热量不足的缺点。

奔奈药条是由黑火药与硝化纤维素以溶剂法压制的药条状火药，兼具黑火药与硝化棉火药的优点，国外在大口径火炮中已广泛地用来部分取代黑火药。

(2) 点火药量的选择

在密闭爆发器进行试验时按照下列公式，在指定最大点火压力 p_B 的条件下来估算点火药用量

$$p_B = \frac{f_B m_B}{V_0 - \frac{m_p}{\delta} - \alpha_B m_B} \tag{4-10}$$

式中，m_B、f_B、α_B 分别为点火药用量、火药力及余容；m_p、δ 分别为被点燃火药的装药量及密度；V_0 为密闭爆发器容积。

根据式 (4-10)，指定一个点火压力，即可求得一个点火药用量，它对应一个点火时间。试验证明，点火药气体压力越低，点火时间就越长。当 p_B=12.5 MPa 时，可以认为火药在密闭爆发器中是瞬时点燃的，见表 4-6。

表 4-6　密闭爆发器中点火压力与点火时间的关系

点火压力 p_B/MPa	2	4	6	12.5
点火时间 t_B/s	0.02	0.008	0.004	瞬时（近似）

但是，在密闭爆发器中由计算所得的点火药气体压力并没有考虑爆发器和火药表面对点火药气体压力的影响。所以实测的点火药气体压力数值比理论计算值要低。装药中火药的总表面积越大，实测的点火药气体压力就越低。所以，不应当仅仅依靠理论的估算来确定点火药量，还必须考虑具体的结构情况，才能正确选择点火药用量。把密闭爆发器试验中得出的规律推广到火炮中同样是适用的。在为火药装药选择点火药量时，简单地用状态方程估算当然也不能得到满意的结果。目前火炮装药选择点火药用量主要是依靠经验公式或试验方法。

经验公式 (1)：

$$m_B = \frac{S_0 q_i}{\varphi Q_V}(1+K) \tag{4-11}$$

式中，m_B 为点火药量，g；S_0 为装药的总表面积，cm^2；q_i 为点燃每平方厘米装药表面所需的热量，J/cm^2；φ 为热损失系数；Q_V 为水为液态时的火药爆热，J/g；K 为取决于装药结构和装药尺寸的系数。

系数 φ、K 和 q_i 的大小应根据试验来定，一般情况下可取 $\varphi=1$，$K=0$，$q_i=1.5\ J/cm^2$ 作为估算火炮点火药量的一次近似值。

这一经验公式完全是以装药单位表面积所需的热量 q_i 作为估算的基础。表 4-7 列举的几种火炮的点火药诸元可作为设计的参考。

表 4-7　几种火炮的点火药诸元

火炮名称	装药量 m_p/g	装药总表面积 S_0/cm^2	点火药质量 m_B/g	点火药总热量 Q_B/J	单位面积装药表面吸收的热量 $q_i/(J \cdot cm^{-2})$
20 mm 空军炮	19	291	0.52	1 424	4.90
37 mm 高射炮	220	2 478	5.01	13 837	5.57
57 mm 反坦克炮	1 500	12 125	7.53	20 792	1.72
85 mm 高射炮	2 480	16 452	32.53	89 870	5.44
85 mm 加农炮	2 520	23 672	23.73	94 027	3.98
152 mm 榴弹炮	3 480	56 036	51.53	158 956	2.85

经验公式（2）：

$$\frac{m_B}{m_p}=\frac{17.6\times 2e_1\left(\frac{\delta}{\Delta}-1\right)}{Q_{V(l)}} \tag{4-12}$$

式中，m_B 为点火药量，g；m_p 为火药装药量，g；$2e_1$ 为火药燃烧层厚度，mm；δ 为火药密度，g/cm^3；Δ 为火药装填密度，g/cm^3。

采用弹道试验法确定点火药用量的方法，是在试验时在其他装填条件不变的情况下只改变点火药用量，同时测定火炮的最大膛压、初速和装药的引燃时间，即从击发底火开始到弹丸出炮口为止。尽管这个时间不是点火时间，点火过程仅是装药引燃时间中的一小段，但是这个时间比较容易测得，可以作为参考。以德国 155 mm 加农炮为例，试验结果列于表 4-8。点火药量与弹道诸元的关系绘于图 4-56 中。

表 4-8　德国 155 mm 加农炮点火药量对主要弹道诸元的影响

点火药量	m_B/g	25	50	75	100	125	15
最大膛压	p_m/MPa	238	263	268	272	279	283
初速	$v_0/(m \cdot s^{-1})$	751	749	753	755	767	759
装药引燃时间	t/ms	882	312	83	92	75	78

由图 4-56 可以看出，最大膛压是随点火药量的增长成直线增加的；初速的变化范围不大，随着点火药量增加而略有增加，均在初速允许的误差范围以内；装药的引燃时间在点火药量少时变化非常剧烈，当点火药量为 75 g 时，引燃时间达到某一数值，此

后再增加点火药量，装药引燃时间不再变化。因此，可以选取 75 g 为该炮的点火药量。如果小于这个量，装药引燃时间则随点火药量减少而显著增加，在这种情况下，装药燃烧就很不稳定，会使膛压和初速产生显著的跳动。如果大于这个量，在弹道上会引起膛压增高而初速却并不相应地增加，点火药用量过多还会引起射击时烟多、膛内残渣多等缺点。显然这种情况对火炮性能是不利的。

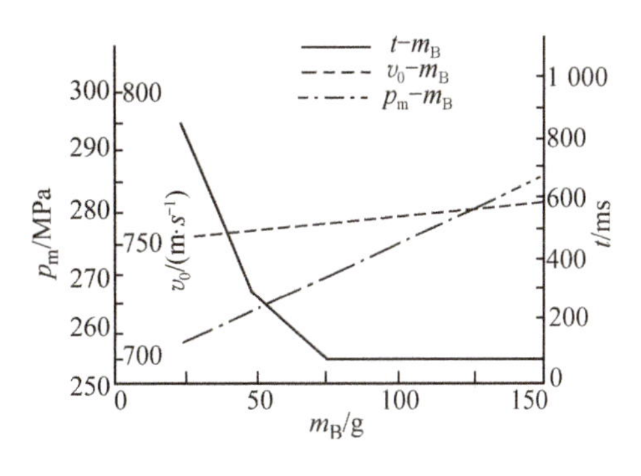

图 4-56　德国 155 mm 加农炮点火药量对主要弹道性能的影响

(3) 点火药位置的选择

点火药的点燃效果不仅和点火药量有关，而且与放在装药中的位置有密切关系。当装药的药筒或药包不很长时，辅助点火药一般都是放置在底火和火药之间。如果由粒状药组成而用较长的药筒或药包时，可以把辅助点火药装在一定长度的中心点火管中。

不论什么形状的火药，当装药长度超过了 0.7～0.8 m 时，如果仅在底火上放置一个点火药包，往往不能保证装药瞬时全面点燃，会造成膛压初速的反常跳动。为了避免这种现象，可把辅助点火药分成两个药包，一个放在底火上部，另一个放在装药将近一半的地方。实践表明，第二个药包不宜放置在装药的最上端，这是因为，如果这样做，点火药就起不到“接力”点火作用，又容易使装药两头受压而使药粒破碎。分成两个点火药包时，点火药量要调节适当，可以均分，中间点火药包药量也可以多一些。但下点火药包药量不能太少，否则会使起始点火能力过弱。

在变装药中，因为有大量的附加药包，射击时这些附加药包可能要取出，所以辅助点火药包一般不固定在附加药包上。分成两个点火药包时，分别放置在基本药包的上面和下面。

如果装药的尺寸更大，也可以将点火药包分成三个以上。

(4) 点火管设计的主要原则

一般情况下，如果装药床长度为 L，则点火管长度取 $L_d=(0.6\sim1.0)L$。点火管的细长比，即点火管内径与点火管长度之比 $\Lambda_d=D_d/L_d$ 要适当，一般在 1/45～1/25。对于粒状火药床，点火管的传火孔一般是交叉分布的。对于带状火药或管状火药床，传火孔分布在点火管两端较为有利。因为从点火管中间孔内横向流出的气体会把带状或管状药型破坏，易造成弹道性能反常跳动。传火孔径 d 通常取 2～6 mm。点火药颗粒较小时，d 也取较小值；点火火焰太短，于点火不利；传火孔径过大，药粒又易喷出点火管。单位点火药重量的传火孔，总面积可控制在 11～22 mm^2/g。一般地，装填密度较大的火药床，点火较为困难，为提高点火压力，传火孔的总面积可以取得小些。点火管第一排孔的位置对点传火性能至关重要。如果第一排孔离点火管底部较近，则第一排孔在点火过程中破孔时间比较早，管压上升较慢；反之，当第一排孔离点火管底部较远时，则其破孔时间将稍后延迟，管压上升较快。中心点火管内点火药纸筒的强度和与点火管的配合公差也会影响点火性能。如果纸筒不能紧密地贴在点火管内壁上，就不能保证打开传火孔时冲成圆形或窄长形的孔，有可能在不高的压力下就使纸筒断裂，因此就达不到所要求的打开传火孔的压力。而当点火纸筒在长度上比点火管内腔长度要短时，容易造成空腔一端局部压力升高和点火管性能不稳定，这些在设计时都需注意。

4.4 火炮火药装药附加元件

火药装药中的火药和点火系统是装药的两种最主要的元件。在实际使用中，为满足装药储存、运输、发射的要求，改进和完善火炮性能，需要使用其他附加元件，如护膛剂、除铜剂、消焰剂以及紧塞具和密封装置等。

4.4.1 护膛剂

在装药中加入1%的护膛剂，火药气体的温度降低100 ℃～120 ℃，热量降低125～167 kJ/kg，比容增加20～25 dm^3/kg，相当于火药力降低1%。但对不同性质的火药，护膛剂的效果是不同的。对于低热量火药，由于护膛剂产生相变化和热裂解，吸收了大量的热，可以较显著地降低火药气体温度。但对于高热量火药装药，由于护膛剂产生相变化和热裂解后的产物容易进一步与火药气体作用而放出一些热量，因此，火药气体温度降低的幅度较小。当火药热量增至4 190 kJ/kg或更高时，护膛剂实际上已起不了多大作用，所以护膛剂只能用在一定热量范围的火药中。

设计护膛剂应考虑到装填条件、火炮口径、装药质量、火药性质和牌号、药室的结构等。选择护膛剂主要是确定护膛剂的质量、类型和装填方式。选择护膛剂的主要依据应当是靶场试验，在试验前可依据下列一些原则进行初步的估算。

1. 护膛剂用量的确定

一种护膛剂的成分：石蜡24%～26%，凡士林18%～20%，地蜡37%～55%。

护膛剂用量主要依据火药的性质和装药质量而定。护膛剂用量和内膛表面温度有关。随着护膛剂用量增多，后膛表面温度明显地下降。但不是护膛剂越多越好，护膛剂过多将增加射击时的烟雾，降低火药的能量。

通过试验得出了不同火药的护膛剂用量和身管磨损的关系曲线（图4-57）。由图看出，比较恰当的护膛剂用量：双芳型火药应为装药量的2%～3%；硝化棉火药应为装药量的3% ～5%；高热量硝化甘油火药应为装药量的5%～8%。

除了从效果考虑决定护膛剂的用量之外，要考虑射击时护膛剂的额外损耗，应取合理用量的上限。

2. 护膛剂类型的选择

护膛剂有片状钝感衬纸、刻纹状钝感衬纸、薄片状护膛剂（图4-58）。片状钝感衬纸主要用在中小口径的粒状火药装药中，因为这类火炮大都使用药筒，较薄的片状钝感衬纸可以放在药筒的内壁。

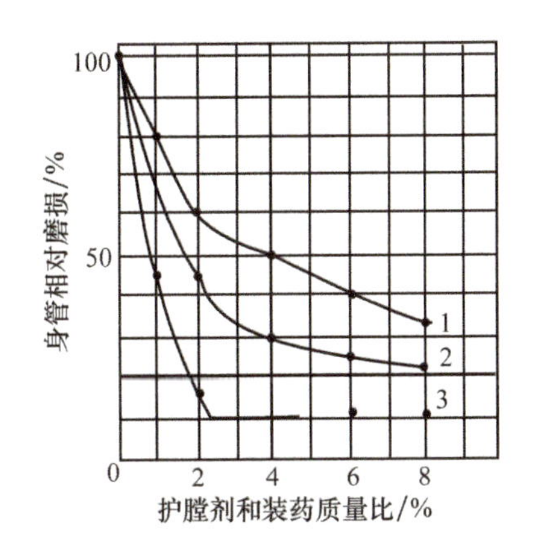

图 4-57　护膛剂用量和身管相对磨损的关系

1—高能 NG 火药；2——一般 NC 火药；3—双芳型火药

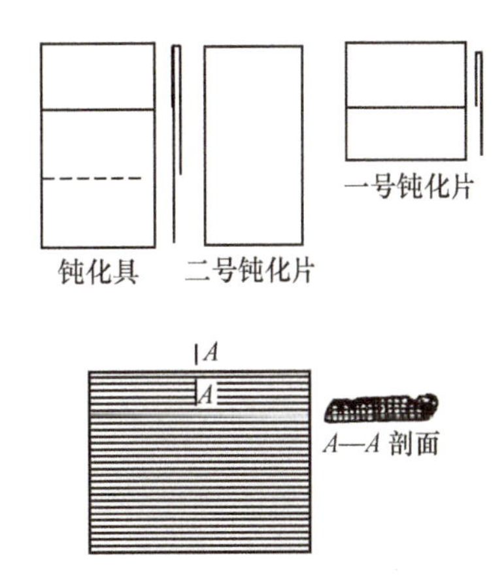

图 4-58　护膛剂类型

刻纹状钝感衬纸由若干片状钝感衬纸压制而成，它的强度较好，主要用在大中口径管状火药的装药中。

如果在药包分装式的大口径火炮中使用护膛剂，由于各号装药量是不同的，护膛剂用量较难随装药量而变。因此，常把护膛剂直接涂在药包布上，这就是附在药包布上的薄片护膛剂。

3. 护膛剂在装药中的位置

护膛剂的作用效果不仅与护膛剂用量有关，还与护膛剂在装药中的位置有关。以 57 mm 加农炮为例，如果把护膛剂放在装药周围，身管尾部温度下降是明显的；如果把护膛剂放在装药的中间，炮膛尾部温度降低很少，而在炮口部分温度降低较多。从表 4-9 中可以看出护膛剂位置对火炮寿命的影响。

表 4-9　护膛剂在装药中的位置对防烧蚀效果的影响

装　药	护膛剂放置位置	发数	Δv_0/%	Δp_m/%	药室增长量/mm
12/7	—	676	−7.7	−16.0	427
12/7+护膛剂	放在装药周围	3 600	−5.9	−14.7	357
12/7+护膛剂	放在装药中心	1 900	−8.9	−23.0	386

从护膛剂放在装药周围和放在中心的射击发数、膛压、初速、药室增长量的比较可以看出，护膛剂放置在装药周围的效果要好。

片状钝感衬纸一般分布在整个装药的表面上，因此，片状钝感衬纸大都制成长方形。它的长度就相当于装药的长度，它的宽度相当于药筒上端的内圆周长。装药时把片状钝感衬纸紧贴在药筒的内侧面，不折叠。在锥形的药筒中，使用梯形片状钝感衬纸。

梯形的上底长即等于药筒上端的内圆周长，梯形的下底长即等于药筒下端的内圆周长。

片状钝感衬纸上护膛剂的厚度与用量、表面密度有关。极限表面密度为 3.5～4.0 g/dm²，超过这一数值容易损坏护膛剂层或反应不完全。可以用两张或三张片状钝感衬纸替代厚衬纸。

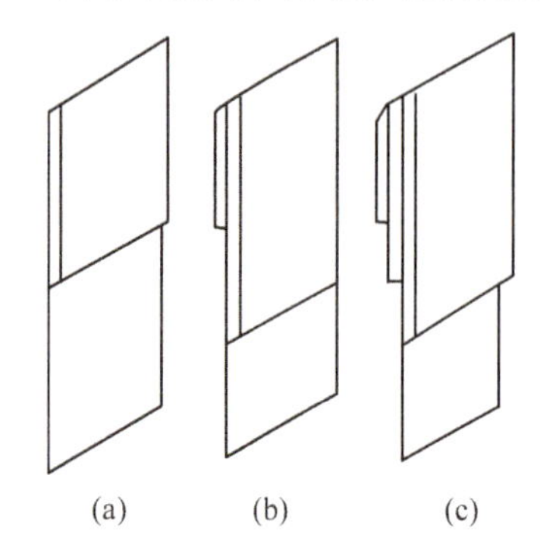

图 4-59　片状钝感衬纸的结构

(a) 一张衬纸；(b) 两张衬纸；(c) 三张衬纸

根据火药气体速度在膛内的分布，可将大部分护膛剂安排在接近药筒口部的位置上，小部分护膛剂在药筒下半部。

图 4-59 中列举了片状钝感衬纸的结构。即一张、两张和三张衬纸的状态。

刻纹状钝感衬纸一般放置在装药的上半部。压制刻纹钝感衬纸的每片衬纸的表面密度不要超过 4.5 g/dm²，总张数不要超过 8～9 张。管状药装药要考虑刻纹状钝感衬纸的放置空间和位置。装药药束应起到固定衬纸的作用，使之不移动。

涂在药包布上的薄片护膛剂，应在药包布上均一分布和厚度一致。

4. 护膛剂选择实例

确定 76 mm 和 100 mm 加农炮的护膛剂。

(1) 确定 76 mm 加农炮装药护膛剂

装药是 12/7 硝化棉火药制成药筒式定装药，m_p=1.80 kg，装药的长度 L=470 mm，药筒内圆周长 265 mm。

① 计算护膛剂质量：硝化棉火药使用护膛剂应为装药的 5%，则护膛剂质量为：1 800×0.05=90 (g)。

② 因装药是药筒定装式装药，火药形状为多孔粒状，选用片状钝感衬纸。

③ 钝感衬纸的表面积为：4.70×2.65=12 (dm²)。

④ 护膛剂的表面密度应为：δ_s=90/12=7.5 (g/dm²)。

由于片状钝感衬纸的极限密度不要超过 4.0 g/dm²，所以用两张片状钝感衬纸，每张表面密度为 7.5/2=3.75 (g/dm²)。

⑤ 在结构上选用图 4-59 (b) 所示的放置方式。

(2) 确定 100 mm 加农炮的护膛剂

100 mm 加农炮选用双芳-31-8/11 火药，装药是药筒定装式装药，m_p=5.70 kg，分上下两束，每束药长 L=260 mm，药筒内圆周长 405 mm。

① 确定护膛剂质量：双芳型火药的护膛剂为装药量的 3%，即 5 700×0.03=171 (g)。

② 用管状火药组成药筒定装式装药，用刻纹状钝感衬纸放于药筒上部。

③ 钝感衬纸表面积为：2.6×4.05=10.5 (dm²)。

④ 护膛剂的表面密度为：δ_s=170/10.5=16.2 (g/dm²)。

用 4 张 4.05 g/dm^2 的片状衬纸压制成刻纹钝感衬纸。

表 4-10 是某些火炮护膛剂的数据。护膛剂效率系数 K_h 是有护膛剂和无护膛剂的火炮寿命发数之比。

表 4-10 火炮护膛剂诸元

火 炮	护膛剂形式	护膛剂成分质量分数/%			质量/g	效率系数 K_h
		石蜡	石油酯	地蜡		
37 mm 高射炮	片状钝感衬纸	24～26	18～20	55～57	9	4～5
57 mm 反坦克炮	片状钝感衬纸	24～26	18～20	55～57	54	3
85 mm 加农炮	片状钝感衬纸	24～26	18～20	55～57	40	4～5
100 mm 加农炮	刻纹状钝感衬纸	24～26	18～20	55～57	175	2～2.5
130 mm 海军炮	刻纹状钝感衬纸	24～26	18～20	55～57	350	2～2.5
180/57 海军炮	薄片状护膛剂	24～26	18～20	55～57	1 720	2.5

5. 金属氧化物护膛剂简介

现在武器普遍使用金属氧化物型护膛剂。在装药中添加某些金属氧化物、氟化物、硅酸盐、氮化物等，对防烧蚀都有一定成效。具有防烧蚀能力的化合物有二氧化钛（TiO_2）、氧化钨（WO_3）、氧化铌（Nb_2O_5）、氧化钽（Ta_2O_5）、二氯氧化锆、氧化钼、氧化锌、氧化铪（HfO_2）、氧化铀（UO_2）、氧化钍（ThO_2）、硝酸铬、碳酸锌（$ZnCO_3$）、磷酸锌（$Zn_3(PO_4)_2$）、铬酸锌（$ZnCrO_4$）、草酸锌（ZnC_2O_4）、砷酸锌（$Zn_3(AsO_4)_2$）、硫酸钙（$CaSO_4$）、硫酸钒、硫酸钨、硫铬酸锌、钒酸盐、钨酸盐、铌酸盐、碱的钽酸盐和钛酸盐、碱土金属及 V（钒）、W（钨）、Nb（铌）、Ta（钽）和 Ti（钛）的碳化物、氮化物、硫化物及硅化物等。

1960 年以来，TiO_2-石蜡护膛剂已成为一些国家的制式护膛剂。石蜡-无机添加剂具有防烧蚀作用有几种解释：

① 高分子聚合物的降温效果；

② 流动的火药燃气将 TiO_2 粒子均匀地喷向内膛表面，减少热传递；

③ 生成的氧化物、氮化物和碳化物沉积在炮管内壁，形成耐烧蚀、耐磨损的覆层；在 800 ℃条件下将发生如下的化学作用

$$3TiO_2 + 2CO \rightarrow Ti_3O_4 + 2CO_2$$

将火药气体中的 CO 转化为 CO_2，CO 是引起炮膛烧蚀的主要成分。

国外曾利用 105 mm 坦克炮发射同一形式的脱壳穿甲弹，比较使用和不使用 TiO_2-石蜡护膛剂的内膛烧蚀量。用纯度为 99% 的 TiO_2（锐钛矿的变体），倒入固化点为 58 ℃～73 ℃熔化的石蜡中，24 份石蜡、20 份 TiO_2，再加入少量表面活性剂，涂在人造丝或纯纤维的药袋布上。布片尺寸 406.4 mm×482.6 mm，每平方厘米护膛剂 0.015 g，共 33 g。涂层上部厚约 1 mm，下部约 0.5 mm。将有涂层的布卷插入药筒，倒入火药，有涂层的布盖片压在火药顶部（图 4-60）。

射击试验对比结果如图 4-61 所示。不使用护膛剂的身管寿命一般为 200～250 发，加 TiO_2-石蜡护膛剂后，发射了 601 发，炮膛磨损仍然很小，估算寿命不会少于 2 000 发。

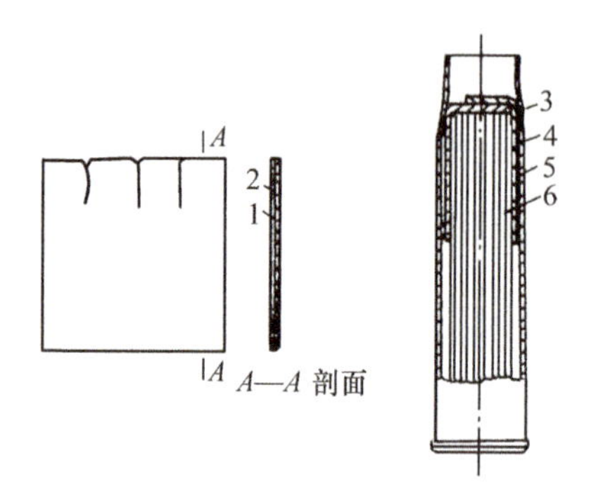

图 4-60　涂有 TiO_2-石蜡的护膛剂及其在装药中的位置

1，4—涂层；2，3—布片；5—药筒；6—火药

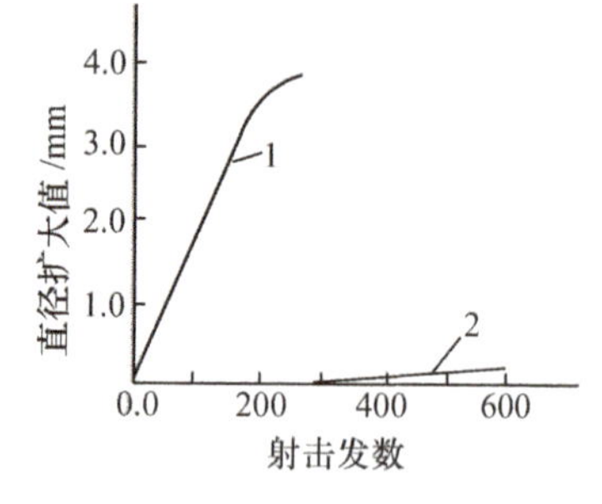

图 4-61　使用 TiO_2-石蜡护膛剂和不使用护膛剂对火炮烧蚀的比较

1—不使用护膛剂；2—使用 TiO_2-石蜡护膛剂

这种护膛剂对高热值火药的效果较明显，对冷火药防烧蚀效果不明显。此种护膛剂能在内膛表面形成灰白色的粉末层，可能是 TiO_2 与火药气体反应的生成物。TiO_2 的粒度对防烧蚀效果有很大影响，范围应在 0.1～60 μm，一般为 1～5 μm。护膛剂的用量大多为装药量的 1%～5%，有的资料认为可为装药量的 0.05%～30%。

为了改进防烧蚀效果和降低成本，也研究用滑石粉（硅酸镁）代替 TiO_2。初步发现滑石粉比 TiO_2 具有更好的防烧蚀作用。滑石粉粒度对防烧蚀性能有显著的影响，对不同武器，粒度应有所差别。

75 倍口径 37 mm 高射炮装药用三基药，用天然滑石粉 34%、地蜡 53%和石油脂 13%组成的护膛剂，当射击发数达到 1 300～1 600 时初速下降 2.2%，而没使用护膛剂射击 400 发时，初速就下降了 2.2%。

4.4.2　除铜剂

1. 除铜剂的作用

弹丸在膛内运动时，铜弹带会在内膛表面形成金属铜的积累层，在膛线上更严重，影响弹丸在膛内运动的规律性，并会造成外弹道不稳定，降低射击精度。

使用除铜剂能除去膛内的积铜。除铜剂是一种低熔点的合金，由锡、铅等熔合而成。除铜剂在发射时受火药燃气的热作用，变成蒸气状态，和积铜生成共熔物附在膛面上，它很容易被燃气或下一发弹带走。试验证明，使用除铜剂的弹丸射击精度好。其副作用是除铜剂的共熔物会增加发射时的烟雾，除铜剂对炮口燃气的二次反应有催化作用，易形成炮口焰。

2. 除铜剂的选用

除铜剂有丝、带和片状三种形式。一般使用丝状除铜剂。装药时把它缠成小于药筒直径的金属圈，放在火药和紧塞盖的中间。采用瓶形装药结构时，可把除铜剂套在火药束上部的瓶颈部。

带状除铜剂扎在装药上，或直接插入装药内。资料统计，除铜剂的用量为装药量的0.5%～2.0%。准确的用量应当用实弹射击试验方法确定，试验时可先取装药量的1.0%为除铜剂用量初始值。一些火炮除铜剂的用量列于表 4-11。

表 4-11 火炮除铜剂尺寸和用量表

序号	火 炮 名 称	除铜剂用量/g	圈的直径/mm
1	1955 年式 37 mm 高射炮	3～5	33～35
2	苏 1942 年式 45 mm 反坦克炮穿甲弹	4～6	40～42
3	1957 年式 57 mm 反坦克炮弹	18	52～55
4	1959 年式 57 mm 高射炮榴弹	12～15	50～55
5	1954 年式 76 mm 加农炮弹	10～14	65～70
6	苏 1931 和 1938 年式 76 mm 高射炮榴弹	16～20	65～70
7	1956 年式 85 mm 加农炮各种弹	25～29	70～75
8	苏 KC-18A 85 mm 高射炮榴弹	70～80	70～75
9	苏 1944 年式 100 mm 加农炮全装药	21～29	90～95
10	苏 1944 年式 100 mm 加农炮减装药	11～19	45～50
11	1959 年式 100 mm 高射炮榴弹	47～53	90～95
12	1954 年式 122 mm 榴弹炮弹	18～22	110～120
13	苏 1931/1937 年式 122 mm 加农炮弹	67～73	110～120
14	1960 年式 122 mm 加农炮全装药	72～78	100
15	1960 年式 122 mm 加农炮减装药	72～78	70
16	1966 年式 152 mm 加农炮榴弹	48.5～51.5	140～150
17	1966 年式 152 mm 加农炮弹	95～105	140～150

4.4.3 消焰剂

火药燃气中的 CO、H_2 与空气中的 O_2 作用，常生成炮口焰和炮尾焰。炮口焰会暴露目标。炮尾焰可能烧伤炮手和引燃准备射击的弹药，影响观察和制导。坦克炮、自行火炮等不希望产生炮尾焰。

用消焰剂是消除炮口焰或炮尾焰的一种化学方法。常用的消焰剂大都是钾盐，如 KCl、K_2SO_4 等。因为 K^+ 可以起到防止 H_2、CO 与 O_2 的化合作用，是反应的负催化剂。一般认为，消焰剂在发射时成粉末，与火药燃气一同逸出炮口，负催化作用提高了 CO 和 H_2 的发火点，促使气相连锁反应的断裂。不过使用消焰剂会增加发射时的烟。

因火炮的口径、初速、炮口压力、燃气温度以及产生炮口焰条件的差别，消焰剂的用量可能有较大的变动，一般用量是装药量的2%～15%。装药中准确的消焰剂用量应该根据靶场试验来确定。标准用量是既能消除射击火焰又不影响弹道性能的最低用量。

消焰剂用量太多，不仅生成大量的烟，还会使初速下降。定装式装药消焰剂的位置依据使用目的而定，消除炮口焰的消焰剂放在装药上端；消除炮尾焰的放在装药的下端。分装式装药使用消焰药包，内装消焰剂。各号装药都用的消焰药包放在装药的最下方；小号装药不用消焰剂的，消焰药包放在装药中部。有的消焰药包可单独放置，只在无焰射击时才使用。

1960年式122 mm加农炮的全装药用12/1松钾消焰药250 g，装于环形药包中，它放在底火突起周围的点火药包下部，减装药中用12/1松钾消焰剂120 g制成环形药包放在同样位置上。

还缺少理论依据来优化选择消焰剂的性质和用量，只能仿照制式装药的模式通过试验确定。

4.4.4 紧塞具与密封装置

紧塞具是用厚纸压成的盂形盖，它的外径要比药筒口径稍大些（图4-62）。在药筒装填式火炮上来减少火药燃气在发射初期从弹壁与膛壁间逸出。它和厚纸筒一起放在药筒内装药的上部，还能起到固定装药的作用。

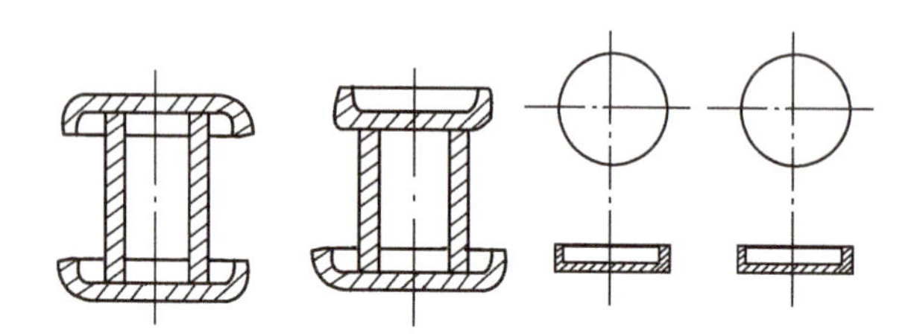

图4-62 紧塞具示意图

密封装置用于密封装药，防止装药受潮。它也由厚纸盖制成，并涂上石蜡、地蜡和石油脂的熔合物。在射击前，密封盖要从药筒中取出。

第 5 章　火炮发射药装药技术的进展

近年来，发射药装药技术有较大的进展，提出了一些新概念、新结构的发射装药，有些已经应用，它们在提高初速、提高射速、增加射程、增加威力和精度等方面起到了非常重要的作用。这些新概念、新结构发射药装药包括底排装药、火箭增程装药、液体发射药装药、模块装药、随行装药、电热化学炮装药等。本章将对这些技术进行论述。

5.1　渐增性燃烧的装药

内孔燃面渐增和燃速渐增等渐增性燃烧的装药早已获得应用。近期，高燃速、高密度的装药技术得到了发展，这类装药包括整体药柱、多层结构药柱和按序分裂杆状药等装药，它们是具有较强增燃性效果的装药。

5.1.1　燃速渐增性装药

燃速渐增性燃烧是通过发射药各个燃烧层化学组分变化而获得的，在燃烧期间，各个燃烧层的燃速发生有规律的变化并逐渐增加。反映在弹道上，初期 $\mathrm{d}\Psi/\mathrm{d}t$ 小，燃气在低燃速下生成，因此，火炮的膛压上升较慢，并使最大压力出现在膛容较大的瞬间。当燃烧进入药的内部，发射药燃速和燃气生成量则迅速增加，减缓了最大压力后的膛压下降速率，比较有效地控制了 p-l 曲线的形状。由于大幅度提高发射药的燃速有困难，在较薄药体上改变燃速也有一定的难度，所以，研究工作主要集中于如何降低燃速，并且是降低药体局部区的燃速，从而在发射药燃烧方向上形成燃速由低到高的变化，实现了燃速的渐增性燃烧。

目前，已有多种技术和方法可以控制发射药的燃速。小口径武器普遍采用的钝感技术是将燃气火焰温度较低的物质，如 DNT、中定剂、苯二甲酸二丁酯、樟脑等渗入发射药的表层，降低了该区发射药的火焰温度和燃速。因为这些物质沿表面向内部方向的浓度由大到小，燃速则由小到大，最终表现为燃速的渐增性。

另一种阻燃方法是采用发射药表面涂层，涂层物质是低燃速物质或高分子聚合物，它们在发射药燃烧环境中是可以消失的或是缓燃的。因此，发射药表面涂层和钝感技术一样，使发射药在整体上具有燃烧的渐增性。

阻燃、钝感等各类技术，属于抑制和减缓燃速的技术，关键在降低燃速。其可靠性及稳定性由弹道效果来判定。

一种具有变燃速性质的杆状药是由燃速不同的多个燃烧层组成。燃烧时火药燃速逐

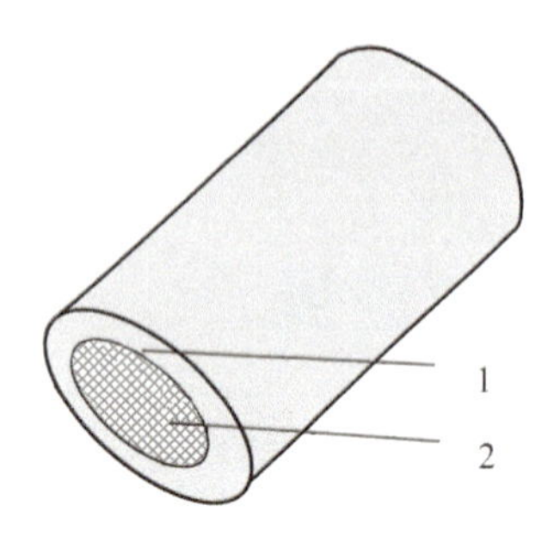

图 5-1 变燃速多层火药药柱
1—冷燃层；2—速燃高温层

步增加，表现出强烈的增燃性质。图 5-1 是有两种燃烧层的杆状药，外层是冷火药，是低燃温的低燃速层，内层是高能、高燃速层。内外层燃速比为 6∶1，外层药在最大压力前燃烧完，内层中的部分火药在最大压力后燃烧。

为了获得更好的燃烧渐增性，发展了一种具有内孔结构的变燃速火药，这种变燃速发射药可以是单孔、7 孔或具有更多孔径的发射药，图 5-2 是一种具有单孔药型的发射药。这种发射药外层是燃速较低的火药，内层具有较高的燃速，内层燃烧层厚度大于外层。燃烧开始时，内外层依据各自的燃烧速度同时燃烧，当外层燃烧结束时，内外燃烧表面都具有快速燃烧的特征，从而表现出较好的燃烧渐增性。实际应用时，可以根据不同的火炮装药，合理选择快慢燃烧的厚度和燃速，从而获得优化的效果。

另一种变燃速火药具有慢-快-慢燃烧层的三层结构（图 5-3），这种火药装药除了具有变燃速特征外，还具有高装填密度的特征。这种发射药可以制备成条状（图 5-4）、

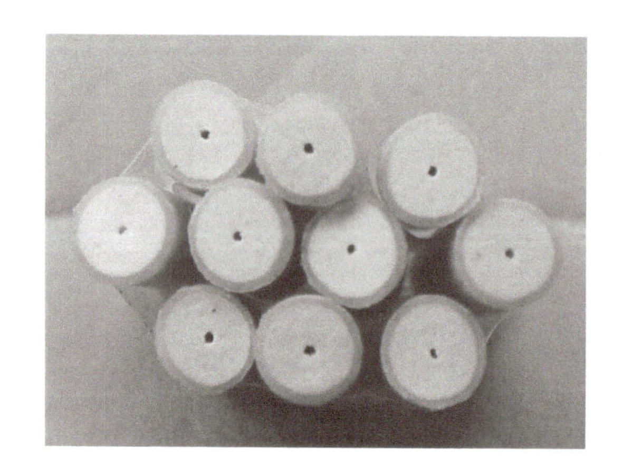

图 5-2 单孔变燃速发射药

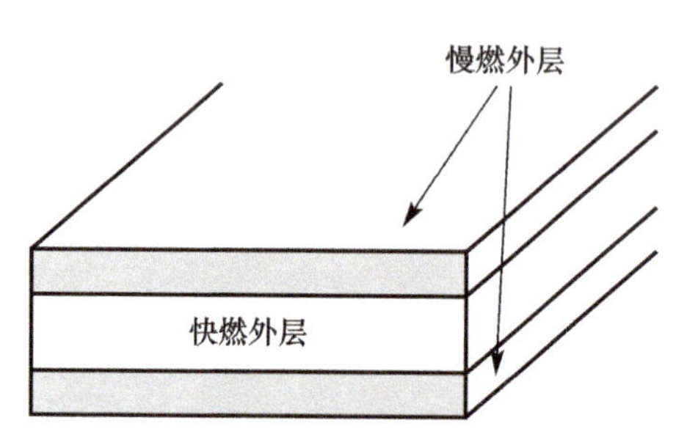

图 5-3 三层变燃速发射药结构示意图

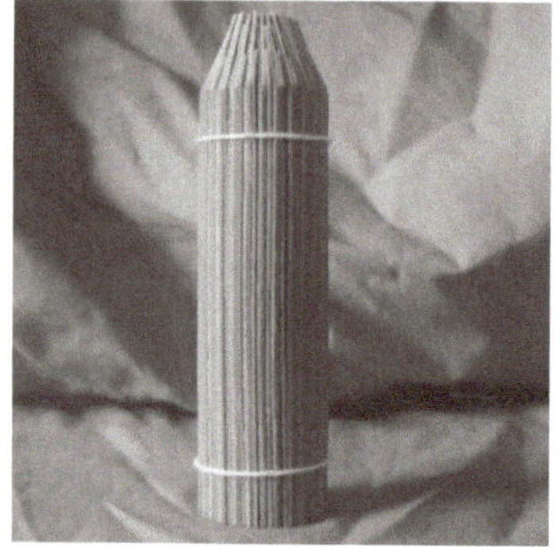

图 5-4 条状变燃速发射药

圆片状（图 5-5）或卷片后放入药筒中（图 5-6）。

图 5-5　圆片状变燃速发射药

还有一种变燃速发射药为核壳结构微孔球扁药（图 5-7），这种发射药内部有大量微孔，外层为相对密实的壳体，内层与壳层组成完全相同。由于内部结构的改变使该类球形药表现出高燃速发射药的特征，药粒的燃烧方式由平行层燃烧方式向对流燃烧方式转变，该类球形药燃烧时的燃气生成速率远远超过常规密实型球形药的燃气生成速率。通过控制内外层比例和内层的微孔结构，可以在较大范围内调节其燃烧性能，表现出高燃烧渐增性的特点。图 5-8 为一些核壳结构微孔球扁药的 L-B 曲线。

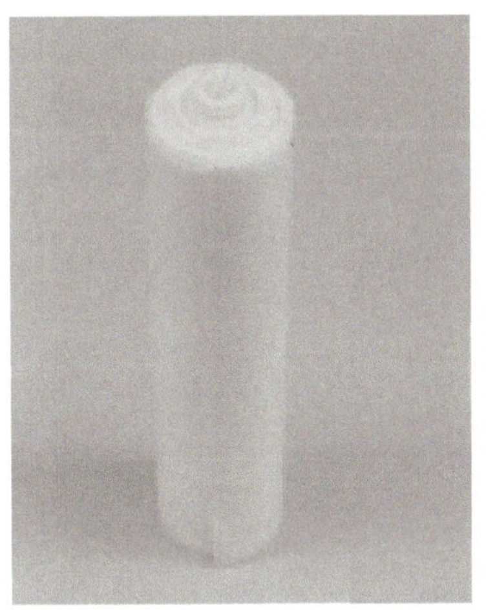

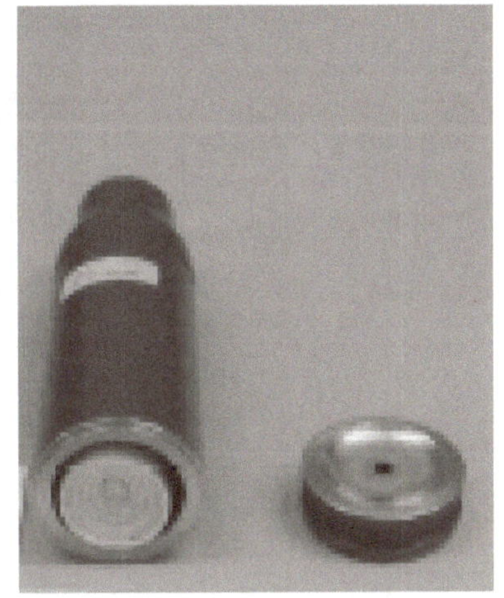

图 5-6　卷片式变燃速发射药及装药结构图

图 5-7　核壳结构微孔球扁药

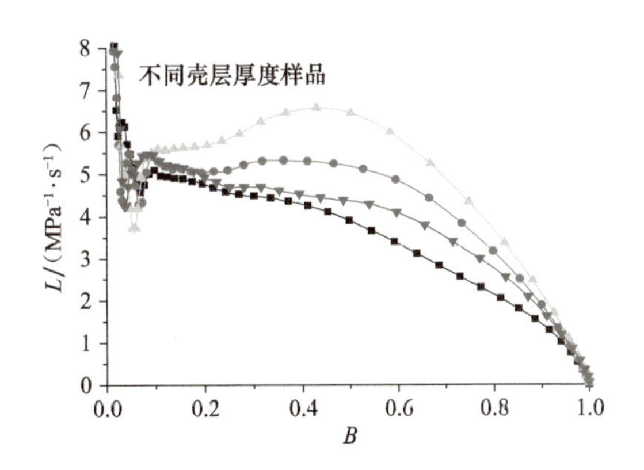

图 5-8　核壳结构微孔球扁药的 L-B 曲线

5.1.2 增面性燃烧装药

1. 多孔粒状药

燃面渐增是利用发射药几何形状的变化而获得的。在粒状药中，球形药、单孔粒状药的燃烧具有减面性，而7孔、19孔、37孔粒状药则是增面的。常用增面值来比较增面性的大小，增面值是燃烧过程的燃烧面积与初始表面积的比值（$\sigma_s=S/S_0$）。粒状药孔数是决定增面值 σ_s 的主要因素，药粒的孔径和长度对增面值的大小也有一定的影响。

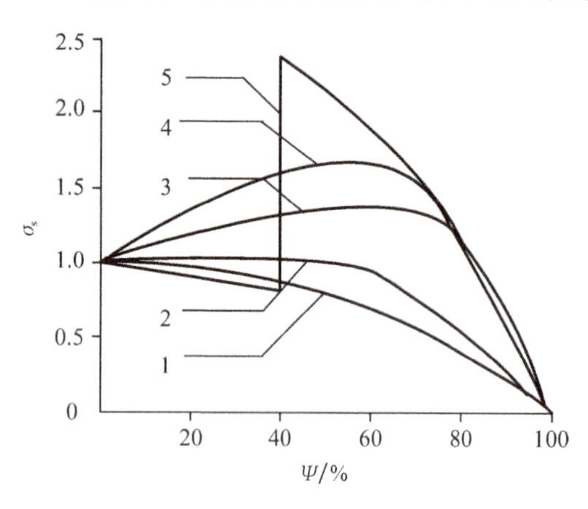

图 5-9 药型与增面性的关系

1—球形药；2—管状药；3—7孔药；4—19孔药；5—按序分裂杆状药

7孔、19孔粒状发射药是目前常用的燃面渐增性发射药，最大增面值分别可达约1.3和1.7（图5-9）。在燃烧分裂点时，增面值 σ_s 最大，分裂点之后增面值 σ_s 开始下降。

具体到一种火炮，不是说药粒孔数越多的装药就越好，弹道性能也不一定就更佳。药粒的孔数和药型必须适合给定的装药条件，火药的装药量、燃烧气体的释放速度也要满足弹道性能的要求。药粒的增面性效果和具体火炮装药的增面性有时不完全一致，具体采用什么样的增面性药粒需要根据火炮的实际情况确定。表5-1是多孔火药的增面性及其应用于100 mm高射炮的增速效果。

表 5-1 多孔火药的增面性和增速效果

类型	单孔	7孔	19孔	37孔	61孔	91孔	129孔
最大增面值 σ_s	1.0	1.11	1.20	1.216	1.224	1.243	1.244
Δv_0/%	1.0	1.034	1.055	1.062	1.064	1.066	1.069

在 p_m 相同的情况下，37孔药比19孔药约增速0.7%。用37孔药替代管状药，初速增加得较为明显。用19孔或37孔替代7孔，发射药初始表面积可分别减少约11%和25%，有利于控制膛内的初始压力。因此，利用燃面渐增性的技术可以在 p_m 不变的情况下，提高装药量，同时保证发射药在膛内燃完，从而可以提高炮口速度。用19孔发射药代替7孔发射药，有可能提高初速2%左右。但生产孔数更多的发射药在工艺上有一定困难。所以，以往孔数最多的发射药是19孔发射药。随着发射药制备工艺技术的进步，近期发展了37孔粒状药，其增面性有了进一步的提高。

2. 按序分裂杆状药装药（PSS）

PSS是一种增面性较高的装药，它采用了药体分裂的增面技术。按序分裂杆状药

（图 5-10、图 5-11）的内部有交叉于中心的几条预制槽，预制槽沿纵向贯穿于药杆，药杆的端面是封闭的。按序分裂杆状药有很高的增面值 σ_s。PSS 大量增面燃烧现象可控制在燃烧过程最有效的时间，从而保证在弹道循环的早期不出现超压现象，而在 p_m 之后按序大量增加燃面，并在膛内燃完，这种装药可能是一种较为适用的高密度装药。

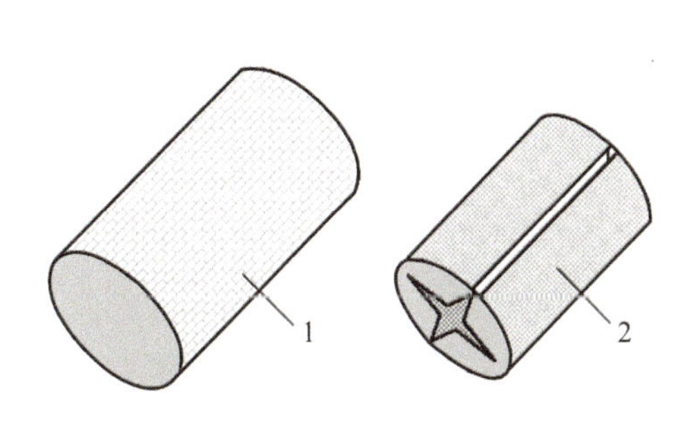

图 5-10　按序预分裂杆状药

1—燃烧前杆状药；2—开始分裂状态

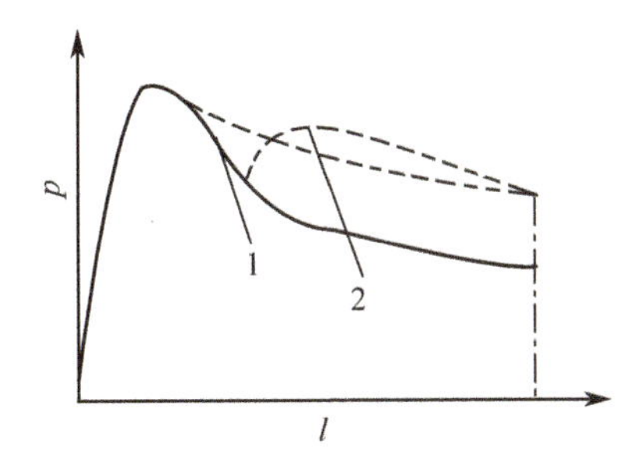

图 5-11　不同药型的 *p-l* 曲线

1—普通装药 *p-l*；2—PSS 燃烧第二压力峰

PSS 开始燃烧时，预制槽内表面不燃烧。随着燃烧过程的发展和弹丸向炮口运动，燃烧在杆的侧面和端面向内部发展，达到 p_m 并在膛内压力开始下降时，预制槽暴露，并发生药体分裂。此时，燃烧面和气体生成速率突然数倍地增加，提高了 p-l 曲线的面积和火炮的初速。预计，PSS 在粒状药的基础上可再增加火炮初速 2%～3%。图 5-12 为一些按序分裂杆状药样品密闭爆发器试验的 *L-B* 曲线。从图中可以看出其良好的燃烧渐增性。

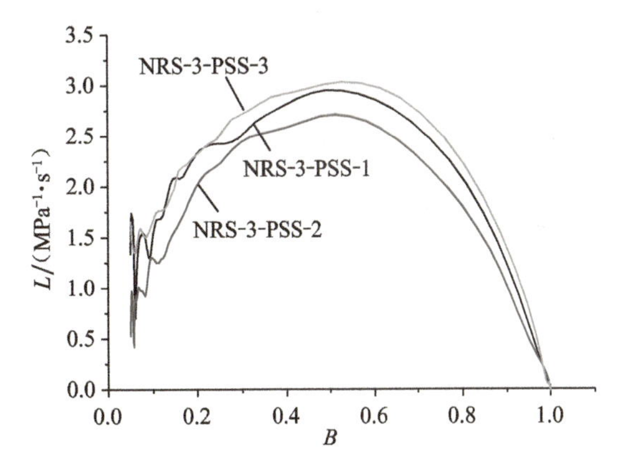

图 5-12　按序分裂杆状药密闭爆发器 *L-B* 曲线

设计 PSS 首先要考虑药杆的外表面和端面。药杆的侧面、端面的几何尺寸和形状要保证燃烧时达到要求的 p_m 和 t_m。之后确定分裂物的数量、几何尺寸，并使第二个压力峰值达到或接近于第一个压力峰值。如果采用组合的、不同形状尺寸的分裂物，重现数量更多的 p_m 峰，当这些振动的峰幅无限小时，就获得“平台”弹道效果。可以认为：

PSS 是高增面/高装药密度的装药，具有应用的可能性。

PSS 的 σ_s 值高，此类装药不限于杆状药，也可以使用药卷和药块。

PSS 技术的现实性和优越性尚需进一步证实。主要需要解决的问题为：发射药制备工艺的稳定性以及端面封堵的一致性。

3. 阻燃、增面复合型渐增性燃烧装药

利用药型提高增面性的效果是有限的，7 孔、19 孔火药的最大增面值仅为 1.3 和

1.7 左右。如果结合阻燃技术，还可以再进一步增加 σ_s 值。以 7 孔火药为例，采用外侧阻燃后，最大增面值可以达到 3。

利用药型、阻燃等多种增面性技术的组合方式，如阻燃的开槽管状药、部分切口的阻燃杆状药、阻燃的片状药叠加装药等，都可以获得较强烈的增面燃烧效果，能明显地提高弹道效率。图 5-13～图 5-16 分别是切口的 19 孔梅花形火药、阻燃预分裂杆状装药、片状叠加包覆装药和带沟槽 PSS 阻燃装药的结构示意图。可以根据具体的内弹道需求，设计相应的阻燃结构。

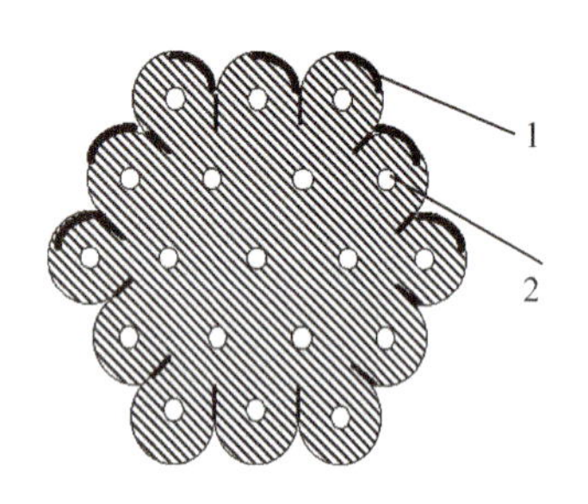

图 5-13　梅花阻燃装药

1—阻燃层；2—内孔

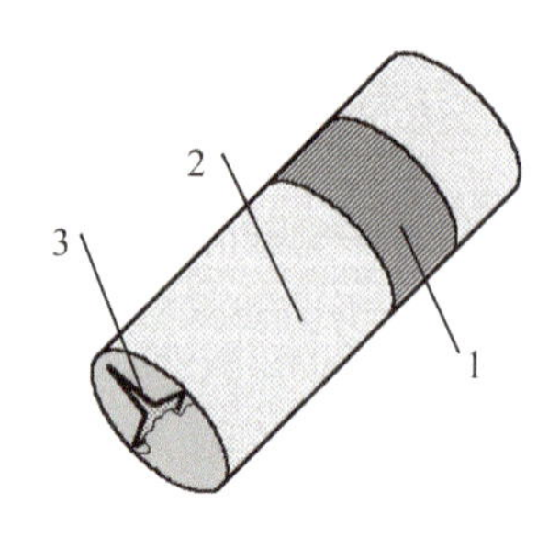

图 5-14　PSS 局部阻燃装药

1—阻燃层；2—未阻燃表面；3—预制内孔

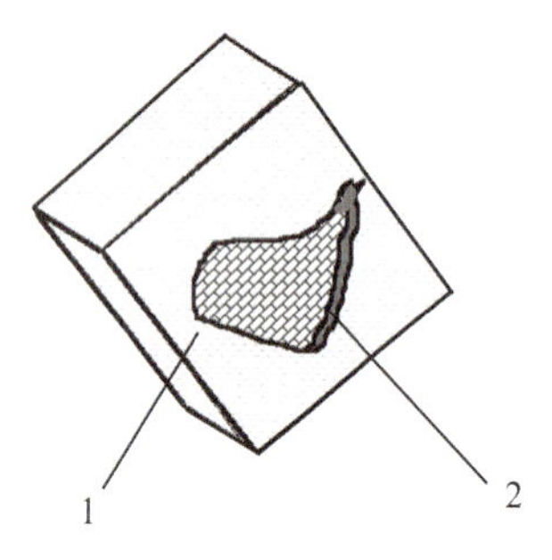

图 5-15　片状叠加装药

1—阻燃层；2—内孔

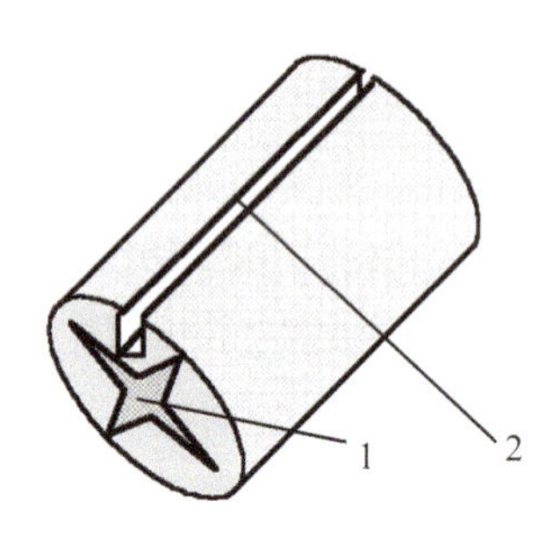

图 5-16　带沟槽装药

1—预制内孔；2—沟槽

5.2 密实装药

5.2.1 粒状药密实技术

密实装药和高能药装药对增加炮口动能的效果是相似的。发展密实装药是提高能量密度的一条途径，效果也比较明显，并且更具有现实性。目前，通过配方提高能量的幅度较难超过 20%，而通过密实装药提高能量的幅度可能达到 50%。所以，研究者很重视密实装药技术的研究。

密实装药的本质是减少药室的无效空间和提高发射药的密度。方法之一是减小发射药药体间的空隙、减小药体内孔的空间，以及减小装药元部件所占有的空间。另外一个方法是提高发射药本身的密度，现有发射药的密度为 1.50～1.70 g/cm^3。

钝感衬纸是装药的主要元件，经估算，衬纸会降低同质量的装药量。以提高炮口动能为主要目标的装药，应尽量减少衬纸用量，或改进衬纸的结构与放置位置，为增加装药量提供空间。

高速动能弹尾翼的结构能影响装药的性能，如果使用尾翼药筒装药代替布袋式装药，可以提高装药量近 2%。用管状药的药排围成圆环附于药筒内的斜肩部，也可以提高装药量。

应尽可能减少装药固定件、点火具、布袋等元件所占的体积。这些部件将药筒分隔成数个小区，而小空间的装药密度要明显地降低。

例如，下面几种方法可以增加粒状药的装填密度：

① 减小或消除药粒之间的空隙。同样弧厚、相同长/径比值（L/D）的粒状药，其装药密度按大小的次序：球形＞圆柱形＞六边形＞梅花形。粒状药中，小粒药装药密度高于大粒药的装药密度。使 L/D 接近于 1 和用大、小粒混合的装药方法，都可以提高装填密度。

杆状药和粒状药相比，无内孔杆状药的装填密度大，有内孔的杆状药的装填密度取决于杆的内孔直径。

② 对粒状药进行光泽处理。用振动的方法可以提高装药密度，但摩擦阻力影响了药粒的移动。对发射药粒进行光泽，既能消除静电，又能对药粒润滑和削去药粒尖角，所以，光泽是提高装填密度的重要手段之一。对于大口径火炮装药，药粒光泽和不光泽的装药量要相差 5%，这是一个较明显的差别。常用的光泽剂是石墨。

光泽和消除药粒空隙等方法皆属于制式的装药方法，它涉及的问题较少。可以综合利用或者部分利用上述方法于装药的型号设计。一般情况下，一个装药结构至少可采用其中三项技术，装填密度可以提高 9%～15%（表 5-2）。

表 5-2　装药方法与装药密度

装药方法	提高装药密度/%	装药方法	提高装药密度/%
石墨光泽	2.5～3.5	圆角六边形替代梅花形	2.9～3.1
7 孔替代 19 孔	2.0	改变长径比，减少内孔径	2.0～3.0
大小粒混合装药	3.0～5.0	尾翼及药排代替布袋	2.0～3.0

③ 在单体散装的密实中，不可忽视单体火药固有的密度。对不同的现有发射药，密度差可达 0.1 g/cm^3，即使用高密度火药就可提高装药量约 6%。

5.2.2　球形药密实技术

球形药是轻武器和小口径武器的主要用发射药，同等质量的粒状药，球形药的装填密度最大。球形药的流动阻力也小，因此，球形药装药可获得较高的 m_p/m 值和炮口速度。大尺寸球形药难以加工，也不容易进行钝感处理，所以限制了它在大口径火炮上的应用。但大口径火炮一直希望能使用球形药。

近年来，制造大尺寸球形药以及球形药深钝感等关键技术有所进展，已发展为密实球形药装药，并有望成为大口径武器一种高性能的装药，大尺寸球形药已分别试用于155 mm、203 mm 等大口径火炮。技术的发展使球形密实装药有成为具有实用价值的装药的可能。密实球形装药具有如下特性：

① 装填密度高。通常自由装填的发射药的装填密度为 1.03～1.05 g/cm^3。装药后经轻微压实的压装球形药，装药密度可达 1.30～1.35 g/cm^3。压装球形药钝感层厚度约等于 22%的球半径长度。钝感层中阻燃剂的浓度梯度大，阻燃剂的质量分数最高为15%，燃烧的初始期有相对低的 $d\Psi/dt$ 值，作为美国 105 mm 火炮 M68 装药，密实球形药能提高火炮初速 50～60 m/s。

② 低易损性和低易碎性。对撞击的安全性，密实球形药大于 M30 和 M9，同时不易破碎。

③ 低烧蚀性质。因密实球形药有深度钝感层而降低了火焰温度，球形药的速燃层、高燃温层起作用于膛容较大的阶段。

④ 易形成压力波。密实球形药透气性差，增大了气流阻力，但采用贯穿于整药床的点火系统能够抑制压力波。

单基药、三基药、双基药都可以制成用于大口径武器的大粒球形药。一种典型的大粒双基球形药的组分为：

NC（13.15% N)：74.6%，NG：15%，C_2：8.5%，二苯胺：1.0%，K_2SO_4：0.6%，水：0.2%，石墨：0.1%。

一种大粒球形药的钝感深度是燃烧层厚度的 30%（图 5-17)，球形药的外层钝感剂质量分数 N 最高，约为 18%，出现在燃烧层相对厚度（$2e_1/2e_{10}$） 6%深度。因散装和

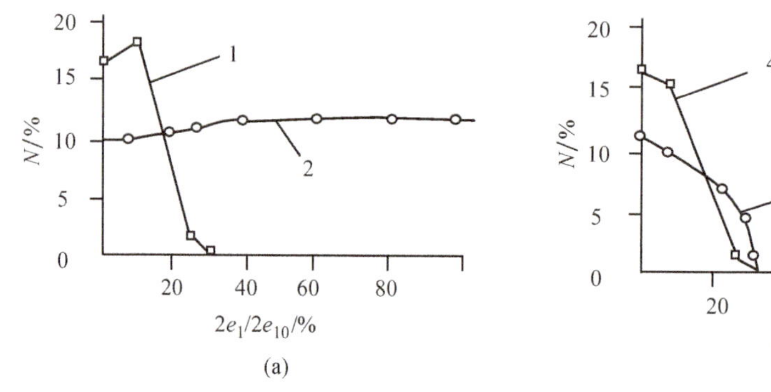

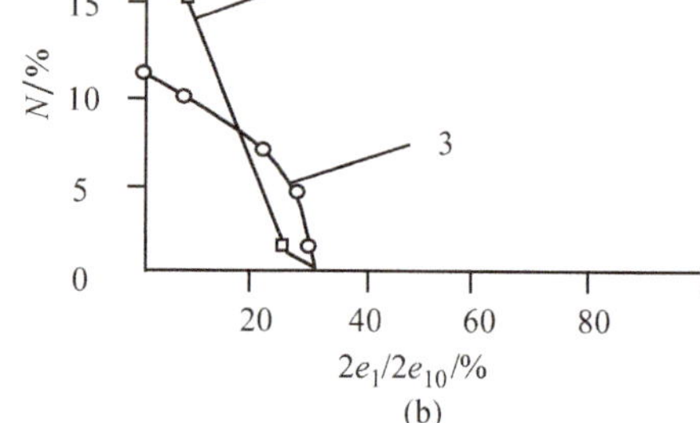

图 5-17 钝感浓度和深度的关系

(a) 散装球形药转装药；(b) 散装与压实球形药转装药

1—阻燃剂质量分数；2—NG 质量分数；3—压实装药阻燃剂质量分数；4—自由装填阻燃剂质量分数

压实的差别，两种球形药装药钝感的方法也有差别，其目的是通过钝感剂浓度分布的不同，抑制由压实药因装药量的增加而产生的高压。

由于装药量增加以及装药的深度钝感，提高了火炮的初速并减少了火炮的烧蚀（表 5-3、图 5-18）。

表 5-3　球形药用于 M2 155 mm 火炮的弹道数据

装药形式	m_g/kg	p_m/MPa	v_0/(m·s^{-1})
粒状药 M6	13.62	313.7	853
散装药	14.98	315.7	857
压实药	17.93	317.7	902

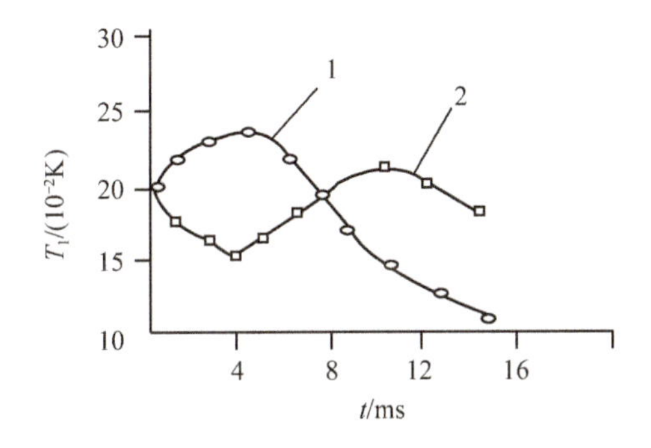

图 5-18　膛内燃气温度分布

1—NACO 火药；2—球形药 D

5.2.3　杆状药密实技术

部分切口杆状药是增面性和装填密度都较高的装药。该装药在发射药杆上分布着相间、垂直于纵轴的多个等距离切口，切口的深度等于药杆的半径。切口是杆药内孔的气体出口，其作用是使燃气及时流出，避免内孔超压造成药杆的破碎以及大的侵蚀燃烧现象。部分切口杆状药的增面值决定于内孔的数量，在内孔数量相同的情况下，与粒状药的增面性相接近。但因为药杆有序排列，装药的装填密度获得提高。为了提高增面性，内孔设置的数量尽量多；为了增加装药密度，药杆要尽量长。

选取最佳的切口距与内孔径的关系是改善弹道性能的关键。和 M203、8 号标准粒状装药相比，在使用部分切口杆状、高能火药和增加装药量 m_p 的情况下，p_m 相同时初速可提高 6%左右。

部分切口杆状药的物理结构、燃烧规律和数值模拟等技术，是建立在传统的装药理论和实践的基础上的，有明确的可行性和现实性。

5.2.4　压实固结装药密实技术

压实固结装药的装药密度可以达到 1.2 g/cm^3 以上，具有较强的增面性质。现在，装药研究者正研究它在小口径武器上的应用前景，并取得了一些进展。制作压实固结装药时，先取常规的粒状药，经溶剂表面溶解或用黏结剂、模压使药粒固结，药柱表面再用阻燃剂做钝感处理。对其燃烧过程的研究发现，药粒的软化程度、阻燃程度、药粒的几何因素都强烈地影响压实固结装药的解体和燃烧过程。燃烧开始阶段，由于药粒紧密接触而具有较低的燃烧面，药柱解体变为粒状药后，装药剧烈增面。

压实固结装药的技术难点是解体和火焰传播过程的稳定性与再现性。目前，对诸如药粒解体、气体的渗透性、气流阻力以及装药固结等许多现象的认识还不十分清楚，燃烧的宏观增面性、密实程度、点火冲量和发射药组成等对燃烧行为的影响等问题尚需要研究和解决。

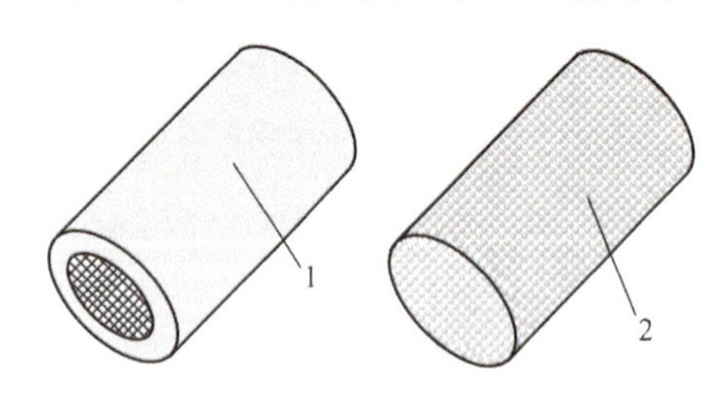

图 5-19　整体药柱

1—多层整体装药；2—压实固结装药

应用于大口径武器的多层整体药柱、粒状药固结药柱或压实药柱（图 5-19），也必须具有变燃速性质和特高燃速（VHBR）的性质（见变燃速杆状药和 VHBR 装药部分）。

SNPE 研究了一种由粒状药黏结形成的固结装药，它是由粒状的单基药、双基药或多基药经与黏结剂混合而成的药柱或药块的装药。固结装药能增加装药质量和燃烧的渐增性，便于装填，有助于形成弹尾传火通道。固结装药的尺寸取决于对装药弹道性能和机械性能的要求。研究者将有关固结装药弹道性能的程序单元集成到火炮 MOBIDIC-NG 的弹道数值模拟编码中，使该代码具有模拟固结装药的功能。

黏结剂类型、火药组分、药柱密度、几何形状、固结块的力学性质等都是影响固结装药弹道性能的重要因素。研究中，运用 5.56～90 mm 枪、炮的发射装置，试验了单基和多基发射药的固结装药，观察和分析了它们的力学特征和燃烧特征，重要的是，观察检测了固结装药的解体过程。药柱的直径为 5.56～90 mm。试验研究的内容和结果如下。

1. 机械压缩试验

如图 5-20 所示的力学性能试验，它是在固结装药上施加一个径向的压力，直至固结装药碎裂。该试验可以观察破坏强度和分裂状态的关系。

2. 中止燃烧试验

图 5-21 所示的中止燃烧试验，是观察燃烧过程中固结装药各瞬间的状态。燃烧室中有一个惰性充填物 3，用以控制燃烧室的体积。试验是通过突然降压的方法熄灭燃烧，从中获得燃烧过程不同阶段固结装药的剩余物。最后观察和分析固结装药的初始状态、点火冲量、燃烧压力、燃烧时间和分裂物状态的关系。

研究中，试验了密度为 1.45 g/cm^3 的固结单基药（直径 D=30 mm，药柱高度 H=30 mm），得到中止压力分别为 11.9 MPa、30.4 MPa、53.7 MPa 的剩余固结装药。其药块的分布状态见表 5-4。

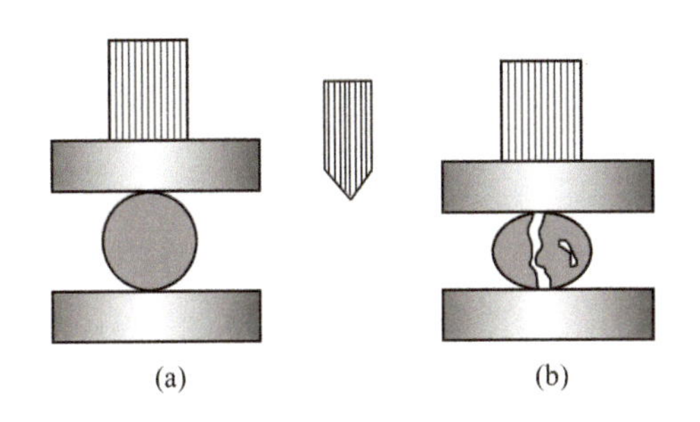

图 5-20　固结装药受径向压力与破坏强度试验简图

（a）药柱受力压缩；（b）药柱碎裂的状态

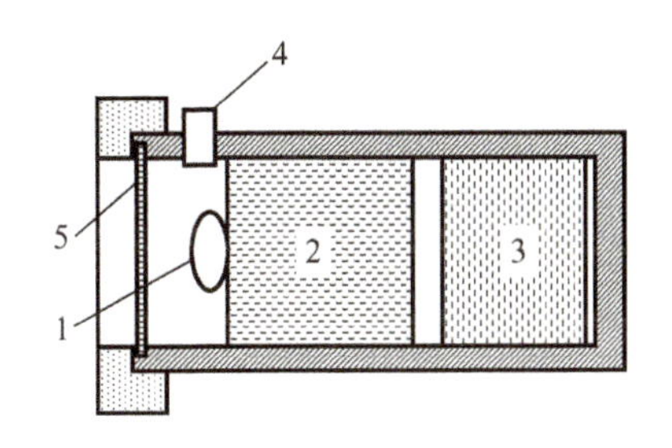

图 5-21　固结装药的中止燃烧试验（装填密度 1.45）

1—点火药；2—固结药柱；3—充填物；4—测压器；5—控压金属片

表 5-4　中止试验的药块尺寸与回收率（装填密度 1.45 g/cm³）

块的尺寸规格（粒数～粒数/块）		1	2	3～5	5～10	11～13	15～20	21～25	26～50	50
解体分裂的块数	p=11.9 MPa	9	7	10	15	3		10	18	28
	p=30.4 MPa	39	14	15	14	2	7		9	
	p=53.7 MPa	62	12	11	8		2	5		

试验表明，药柱密度相同时，中止压力越高，解体分解出的药块越小。药柱密度较小时，中止压力为 60 MPa 时可以发现药粒；密度较高时，53 MPa 时大约有 8%的药块由 21～25 个药粒组成。

3. 固结装药的密闭爆发器试验与定容燃烧性能

试验时将固结装药放入密闭爆发器的燃烧室中。

（1）表观燃烧现象

取单基药固结装药（D=40 mm，H=30 mm），表观密度为 1.35 g/cm³ 和 1.45 g/cm³。试验中对燃烧的固结装药药柱的内、外压力进行测量。密度为 1.35 g/cm³ 的内、外压差值约为 9 MPa，1.45 g/cm³ 的压差值约为 13 MPa。压差大小随固结装药药柱密度的增加而增加。可以看出，这类固结装药的燃烧具有不可渗透的性质。

（2）固结装药的结构与燃烧性能

为比较解体的程度，引入一个参数：几何形状系数 G，它是固结装药燃烧表面积占药粒总表面积的百分数。

在密闭爆发器试验中，采用标准的点火方式，观察单基、双基和多基等不同火药组分、90 mm 和 50 mm 两种直径，以及不同密度、不同黏结剂对于燃烧的影响，结果如图 5-22～图 5-24 所示。图 5-22 是以径向破坏力为横坐标，图 5-23 以径向破坏强度为横坐标，其纵坐标函数是几何形状系数 G。

固结装药在制作和燃烧过程中会受到压力的作用。一般的压缩过程，不能使固结装药的药粒破碎，但可以使药粒变形和关闭药孔。因此，在固结装药解体后，分离出的药粒和由药粒组成的小药块，有加强整体装药增面性的作用。

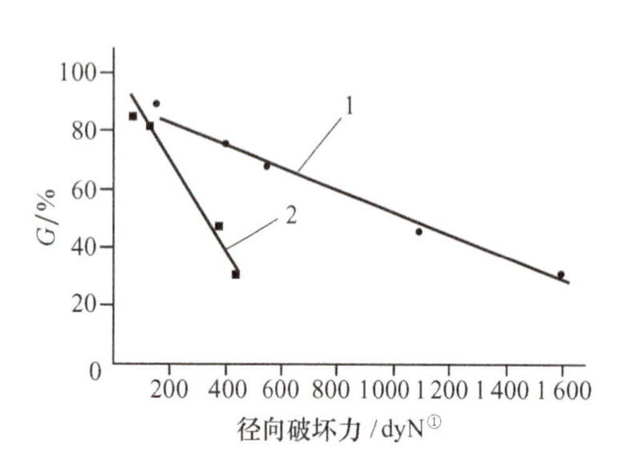

图 5-22　径向破坏力与几何形状系数 G

1—固结双基药，$D=90$ mm，$H=90$ mm；

2—固结双基药，$D=50$ mm，$H=50$ mm

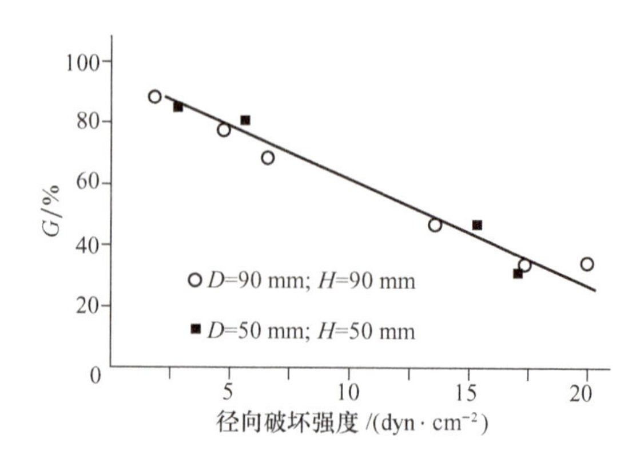

图 5-23　固结双基药径向破坏强度与几何形状系数 G

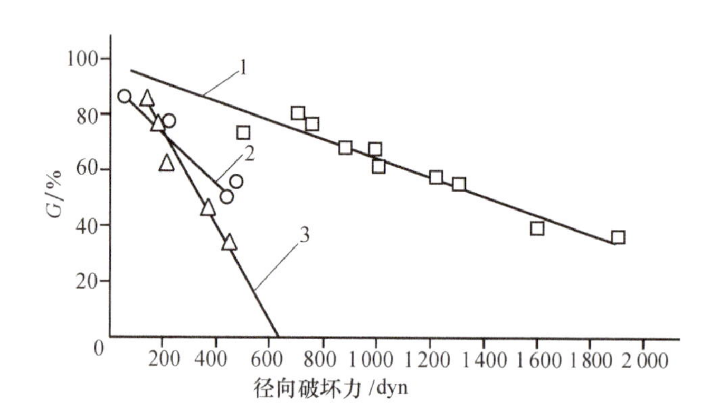

图 5-24　黏结剂对于几何形状系数 G 的影响

1—固结单基药（黏结剂 L1）；2—固结多基药（黏结剂 L2+L3）；3—固结双基药（黏结剂 L2+L3）

固结装药燃烧面的变化规律是影响燃烧过程的决定因素。密闭爆发器试验和由它给出的图 5-22～图 5-24 的函数关系，能部分地表明固结装药燃烧面的变化规律。

5.3　开槽杆状药

5.3.1　开槽杆状药的特点

在密实装药中，实心杆状药的装药密度要比同弧厚粒状药的装药密度高。为了防止递减性燃烧，而制作了单孔杆状药。这时，每个杆状药有 $\pi d^2 L/4$ 的内孔空隙，外侧也

① 1 dyn$=10^{-5}$N。

有杆与杆之间的空隙。带孔的杆状药能否比粒状药的密度高，要由杆的内孔直径 d 决定。但 d 值对装药密度影响较大，它还与杆的长度有关。密闭爆发器试验发现：单孔杆状药的燃速强烈地依赖于药杆的长度。一般情况下，$L/d \leqslant 40 \sim 45$ 的杆状药，燃烧反常现象不明显。但过长的带孔杆状药有侵蚀燃烧、火药破碎以及内孔燃速过高等现象。通过内弹道编码去模拟，也发现一些与其他粒状药不相符合之处。增加火药杆的直径 d 和长度 L 对燃烧和装填操作有好处，但反过来又降低了装药密度。在这个背景下发展了开槽杆状药。开槽杆状药的优点是减小杆状药内孔 d 值，减小杆外侧的空隙，但又保持足够的药长和装药密度。沿杆状药的纵向开槽，能将内孔燃烧的气体从槽的缝隙溢出。槽是燃烧气体流动的出口。

5.3.2　开槽杆状药的密闭爆发器试验研究

试验研究了开槽杆状药的杆长与燃速的关系及开槽杆状药的点火问题。

1. 试验条件

密闭爆发器容积：200 cm^3、700 cm^3、930 cm^3；

装填密度 $\Delta=0.2\ g/cm^3$；

杆状药的长度分别为 34.3 cm、2.54 cm、7.62 cm、15.2 cm、22.9 cm 和 30.5 cm；

RAD-587-4 批 M30A，$D=0.515$ cm，$d=0.121$ cm，$2e_1=0.203$ cm，$L=73.66$ cm；

试验温度：21 ℃，−54 ℃；

试验数据处理：采用燃速公式：$\mathrm{d}e/\mathrm{d}t=u_1 p$；

动态活度：$L=(\mathrm{d}p/\mathrm{d}t)/(p p_m)$。

2. 试验结果

① 在高压区，杆长变化时，燃速无大的变化。在低压区，尤其是低温条件，由于长度不同，杆状药的燃速较分散，说明装药结构对开槽杆状药的初始燃烧情况有影响，低温可能存在药杆破碎的现象。

② 不同容积密闭爆发器对开槽杆状药的燃速无明显影响，其燃速的对数值与压力呈直线关系。

③ AD-PE-587-A 批，$p=1.7 \sim 345$ MPa，21 ℃的燃速可用下式表示

$$\mathrm{d}e/\mathrm{d}t = 0.135\ 81 p^{0.787\ 87}$$

式中，$\mathrm{d}e/\mathrm{d}t$ 单位为 cm/s，p 的单位为 MPa。

④ 端部、尾部和中心点的不同点火方式对开槽杆状药的燃速无明显影响。

5.3.3　开槽杆状药的装药计算过程概述

1. 经典的方法

可以将开槽杆状药的密闭爆发器试验值用于火炮装药设计，大致按以下几个步骤进行：

① 用几种弧厚的开槽杆状药进行密闭爆发器试验，首先认为火药的燃速与弧厚没有关系，测定出的数据按 $u=u_1 p$ 的燃速关系式表示，得到表观燃速。

② 用表观燃速进行弹道计算，根据以往的经验值作为模拟编码所用的常数，求出装药量、弧厚、p_m 和 v_0 值。

③ 计算弧厚值及弧厚±5%弧厚值的三种规格制造开槽杆状药。

④ 通过射击试验对每个弧厚火药决定最佳装药量，最后通过修正计算得到装药量和弧厚的关系。

⑤ 通过内弹道编码，确定修正后的这个火炮系统的有关系数。

⑥ 按修正后的弧厚加工火药，继续进行射击试验。

装药具体设计过程按本书第 3.4 节进行。

2. 流体动力学方法

该方法建立在两相流内弹道理论基础上，提出一个膛内流动为变截面的一维两相流模型。该模型还有如下假设：各束药条中每根药条的形状、尺寸、燃烧规律、运动规律完全相同；火药的燃气热力学性质为常数，服从诺贝尔-阿贝尔状态方程；药条不可压缩；药条采用表面点火温度准则，管内外同时点燃。

(1) 基本方程

气相质量守恒方程为

$$\frac{\partial}{\partial t}(\Phi\hat{\rho}_g A)+\frac{\partial}{\partial x}(\Phi\hat{\rho}_g u_g A)=\dot{m}_c A+\dot{m}_{ign} A \tag{5-1}$$

式中，A 为炮膛截面积；Φ 为孔隙率；$\hat{\rho}_g$ 与 u_g 分别表示气相的密度和速度；$\dot{m}_c$ 为药束燃气生成速率；$\dot{m}_{ign}$为点火药气体生成速率。

气相动量守恒方程为

$$\frac{\partial}{\partial t}(\Phi\hat{\rho}_g u_g A)+\frac{\partial}{\partial x}(\Phi\hat{\rho}_g u_g^2 A)+A\Phi\frac{\partial p}{\partial x}=-f_s A+\dot{m}_c u_p A+\dot{m}_{ign} u_{ign} A \tag{5-2}$$

式中，p 为压力；f_s 为相间阻力。

气相能量守恒方程为

$$\begin{aligned}&\frac{\partial}{\partial t}[\Phi\hat{\rho}_g(e_g+u_g^2/2)]+\frac{\partial}{\partial x}[\Phi\hat{\rho}_g u_g A(e_g+p/\hat{\rho}_g+u_g^2/2)]+p\frac{\partial\Phi A}{\partial t}\\&=-f_s u_p-A\bar{A}q+\dot{m}_c A(e_p+p/\hat{\rho}_g+u_g^2/2)]u_p+\dot{m}_{ign} H_{ign} A\end{aligned} \tag{5-3}$$

式中，e_g 为气体内能；e_p 为火药潜能；H_{ign}为点火药燃气的滞止焓。

药束质量方程为

$$\frac{\partial}{\partial t}(\Phi_p\hat{\rho}_p A)+\frac{\partial}{\partial x}(\Phi_p\hat{\rho}_p A u_p)=-\dot{m}_c A \tag{5-4}$$

式中，Φ_p 为药束的体积比；$\hat{\rho}_p$ 与 u_p 分别为药束的密度与运动速度。

药束动量方程为

$$\frac{\partial}{\partial t}\int_{x_1}^{x_r}\Phi_p\hat{\rho}_p u_p A\mathrm{d}x = -\int_{x_1}^{x_r}\Phi_p A\mathrm{d}p - \int_{x_1}^{x_r}\dot{m}_c u_p A\mathrm{d}x + \int_{x_1}^{x_r}Af_s\mathrm{d}x \tag{5-5}$$

$$\frac{\mathrm{d}x_1}{\mathrm{d}t} = u_p \text{ 或 } \frac{\mathrm{d}x_r}{\mathrm{d}t} = u_p \tag{5-6}$$

式中，x_1、x_r 分别为药束左右端面的坐标。

（2）形状函数

开槽管状药燃烧过程的几何形状如图 5-25 所示。

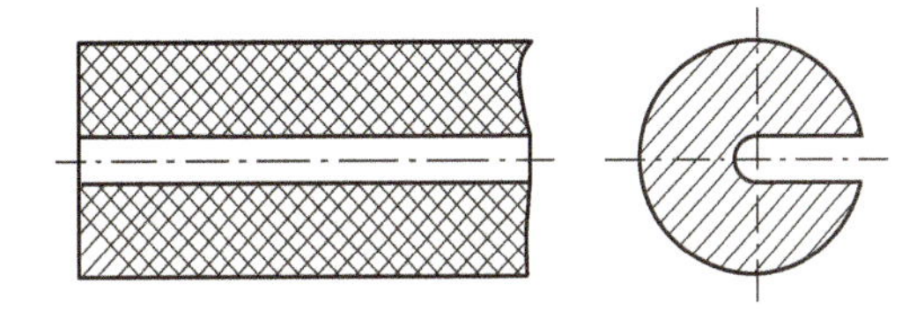

图 5-25　开槽管状药结构示意图

$$\begin{cases} 2e_1 = r_{c_1} - r_{i_1} \\ 2b - \pi(r_{c_1} + r_{i_1}) - \delta_1 \end{cases} \tag{5-7}$$

式中，r_{i_1}、r_{c_1} 分别为开槽管状药初始内外孔半径；δ_1 为初始槽宽。忽略开槽管状药两个端面的燃烧，初始燃面为

$$S_1 = 2c[2\pi(r_{c_1} + r_{i_1}) - 2\delta_1 + 2(r_{c_1} + r_{i_1})] \tag{5-8}$$

经过时间 t 后，火药燃去 e，此时燃面为

$$S = 2c[2\pi(r_c + r_i) - 2\delta + 2(r_c + r_i)] \tag{5-9}$$

式中，r_i、r_c 分别为经过时间 t 后的火药内外孔半径，δ 为槽宽，则

$$\begin{cases} r_c = r_{c_1} - e \\ r_i = r_{i_1} + e \\ \delta = \delta_1 + 2e \end{cases} \tag{5-10}$$

将式（5-10）代入式（5-9），可得

$$S = 2c(4b + 4e_1 - 8e) \tag{5-11}$$

因此，相对燃面为

$$\sigma = \frac{S}{S_1} = 1 - \frac{2e}{b + e_1} \tag{5-12}$$

令 $\alpha=2e_1/2b$，$\beta=2c_1/2c$，$Z=2e/2e_1$，则

$$\sigma = 1 - \frac{2\alpha}{1+\alpha}Z \tag{5-13}$$

令 $\lambda=-\alpha/(1+\alpha)$，则

$$\sigma = 1 + 2\lambda Z \tag{5-14}$$

由 χ 的定义，$\chi=S_1e_1/\Lambda_1=1+\alpha$，综上所述得

$$\begin{cases} \sigma = 1 + 2\lambda Z + 3\mu Z^2 \\ \Psi = \chi Z(1 + \lambda Z + \mu Z^2) \end{cases} \tag{5-15}$$

其中，$\lambda=-\alpha/(1+\alpha)$，$\chi=1+\alpha$，$\mu=0$。

在推导开槽管状药的形状函数时，采用了与几何燃烧模型相类似的关系式。但两相流计算不要求每根药条各处的燃速相同。这样，对于同一根药条，计算得出各处的内外

径是不相同的。其中

$$\begin{cases} r_c = r_{c_1} - e_1 Z \\ r_i = r_{i_1} + e_1 Z \\ \delta = \delta_1 + 2e_1 Z \end{cases} \tag{5-16}$$

（3）主要辅助方程

状态方程

$$p(1-\alpha\hat{\rho}_p) = \hat{\rho}_p R T_g \tag{5-17}$$

药束燃气生成率

$$\dot{m}_c = \hat{\rho}_p \overline{A} \dot{d} \tag{5-18}$$

式中 $\overline{A} = \hat{\rho}_p \Phi_p S / M_p, \dot{d} = bp^n, M_p = M_{p_1}(1-\Psi)$

其中，Φ_p 为药束的体积比；d 为火药燃速；M_p 为未燃火药质量。

5.4 形成平台压力的装药结构

5.4.1 一种圆片状组合装药可以获得压力平台的弹道效果

在内弹道过程中，弹后体积的增加大约与装药燃烧时间的平方成正比，如果气体生成量（或装药的燃烧面积）按时间平方的关系而增加，膛内的压力将近似恒定。但是，等面燃烧的发射药、一般增面燃烧发射药，其气体生成量大约与燃烧时间成正比。

如果燃烧从球的中心开始，沿半径方向进行，燃去的厚度是燃去的球半径、燃烧面是半径所形成的球面，那么，气体生成量（燃烧面积）就与燃烧时间的平方近似成正比。

取半径为 r 的球形药，点火始于球心，球形药外表面是阻燃的。在球形药燃烧过程中，燃烧时间和对应半径、燃烧面的关系是 $t_i \sim r_i \sim S_i$，而且 $t_i^2 \propto r_i^2 \propto S_i$。即燃烧面和燃烧时间平方成正比。

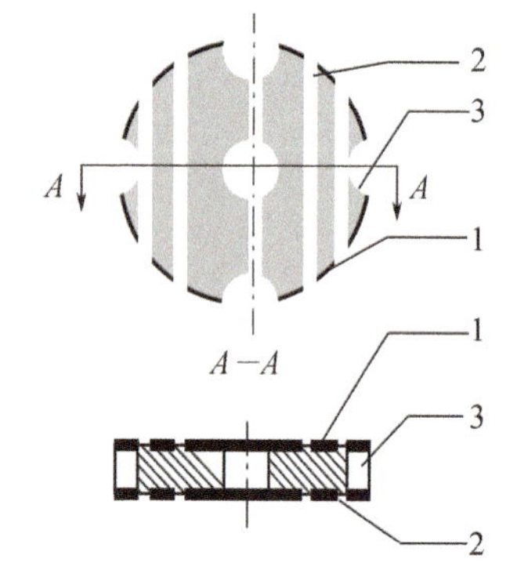

图 5-26 圆片药单体结构

1—阻燃面；2—点火线；3—点火通道

根据上述原理，研究者设计出圆片药组合整体装药。

取数个圆形平板发射药，叠加组合，每个圆形平板发射药之间和周围留有传火通道和数条点火线，在点火线上设有若干个未阻燃的点火中心点（图 5-26）。点火后，气体渗入圆板药之间，在中心点点燃圆板药。这时，多点综合的燃烧时间和对应半径（图 5-27）、燃烧面的关系是 $t_i \sim r_i \sim \sum S_i$，而且 $t_i^2 \propto r_i^2 \propto \sum S_i \propto V_i$，$V_i$ 为弹后体积 。即达到了燃气生成量与弹后体积同步增长的要求。最后的 p-t 曲线呈现了平台的效应（图

5-28)。圆片药组合整体装药的特点：

① 具有强增燃性，点火后膛内压力迅速达到最大值，并能保持压力恒定，具有“平台”效应。

② 装药结构紧凑，具有高装药密度，能获得很高的膛容利用率。

圆片药组合装药虽然是较为理想的装药，但还不能实际应用，在装药设计中可以多方面地理解其设计思想。

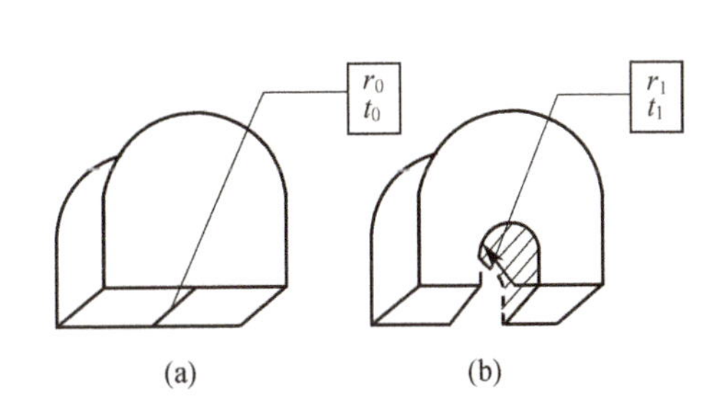

图 5-27　限制燃烧面的片状药的燃烧过程

(a) t_0-r_0；(b) t_1-r_1

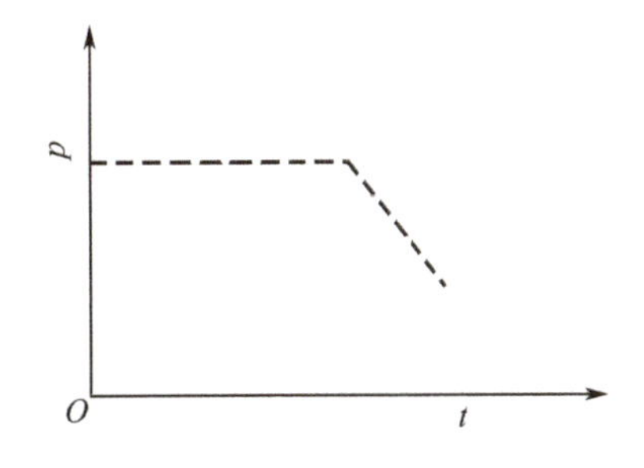

图 5-28　圆片组合整体装药的压力-时间曲线

5.4.2　多层变燃速结构形成类平台效果的技术方法

以 100 mm 加农炮为例，当变燃速层数分别为 2、3、4、5 时，和标准的 1 号装药相比，管状药变燃速装药的初速分别增加 2.08%、4.34%、6.54%、8.40%（表 5-5、表 5-6）。形成局部平台时，需要 7 个变燃速层。

表 5-5　多层变燃速管状药的弹道结果

序号	1	2	3	4	5
m_p/kg	5.06	5.54	5.94	6.34	6.75
p_m/MPa	300.0	299.1	301.6	298.7	299.8
v_0/(m·s^{-1})	900.0	918.7	939.1	958.9	975.6
$\Delta v_0/v_0$/%		2.08	4.34	6.54	8.40

表 5-6　多层变燃速管状药各层的燃速系数和厚度（L）（n=1）

序号	1	2	3	4	5
u_1/[10^{-4}cm/(s·MPa)]	6.5	14.9	17.9	20.5	22.8
L /mm	0.004 4	0.006 5	0.008 2	0.009 7	0.011 4

其对应的弹道曲线如图 5-29 所示。

PSS 装药的弹道曲线有两个压力峰，采用阻燃的方法可以减缓 M 形曲线的曲率，全包覆和局部包覆两种结构都能获得较为理想的效果。如果获得局部平台效果（如 105 mm 火炮穿甲弹），需要 7 个变燃速层次。当变燃速层分别为 2、3、4、5 时，和标

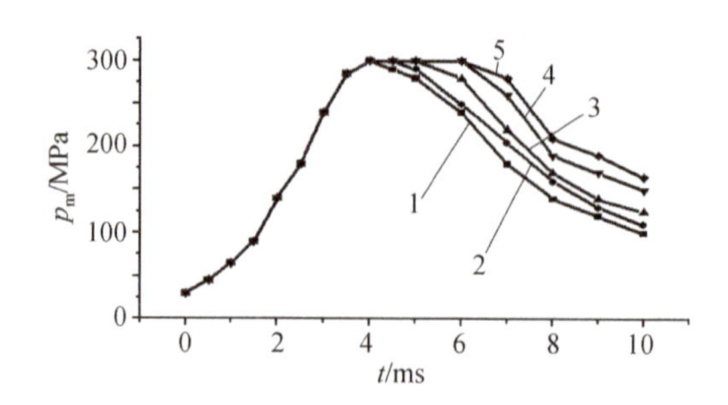

图 5-29 多层变燃速装药的弹道性能

1～5—表 5-6 对应序号的试品

准的装药（1 号）相比，其初速值分别列在表 5-7～表 5-9 中。

表 5-7 单一 PSS 装药

序　号	1	2	3	4	5
m_p/kg	6.20	6.30	6.40	6.48	6.53
v_0/(m·s^{-1})	1 610	1 617	1 624	1 622	1 618

表 5-8 全面包覆组合装药结构（m_p=6.73 kg；变包覆厚度）

序　号	1	2	3	4	5
p_m/MPa	440.0	442.9	440.8	438.8	436.7
v_0/(m·s^{-1})	1 651.9	1 656.5	1 652.4	1 648.4	1 644.4

表 5-9 局部包覆组合装药结构（m_p=6.73 kg；变包覆厚度）

序　号	1	2	3
p_m/MPa	436.4	442.4	441.5
v_0/(m·s^{-1})	1 646.5	1 654.9	1 647.8

5.5 低温感装药技术

5.5.1 装药的温度系数

装药温度系数定义为与火炮环境温度的微小变化 dT 对应的单位压力下最大膛压（或初速）的相对变化值

$$\Gamma = (\mathrm{d}p_m/\mathrm{d}T)/p_{max}(\text{或}(\mathrm{d}v_0/\mathrm{d}T)/v_0) \quad (5\text{-}19)$$

环境温度变化改变了发射药的温度和发射药的燃烧速度，并随温度的增加，燃烧速度呈指数规律上升，明显地影响了发射药燃气生成速率。在不同的地区、不同的季节，甚至在白天和晚上，虽然是同一装填条件，但火炮有不同的弹道性能，甚至相差很大。冬天和夏天，火炮的膛压可能相差 40～80 MPa，明显地降低了武器效率和武器的安全性。温度系数与发射药、弹丸和火炮等多种因素有关。对于现有的武器，高温区 dp_m/dT 为 12～22 MPa/℃，低温区为－0.7～－1.5 MPa/℃。

在武器服役的环境温度内，装药只能在高温（图 5-30，T_3）下发挥正常作用，但武器实际使用于能量损失较大的常、低温环境（图 5-30，T_2、T_1）。常温和低温的速度损失分别为 2%～8%和 8%～12%。所以，专家们普遍认为，低温度感度技术是一种极有吸引力、能够显著改进弹道性能的技术。

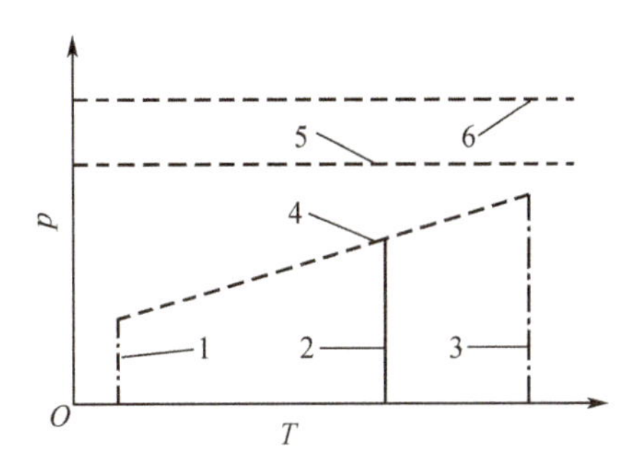

图 5-30　膛压与环境温度的关系

1—低温 T_1；2—常温 T_2；3—高温 T_3；4—p-T；5—膛压限制；6—膛压极限

5.5.2　降低温度系数的方法

有多种途径可以解决发射装药的温度系数问题。引入添加剂的化学方法是最简易的办法，但其降低火炮装药温度系数的效果不明显。利用外部干扰技术，如使用微波、激光、红外等射线，都能增强火药的热传导和增加低温条件下火药的燃速，并使之达到高温时的燃速，但这些方法应用于武器上还有困难。

还有一种方法也能改善发射装药的温度系数，根据

$$d\Psi/dt = \sigma(\chi/e_1)(de/dt) \tag{5-20}$$

燃速 de/dt 将随温度上升而增加，要使 de/dt 不随温度变化而变化是困难的，但可以使相对面积 σ 随温度增加而减少。所以，可以通过对 σ 的控制使 $d\Psi/dt$ 值恒定。调节 σ 的方法有：

① 低温时火药分裂、增面，高温时火药不分裂，不增面。

② 火药低温冷脆，产生或增加裂缝和界面；高温火药膨胀，减少或者消除裂缝。

③ 阻燃层低温不起作用，高温时起阻燃作用。

为此，可以通过局部点火、压缩药床等机械作用使火药变形，在火药中预制微裂缝，用两种以上的小药粒制成大药粒，使用大增面性的固结装药等，都将使 σ 随温度的变化而变化。

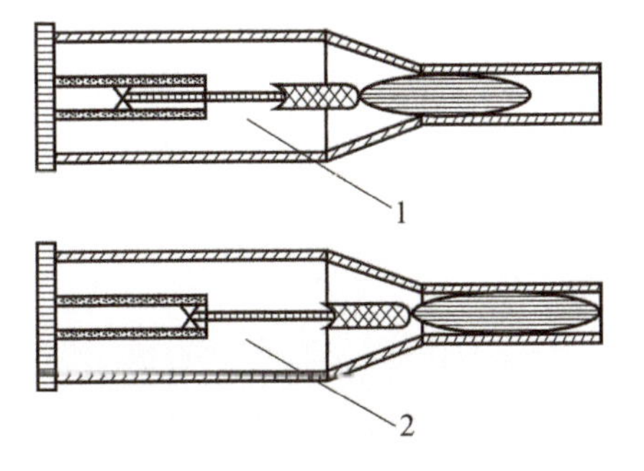

图 5-31　可控点火管的温度补偿

1—低温药室容积小；2—高温弹丸前移，药室容积大

一种可控的点火管（图 5-31）有低温度系数的效果。该点火管在主装药被点火之前，因为环境温度的变化，点火管造成弹丸的移动，不同的环境温度，弹丸获得不同的初始位置和不同的弹后容积。环境温度高，弹后容积大；环境温度低，弹后容积小。该容积调节了主装药燃烧的压力，并与环境温度的作用相反，降低了温度感度。

5.5.3 低温感发射药 EI

在中、小口径武器中，研究了单基药、双基药、球形药、硝胺药的应用技术，但因为烧蚀、物质扩散等问题，一些能量高的发射药未被采用。在多年的研究之后，一种低温感发射药 EI 已经在中、小口径火炮以及迫击炮上得到应用。该火药是通过单基药粒浸取爆炸性溶剂（例如 NG），再用高分子材料涂覆，形成爆炸性溶剂从药粒表面向内部逐步递减，而药粒表面又有阻燃涂层的复合结构的药粒——EI 火药药粒。在中口径火炮上应用 EI 火药，能增加射程 7%～12%。在装药性能方面的改进包括：增加了装药密度和燃烧增面性，降低了温度感度。结合使用两种不同的缓蚀剂，减缓了燃温对烧蚀的作用。EI 相对低的烧蚀性，在烧蚀弹试验和武器试验中得到了证实。含安定剂和稳定的涂覆层，使 EI 的化学、物理老化过程都保持在一个低的水平上，EI 有满意的储存寿命，也能满足弹道使用寿命的要求。

1. EI 火药的结构

EI 是用单孔、7 孔或 19 孔的单基药粒先浸取爆炸性溶剂，而后用高分子材料涂覆表面而形成的。含爆炸性溶剂的外层，其厚度约数百微米。图 5-32 是典型 EI 药粒的爆炸性溶剂浓度、涂层和能量的分布图。图中的浓度线是由傅里叶红外光谱仪测定的，能量是用 ICT code 计算产生的。

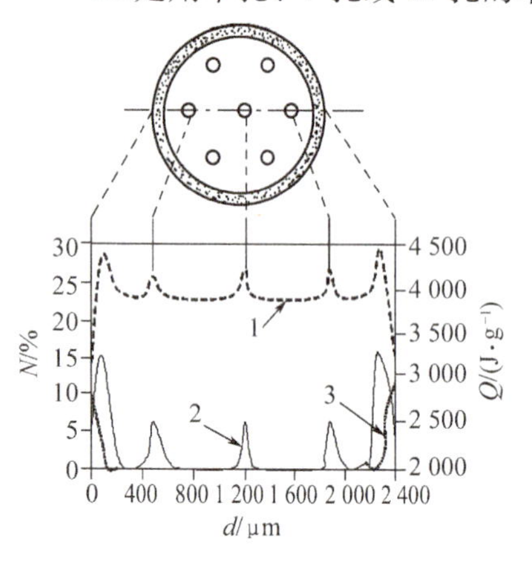

图 5-32 爆炸性溶剂和涂层以及能量在 EI 中分布图

1—爆炸性溶剂的质量分数（%）；2—爆热值（J/g）；3—涂层渗透深度（μm）

2. 内弹道性能

近些年，EI 火药产品已应用于新一代 25 mm、27 mm、30 mm 和 35 mm 等武器，与传统的火药相比，内弹道性能有一定改善。在内弹道上有以下效果：

① 提高了装药密度。EI 火药的装药密度大于 1.100 g/cm^3。

② 轻微地增加了能量。因引入爆炸性溶剂，能量比单基药的增加 200～300 J/g 。

③ 很强的燃烧渐增性。燃烧受包覆层和火药能量的影响，药粒未阻燃面比阻燃面的燃速快。通过中止试验证实：EI 药粒的燃烧从内孔开始，然后，富能、含爆炸溶剂的外层才燃烧，外层是在弹道循环最需要能量的期间开始燃烧的，所以，EI 具有高的燃烧渐增性。

④ 降低了温度感度。EI 具有更低的温度感度。图 5-33 可以反映 EI 装药的弹道性能。用 EI 和单基药在 30 mm 毒蛇Ⅱ型火炮的尾翼脱壳穿甲弹（APFSDS-T）中进行试验，－50 ℃时 EI 装药增加炮口动能 18%，21 ℃增加 12%。

在中口径火炮上，EI 烧蚀性能达到了可以接受的程度。

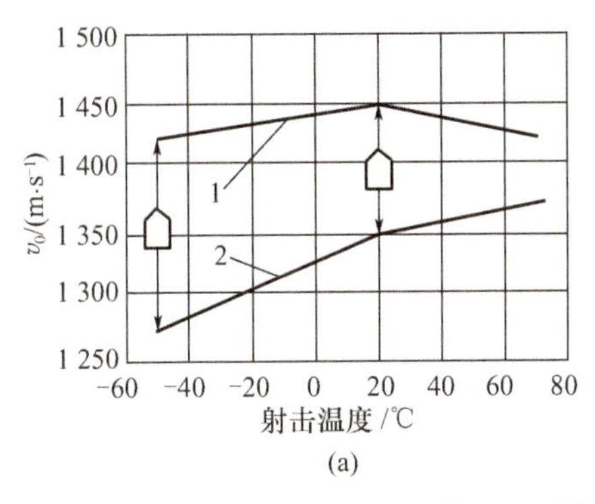

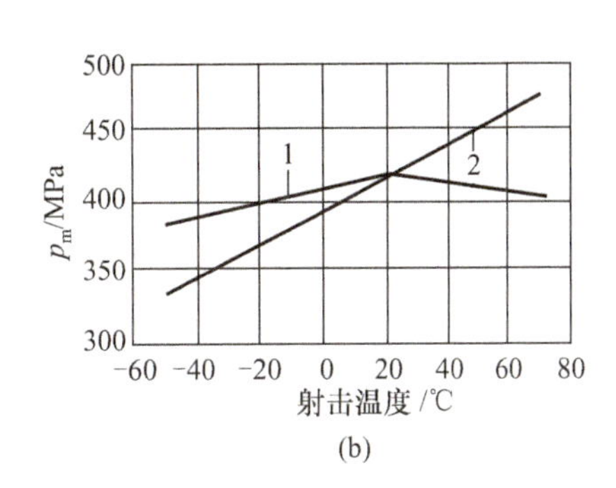

图 5-33　30 mm 毒蛇Ⅱ型火炮脱壳穿甲弹内弹道试验结果

(a) 1—EI 的炮口动能；2—单基药的炮口动能；(b) 1—EI 的 p-t 曲线；2—单基药的 p-t 曲线

EI 火药有相对低的燃烧温度，在 25 mm 火炮上，EI 火药燃温的计算值是 3 000 K（ICT code 计算），比相同条件下单基药的 2 800 K 高，但低于硝胺发射药的 3 500 K（计算值）。

烧蚀管减量试验，EI 的烧蚀高于单基药的，但不明显。图 5-34 为 25 mm 口径火炮发射药的烧蚀试验结果。

3. 化学稳定性

正常储存情况下，EI 发射药的化学老化过程几乎是可以忽略的，有极好的化学寿命。90 ℃ 失重试验、105 ℃ Dutch 试验、115 ℃ Bergmann-Junk 试验，以及热流量计和 NO_x 光化学等试验，均证实 EI 火药的老化速率很低。

化学储存寿命测定过程是：在 40 ℃、50 ℃、60 ℃和 70 ℃下，对样品加速老化 108 周，用高效液相色谱（HPLC）定量测定剩余的安定剂，用 Berthelot 方程从试验温度外推到 20 ℃，计算出安定剂消耗（N）50%的时间，得到化学储存寿命（年）。图 5-35 是 6 种火药的测定结果。

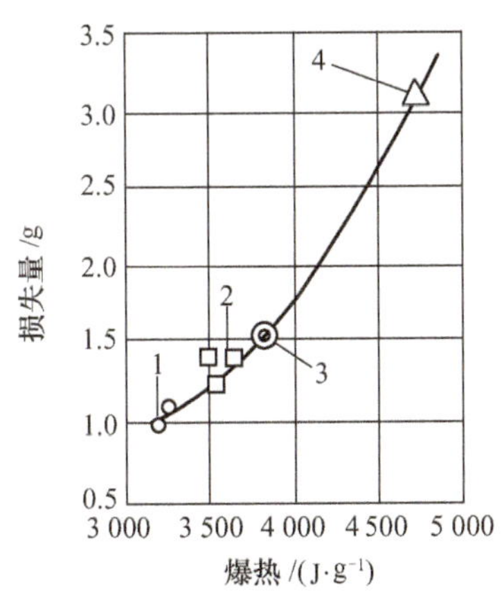

图 5-34　25 mm 口径火炮发射药的烧蚀管减量试验

1—单基药 PGB180；2—单基药 PGB150；3—EI 药；4—硝胺药

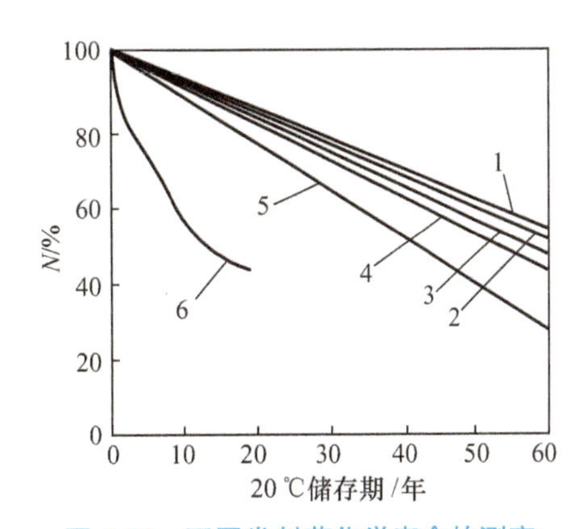

图 5-35　不同发射药化学寿命的测定

1—1 号单基药；2—1 号 EI；3—1 号双基药；4—2 号单基药；5—2 号 EI；6—2 号双基药

除 2 号双基药外（仅 15 年），其他都超出 40 年。

测定的结果表明，在 30 ℃储存条件下，EI 的化学储存寿命是 20～40 年；在 20 ℃储存条件下，是 50～100 年。

4. **弹道寿命**

弹道寿命是弹道性能符合使用要求的储存时间。对于 EI 火药，影响弹道寿命的主要因素是 NC 的降解和包覆层与发射药之间的物质迁移。

NC 降解：按照经验，一旦 NC 的相对分子质量降解率超过 45%，弹道性能即出现明显的变化。对 EI 的分析指出：在 60 ℃、60 年的期间里，NC 相对分子质量降低 40%。所以 NC 的降解不是影响 EI 自身寿命的因素。影响 EI 化学寿命的几种过程，如安定剂消耗、NC 降解、伴随氧化氮和热释放的热分解，它们是相关的和相互影响的，但各过程进行得都很缓慢。

包覆层物质和爆炸性溶剂的扩散：研究了爆炸性溶剂和包覆层物质在加速老化过程向发射药的不同基体层的扩散，用斐克（Fick）扩散模型及确定的扩散系数值，计算了物质浓度与内弹道行为变化的关系。发现，单基药的物质扩散对改变弹道性能的影响很小；然而，钝感剂在双基药中的扩散是相当快的，火药很快地接近和超过限定的弹道寿命。

EI 表面包覆剂的扩散可以通过包覆层与火药组分选择、包覆剂与爆炸性溶剂浓度的控制而达到最小化。EI 的物质迁移比单基药的稍快，但仍有很好的弹道寿命。图 5-36比较了 EI 的高分子包覆剂与双基药的苯二甲酸二丁酯（DBP）的扩散情况。用 FTIR 微光谱法测 DBP 在双基药和高分子在 EI 中的浓度，计算出不同加速储存条件下的 DBP 和高分子在火药中的分布情况。

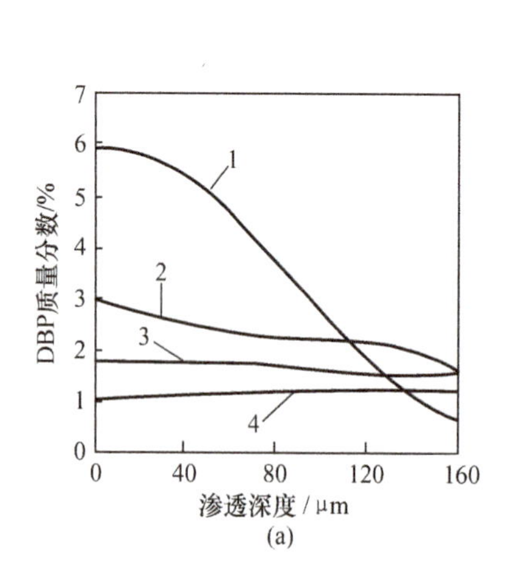

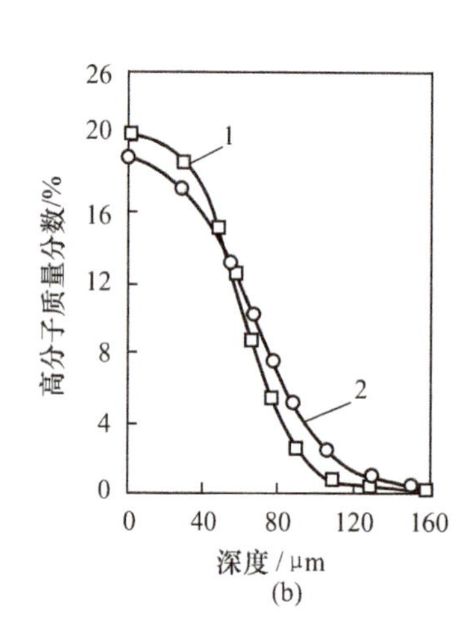

图 5-36　涂覆层的扩散

（a）DBP 质量分数图：1—未老化药；2—71 ℃ 储存 1 周；3—71 ℃ 储存 2 周；4—71 ℃储存 4 周；

（b）高分子质量分数图：1—未老化药；2—71 ℃储存 4 周

安定性的确定：弹道寿命的确定是按图 5-35 所示的试验之 1 的过程来进行的。在弹道试验前，试验品在温度 40 ℃、50 ℃和 60 ℃条件下，分别保存 36 周以上，在该条件下所得到的结果，取 3.0 寿命因子，外推至标准储存条件。

对一些不同的武器/军械系统，用 EI 发射药进行了试验，在整个射击的温度范围内（通常取−54 ℃～71 ℃），得到了极好的弹道寿命数值。

结果表明，EI 涂覆层物质的扩散是非常小的，因此，对弹道寿命影响不大（扩散系数为 $D=0.13\times10^{-15}\ m^2/s$）。

图 5-37 是 5 种不同发射药在 20 ℃，不同储存时间下的弹道性能。由此估算的单基药和 3 种 EI 药，具有高于 20 年的弹道寿命。然而，涂覆层物质扩散快的火药，其弹道寿命在 20 ℃的条件下降至10 年。

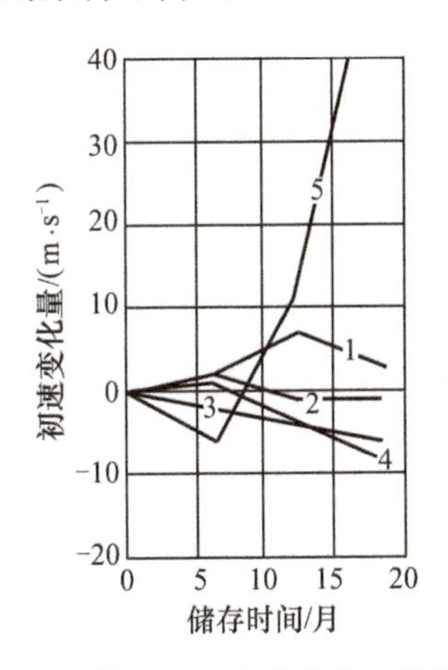

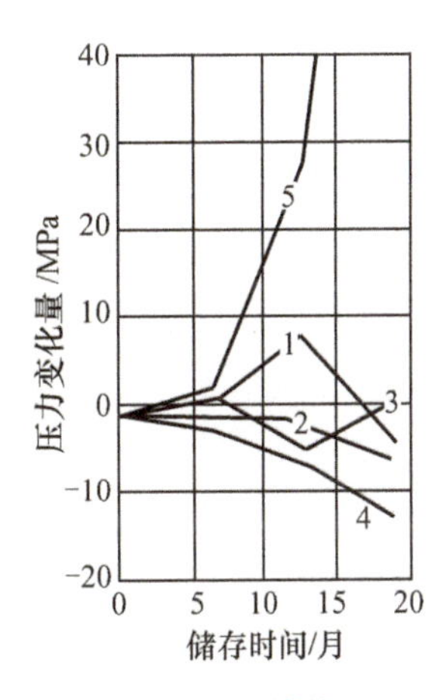

图 5-37　在火炮中一些发射药的弹道性能和储存时间的关系

1—单基药；2，3，4—三种 EI 发射药；5—其他不稳定发射药

5.5.4　一种新的低温感装药技术

我国学者运用发射药燃面和燃速的调控技术，使燃面和燃速的增减等效互补，达到了各温度下燃气生成速率的恒定，同时解决了储存安定性的关键问题，发明了一种低温感装药。

1. 原理与技术方法

(1) 基本原理

本研究的结果是获得一种混合发射药装药，它是由制式火药（主装药、MC）和包覆药（B）按一定比例组成的混合装药（MC+B）。该装药还可以配备低温感点火具和其他元件，形成低温感装药（LTSC，也称为低温度系数装药）。

LTSC 的基本原理：

气体生成速率（$d\Psi/dt$）为

$$d\Psi/dt=(S/\Lambda_1)(de/dt) \tag{5-21}$$

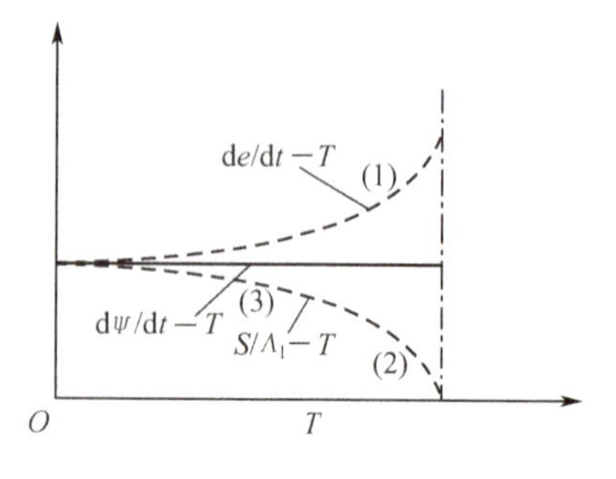

图 5-38　补偿系统的作用原理

式中，Ψ 为某瞬间火药燃烧掉的相对体积；t 为火药的燃烧时间，s；e 为火药的燃烧层厚度，mm；S 为火药的燃烧面积，mm^2；Λ_1 为火药原有的体积，mm^3。

燃速 de/dt 随温度变化（图 5-38 曲线（1））是化学反应的属性，燃速不随温度变化的要求较难实现。因此，本研究避开燃速与温度的关系，而在 LTSC 中建立一个补偿系统（S/Λ_1）。低温下的火药燃速低时，补偿系统能调控燃面并使燃面增加；而在高温下火药燃速高时，补偿系统能调控燃面并使燃面降低（图 5-38 曲线（2））。即在 LTSC 中，存在的补偿系统与另一系统（de/dt）呈负向效应，从而使 LTSC 在弹道的主要阶段和在各种环境温度下，保证装药的气体生成速率 $d\Psi/dt$ 为一恒定值（图 5-38 曲线（3））。

（2）技术方法

补偿系统的主要元件是低温感火药和/或低温感点火具，同时采用低温感装药结构。

低温感火药控制燃面（S/Λ_1）值的方法，是在药体内设置空间小、数量多的内孔腔。在众多内孔腔的口部设有起开关作用的功能材料。高温时，内孔腔关闭，内孔面不暴露；低温时，内孔腔打开，内孔面暴露。不同温度内孔腔暴露的数量不同。此方法使低温感火药燃面变化具有与火药燃速呈负向的效应。

起开关作用的功能材料与火药组分相容，抑制了组分迁移，使低温感火药常储稳定、不失效。

低温感点火具在高温时的点火冲量小；低温时的点火冲量大，点火具和高温燃烧快、低温燃烧慢的装药交叉互补，强化了低温感效果。

低温感装药结构是异质、异型火药的组合，不同的组合获得特征不同的弹道曲线，分别成为零梯度装药（高、常、低温射程一致）和不同温度区间具有不同温度系数的装药，应用于不同的火炮和弹药。

2. 影响 LTSC 温度系数的装药条件

（1）LTSC 的温度系数

对 LTSC 的气体生成速率进行简化处理，研究对象是制式火药（MC）、包覆药（B）及其混合装药（MC+B）。解决温度系数问题的目标是控制混合装药的气体生成规律，并使不同温度下的气体生成规律相似。

将燃烧面和火药燃速看成初温（T_0）的函数，对气体生成速率求导，得

$$[\partial(d\Psi/dt)/\partial T_0]_p = [(\partial S/\partial T_0)_p u + S(\partial u/\partial T_0)_p]/\Lambda_1 \tag{5-22}$$

对于 LTSC 装药（MC+B），有

$$d\Psi_{MB}/dt = (1-\beta)d\Psi_M/dt + \beta d\Psi_B/dt \tag{5-23}$$

式中，β 是包覆药在整体装药中的质量分数，下角 MB、M、B 分别代表混合药、制式药和包覆药。进一步整理，式（5-22）成为

$$d\Psi_{MB}/dt = (1-\beta)S_M u_M/\Lambda_{M0} + \beta S_B u_B/\Lambda_{B0} \tag{5-24}$$

对温度求导

$$[\partial(d\Psi_{MB}/dt)/\partial T_0]_p = (1-\beta)[(\partial S_M/\partial T_0)_p u_M + (\partial u_M/\partial T_0)_p S_M]/\Lambda_{M0} + \beta[(\partial S_B/\partial T_0)_p u_B + (\partial u_B/\partial T_0)_p S_B]/\Lambda_{B_0} \tag{5-25}$$

制式火药燃烧面随温度的变化量可以忽略，$(\partial S_M/\partial T_0)_p=0$，式（5-25）成为

$$[\partial(d\Psi_{MB}/dt)/\partial T_0]_p = (1-\beta)(\partial u_M/\partial T_0)_p S_M/\Lambda_{M0} + \beta[(\partial S_B/\partial T_0)_p u_B + (\partial u_B/\partial T_0)_p S_B]/\Lambda_{B0} \tag{5-26}$$

由式（5-26）可知，影响 LTSC 气体生成速率 $d\Psi_{MB}/dt$ 的因素有：质量分数 β，药粒初始体积 Λ_{M0}、Λ_{B0}，燃速 u_B，燃面和燃速的温度系数 $(\partial u_M/\partial T_0)_p$、$(\partial u_B/\partial T_0)_p$。

获得与温度无关的零梯度条件是 $[\partial(d\Psi_{MB}/dt)/\partial T_0]_p=0$，即

$$(1-\beta)(\partial u_M/\partial T_0)_p S_M/\Lambda_{M0} + \beta[(\partial S_B/\partial T_0)_p u_B + (\partial u_B/\partial T_0)_p S_B]/\Lambda_{B0} = 0 \tag{5-27}$$

进一步整理得

$$(1-\beta)S_M\Lambda_{B0}u_M(\partial \ln u_M/\partial T_0)_p/(\beta u_B S_B \Lambda_{M0}) + (\partial \ln S_B/\partial T_0)_p + (\partial \ln u_B/\partial T_0)_p = 0 \tag{5-28}$$

在式（5-28）中，除了 $(\partial \ln S_B/\partial T_0)_p$ 之外，其他各项均为正值。即低温感的原理是 LTSC 的燃面温度系数抵消了火药的燃速温度系数，并因此改善了装药的弹道系数。

（2）质量分数 β 对 LTSC 温度系数的影响

将获得零梯度效果的式（5-28）改写为

$$-[(\partial \ln S_B/\partial T_0)_p + (\partial \ln u_B/\partial T_0)_p]/(\partial \ln u_M/\partial T_0)_p = (1-\beta)S_M\Lambda_{B0}/(\beta u_B S_B \Lambda_{M0}) \tag{5-29}$$

在火药加工后 M 和 B 已经确定的情况下，$(\partial \ln S_B/\partial T_0)_p$、$(\Lambda_M/\Lambda_B)$、$(S_M/S_B)$和 u_B 都已经成为定值，有

$$\beta(\partial \ln u_B/\partial T_0)_p/[(1-\beta)(\partial \ln u_M/\partial T_0)_p] = 常数 \tag{5-30}$$

当制式药 M 的燃速温度系数 $(\partial \ln u_M/\partial T_0)_p$ 高时，可以增加质量分数 β 值使式（5-30）成立。即通过增加 β 值的办法来抵消高的温度系数。

表 5-10 是 β 值对硝基胍 LTSC 装药温度系数的影响值，火炮的口径为 105 mm。

表 5-10　105 mm 火炮 LTSC 装药 β 值与温度系数

β/%	温度/℃	p_m/MPa	v_0/（m·s^{-1}）	$(\Delta p_m/p_m)$ /%	$(\Delta v_0/v_0)$ /%
35	−40	388.8	1 5339	—	—
	15	435.8	1 549.1	12.1	0.99
	50	448.2	1 563.7	2.85	0.94
30	−40	391.7	1 535.8	—	—
	15	436.5	1 551.1	11.4	1.0
	50	471.6	1 575.7	8.04	1.59
25	−40	414.4	1 544.9	—	—
	15	450.3	1 562.9	8.74	1.17
	50	486.6	1 591.3	8.06	1.82

(3) MC 和 B 的燃速、燃面和弧厚对温度系数的影响

将获得零梯度效果的式(5-29)改写为

$$(u_B S_B)(\partial \ln u_B/\partial T_0)_p/[S_M(\partial \ln u_M/\partial T_0)_p]=\text{常数} \tag{5-31}$$

由式(5-31)可知,当 MC 火药的温度系数 $(\partial \ln u_M/\partial T_0)_p$ 高时,可通过增加包覆药的燃面(S_B)和燃速(u_B)获得零梯度效果。

3. LTSC 弹道曲线 *p*-*t* 和 *v*-*t* 的特点

(1) LTSC 膛内压力的发展过程

现取三种装药进行比较。1 号——120 mm 火炮 LTSC 装药;2 号——37 mm 高炮 LTSC 装药;3 号——37 mm 高炮 MC 装药。2 号和 3 号为同种火药的 MC 和 LTSC 两种装药。图 5-39、图 5-40 和图 5-41 所示是这三种装药高、低、常温的 *p*-*t* 曲线。从中发现,MC 和 LTSC 两种装药膛压的发展过程是不一致的。

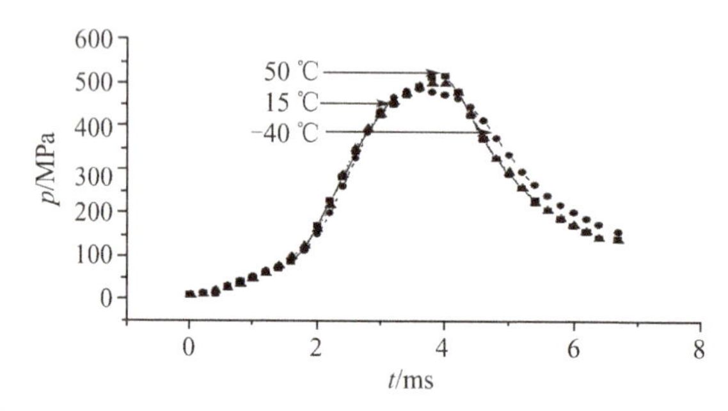

图 5-39 120 mm 火炮 LTSC 装药高、低、常温的 *p*-*t* 曲线

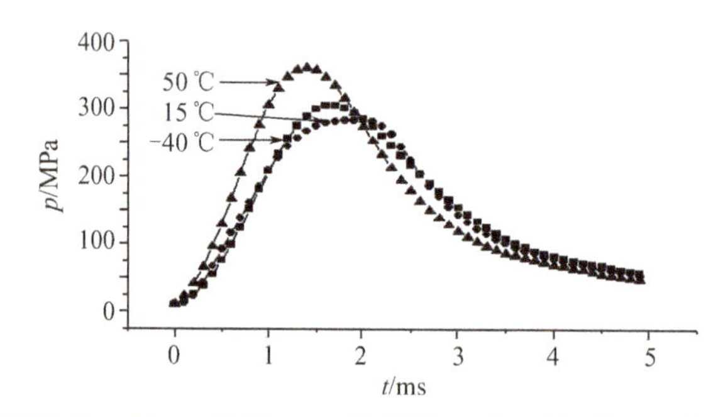

图 5-40 37 mm 高炮 LTSC 装药高、低、常温的 *p*-*t* 曲线

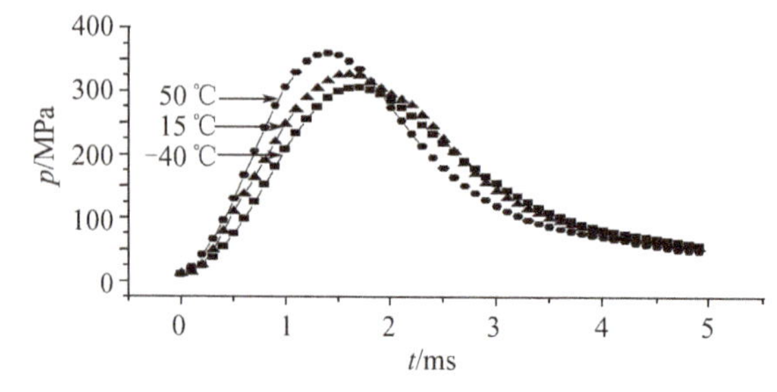

图 5-41 37 mm 高炮 MC 装药高、低、常温的 *p*-*t* 曲线

① 不同温度下最大压力 p_m 及其出现的时间 t_m。下角 h、n、l 分别代表高、常、低温。对于 MC 装药的 p-t 曲线，则 $t_{mh}<t_{mn}<t_{ml}$，$p_{mh}>p_{mn}>p_{ml}$。

LTSC 装药的 p-t 曲线，$t_{ml}<t_{mn}<t_{mh}$，或 $t_{ml}<t_{mh}<t_{mn}$；而 p_{mh}、p_{mn} 和 p_{ml} 的关系是可以调节的，不遵守制式装药 $p_{mh}>p_{mn}>p_{ml}$ 的规律。

图 5-42 是 1 号装药 120 mm 口径火炮 LTSC 最大压力附近的 p-t 曲线。在高、低、常三种温度下，最先出现低温的最大压力（CC 点），t_{ml}=3.491 ms，p_{ml}=486.3 MPa，而且在 CC 点附近 p 变化缓慢。其次出现的是常温的最大压力（BB 点），t_{mn}=3.806 ms，p_{mn}=501.4 MPa；最后是高温的最大压力，t_{mh}=3.984 ms，p_{mh}=520 MPa。

但是正常装药（图 5-43）情况下，3 号 MC 在不同温度下 p_m 出现的次序与 1 号的相反。

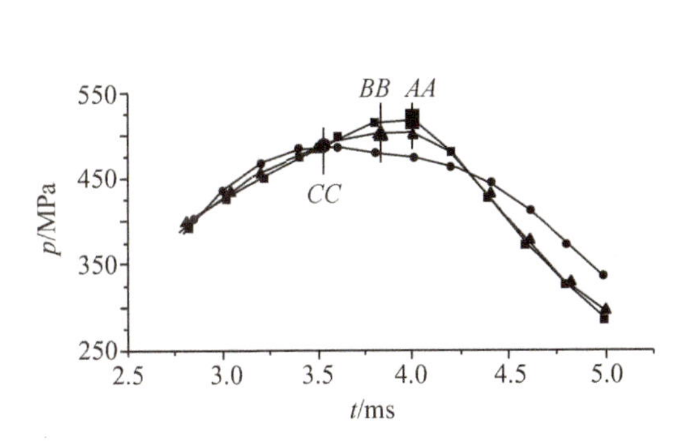

图 5-42　120 mm 火炮 LTSC 装药 p_m 附近的 p-t 局部曲线

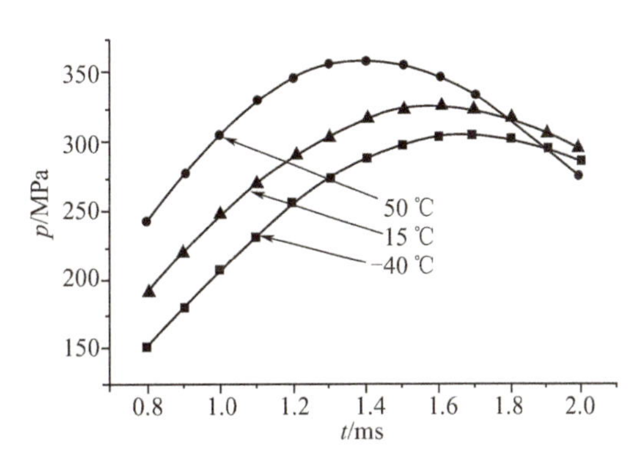

图 5-43　37 mm 高炮 MC 装药 p_m 附近的 p-t 局部曲线

② 不同温度下弹道起始段的压力。在弹道的起始段，LTSC 高、低、常温的 p-t 曲线比较接近（图 5-44）。开始时，低温的 p 高于常温和高温的 p。但在 t=1.395 ms 时，p=82.16 MPa（CC 点），常、高温 p 上升并超过低温的 p，至 DD 点，低温 p 又超过常、高温的 p。此时t=3.008 ms，p=431 MPa。

三种温度 MC 装药（图 5-45）的 p-t 曲线有明显差别，一直保持 $p_h>p_n>p_l$ 的趋势，直至出现最大压力。

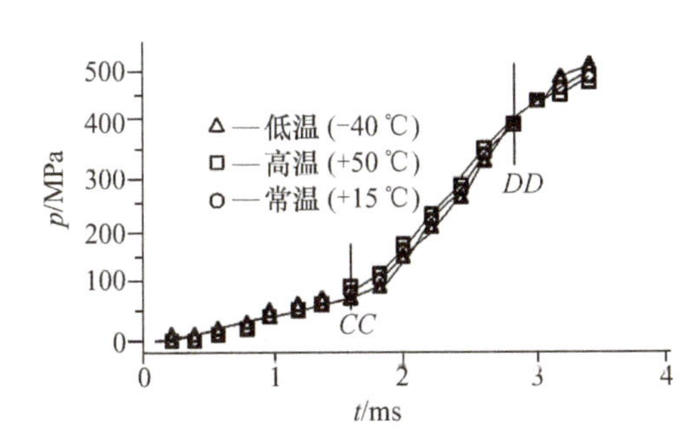

图 5-44　弹道起始段 LTSC 装药高、低、常温的 p-t 曲线

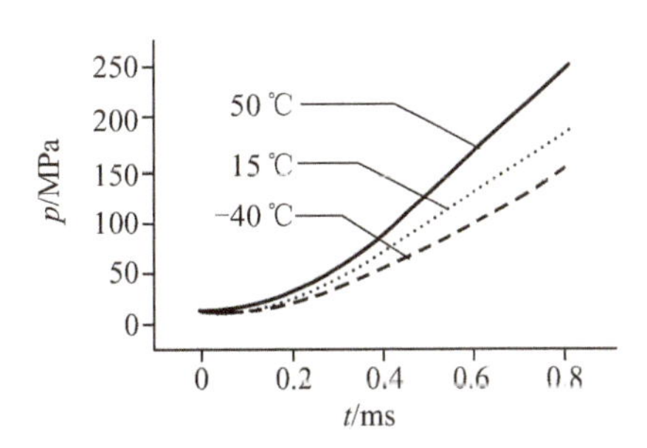

图 5-45　弹道起始段 MC 装药高、低、常温的 p-t 曲线

（2）LTSC膛内弹丸速度的增长过程

取2号、3号装药的37 mm火炮上的试验结果，对MC、LTSC的速度变化趋势进行对比，图5-46和图5-47分别为两种装药在−40 ℃和50 ℃的膛内 v-t 曲线。

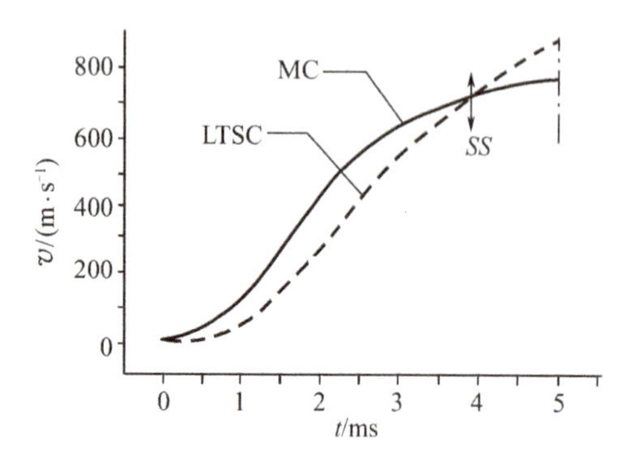

图5-46　37 mm高炮−40 ℃的LTSC和MC装药的 v-t 曲线

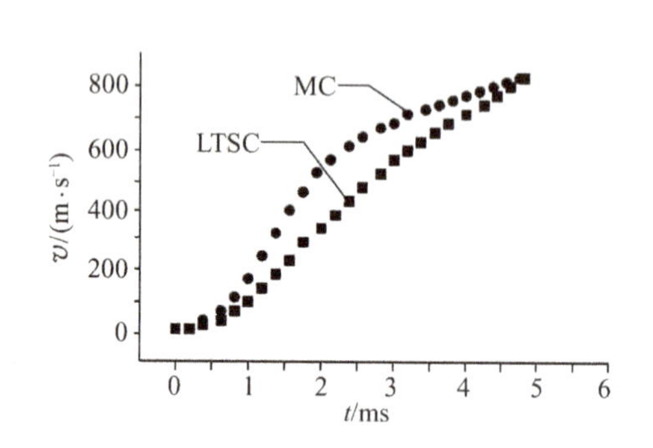

图5-47　37 mm高炮50 ℃的LTSC和MC装药的 v-t 曲线

图5-46曲线说明，MC和LTSC在低温时的增速过程不同，MC在前期增速快，后期慢，但LTSC与其相反，至 SS 点，LTSC装药的弹丸速度已经超出MC装药的弹丸速度。图5-47的曲线说明，高温LTSC的弹丸速度则一直低于MC装药的弹丸速度。与低温相似，LTSC在后期加速并缩小两种装药的弹丸速度差值。根据冲量 $\int p\mathrm{d}t$ 与速度的关系，可以从图5-48、图5-49理解LTSC速度高于MC速度的原因。−40 ℃，MC装药的 p_{m} 先出现，但下降快，其 p-t 与LTSC的 p-t 形成H Area和L Area两个区。两个区冲量值分别为81.96 MPa/ms和166.8 MPa/ms，综合两区的冲量值，结果是LTSC大于MC，冲量差值是84.84 MPa/ms。因此，形成图5-48所示的LTSC弹丸速度在 SS 点后超出MC弹丸速度的结果。

50 ℃时，有图5-49所示的H Area和L Area两个区，冲量差值为46.8 MPa/ms，MC的综合面积大于LTSC的面积。因此，在高温条件下，MC初速大于LTSC的初速值，最大膛压也比LTSC最大膛压高。

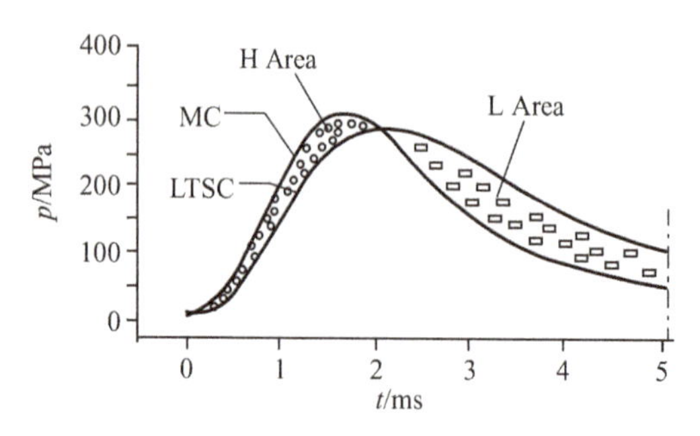

图5-48　37 mm高炮−40 ℃的LTSC和MC装药的 p-t 曲线

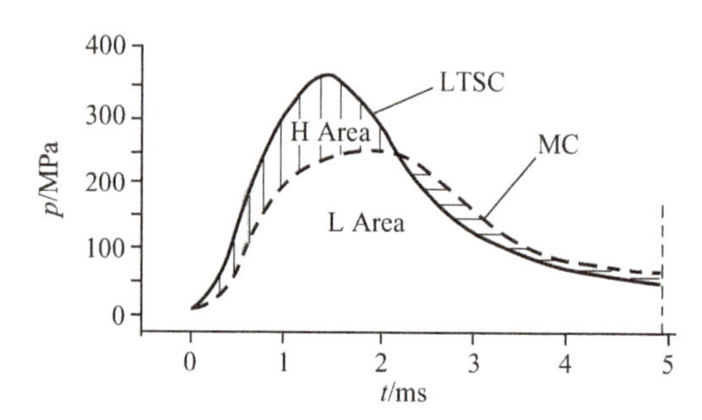

图5-49　37 mm高炮50 ℃的LTSC和MC装药的 p-t 曲线

4. LTSC 压力变化速率-时间曲线 p'-t 和示压效率 η_g

(1) LTSC 和 MC 的 p'-t 关系

不同温度时，LTSC 和 MC 分别有各自的压力和速度的变化规律，这与两种装药的温度系数有关。

在同一温度下，LTSC 和 MC 分别有各自的压力和速度的变化规律，这与两种装药各自的弹道效率有关。

不同的规律产生于两种装药在膛内不同气体的生成速率，并可以直接从 p'-t 曲线反映出来，图 5-50 是环境温度为 50 ℃的 LTSC 和 MC 的 p'-t 曲线。

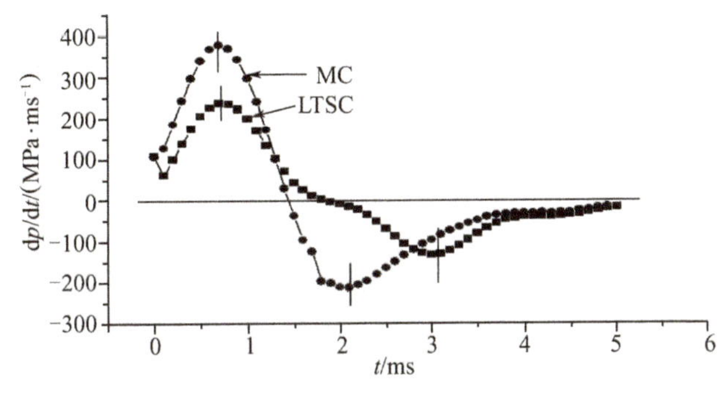

图 5-50　50 ℃的 LTSC 和 MC 装药的 p'-t 曲线

50 ℃环境温度 p'_{max}点前的曲线部分，MC 的 p'值大于 LTSC 的 p'值，使 MC 装药的 p_m 出现在小的膛容区，这是 MC 装药的 p_m 高于 LTSC 装药 p_m 的原因。接着 MC 的 p'值又迅速下降，下降的速度远大于 LTSC 装药 p'的下降速度，并迅速达到最低值。

MC 的 $p'_{m_2}=-213.1$ MPa/ms，几乎成倍于 LTSC 的 p'_{m_2}值。

在−40 ℃的低温环境下，两种装药的 p'-t 规律与高温的规律基本一致。MC 装药的 p'以高于 LTSC 的 p'速度上升，又以高的速度下降，其 p'_{m_1}和 p'_{m_2}也都分别高于 LTSC 的相应值（图 5-51）。图 5-50、图 5-51 可以反映两种装药具有不同温度系数的原因。最大膛压主要由压力上升段决定，上升段的 p'平均值 $p_{cp'}$、计算平均值的标准误差 sd 以及 p'在高低温下相对变化值 $\Delta p'/p_{cp'}$列在表 5-11 中。

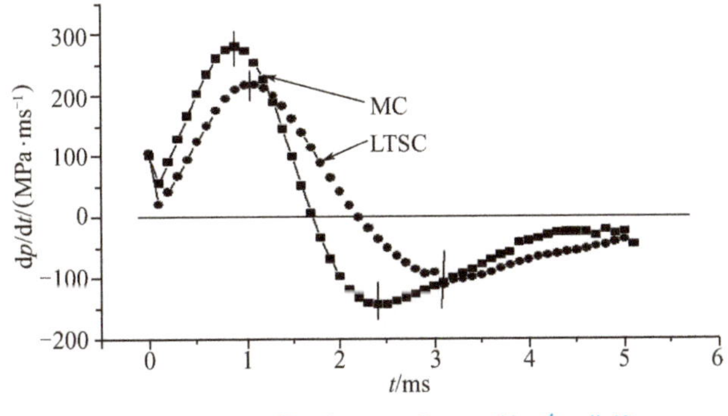

图 5-51　−40 ℃时 LTSC 和 MC 的 p'-t 曲线

表 5-11 上升段 LTSC 和 MC 装药的 $p_{cp'}$ 和 $\Delta p'/p_{cp'}$

装 药	$\Delta p'/p_{cp'}/\%$	$p_{cp'}$/(MPa·ms^{-1})		sd	
		50 ℃	−40 ℃	50 ℃	−40 ℃
MC	42	256	180	107	8
LTSC	18	157	135	64	69.7

高、低温段，MC 的 $\Delta p'/p_{cp'}$ 是 LTSC 相应值的 2.6 倍，这是形成 MC 和 LTSC 膛压温度系数不同的直接原因。

(2) LTSC 的示压效率 η_g

质量分数 β 对高、低和常温时的示压效率 η_g 有影响，现取适当的 β 值，使 LTSC 的高、低、常温速度大于相应的 MC 的速度。

MC 和 LTSC 两种装药的弹道效率不一致。两种装药相比，LTSC 装药具有高初速、低膛压、高示压效率（充满系数）的特征。由于 $\eta_g = p_{cp}/p_m$，现在将 p-t 曲线分成 $0 \sim p_m$ 和 $p_m \sim p_s$ 两段，每一段的平均压力分别为 p_{cp_1} 和 p_{cp_2}，则

$$\eta_{g1} = p_{cp_1}/p_{cp}$$
$$\eta_{g2} = p_{cp_2}/p_{cp} \tag{5-32}$$

表 5-12 是高、低温度下 MC 装药和 LTSC 装药的示压效率值。由表 5-12 可知，η_g 值有以下特点：

高温时，MC 下降段较上升段 η_g 的相对值高 68%；LTSC 下降段较上升段高 36%；

低温时，MC 下降段较上升段 η_g 的相对值高 38%；LTSC 下降段较上升段高 80%；

低温时，LTSC 的 η_g 值比 MC 的相应值高 13%；高温时，LTSC 的 η_g 值比 MC 的相应值高 35%。

LTSC 装药较 MC 装药的 η_g 高的原因，高温时主要是压力下降段的贡献，低温时主要是压力上升段的贡献。

表 5-12 高、低温 LTSC 和 MC 的 η_g

区段	装药	高温 η_{g_1}	低温 η_{g_2}	区段	装药	高温 η_{g_1}	低温 η_{g_2}
上升段	MC LTSC	0.16 0.22	0.26 0. 25	下降段	MC LTSC	0.27 0.36	0.36 0.45

5. 弹道稳定性

(1) 膛内压差

膛内压力波是装药整体结构的特征，异常的压差和压力波的产生与很多因素有关。

通过试验发现，新发展 LTSC 对异常压差和压力波的产生和发展有抑制作用，比制式发射药的抑制作用强。表 5-13 是 120 mm 穿甲弹制式装药（MC）和 LTSC 两种装药实际压差的测定值。常温的弹道前期，LTSC 的最大压差远小于制式装药的压差，在火药燃烧后期，制式装药具有较大的压差，而 LTSC 几乎没有负压差，正压差也比制式装药的小。

表 5-13　120 mm 火炮 LTSC 和 MC 装药的最大压差

装药结构	序号	挤进前期		燃烧后期	
		Δt/ms	最大压差 Δp_m/MPa	负压差 $-\Delta p_m$/MPa	正压差 Δp_m/MPa
常温原装药	1	0.65	16.16	0	112
	2	0.15	10.0	0	102
	3	0.35	23.5	0	107
常温 LTSC	1	0.25	5.2	0	93.7
	2	0.10	5.3	0	96.7
	3	0.20	3.0	0	108.3
低温原装药	1	0.70	28	−73	303
	2	0.50	21	−73	155
低温 LTSC	1	0.35	28	0	126
	2	0.25	1.7	0	181
	3	0.35	4.1	0	137

图 5-52 是 LTSC 在不同温度下的压差-时间曲线；图 5-53 和图 5-54 分别是常温和低温下两种装药的压差-时间曲线。

(2) LTSC 与初速或然误差

利用 LTSC 技术在 105 mm 穿甲弹上进行了试验，曾研究了 LTSC 的工艺、装药条件等因素对弹道性能的影响规律。根据数十组试验数据，给出了 LTSC 装药的或然误差及其统计计算的或然误差：高温 32 组或然误差的平均值为 1.376 m/s；常温 32 组的或然误差的平均值为 1.61 m/s；低温 32 组或然误差的平均值为 2.59 m/s。

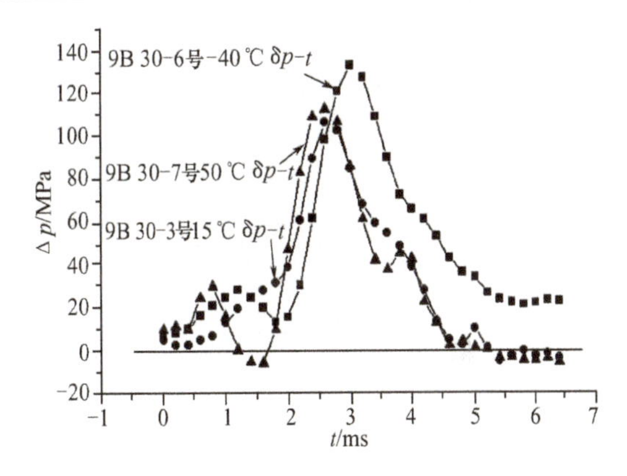

图 5-52　−40 ℃、15 ℃、50 ℃ 下 LTSC 的压差-时间曲线

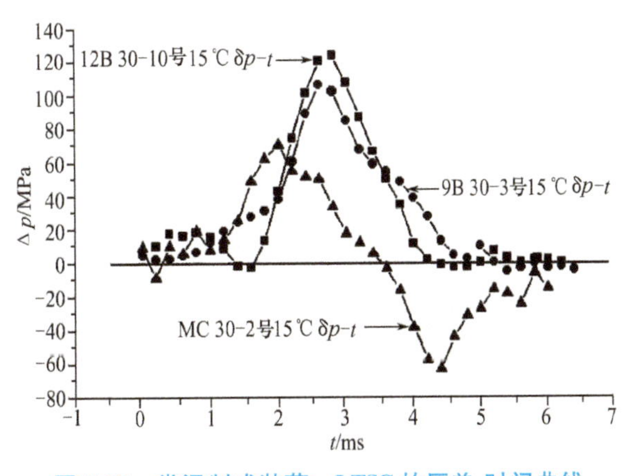

图 5-53　常温制式装药、LTSC 的压差-时间曲线

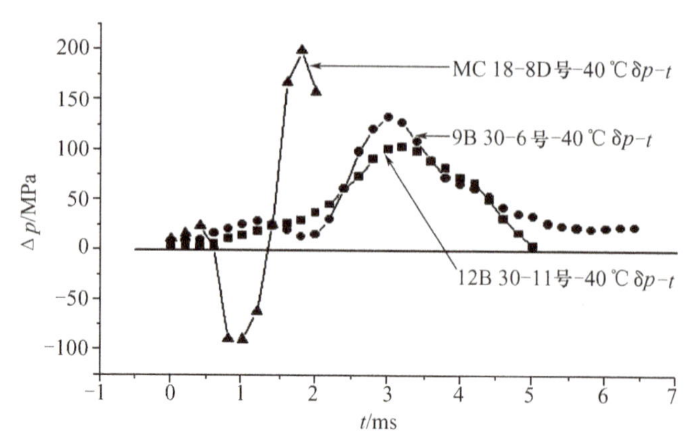

图 5-54　制式装药、LTSC 的低温压差-时间曲线

稳定后的 LTSC 初速或然误差更明显地优于制式装药的（表 5-14）。

表 5-14　105 mm 火炮 LTSC 装药的初速或然误差

组序号	或然误差 τ/(m·s^{-1})		
	15 ℃	−40 ℃	50 ℃
1	0.456	1.694	—
2	0.891	1.694	1.406
3	0.477	1.255	0.564

根据 LTSC 压差、或然误差和 p-t 曲线的分析，可以认为：

① LTSC 在各种温度下所出现的最大压差，小于相同的装药条件下制式装药的压差；

② 在本研究的条件下，LTSC 基本不存在负压差，而制式装药存在正、负压差；

③ LTSC 对抑制压力波的贡献大于制式装药的，原因是，在关键的弹道初期，LTSC 的 $\mathrm{d}\Psi/\mathrm{d}t$ 值低，低温启动的压力低，形成一种 $\mathrm{d}\Psi/\mathrm{d}t$ 小、在相对长的时间内缓慢增压、大膛容（弹丸启动早）避免局部超压的燃烧环境。

30～155 mm 共 13 种火炮多组试验证明，LTSC 弹道性能稳定。

6. LTSC 装药与火炮初速

（1）通过压力余量提高初速

除装药量之外，还有弧厚比、低温感火药的质量分数和包覆量等参数，它们通过温度系数的关系影响火炮的炮口动能。由于温度系数的不同，常、高温时的最大压力差减小，因此，在常温膛压适当提高的同时，可保证高温膛压不超过火炮可承受的最大压力，从而可通过提高常温膛压的方法提高火炮初速。根据 105 mm 和 120 mm 等口径火炮的数据，LTSC 装药的膛压每增加1 MPa，初速的增加量 Δv_0 是 1～1.82 m/s。

对于一般火炮装药，LTSC 能提高常温可利用的膛压量为原膛压的 8%～20%。对常温下膛压不同的火炮，提高初速的最大值也不同（图 5-55），如：

p_m=300 MPa，初速增加值 Δv_0 是 24～109.2 m/s；

p_m=400 MPa，初速增加值 Δv_0 是 32～145.60 m/s；

p_m=500 MPa，初速增加值 Δv_0 是 40～182 m/s。

（2）通过增面性提高初速

LTSC 可以增加初速的另一个原因是它的增面性，包覆药（B）的增面值大于 6。

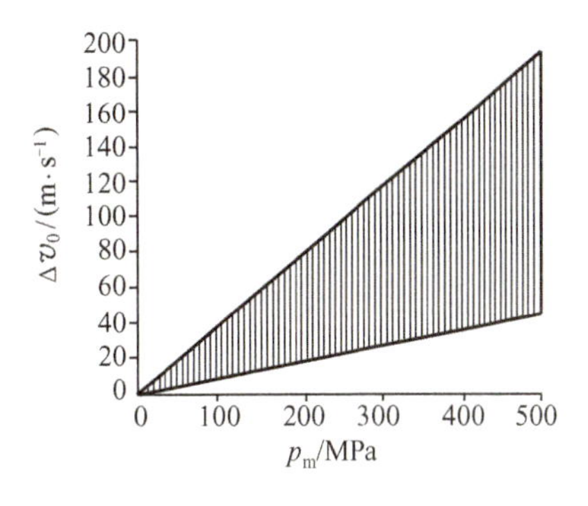

图 5-55　常温下膛压不同，LTSC 可以提高的初速值

7. LTSC 的效果和意义

经过 30～155 mm 口径、近 13 种系列火炮的试验，LTSC 技术可以提高火炮初速 5%～14%，使武器的发射威力发生了重要的变化，LTSC 是弹药领域的一项高新技术。

使用 LTSC 技术不要求变化火炮的结构，只改变弹药中的部分火药及其装药结构即可，也不要求工厂进行大规模改造。所以，利用 LTSC 技术改造和更新火炮系统，耗费小、见效快。

LTSC 技术对各类身管武器、各类发射药都具有普遍的适用性。可在各类火药厂、各类火炮和某些发射器上广泛应用，其结果将从整体上提高发射武器的实力。

8. 低温感包覆装药弹道的物理模型

（1）假设条件

① 包覆药与主装药作为混合装药处理。

② 主装药的燃烧服从几何燃烧定律。

③ 主装药的燃烧速度服从指数燃烧规律，包覆药的外层服从正比燃烧定律，内层与基体药仍服从指数燃烧定律。温度不同，燃速规律不同。

④ 包覆火药与主装药同时点火。

⑤ 包覆药暴露内孔具有不同时性，破孔率与膛内压力具有函数关系，不同温度下的函数关系不同。当有一半内孔烧去的厚度大于 e_1 时，包覆药进入分裂后的减面燃烧阶段。

⑥ 点火药按能量换算为主装药处理。

⑦ 可燃药筒及其他可燃成分的燃烧规律由试验确定。

其他假设与传统的经典内弹道模型的假设相同。

（2）低温感包覆装药的燃烧过程

低温感包覆装药燃烧过程的物理模型可将膛内燃烧过程分为五个阶段：

① 从点火至包覆火药破孔开始，即包覆药被点燃至内孔暴露；

② 包覆药出现内孔暴露至包覆层外层燃尽；

③ 外包覆层燃尽至内孔全部暴露；

④ 内孔暴露至燃烧出现分裂点；

⑤ 分裂物燃烧至燃烧结束。

五个过程如图 5-56 所示，温感降低的原因和高渐增性燃烧的原因可由该图得以说明。(a) 阶段，出现内孔暴露，此瞬间增加了燃烧面。(b) 阶段有两种增面因素，即正常的内孔燃烧增面性和加入低温包覆药的特殊增面性。一方面，包覆药包覆层的阻燃，增加了内孔增燃效应另一方面，不断暴露新内孔，这两个因素促使（b）阶段具有强烈的增燃性质。(c）阶段继续暴露内孔，因外包覆层燃尽，已暴露的内孔的增面性质与制式多孔药增面性质一致，但新暴露内孔的效应，加强了增面燃烧的性能。(d）阶段、(e）阶段与制式多孔药燃烧的相近，从而构成包覆低温感装药的强增燃性质。

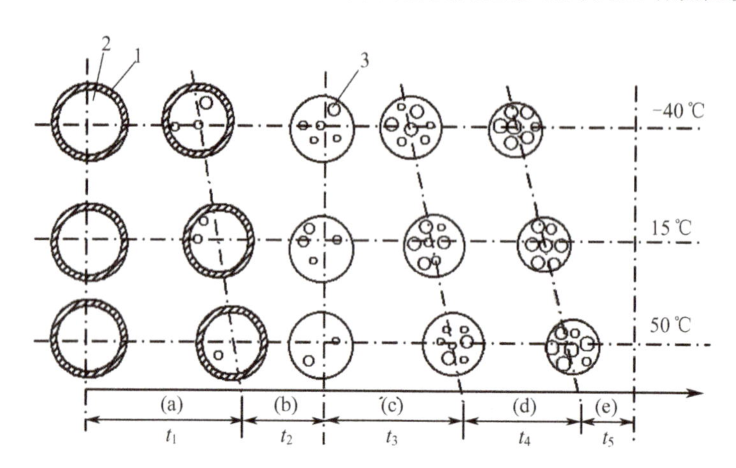

图 5-56　多孔低温感包覆火药燃烧过程物理模型示意图

1—阻燃包覆层；2—基体火药；3—火药内孔

由图 5-56 可看出，包覆火药随温度的增高，明显增加了（a）和（c）阶段的时间，使最终暴露全部燃面的时间是高温明显长于低温。反映在弹道上，最大膛压高温出现晚，即出现在膛内容积较大的瞬间，因此，降低了装药的温度感度。

（3）物理过程示意图

（a）阶段：高初温增加了包覆层的冲击韧性，高初温的破孔压力高于低温下的破孔压力；对于过程进行的时间，高温值 t_{1H} 大于低温下的过程时间 t_{1L}（$t_{1H}>t_{1L}$）；所对应的弹道过程，是在（a）阶段结束时，高温弹丸行程大于低温的，即 $l_{1H}>l_{1L}$；在（a）阶段结束瞬间，将发生强增燃现象；(a）阶段全过程时间，包覆装药长于制式火药；包覆低温感装药的惯性加速度低。

（b）阶段：由于包覆层燃速对温度感度是高温大于低温，则有 $t_{2H}<t_{2L}$，但前两阶段的综合时间仍然有 $(t_1+t_2)_H>(t_1+t_2)_L$。在弹道过程中，此时出现强增面过程，做功值（$\Delta p\times\Delta l$）明显高于制式装药的。

（c）阶段：因外阻燃层已燃尽，但处于继续破孔的过程。出于和（a）阶段相同的原因，$t_{3H}>t_{3L}$，则高温 p_m 值有所控制，此阶段仍有强增面性，做功值（$\Delta p\times\Delta l$）继续明显高于制式装药做功值。

（d）阶段：燃烧情况基本同于制式多孔火药。前四阶段综合时间仍然是高温的长于低温的，因为包覆药的弧厚小于未包覆火药的弧厚，所以包覆药燃尽时间不拖后，效率高。

（e）阶段：分裂物燃尽，此时 $t_{5H} < t_{5L}$，使整个燃烧时间 $t_{KH} \approx t_{KL}$。

综合做功能力是高温的与低温的接近、低温感包覆装药的高于制式装药的。

5.6 随行装药

5.6.1 随行装药效应

获得高初速的主要手段之一是增加发射药与弹丸的质量比（m_p/m）和增加膛容利用率 η_g。近年来，火炮使用的 m_p/m 值几乎成倍地增加，但在大量提高 m_p/m 之后，初速增加量并不像预测的那样有效。当火炮确定之后，随着 m_p/m 的增加，v_0 开始上升较快，而后来则变慢。图 5-57 是 40 mm 火炮的 m_p/m-v_0 曲线。该火炮的行程与口径的比值是 100，p_m＝1 000 MPa，装药密度 Δ＝1.24 g/cm^3，膨胀比为 4.16，采用 M30 发射药。如图所示，随着 m_p/m 升高，v_0 上升是有限制的。这其中有两个原因，一个是在 p_m 固定的条件下，增加 m_p/m 值的同时必须加大 $2e_1$ 值，这会降低火药的能量利用率，影响了初速的提高。另一个原因是有部分能量用于加热弹底附近的气体，使其与弹丸有相同的速度。m_p/m 再增加，尤其是 v_0＞2 000 m/s 时，消耗在加热弹底气体的能量就越大。

通过试验观察，在火炮发射期间，装药主要集中于药室，燃烧的气体则流向弹底。因为燃气流速是与温度有关的声速，所以在高速火炮中，燃气的压力波峰不能及时传到弹底，将使弹底和膛底之间出现大的压差。当火药燃完之后，由于弹丸的高速运动，以及气体运动所受声速的限制，膛底、弹底压力不平衡现象更加明显，严重影响增速的效果。图 5-58 是火炮纵向的瞬时压力分布，膛底至弹底存在较大的压力梯度。

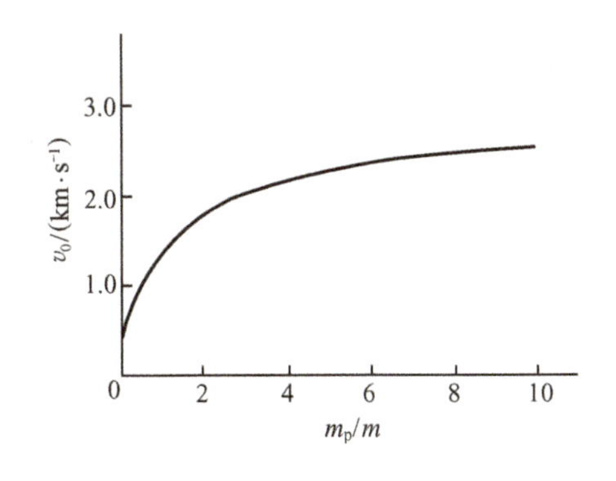

图 5-57　40 mm 火炮系统 m_p/m-v_0 的关系

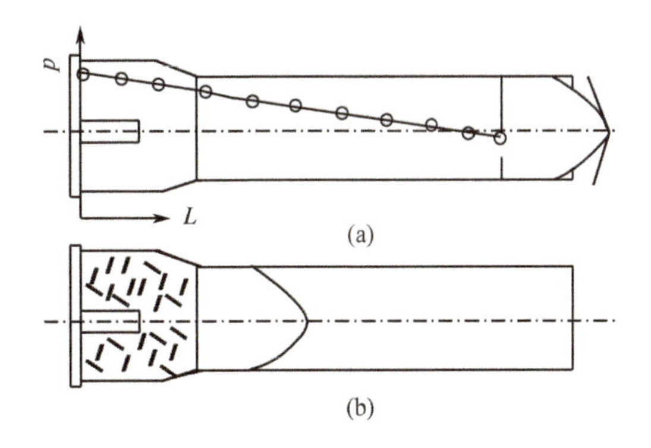

图 5-58　火炮系统弹道后期瞬时压力分布

（a）弹丸出炮口压力分布；（b）发射前状态

通过流体动力学公式，可以发现弹丸初速与燃气流速之间的依赖关系。对于气体的声速 a，有公式

$$a=\left\{\left(\frac{\partial\rho}{\partial p}\right)_T-[T/(c_p/\rho^2)](\partial\rho v/\partial T)_p^2\right\}^{-\frac{1}{2}} \tag{5-33}$$

$(\partial\rho/\partial p)_T$ 是恒温下 ρ-p 关系图中的斜率。经计算表明，当膛压和燃气温度都不太高时，火药燃气的声速和弹丸的移动速度就出现差距。现以 N(1) 单基药为例。对应 p、T 的 N(1) 发射药燃气的声速 a 列于表 5-15 中。各类火药虽然燃气组分不一致，声速也不一致，但对高初速火炮的各类火药，其燃气声速值在同一压力和温度下相差不大。N(1) 火药的 p-t-T-a 关系具有代表性。

表 5-15 N(1) 火药燃气的声速与温度的关系

温度/K	声速/(m·s⁻¹)				
	202.6 MPa	253.3 MPa	303.9 MPa	354.6 MPa	405.2 MPa
2 500	1 270	1 322	1 374	1 417	1 459
2 600	1 285	1 340	1 389	1 432	1 475
2 700	1 301	1 355	1 404	1 444	1 490
2 800	1 316	1 371	1 417	1 459	1 502
2 900	1 331	1 383	1 429	1 471	1 514
3 000	1 346	1 398	1 438	1 481	1 526

现有火炮 $v_0=1\ 700\sim1\ 800$ m/s，但由表 5-15 看出，当 $T=3\ 000$ K，$p_m=405.2$ MPa 时，燃气声速只有 1 526 m/s。说明燃气声速是影响高初速火炮初速再提高的主要原因。因此，增加弹底压力是非常重要的。解决的途径之一是采用随行装药。该装药除药室内的发射药之外，另在弹丸底部设置一个随弹丸运动的随行装药。在火炮发射时，药室中的发射药被点燃，其燃气又推进弹丸和随行装药，膛内气体达到一定压力后，随行装药被点燃。这时，在弹底局部，由于随行装药的燃烧，为弹底部提供一个和膛底压力几乎相当的压力，从而减小了弹、膛底的压力梯度（图 5-59）。

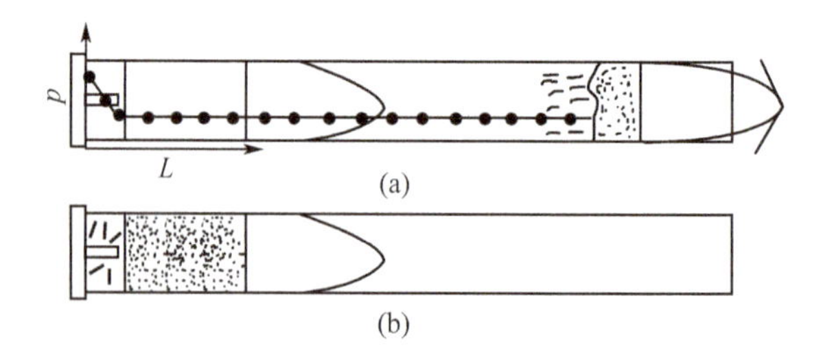

图 5-59 有随行装药的膛内瞬间压力分布

（a）出炮口瞬间；（b）射击前状态

通过 20 mm 火炮试验证明了随行装药的效果。试验采用铝质弹丸，质量 $m=16$ g，用常规的推进装药 120 g，随行装药 M9 多孔药 55 g，测得 $v_0=2\ 591$ m/s，$p_m=414$ MPa。图 5-60 表明，随行装药可以使 p-t 曲线出现双峰或多峰。

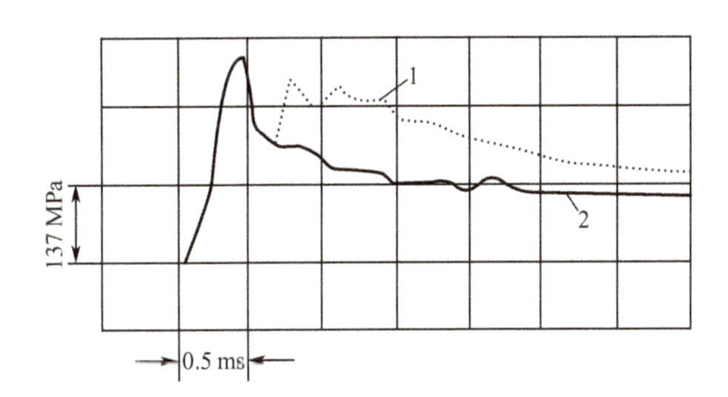

图 5-60　20 mm 火炮随行装药 p-t 曲线

1—随行装药 p-t 曲线；2—常规装药 p-t 曲线

第一峰是由推进装药燃烧形成的；第二峰是在随行装药作用下产生的。由随行装药的 p-t 曲线可看出增速的原理，由 p-t 曲线形成的做功面积大。

根据以上的描述，可以综合随行装药增加初速的原理：高速移动弹丸的随行装药随时释放加速自身前进的燃烧气体，填补弹丸高速移动产生的低压区，形成并保持弹底高压状态。按照这个原理，随行装药应具有如下特征：

① 当 m_p/m 值足够高，弹丸初速也足够高，由于火药燃气声速的障碍，在弹底形成“空穴”。弹丸初速越高，尤其在 $v_0 \geqslant 2\ 000$ m/s 时，“空穴”现象越严重。这时，随行装药的效果可以明显地表示出来。

② 控制随行装药的 m_p、$d\Psi/dt$、$d\Psi/dt$-t 各参数及其变化规律，适时的随行装药点火，保证足够的随行装药量，并在炮管内有规律地释放完毕，是提高随行装药效应的关键。

③ 随行装药药柱必须有高的气体释放速率，应具有特高燃速（VHBR）的特征。同时，也须具有足够的强度，能承受弹底的高压。

5.6.2　随行装药结构

根据不同的设想，出现过和试验过多种随行装药结构，主要研究高燃气释放率和有规律释放等核心问题。有一种结构采用 VHBR 装药，它可以实现端面燃烧。另一种结构是用大表面、高气体生成速率的装药（图 5-61），它是由多束杆状药组成的整体装药，外侧涂以阻燃剂，药柱固定于弹底。但这类由薄火药组成的随行装药多数没有效果。现在还研究了液体随行装药，其结构如图 5-62 所示。液体随行装药的作用过程是：弹丸由推进药燃烧启动加速，使弹丸 1 及其液体随行装药容器 4 在膛内大约加速至 500 m/s；接着，随行液体药喷向燃烧气体中，由于液体药的燃烧，增加了弹底压力并改变了膛底和弹底的压力梯度，产生了随行装药效应。

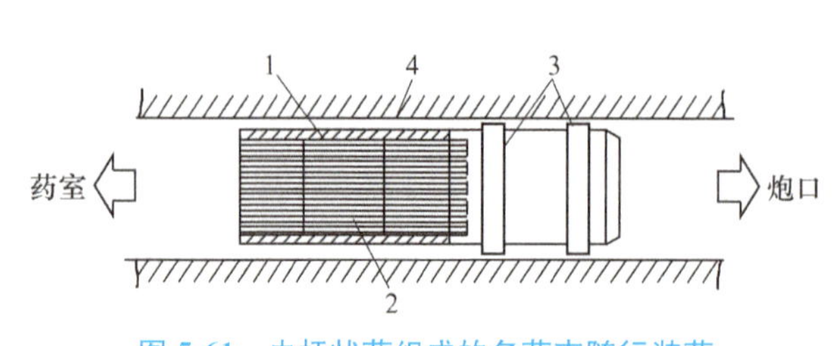

图 5-61 由杆状药组成的多药束随行装药

1—阻燃剂；2—杆状药组成的整体装药；3—弹丸；4—火炮身管

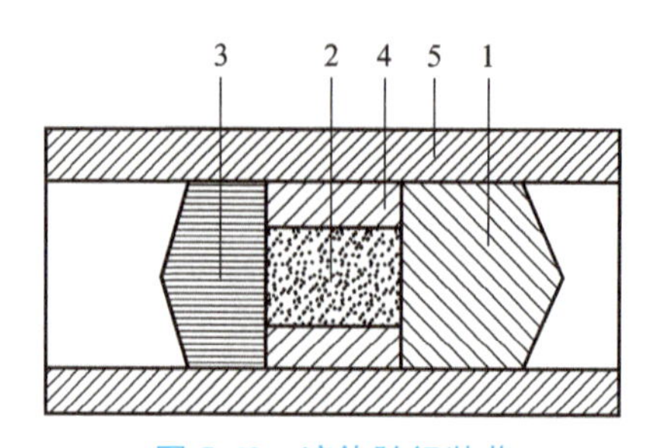

图 5-62 液体随行装药

1—弹丸；2—液体随行药；3—喷射的液体药及燃气；4—液体随行装药容器；5—火炮身管

5.6.3 随行装药数值模拟概述

目前随行装药技术没有达到应用的程度，主要原因是 VHBR 或固结装药的燃烧性能不稳定，药柱与弹体的连接有问题，缺少适时的点火技术，药柱的力学性质难满足要求等。所以，现有的模拟技术还不够完善。

1. 随行装药的燃烧

库克（D. E. Kooker）对 VHBR 随行药柱的燃烧做了如下假设：

① VHBR 药柱点燃后处于对流燃烧状态，受燃气传递热量控制；

② VHBR 药柱燃烧速率增加，应力波传入固体药柱，强度超过某一限度即有部分药柱破碎；

③ 部分药柱破碎成小片后，出现两相流燃烧，未碎药柱表面压力迅速增加；

④ 破碎的药粒燃烧，直至发射药全部燃尽为止。

在此基础上，发展了瞬态一维模型，并对 VHBR 型药柱在密闭爆发器中的燃烧进行模拟。

图 5-63 给出试验与理论模拟两条相互对比的曲线，并由此得出如下结论：

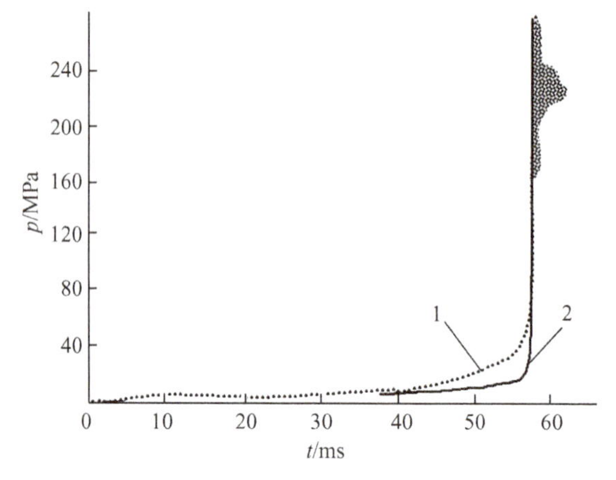

图 5-63 VHBR 型药柱在爆发器中的燃烧模拟

1—试验曲线；2—理论模拟曲线

燃烧第一阶段（0～40 ms），借助常规对流燃烧速率函数模拟。

第二阶段（40～57 ms），库克模型模拟曲线与实测曲线有偏离。库克模型不能模拟常规燃烧至诱导解体之间的转变过程。

第三阶段（57 ms 以后），库克假定形成 400 μm 球形碎粒。此段符合得较好。

在燃烧中，还假定药柱解体速率与最大剪切应力的平方成正比。发射药总能量的 2/3 得到释放，燃烧反应存在化学动力学滞后。总的来看，目前的模型，包括库克的模型，仍不能完全描述 VHBR 的燃烧性能。

2. 弹道模拟

高夫（P. S. Gough）考虑了随行装药（TC）的数量、TC 燃烧模型、TC 药型、力学性质、物理和热性质变化、TC 点火延迟、TC 气体状态方程、点火器、膛底发射药、TC 后区守恒方程、弹丸运动、压力梯度和药室等因素，给出三类随行装药火炮内弹道模型。总的是把随行装药部分的燃烧模型与 NOVA 内弹道编码相连。如在膛底用于发射推进的装药区，模拟为均匀的集总参数区。该区中的压力梯度可用拉格朗日近似，或用一维气固均匀混合物计算。在膛底作推进用的发射装药固、气体，与随行装药区的固、气体之间有一界面。界面两侧物质无交换。用这样的模型分析了 VHBR 在密闭爆发器中的特征。图 5-64 是燃烧速率试验和模拟的曲线比较图。图 5-65 对数值模拟和试验的 p-t 曲线进行了比较。尽管这些曲线符合程度以及再现性方面尚有问题，但用于研究各因素的作用，以及预测随行的效果还是可用的。

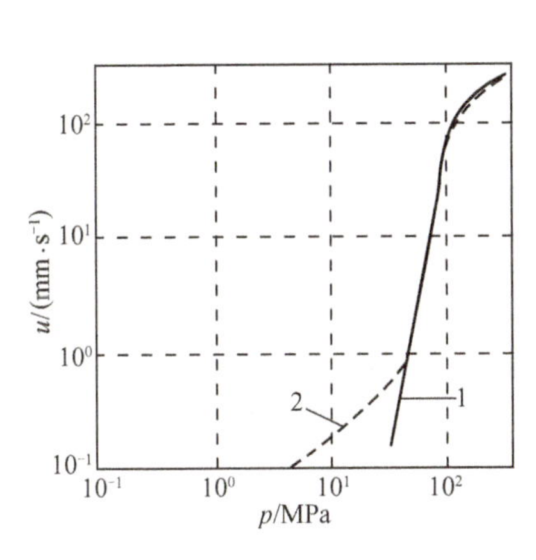

图 5-64　VHBR 药柱的表面燃烧速率模拟

1—模拟；2—试验

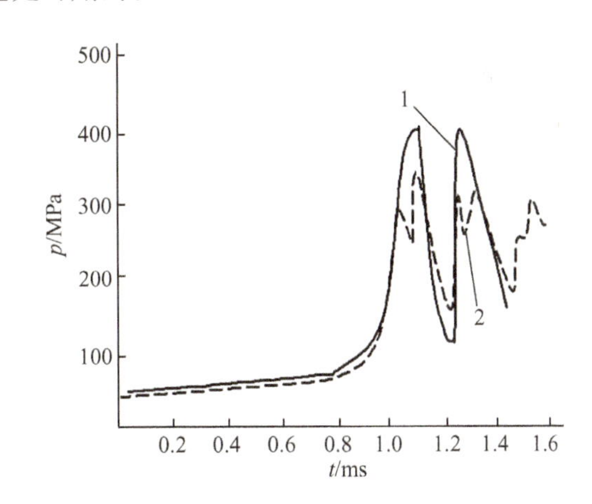

图 5-65　VHBR 药柱密闭爆发器 p-t 曲线模拟

1—模拟；2—试验

贝尔（P. G. Bear）对 40 mm 加农炮随行装药进行了研究。图 5-66 是不含推进药的随行装药的弹道曲线。图 5-67 是 25%推进装药、75%随行装药的弹道曲线。试验与模拟均用40 mm加农炮，m_p=160 g。由图 5-66 可看出，一开始随行装药就被点燃，要控制弹底的压应力，以使随行装药生成气体的流速低于 0.99Ma，保持为某一常数值。图 5-66 较完整地表示了以弹丸行程为变量的弹底压应力、膛底压力和弹丸速度的关系。

由图 5-67 看出，随行装药在 $l=0.3$ m 处被点燃，并迅速达到一定压力。该图也给出了以弹丸行程为变量的弹丸速度、压应力和弹底压力。

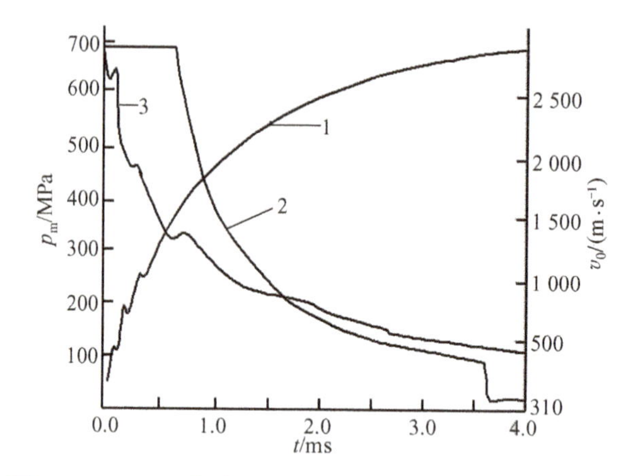

图 5-66 40 mm 火炮随行装药（不含推进药）的弹道曲线

1—速度行程曲线；2—压应力行程曲线；3—膛底压力行程曲线

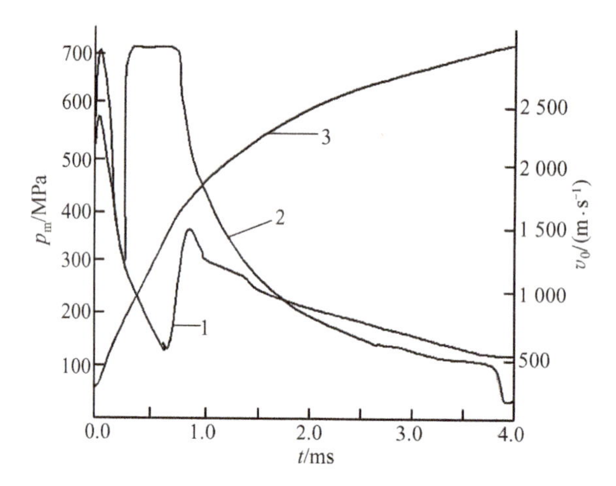

图 5-67 25%推进装药、75%随行装药的弹道曲线

1—膛底压力行程曲线；2—压应力行程曲线；3—速度行程曲线

上述描述仅是一些模拟的简要介绍，原有模型虽然不够完善，但可用于分析一些影响因素和随行的效果。

5.6.4 试验研究

1. 35 mm 高炮随行装药试验

南非在 35 mm 口径高炮上进行了随行装药的试验研究。试验评估了随行装药的弹道效果，研究了随行装药的结构、化学组成和控制点火的方法。

（1）随行发射药

与弹随行的发射药置于弹底的装药容器中，该容器和弹丸一起沿身管运动，在炮口破碎并与弹丸分离，容器不增加弹丸的飞行质量。

在炮口处设有 X 射线摄像机，在距炮口 5～10 m 设置高速摄像机对弹丸进行检测。

在弹丸出炮口前，随行的发射药应完全燃尽，大多数火炮要求随行发射药燃烧时间小于 5 ms。这样，对于端面燃烧的发射药，要求燃速超过 7 200 mm/s，单孔、星孔管状药，燃速要达到 1 600 mm/s，而传统的单、双、三基发射药的燃速为 50～100 mm/s，因而，需要有新的发射药。此外，还要求随行发射药有足够的机械强度。

制作随行发射药的方法是先用传统的溶剂法制造小尺寸的药粒，然后药粒和黏结剂一起在模具中成型。通过黏结剂的选择改变发射药的机械性能。

（2）点火延迟

最大压力出现后的瞬间是随行装药点火的最佳时间。有机械和化学两种方法控制这个点火时间，常用延期药剂的化学方法，如采用钝感药剂包覆随行发射药使发射药延期点火。试验前，曾对包覆和未包覆的发射药，在压力容器中的燃烧情况进行了点火延迟性能的比较，如图 5-68 和图 5-69 所示。

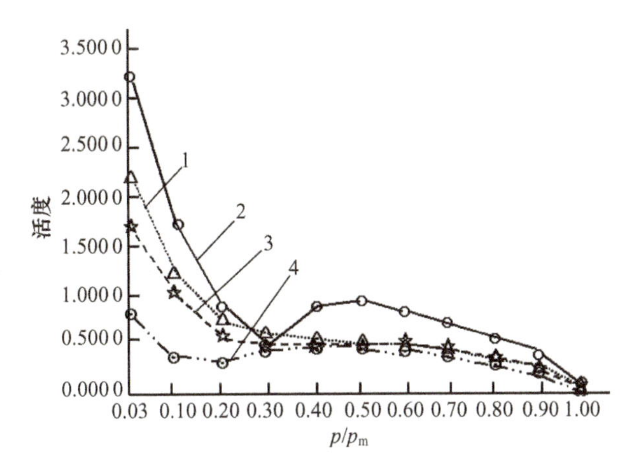

图 5-68　不同点火延迟的活度曲线

1—参照样；2—包覆 1；3—包覆 2；4—包覆 3

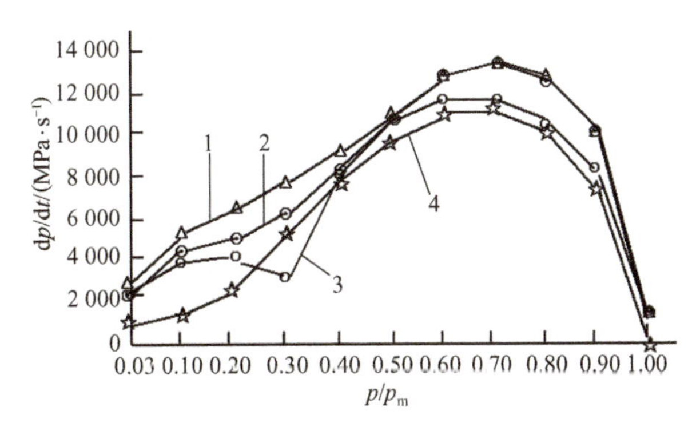

图 5-69　不同组分的 p/p_m-dp/dt 曲线

1—参照样；2—包覆 1；3—包覆 2；4—包覆 3

由图 5-68、图 5-69 可以看出，表面包覆可明显地改变发射药的燃烧特性。试样 3 有明显的点火延期，呈现渐增性燃烧的特征。

（3）弹道结果

在 35 mm Oerlikon 炮上进行的随行装药试验，采用标准训练弹，推进用发射药 300 g，随行发射药 15 g，随行装药是推进装药的 5%，该量低于最佳值，但仍可以评估随行装药的效能。表 5-16、图 5-70 是增加初速、降低膛压的数据，反映了随行装药的弹道潜力和它在提高传统武器性能方面的贡献。

表 5-16　随行装药的弹道性能

样品	$v_0/(\mathrm{m\cdot s^{-1}})$	p_m/MPa	$p_{炮口}$/MPa
SLUG	1 134.5	357.3	41.8
TCE/01	1 151.2	328.2	45.6
TCE/02	1 134.7	314.0	46.0

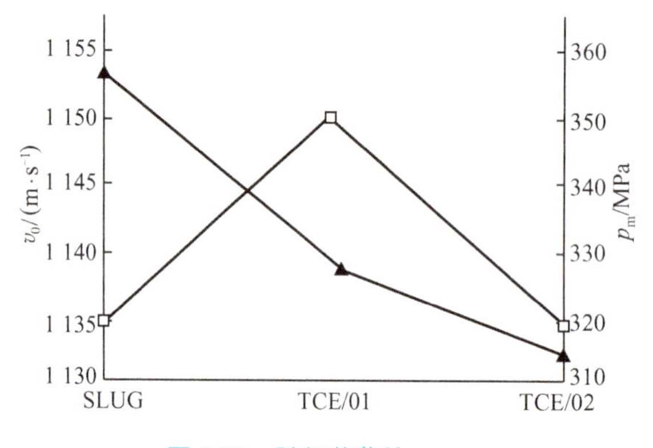

图 5-70　随行装药的 v_0、p_m

试验还表明，获得好的弹道性能必须有非常精确的点火条件和足够多的随行装药量。

2. **液体随行装药试验**

由液体发射药用多孔性物质作为载体制成随行装药，它的燃烧稳定性好，燃烧速度非常高。在 30 mm 火炮的射击试验中表现出随行效应，液体随行装药在压力-时间曲线上出现两个压力峰。当（随行装药量/总装药量）为 15%时，初速增加 8%。

液体随行装药的密闭爆发器试验结果：

用硝化棉作为点火药，点火压力 20 MPa，图 5-71 所示的曲线是没有多孔载体的燃烧室压力-时间曲线，两发平行样压力上升到最大值的时间有很大的差别，过程不稳定；但有多孔载体时，两发平行样压力-时间曲线有较好的重复性（图 5-72）。

可以推得，有多孔载体的液体发射药，燃烧过程趋于稳定。

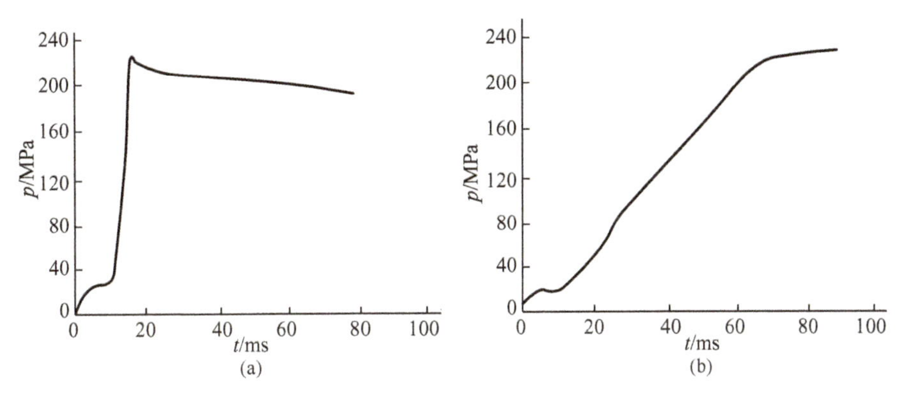

图 5-71 无多孔载体的液体药密闭爆发器 p-t 曲线

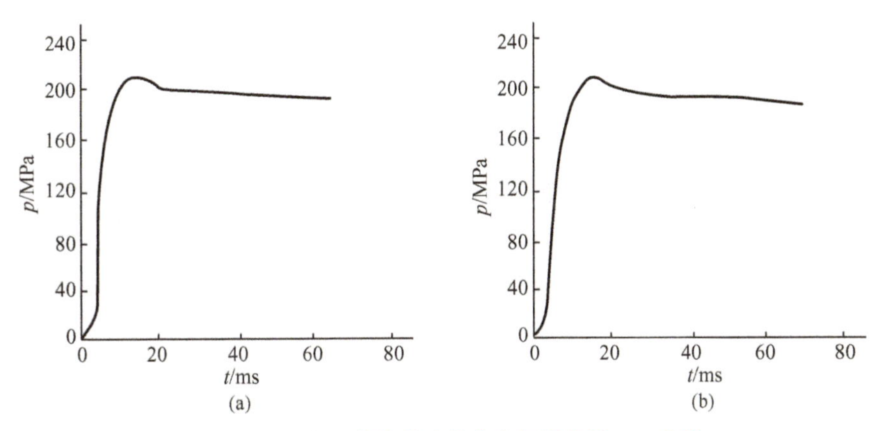

图 5-72 有多孔载体的液体药密闭爆发器 p-t 曲线

试验用的液体随行装药结构如图 5-73 所示。用 OTTO-Ⅱ型液体发射药充满弹底多孔载体，随行装药体积约 12 mL，弹丸质量 420 g。射击试验在 30 mm 火炮上进行，推进装药是 6/7 单基药，质量 70～76 g。随行装药的点火延迟时间由细管中的液体发射药控制。典型的结果如图 5-74 所示。第二个压力峰是由随行液体药引起的。在总装药量相同的情况下，初速提高 8%。

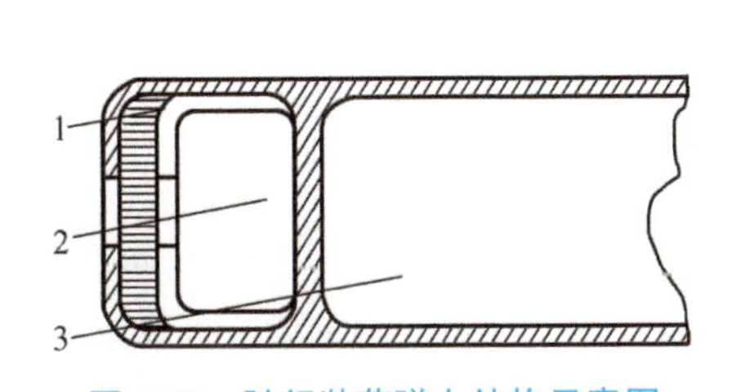

图 5-73 随行装药弹丸结构示意图

1—点火延迟装置；2—多孔介质与液体药；3—弹体

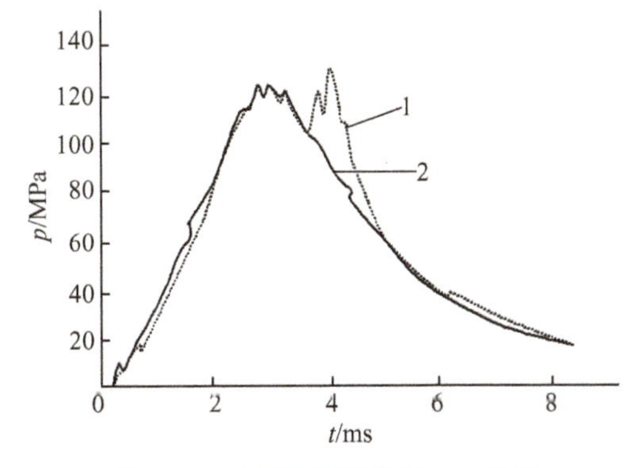

图 5-74 典型的随行装药 p-t 曲线

1—有随行装药；2—无随行装药

高燃速是随行装药所必需的，使用多孔载体的液体发射药燃速高，并且，通过改变多孔物质的孔径可以调节液体发射药的燃速。孔径增加，液体发射药燃速增加。多孔介质孔径较大时，p-t 曲线（图 5-75）的第二压力峰平缓，形成类平台效应。

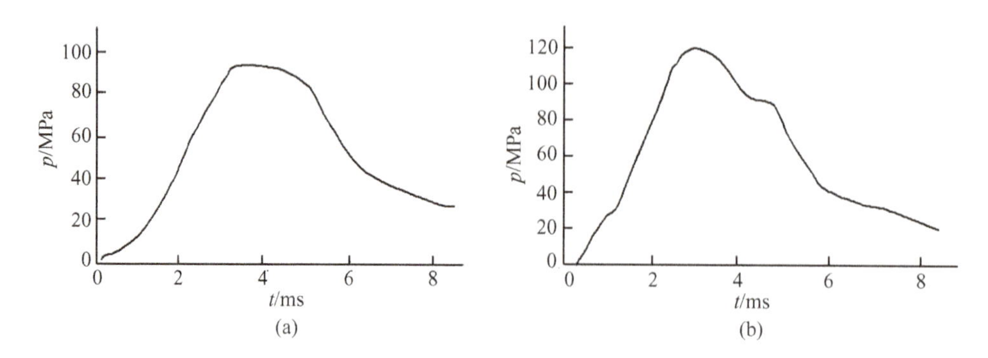

图 5-75　多孔介质孔径对 p-t 曲线的影响

（a）多孔介质孔径大；（b）多孔介质孔径小

点火延迟的控制是随行装药的另一个关键技术。根据液体发射药在细管中的燃烧时间设计了一种点火延迟装置，图 5-76 是不同时间点火的试验结果。

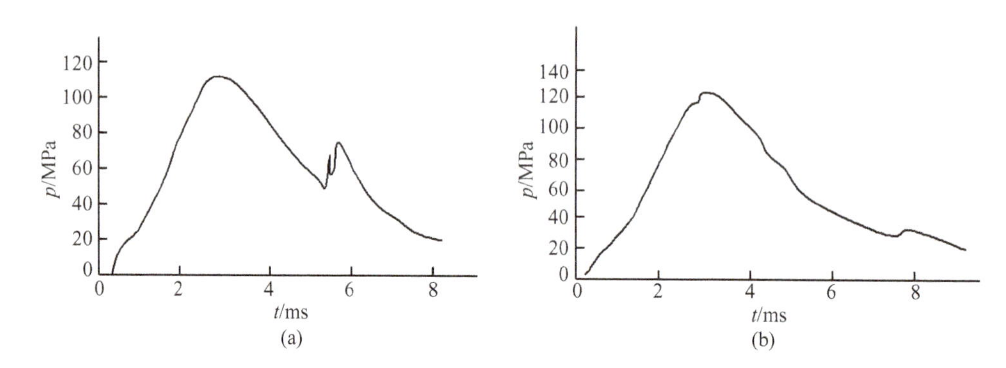

图 5-76　随行药在不同点火延迟时间下点燃的 p-t 曲线

（a）点火延迟时间短；（b）点火延迟时间长

5.7　模块装药

5.7.1　模块装药的发展概况

目前应用的模块装药有双模块装药和等模块装药。虽然等模块装药会降低射程覆盖量，但它更适合于射击操作，所以，性能优良的等模块装药一直是研究的目标。20 世纪 80 年代后期，北约国家（英、美、法、德、意）为 155 mm 火炮签署了弹道谅解备忘录（JBMOU）。决定研制统一标准的全等式模块装药（23 L 药室 6 个模块、

18 L 药室 5 个模块）。协议还对初速、射程分界及重叠量达成一致。由于没有找到同时兼顾大、小号装药性能的技术，到 90 年代中期，5 个协约国决定放弃全等式模块的研究。

国内的研究，也遇到了同样的问题。

这表明，要使装药等模块化，就要损失射程覆盖量，或者在保证最小射程的情况下损失远射程，或者在保证远射程的情况下损失最小射程。

所以，现在国际上主要研究和应用的模块装药是双模块装药，也在研究尽量减少射程损失的等模块装药。

但是，与其他装药相比，全等模块在机械化、射速、武器重量、装药基数、寿命等方面的性能都是先进的，其最终效果是简化勤务和增大威力。表 5-17 的数据表明，使用等模块装药的 1 门火炮威力，几乎等价于布袋装药的 3 门火炮的威力。

表 5-17　布袋装药、模块装药的性能比较

装药类别	1 发弹模块单元数	3 min 射击可丢失单元数	射速/(发 · min^{-1})	等价威力
布袋式	M3A1 等 8 个	168	3～4	1 门炮（基准）
不等模块	5 个	72～144	6～8	等价 2 门炮
双模块	10 个	144～288	8～12	等价 2 门炮
全等模块	6 个	0～180	预计 12～15	等价 3 门炮

所以，全等式（等模块）模块装药是最理想的和最先进性的装药，这已成为国内、外军械领域的共识。

目前，国外应用的全等式模块装药，是损失了射程覆盖量的等模块装药，如以色列陆军 39 倍口径 155 mm 火炮全等式模块装药，最小射程 4.15 km（射角 200 密位），使用底排弹药时，获得最大射程为 21 500 m，射程覆盖量损失大于 20%。德国莱茵金属公司的 DM 72、155 mm 全等式模块装药最小射程 7.8 km（射角 200 密位），射程覆盖量损失近 17%。

5.7.2　大口径火炮用全等式模块装药和远射程装药

最新发展的南非 155 mm 加榴炮 M64 双模块装药系统（M64 BMCS），包括获得最小射程的 M64 基础模块（白底色、红色带）和组成 3～6 号装药的远程模块 M64 Incr.（白底色、绿色带）（图 5-77）。基本数据见表 5-18。

基础模块 M64 应用于 39-18（39 倍口径，18 L）、45-23、52-23 各类 155 mm 加榴炮，但不能用于 52-25-155 mm 加榴炮装药。

各类火炮的 3～5 号装药，以及 52-25 的 6 号装药，分别由 3 个、4 个、5 个和 6 个 M64 Incr. 远程模块组成（表 5-19）。

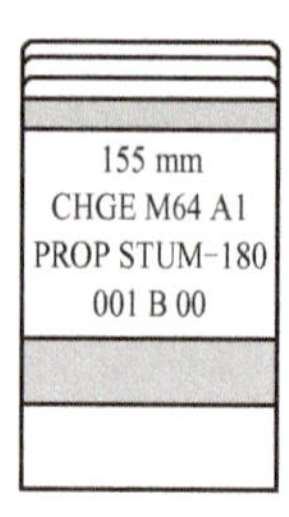

图 5-77　南非 155 mm 加榴炮 M64 双模块示意图

表 5-18　M64 双模块装药技术数据

装　药	质量/kg	长度/mm	直径/mm
M64	6.0	361	159
M64 Incr.	3.5	193	159

表 5-19　南非 52-25-155 mm 加榴炮弹道性能

装　药	弹　种	初速/(m·s^{-1})	最大射程/m	20°射角最小射程/m
M64 Incr. *3	ERFB-BT	618	18 600	13 100
M64 Incr. *4	ERFB-BT	750	23 700	
M64 Incr. *5	ERFB-BT	876	29 700	
M64 Incr. *6	ERFB-BT	995	38 400	
M64 Incr. *6	ERFB-BB	1 015	50 100	
M64 Incr. *6	ERFB-V-LAP	1 013	67 450	

52-25-155 mm 加榴炮的射程：全膛远程弹 ERFB-BT 的远射程是 38.4 km，初速 995 m/s；全膛远程底排弹 ERFB-BB 的远射程是 50.1 km，初速 1 015 m/s。全膛远程弹 ERFB-BT 的最小射程 13.1 km（20°射角），初速 618 m/s。

因为基础模块 M64 不能用于 52-25-155 mm 加榴炮装药，这表明，52-25-155 mm 加榴炮使用的是全等式模块装药，最小射程是原来的 2.43 倍，是以损失最小射程来换取远射程和达到等模块化的。

这里突出的两个重点目标是等模块和远射程。这两个目标表明了远射程火炮装药的发展趋势。

5.7.3　双模块技术

法国 GIAT 工业公司与 SNPE 公司共同发展了一种与半自动装填和 NATO 联合谅解备忘录相容的 155 mm 模块装药系统。这是一种双模块系统，是由用于近射程的基础模块（BCM）和用于中远射程的顶层模块（TCM）组成。

1. TCM 模块装药

火药是分段半切割的杆状药，组分为 19 孔或 7 孔的 NC/TEGDN/NQ/RDX 或 NC/NGL。两种可燃容器，壳体和密封盖都是由制毡工艺完成的。

用黑火药装填的点火具设置在模块中心轴的空间。在装药模块的研究过程中，曾进行了包括压力波、点火延迟、易损性和装填寿命等试验。BCM 和 TCM 两种模块的结构相似，但两者可以通过颜色和形状加以识别。发射药是粒状单基药，点火药是黑火药。

（1）发射药能量组分、几何尺寸和弧厚

① 发射药的选择。首先考虑的是火药的能量及由此带来的燃温和烧蚀性质。图 5-78用于发射药种类及能量和爆温性质的选择。从中取出 3 种发射药：双基药 GB93、三基药 M30 和多基药 HUX/TEGDN 用于进一步筛选，表 5-20 是这些发射药的配方。

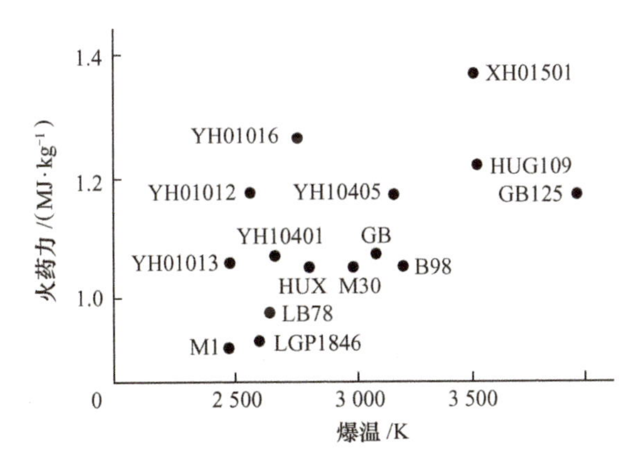

图 5-78　供选择的发射药及其能量和爆温

表 5-20　TCM 模块组分

发射药	成　分	f/(MJ·kg^{-1})	T/K	N/(mol·kg^{-1})	γ	δ/(g·cm^{-3})
HUX TEGDN /QB	NC：52.3；TEGDN：26.1；RDX：10.6；NQ：8.5；CNT：1.1；div.1	1.065	2 820	44.60	1.250	1.57
GB93 /DB	NC：56.6；NGL：34.4 DEP：4.3；CNT：3.5；div.1.7	1.079	3 112	41.14	1.237	1.58
HUX/DEGDN /QB	NC：35；RDX：10 NQ：30；CTN：1.1；div：0.8	1.070	2 847	44.42	1.245	1.62
M30 /TB	NC：27.9；NGL：22.4；NQ：46.8；CNT：1.5；div.1.4	1.076	2 994	43.21	1.244	1.68

② 药型选择。根据 TCM 以及杆状药在装填密度、工艺和燃烧性能等方面的特点，首先确定杆状药的药型和尺寸。取 4 种药型：开槽管状药、管状药、7 孔和 19 孔药

（表 5-21）。

表 5-21　TCM 模块装药选择的药型

药　型		开槽管状药	管状药	7 孔	19 孔	19 孔
内径/mm		0.5	1.5	0.5	0.5	0.3
初速/(m·s^{-1})		900	931	957	978	986
药质量/kg		13.480	14.710	15.800	16.700	17.300
弧厚/mm		3.4	3.3	2.9	3.0	3.1
外径/mm		7.3	8.1	13.1	19.56	19.19
杆数量/根		314	252	93	43	45
1 杆表面积/mm^2		41.66	49.76	133.41	296.76	287.88
杆总表面积/mm^2		13 081	12 540	12 407	12 761	12 955
壳体表面积/mm^2			有点火具 17 671 mm^2，无点火具 17 181 mm^2			
多孔度/%	无点火具	0.260	0.290	0.298	0.278	0.267
	有点火具	0.239	0.270	0.278	0.257	0.246
杆长度/mm		177	122	133	136	139

（2）壳体的燃烧性能与机械性能

① TCM 可燃容器组分与结构。TCM 可燃容器组分与结构见表 5-22 和图 5-79。

表 5-22　TCM 可燃容器组分

组　成	质量分数/%	
NC	68	60
纤维素	26	23
树脂黏结剂	5	8
安定剂（DPA）	1	1
缓蚀剂（TiO_2）		8

点火药选择方式与发射药的选择方式相似，选择时也考虑能量和燃温等性质（图 5-78）。

最终确定的模块装药结构（图 5-80）是：

火药组成　双基药　NC/NG：665/34.8

　　　　　多基药　NC/TEGDN/NQ/RDX：521/26/8.6/10.7

火药形状　段切的杆状药（图 5-81）：7 孔/19 孔

点火具　黑火药，30 g。

② TCM 易损性等级。试验用完整的模块：2.4 kg 分段切口多基发射药，7 孔，弧厚 1.9 mm，组成为 NC/TEGDN/NQ/RDX：52/26/9/11；壳体质量 0.23 kg，组成是 NC/牛皮纸/树脂：68/26/5；点火是 0.03 kg 黑火药。易损性试验结果见表 5-23。

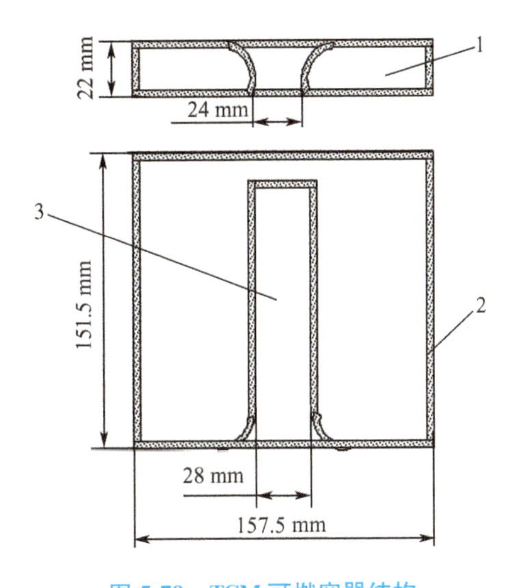

图 5-79　TCM 可燃容器结构

1—模块盖；2—模块壳体；3—模块中心通道

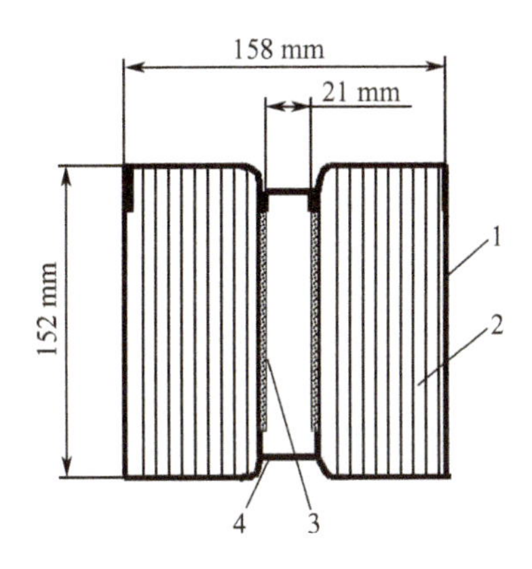

图 5-80　模块装药结构图

（模块最大外径 158；最小内径 21；最大高度 152）

1—壳体；2—火药束；3—点火具；4—密封盖

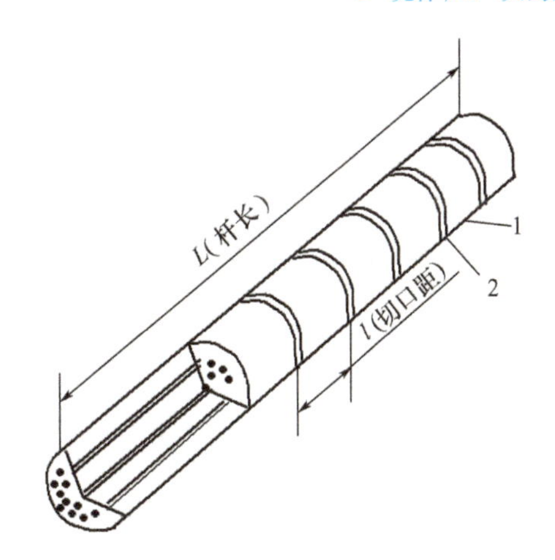

图 5-81　段切杆状药结构

1—杆状火药；2—切口

表 5-23　易损性试验结果

试　验	参考标准号	结果等级	最大值 MURAT ()
快速自燃	4240	Ⅴ 11 s	Ⅳ
缓慢自燃	4382	Ⅳ 129.3 ℃	Ⅲ
枪击试验	4241	Ⅳ/Ⅴ	Ⅲ
爆轰感度	4396	Ⅲ	Ⅲ

③ TCM 模块机械承载。模块组成：可燃容器、点火器、2.500 kg 发射药。试验结果显示，TCM 模块装药达到机械装填的要求（表 5-24）。

表 5-24 TCM 模块机械承载

试验	可燃容器	
	无缓蚀剂	有缓蚀剂
跌落试验，裸壳体，3 次跌落	1.2 m，通过	1.2 m，通过
155AuF2 自动装填炮塔，机械承载（双侧-正反）	通过	通过
155-52 CAESAR，在药室内承受装填撞击	通过	通过
在 TRG2 榴弹炮装填，在药室内尺寸相容性	通过	通过

④ 弹道试验选择。包括 TCM 全装药、高温和常温初速与膛压的选择试验等（表 5-25、表 5-26）。

表 5-25 TCM 在 52 倍口径 155 mm 火炮上进行 6 模块试验（21 ℃）

火药（弧厚/mm）	段切双基 19 孔（2.2）	段切多基 19 孔（2）	段切多基 7 孔（2.1）	最大值
重量/kg	13.02	13.89	14.05	
装填比	0.92	1	0.96	<0.98
或然误差/$(m \cdot s^{-1})$	2.5	1.3	0.8	1.6
最大压力/MPa	342	341	336	

表 5-26 TCM 在 52 倍口径 155 mm 火炮上进行 6 模块试验（63 ℃）

火药（弧厚/mm）	段切双基 19 孔（2.2）	段切多基 19 孔（2）	段切多基 7 孔（2.1）
最大压力/MPa	410	400	378

根据试验结果，确定选用多基药和 7 孔药。

⑤ TCM 发射药对温度系数的影响。TCM 发射药对温度系数的影响如图 5-82 所示。

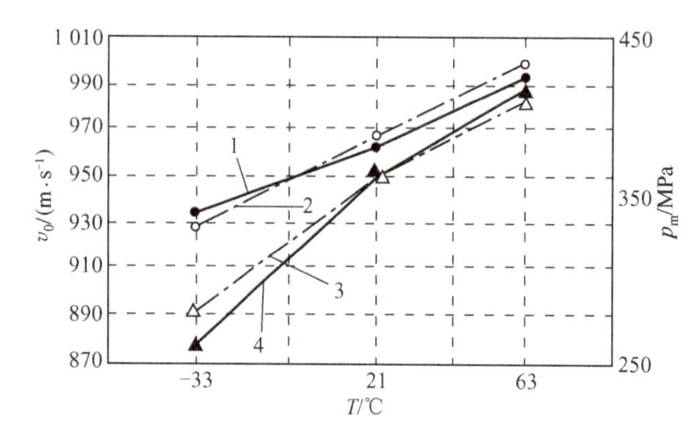

图 5-82 TCM 发射药对温度系数的影响

1—三基药初速；2—双基药初速；3—三基药膛压；4—双基药膛压

装药压力温度系数：三基药 0.550 6%K^{-1}（高常温）；双基药 0.500 0%K^{-1}（高常温）。

⑥ TCM 中间射程试验。表 5-27 是 TCM3 模块的试验结果。

表 5-27　3 模块试验结果

发射药（弧厚/mm）	切双基 19 孔（2.2）	切多基 19 孔（2）	切多基 7 孔（2.1）
21 ℃初速/(m·s^{-1})	532	532	
21 ℃最大压力/MPa	90	90	
−33 ℃初速/(m·s^{-1})	536	520	500
33 ℃最大压力/MPa	80	80	82

在壳体中加缓蚀剂时，射击后在药室与炮管中无残留物。

⑦ TCM 壳体组分对温度系数的影响。TCM 壳体组分对温度系数的影响如图 5-83 所示。

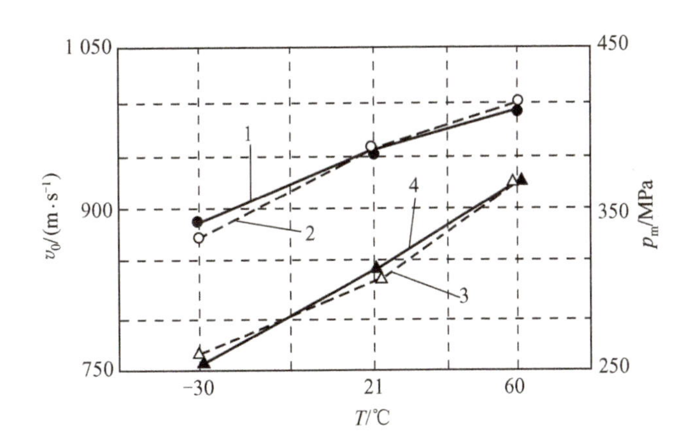

图 5-83　TCM 壳体组分（缓蚀剂）对温度系数的影响

1—含缓蚀剂初速；2—无缓蚀剂初速；3—含缓蚀剂膛压；4—无缓蚀剂膛压

⑧ TCM 在 39 倍口径 155 mm 火炮上进行 3、4 和 5 个模块射击的结果。对于 39 倍口径 155 mm 火炮的射击结果，TCM 装药与药包装药相接近（表 5-28），但 TCM 的压力波有所降低。

表 5-28　39 倍口径，21 ℃，TCM-3、4、5 模块射击结果

装　药	初速/(m·s^{-1})	最大压力/MPa	压差±Δp/MPa	作用时间/ms
5 模块	812	280	−10/+20	100
39 倍，装药 7 号	797	294	−25/+30	
4 模块	663	170	−5/+10	90
39 倍，装药 5 号	685	195	−20/+16	68
3 模块	510	100	−2/+4	90
39 倍，装药 4 号	488	102	−5/+5	75

（3）点火装置、压力波与作用时间

① 点火药组分的性能。点火药组分的性能如图 5-84 所示。

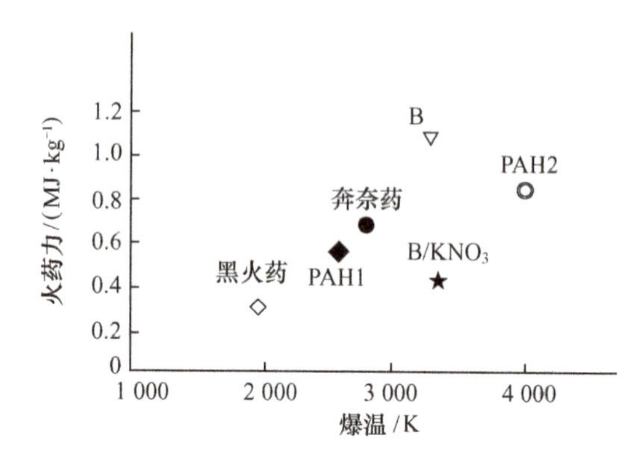

图 5-84 点火药组分选择

② 压力波试验。TCM 在 52 倍口径 155 mm 火炮上进行 6 模块压力波试验的结果如图 5-85 和表 5-29 所示。

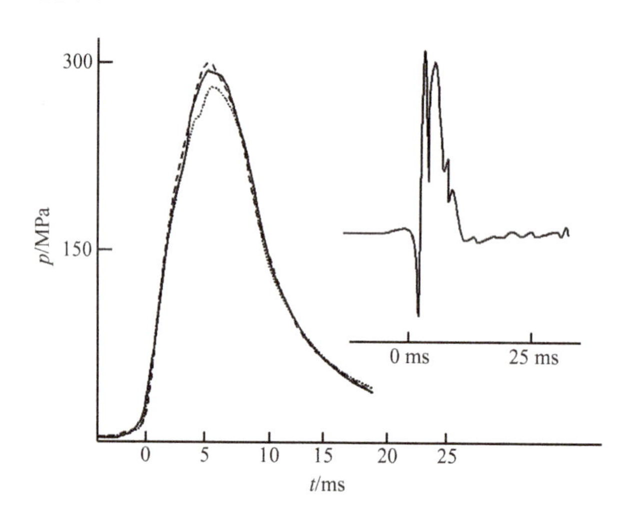

图 5-85 TCM 在 52 倍口径 155 mm 火炮上进行 6 模块压力波试验的结果（21 ℃）

表 5-29 TCM 在 52 倍口径 155 mm 火炮上进行 6 模块压力波试验的结果 MPa

压　差	结　果	最　大　值
负压差	<−30	<−35
正压差	<70	<72.5

最大压力：$p_{1max}=307.3$ MPa；$p_{2max}=302.5$ MPa；$p_{3max}=290.2$ MPa。

压差：$p_1-p_{3max}=36$ MPa；$p_1-p_{3min}=-16.3$ MPa。

分段刻槽和点火器合理的自由空间，都对降低 6 号装药的压力波有利。

③ 炮口压力、闪光、点火延迟。炮口压力、闪光、点火延迟试验结果见表 5-30。

表 5-30 炮口压力、闪光、点火延迟

发射药（弧厚/mm）	切双基 19 孔（2.2）	切多基 19 孔（2）	切多基 7 孔（2.1）	最大值
6 块，21 ℃，压力至 25 MPa，点火延期/ms	<50	<50	<50	300.15
6 块，−33 ℃，压力至 25 MPa，点火延期/ms	<62	<62	<60	300.15
6 块，炮口压力/MPa	<60	<60	<60	<80

各方案都满足作用时间、炮口压力、炮口闪光等的需求。

④ 烧蚀性能检测。从 5 个模块变到 6 个模块，烧蚀量增加很快。在装药中加防蚀剂或进行炮管镀层有助于减缓烧蚀。TCM 的 5、6 模块射击结果见表 5-31。

表 5-31 52 倍口径 155 mm 炮管不镀铬烧蚀量（试验 5 发）

发射药（弧厚/mm）		切双基 19 孔（2.2）	切多基 19 孔（2）	切多基 7 孔（2.1）	粒装 SB19 孔（2.4）
5 块	烧蚀量/μm	0.8	0.4		
	p_{max}/MPa	194	198		
	v_0(21 ℃)/(m·s^{-1})	810	810		
6 块	烧蚀量/μm	6	8	7	5
	p_{max}/MPa	360	341	336	361
	v_0(21 ℃)/(m·s^{-1})	955	946	945	948
6 块	烧蚀量/μm	9	11.7	11	
	p_{max}/MPa	405	400	378	
	v_0(63 ℃)/(m·s^{-1})	975	983	980	

2. 基础模块（BCM）

（1）基础模块的结构

BCM 可燃容器组分见表 5-32，基础模块的结构如图 5-86 所示。

表 5-32 BCM 可燃容器组分

组　成	质量分数/%	组　成	质量分数/%
NC	68	树脂黏结剂	5
纤维素	26	安定剂（DPA）	1

点火药为黑火药，45 g。发射药是单孔单基药，组分为：w(硝化棉)∶w(二苯胺)∶w(DBP)∶w(消焰剂)=93.7∶1.0∶4.5∶0.8。

（2）BCM 射击结果

表 5-33 是在 52 倍口径 155mm 火炮上进行 1、2 模块的射击结果，图 5-87 所示为 p-t 曲线。

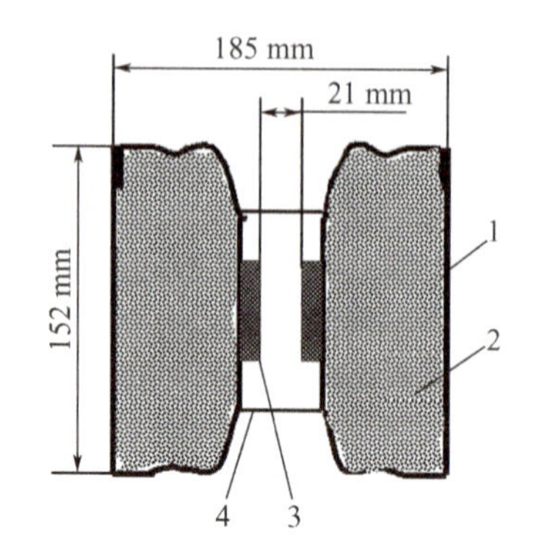

图 5-86 基础模块的结构

1—壳体；2—火药束；3—点火具；4—密封盖

表 5-33 在 52 倍口径 155 mm 火炮上进行 1、2 模块的射击结果

温度/℃	项目	1 模块	2 模块	最大值
21	初速/(m·s^{-1})	305	462	
	最大压力/MPa	61.2	171	
	作用时间/ms	46	40	300.25
−33	初速/(m·s^{-1})	301	457	
	最大压力/MPa	57	141	
	作用时间/ms	81	65	300.25

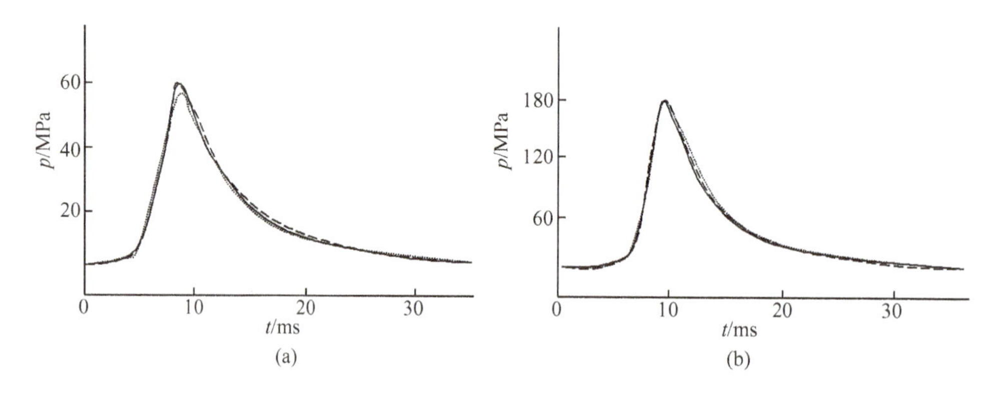

图 5-87 BCM 射击 p-t 曲线

(a) 1 模块；(b) 2 模块

在壳体中加缓蚀剂的射击结果，射击后在药室与炮管中无残留物，压力和速度的温度系数较低。

(3) BCM 和 TCM 的弹道性能

BCM 和 TCM 的弹道性能如表 5-34 和图 5-88 所示。

表 5-34　BCM 和 TCM 的弹道性能

温度	项　目	BCM			TCM		
		1 模块	2 模块	3 模块	4 模块	5 模块	6 模块
21 ℃	$v_0/(\mathrm{m \cdot s^{-1}})$	306	462	532	668	811	946
	$p_{\max}/\mathrm{MPa}$	61.2	171	90	135	220	336

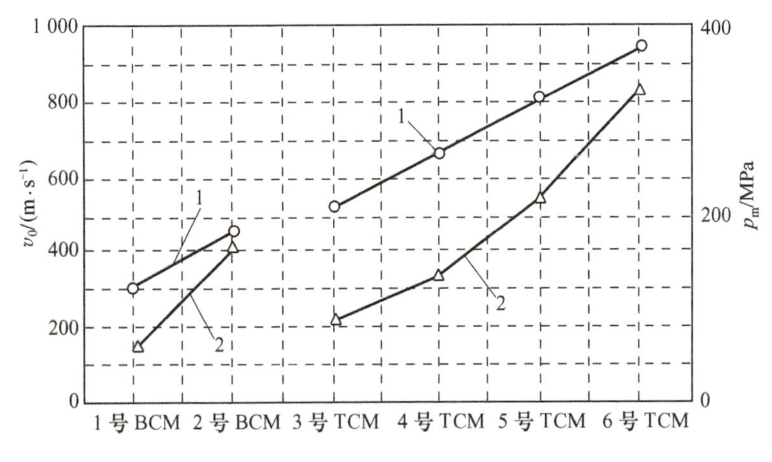

图 5-88　BCM 和 TCM 的弹道性能

1—v_0；2—p_m

5.8　特高燃速装药

5.8.1　特高燃速发射药

在火炮压力下，常规发射药的燃速约 0.2 m/s，新发展的装药需要燃速特别高的发射药，如随行装药要求的燃速约为 500 m/s。这个速度介于燃烧和爆轰两种速度之间，已超出一般的高燃速范围，称为特高燃速（VHBR）。特高燃速装药可以作为整体燃烧装药、终点弹道装药和特种推进装药。实现特高燃速有物理的和化学的两种途径。物理的途径，如大比表面积的小粒药固结装药、叠层装药和多微孔装药等。化学途径如在火药组分中引入硼氢（BH）化合物。

曾研究的以 BH 为化学组分的发射药，燃速在 1～500 m/s 之间。燃速公式可用线性燃速公式，特高燃速装药的燃速不仅与组分有关，还与如密度、样品直径、环境条件以及材料的破裂机制等物理因素有关。测定特高燃速的试验装置是密闭爆发器，有一种爆发器的容积是 40.3 $\mathrm{cm^3}$（图 5-89）。以 BH 为基的特高燃速发射药，配方中含 BH 燃料 8.8%～25.7%，硝酸铵（AN）、太根（TAGN）、奥克托今（HMX）等氧化剂占 60%～85%，其余为黏结剂。

如果以 M30A1（三基火药）为参照标准，特高燃速装药的表观燃速如图 5-90 所示。特高燃速装药各种试样的燃速明显高于 M30A1 的燃速。

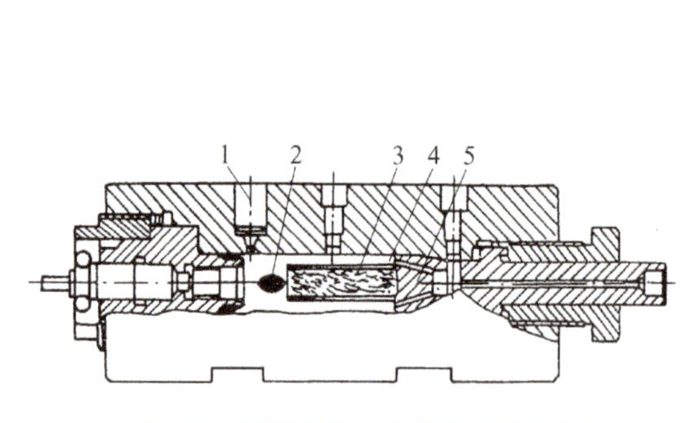

图 5-89　测特高燃速装药燃速的装置

1—测压孔；2—点火器；3—特高燃速装药试样；4—钢管；5—固定装置

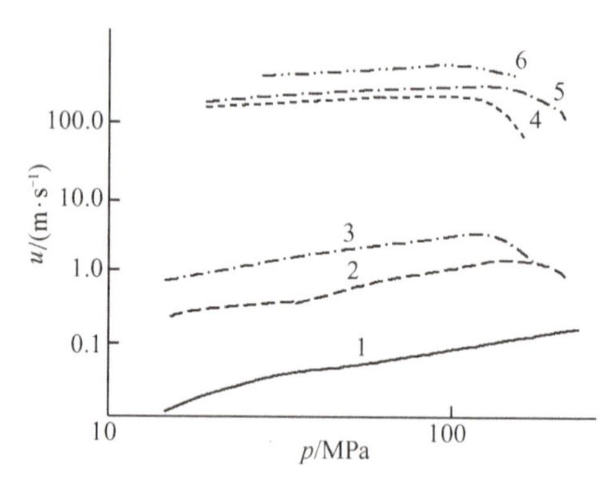

图 5-90　M30A1 和特高燃速装药的表观燃速曲线

1—M30A1 压力-燃速曲线，对比标准；2～6—不同特高燃速装药

5.8.2　特高燃速发射装药对流燃烧的内弹道效应

由特高燃速发射药形成的药柱，在性能方面与均质发射药有重大的差别。VHBR 燃烧发生于药柱表面的同时，也发生在药柱的深部。如果燃烧以对流的方式进行，那么定量的研究必须离开传统平行层燃烧概念，而应用各种增面的燃烧概念（如药体表面破裂、多气孔等非常规的燃烧）来修正现有的内弹道编码，以适应于特高燃速装药的燃烧模式。

1. 理论

大多数集总参数内弹道编码需要使用质量燃速公式，用状态方程获得平均压力，用有关公式求出弹底压力，用内弹道编码求出弹的加速度、速度以及行程，用 $\dot{m}=\delta S\mathrm{d}x/\mathrm{d}t$ 求燃去质量时间变化率 $\dot{m}$（δ 是密度，S 是总燃面，$\mathrm{d}x/\mathrm{d}t$ 是线性燃速）。

如果发生对流燃烧，总表面积 S 有

$$S=S_0+S_a \tag{5-34}$$

式中，S_a 为对流体积内截表面；S_0 是按平行层燃烧进行的表面。如果对流燃烧的有效深度是 D，而且它是某一变量的函数（假定 D 为一常数），M 是单位体积的表面积，则有

$$S=S_0+S_aDM \tag{5-35}$$

M 可以看成多孔容积孔隙度的参数，也可以是某一变量的函数，此处假定 M 为一常数。

取端面和侧面阻燃的单孔均质药柱为计算对象，药室大部分被药柱充满，S_a 也用 S_0 来表示，即

$$S_a = S_0 \frac{(D+2R)}{2R} \qquad (5\text{-}36)$$

式中，R 是药柱内孔的瞬时半径；$S_a D$ 是发生对流燃烧的容积，有关参数可以从图 5-91 中反映出来。

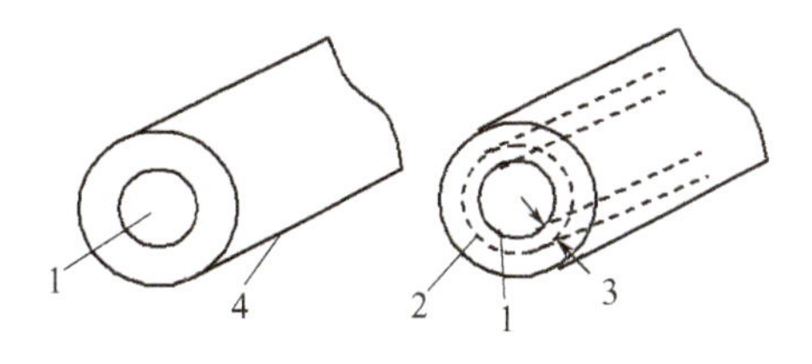

图 5-91 对流燃烧的有关参数

1—正常燃烧表面；2—总燃烧表面 $\sum S = S_0 \frac{(D+2R)}{2R} DM + S_0$；3—对流燃烧深度；4—阻燃面

2. 计算

应用 IBRGA 版本（TTCP 模型），并用对流概念加以修正，对单孔药柱分两种情况进行计算。一种是仅考虑内孔表面没发生对流燃烧，另一种是考虑内孔表面和对流容积。计算的目的是掌握端面和外表面阻燃的单孔药柱对流燃烧的增面性质。计算时假设：

① 取固定的火炮结构；

② 通过燃速调节控制 p_m 值；

③ 药柱外径为 15 cm。

在上述假设条件下，将通过同一药型、相同最大压力而不同有效深度 D、不同单位容积表面积来表明对流燃烧对火炮初速的影响。表 5-35 给出了有关发射药的数据。表 5-36、表 5-37 给出了火炮的有关数据，火药质量是指一个单孔药柱的质量。在对流燃烧进行过程中，当对流燃烧的容积与药柱外表面相交时，药柱燃烧的表面开始变小。图 5-92说明在对流燃烧进行中燃烧表面出现的几种情况：

① 燃烧深度未与外表面交界时；

② 同药柱外表面交界的瞬间；

③ 交界之后对流容积变小的情况。

表 5-35 发射药特性

火药力/(J·g^{-1})	1 160	火药力/(J·g^{-1})	1 160
火焰温度/K	3 141	密度/(g·cm^{-3})	1.53
余容/(cm^3·g^{-1})	1.12	比热容比	1.23

表 5-36 小炮系统（药室容积 9 832.24 cm^3）

口径/cm	行程/cm	弹丸质量/kg	药柱长度/cm	最大膛底压力/MPa
12.7	457.2	9.796	50.0	517.0

表 5-37 大炮系统（药室容积 22 941 cm^3）

口径/cm	行程/cm	弹丸质量/kg	药柱长度/cm	最大膛底压力/MPa
15.64	698.5	43.54	109.22	345.0

图 5-93 进一步说明了内孔表面积 S_0 和对流燃烧容积表面积 S_a 在不同燃烧深度的数值关系。

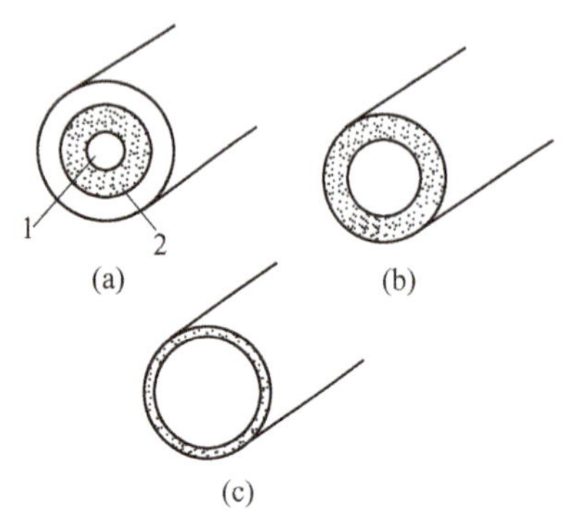

图 5-92 对流燃烧过程中表面积的变化

(a) 燃烧深度未与外表面交界；(b) 与药柱外表面交界的瞬间；(c) 交界之后对流容积变小的情况

1—内孔；2—对流燃烧层

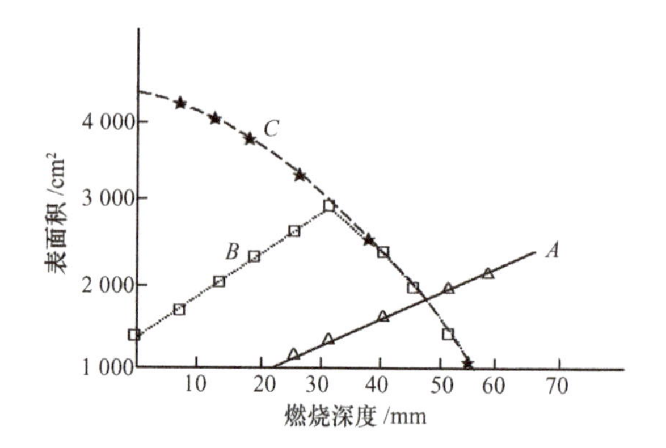

图 5-93 对流燃烧过程中表面积的变化规律

A 线代表对流燃烧深度 D=3.25、6.5 cm 时内孔表面积 S_0 的变化规律，即随燃烧深度 r 的增加，S_0 呈直线变化。

B 线代表对流燃烧深度 D=3.25 cm 时，S_a 随燃烧深度 r 增加而直线上升，当 r=3.25 cm 时，曲线转折，S_a 开始下降。

C 线代表对流燃烧深度 D=6.5 cm 时，S_a 在燃烧开始就随 r 的增加而下降。表 5-38 显示，药柱平均内孔直径为 9 cm 时，不同 D、M 所对应的 S_a/S_0 值。

表 5-38 对流面积与内孔面积的比值 S_a/S_0

对流燃烧深度 D/m	单位体积表面积 M/($m^2 \cdot m^{-3}$)			
	1	5	50	500
0.001	0.001	0.005	0.050	0.50
0.005	0.005	0.028	0.264	2.64
0.010	0.011	0.055	0.555	5.55
0.015	0.018	0.085	0.875	8.75

计算表明，如果对流燃烧发生，而且在对流体积中面积 S_a 增加得很少，则火炮初速降低得也很少。例如，药柱内孔直径为 2 cm，在小炮系统中不发生对流燃烧的火炮初速是 1 713 m/s。但有对流燃烧，而且 M=1 m^2/m^3，这时的 S_a/S_0 值也很小。对流燃烧深度 D=6.5 cm，等于药柱的弧厚，初速则为 1 648 m/s，初速仅降低 3.8%。

当 M=50 m^2/m^3，$S_a/S_0 \approx 1$ 时，发射药完全燃烧的初始内孔直径要大于 2 cm。

当 M=500 m^2/m^3，$S_a/S_0 \geqslant 1$ 时，对流燃烧的深度增加，并等于弧厚，能保证火药

在炮内烧完的内孔直径是 11.7 cm（大炮系统），对小炮则是 11.3 cm。

图 5-94 是小炮、大炮系统不发生对流燃烧的初速与药柱初始内孔直径的关系。最大的初速发生在孔径较小的情况下，孔径为 1～2 cm。

曲线 A 是指小口径火炮系统，p_m＝517 MPa，此时，最高火炮初速出现在小的药柱内孔直径条件下，v_0＝1 713 m/s。曲线 B 是指大口径火炮系统，p_m＝345 MPa，此时，最高火炮初速也出现在药柱内孔直径小的情况下，v_0＝1 080 m/s。

图 5-95 是发生对流燃烧的火炮初速与药柱初始内孔直径的关系。此时，D＝15 cm，M＝50 m^2/m^3，有关数值见表 5-39 和表 5-40。

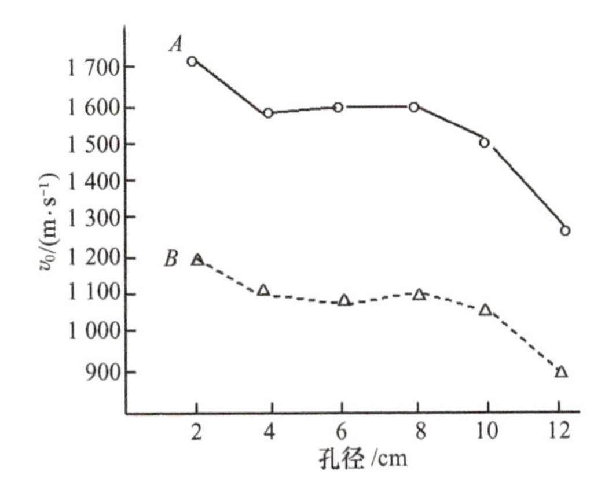

图 5-94　不发生对流燃烧时，药柱内孔直径与火炮初速的关系

A—小炮系统；B—大炮系统

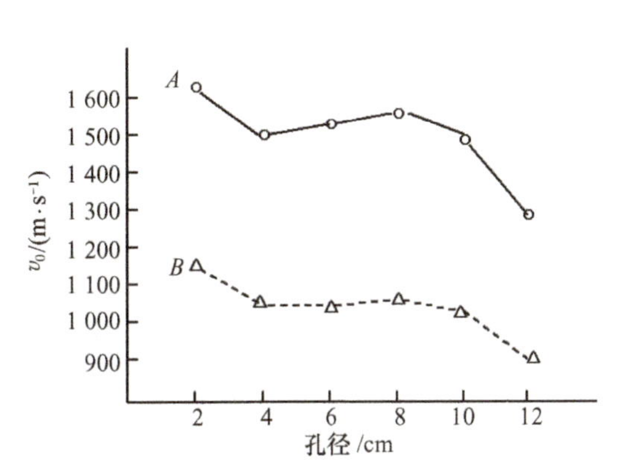

图 5-95　有对流燃烧时，药柱内孔直径与火炮初速的关系

（计算 7 孔最佳装药 v_0＝1 531 m/s）

A—小炮系统；B—大炮系统

表 5-39　小口径火炮系统初速与火药燃尽条件（燃尽分数）

D/mm	M/($m^2 \cdot m^{-3}$)							
	1		5		50		100	
	v_0/($m \cdot s^{-1}$)	φ	v_0/($m \cdot s^{-1}$)	φ	v_0/($m \cdot s^{-1}$)	φ	v_0/($m \cdot s^{-1}$)	φ
0	1 713	1	1 713	1	1 713	1	1 713	1
1	1 713	1	1 713	1	1 713	1	1 712	1
5	1 713	1	1 712	1	1 709	1	1 682	1
10	1 712	1	1 711	1	1 683	1	1 589	0.93
15	1 712	1	1 707	1	1 619	0.99	1 497	0.81
30	1 705	1	1 765	1	1 389	0.64	1 304	0.54
45	1 705	1	1 479	0.81	1 190	0.42	1 137	0.37
65	1 648	1	1 282	0.55	969	0.27	947	0.24

曲线 A 是小口径炮系统（表 5-39），p_m=517 MPa，此时常规的 7 孔最佳装药 v_0=1 520 m/s；而有对流燃烧的药柱，在膛内烧完时，火炮初速为 1 682～1 713 m/s。

曲线 B 是大口径炮系统（表 5-40），p_m=345 MPa，此时常规的 7 孔最佳装药 v_0=1 080 m/s；而有对流燃烧的药柱，在膛内烧完时，火炮初速为 1 181～1 185 m/s。

表 5-40 大口径火炮系统初速与火药燃尽条件（燃尽分数）

D/mm	$M/(m^2 \cdot m^{-3})$							
	1		5		50		100	
	$v_0/(m \cdot s^{-1})$	φ	$v_0/(m \cdot s^{-1})$	φ	$v_0/(m \cdot s^{-1})$	φ	$v_0/(m \cdot s^{-1})$	φ
0	1 185	1	1 185	1	1 185	1	1 185	1
1	1 185	1	1 185	1	1 185	1	1 186	1
5	1 185	1	1 186	1	1 188	1	1 181	1
10	1 186	1	1 187	1	1 181	1	1 136	0.93
15	1 186	1	1 186	1	1 149	0.97	1 066	0.82
30	1 186	1	1 161	1	1 017	0.66	966	0.56
45	1 180	1	1 068	0.81	8 810	0.44	848	0.35
65	1 163	1	957	0.59	753	0.29	721	0.26

图 5-95 还表明，当药柱内孔直径比较小时，初速最高，这是因为在 p_m 限定的条件下，对相同外径阻燃的药柱，内孔直径越小，其增面性越大。

还有一种情况是，在各种装药条件下火药燃速都是相同的，p_m 值没有限制，则出现表 5-41 的结果。计算针对小口径火炮，从中看出，D、M 越大，膛压越高，计算 7 孔最佳装药 v_0=1 531 m/s。对于大口径火炮系统，计算 7 孔最佳装药 v_0=1 071 m/s。

表 5-41 小口径火炮系统 D、M 与 p_m

D/mm	p_m/MPa		
	$M=1\ m^2 \cdot m^{-3}$	$M=5\ m^2 \cdot m^{-3}$	$M=50\ m^2 \cdot m^{-3}$
0.0	517	517	517
0.001	522	545	1 039
0.005	549	742	
0.015	664	2 359	

5.8.3 弹道效果

单孔并且是端、侧面阻燃的发射药，无对流燃烧，在 p_m 相同的条件下，v_0 最大，当对流体中 S_a 很小时，v_0 下降不多。

出现对流燃烧时，在限定的 p_m 和燃速变化条件下，特高燃速装药内孔直径与初速有关（外径一定），随着内径增加，v_0 下降，但初速仍比一般制式最佳 7 孔装药的初速要高。

有对流燃烧时，单位容积面积（M）、对流燃烧深度 D 越大，火炮系统的 p_m 值越高。对特高燃速装药的弹道进行计算时，要用对流燃烧模型，取 $S_a=S_0(D+2R)/2R$，再用集总参数编码计算。

5.9　装药的点火技术

5.9.1　中心点火管

中心点火管安放在药筒的中心轴位置，管体有传播点火能量的径向孔，管内充以黑火药或其他点火药。射击时中心点火管内的点火药由底火引燃，点火气体由径向孔喷出。火药初温、点火管内装药的数量和类型、点火管伸入药床的长度以及径向孔的数量和位置等因素都影响点火和传火的效果。

内装奔奈药条的中心点火管的作用过程如图 5-96 所示。

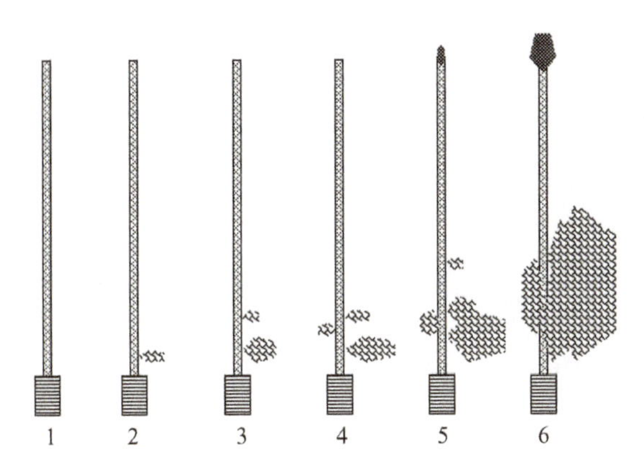

图 5-96　装奔奈药条中心点火管的作用过程
（高速摄影，时间间隔 0.4 ms）

点火过程中，火焰先从底部喷出，随着火焰强度的加大，火焰喷出点逐步向上移动，最后由顶部喷出。火焰到点火管顶部的时间是 1.456 ms，相当于传火速度为 161 m/s。

5.9.2　低速爆轰波（LVD）点火具

黑火药传火速度大约是 100 m/s，对于长药室和高装填密度的发射装药，用局部的黑火药点火药包，甚至用中心点火管，都较难实现药床的全面和同时的点火。波速介于火焰和稳定爆轰波之间的冲击波和低速爆轰波（LVD），其传播速度为 1～3 km/s，波

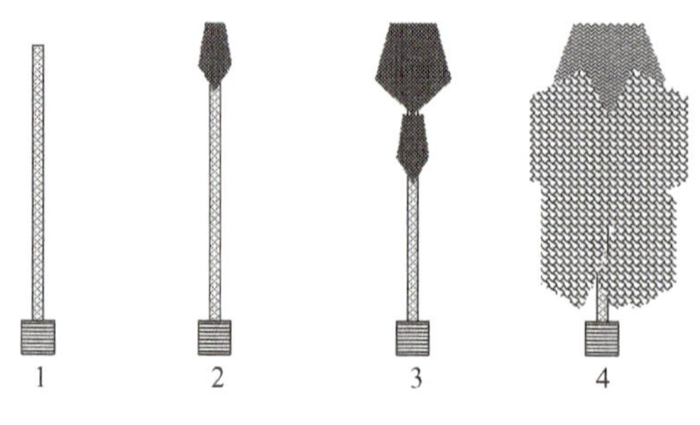

图 5-97 LVD 点火具作用过程
(1、2 和 3 幅时间间隔 0.05 ms)

峰压力为 1～3 MPa，波峰温度为 800～3 500 K。传播速度 1～3 km/s 的低速爆轰波能可靠地点燃黑火药，以 LVD 构成的点火系统，传火速度比火焰传火速度快，远远高于黑火药燃烧波每秒百米的传播速度。南京理工大学高耀林教授等人研究的 LVD 点火具是由 LVD 管和点火具壳体与传火药组成的（图 5-97）。LVD 管的内壁附有炸药粉，通过管径和炸药密度的控制，使爆轰波以低的速度稳定地传播。LVD 管与点火具壳体同轴，因此，LVD 的波峰可以在瞬间沿点火具的纵轴传播，低速爆轰波所到之处，黑火药被点燃，黑火药的火焰再径向地传至发射药床。因为点火具内轴向分布的黑火药几乎是在同一瞬间被点燃的，所以点火压力分布均匀，能有效地抑制膛内压力波。

在点火具的传火过程中，火焰以 LVD 的速度沿点火管传导至点火具的顶部，全过程所用的时间是 0.15 ms。在此传播过程中，有部分能量通过 LVD 点火管壁，沿途依次传递给起传火药作用的黑火药，并通过黑火药点燃发射装药。此传火管的纵向传火速度为 1 600 m/s。

通过对大口径火炮点火过程的比较，LVD 点火具和一般的中心点火管存在两点重要的差别：

① 传播速度的差别。LVD 点火具传火速度（v_c）几乎是中心点火管传火速度（v_h）的 10 倍以上，$v_c/v_h>10$。

② 作用过程的差别。黑火药可燃点火具的底部首先破孔（开裂），点火药气体沿径向迅速传播，形成底部装药的着火；LVD 点火具几乎是在瞬间（0.05 ms）沿纵向全面点燃，并同时在整体药床内传播，形成全面着火。

5.9.3 激光点火具

由于激光传递的能流精密、再现性好和易于控制，因此，研究者期望通过激光点火改善火炮的弹道性能和消除弹道反常现象。已在中口径火炮上试验了激光点火系统，现在激光点火有两种形式：

① 激光单点点火。试验弹药中配有斯蒂芬酸铅/黑火药底火，底火上的窗口可以通过激光能量，用 5 J 的钕激光束穿过炮闩上的小孔引发底火。底火通过黑火药传火管引燃主装药。在两组全装药的试验中发现，激光点火持续时间短，点火延迟的重现性好，为（0.79±0.11）ms。

② 激光多点点火。它将光导纤维网络安放在发射药装药内部和周围。有一种 7 点点火的硼-硝酸钾中心点火管，点火管装有 7 根 600 μm 的玻璃光学纤维，组成一个具有

7 个轴向点火点的点火系统。试验表明，在不同点火点测出的点火延迟是 37～52 ms。

曾采用黑火药和激光两种点火形式对点火的效果进行研究。黑火药点火时，通过黑火药及传火药再点燃火药床。激光对单元装药点火是激光束经过视窗点燃黑火药包，再点燃蛇形药袋和发射药装药。

对各装药单元同时进行激光点火可以明显地减少药室的压差。对 155 mm 火炮的 6 个装药单元进行同时激光点火，使压差降低到最小的程度。其使用于穿甲弹的装药点火，可以将光纤分布于药室多个点。

5.9.4　等离子体点火具

一种等离子体点火具如图 5-98 所示。通过两个步骤产生等离子体：首先是高压电容器的放电过程，之后是金属线在高电压作用下爆发。形成的等离子体再点燃装药。

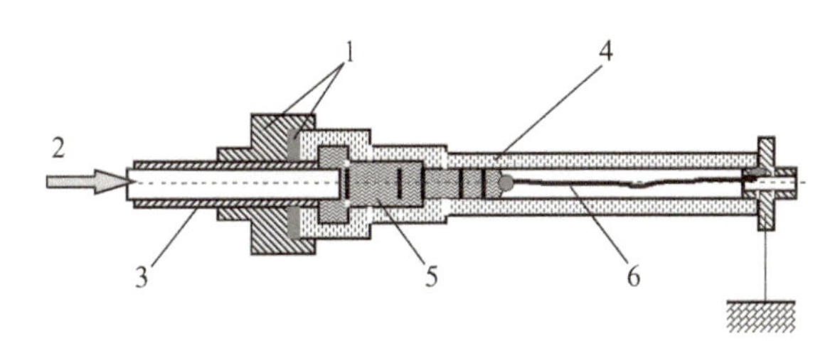

图 5-98　等离子体点火具示意图

1—聚合物材料绝缘体；2—超高电压；3—绝缘体；
4—聚乙烯管；5—中心电极；6—金属线

该点火技术通过对不同药型的单基和双基发射药、120 mm 火炮和小口径火炮的试验验证，其优点得到了证实。

等离子体点火应用于叠层片状、药卷式等高装药密度装药也获得了良好的效果。其火焰传播正常，仅有较小的压力波，容易点燃 LOVA 发射药，并且点火所需的能量不是很高，小于 0.5 MJ。

5.10　液体发射药装药

5.10.1　液体发射药

20 世纪 40 年代末期开始研究液体发射药。进入 80 年代以来，在控制液体发射药燃烧的技术上取得了成果，液体发射药弹道性能逐步趋于稳定，并研制成功了再生式注药和以 HAN（硝酸羟胺）为基的单元液体发射药，使液体发射药的研究取得了重要的进展。

尽管普遍地认为：液体发射药武器系统有明显的优点并取得了引人注目的进展，但在武器化过程中遇到了燃烧控制和武器系统的诸多问题，甚至导致美国液体发射药武器计划的终止（1996 年）。但液体炮及其发射药的研究仍在继续。

表 5-42 是世界各国液体发射药技术研制的情况。

表 5-42 世界各国液体发射药研制情况

国名	研究单位	液体发射药	装填方式	试验炮
德国	ICT 迪艾尔公司 莱茵金属公司	单元药：硝基甲烷、异丙基硝酸酯 双元药：一甲肼/硝酸、三乙胺/硝酸、氧茂甲醇/硝酸	整装式 再生式	20 mm 炮 30 mm 炮 40 mm 炮
法国	SNPE 公司 SEP 公司	单元液体发射药 双元液体发射药	整装式	30 mm 炮
美国	海军武器研究所 陆军弹道研究所 通用电气公司 贝尔航宇公司	羟胺为基的单元发射药	再生式	9 mm 炮 25 mm 炮 30 mm 炮 105 mm 炮 155 mm 炮
英国	皇家武器研究所 皇军军械公司	羟胺基单元发射药 OttoII	再生式	30 mm 炮
注：ICT—弗劳恩霍费尔火炸药研究所；SNPE—法国火炸药公司；SEP—欧洲推进技术公司；OttoII—以丙二醇二硝酸为主成分的单元发射药。				

美国是液体发射药及火炮研究最先进的国家。已有海军军械站、陆军弹道研究所、通用电气公司、贝尔航宇公司等在 9 mm、25 mm、30 mm、105 mm、120 mm、155 mm 等口径武器上试验，并取得了满意的效果。目前，以 HAN 为基的液体发射药为最好。HAN 分子式 NH_3OHNO_3，在液体发射药中作氧化剂。配方中含水量越高，火药力就越低，但以 20%左右的水分制成的溶液性能最佳。

除氧化剂 HAN 外，美国陆军弹道研究所研究的燃烧剂还有：TMAN—$C_3H_{10}N_2O_3$（三甲基硝酸铵）、EOAN—$C_2H_8N_2O_4$（乙基硝酸铵）、TEAN—$C_6H_{16}N_2O_3$（三乙基硝酸盐）、TEAN—$C_6H_{16}N_2O_6$（三乙醇胺硝酸盐）。其中，认为性能最好的是 TEAN。

采用 HAN、TEAN 组分配制了 LP1845、LP1846、LP1848 等一系列配方，其组分及热化学性能见表 5-43。

表 5-43 部分液体发射药配方及热化学性能

型　号	质量分数/%			密度/(g·cm^{-3})	火药力/(J·g^{-1})	爆温/K
	TEAN	HAN	水			
LP1845	20	63.2	16.8	1.46	982.3	2 730
LP1846	19.2	60.8	20.0	1.42	934.5	2 570
LP1848	14.5	66.3	19.2	1.46	820.7	2 260

经比较，应用于大、中口径火炮的几种液体发射药，目前研究最为成功的是 LP1846 型发射药。

通过对其点火、燃烧、再生喷射、内弹道性能、物化性能、毒性、环境污染等研究，并经大、中、小口径武器的试验研究，认为 LP1846 是较理想的发射药，1991 年被定为准制式 XM46 液体发射药，可能是未来野战火炮使用的主要候选发射药。近来又解决了 HAN 的电解法生产工艺和制药工艺，使液体发射药的生产成本仅为固体发射药的 1/10。尤其是液体发射药比固体发射药有许多更突出的优点，如液体发射药的装填密度可达 1.4 g/cm^3（固体发射药不超过 1 g/cm^3）；液体发射药比固体发射药的能量高 30%～50%；液体发射药在膛内燃烧时还兼有随行效应等。因此，液体发射药可以使火炮的初速和射程有大幅度的提高。1992 年年末，美国陆军已确定将液体发射药作为 21 世纪"先进野战火炮系统"的发射能源。

图 5-99、图 5-100 分别是单元液体发射药再生式注入式系统和随行式注入系统简图。

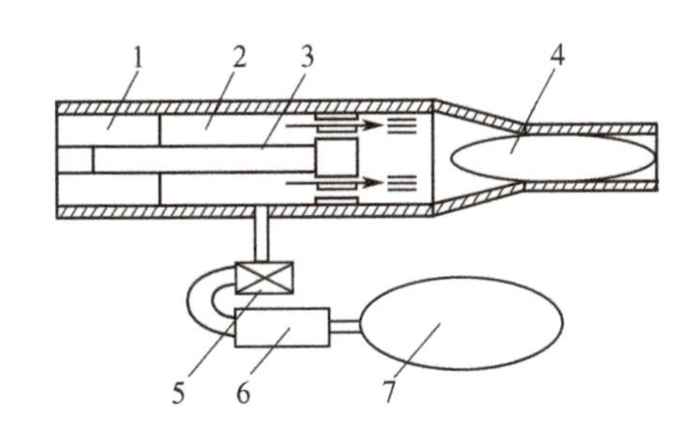

图 5-99　单元液体发射药再生式注入系统

1—炮尾；2—液体发射药；3—活塞；4—弹丸；
5—阀门；6—泵；7—储罐

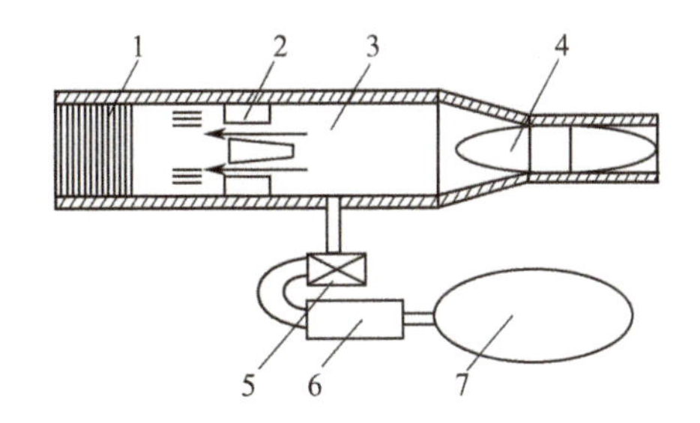

图 5-100　单元液体发射药随行式注入系统

1—炮尾；2—活塞；3—液体发射药；4—弹丸；
5—阀门；6—泵；7—储罐

HAN 基液体发射药具有中等毒性。

液体发射药的危险等级与常规的固体发射药一样，可以定为军用 2 级。

液体发射药装药的优点是：无弹壳，制造、储存（在大部分情形下）和搬运容易，给定的射程由装药的计量实现，低易损性，易在车辆上使用，降低了烟、闪光和烧蚀。

5.10.2　液体发射药的特征

对液体发射药性能的要求包括：属于能量性质的化学反应、组分；属于物理性能的沸点、蒸气压、冰点、黏度、比热容、热传导、导电性、安定性；属于化学特性的毒性、爆炸敏感性、腐蚀性；属于实用性的成本和生产工艺等。根据使用条件，这些要求又有不同的标准。有些要求和标准是很严格的。但由于液体发射药的潜在优势，使研究者一直关注它的发展。液体发射药的潜在优势是它的能量特性和它的流动特性。液体药的其他优点，大多是由这两个特性派生出来的。

1. 在相同的燃温下，液体发射药可以比固体发射药释放更高的能量

依据释放能 E_r 的公式

$$E_r = nRT_v(\gamma-1)^{-1}$$

当固、液两类发射药 T_v 相同时

$$Q_0 = \frac{(E_r)_L}{(E_r)_S} = \left(\frac{nR}{\gamma-1}\right)_L \Big/ \left(\frac{nR}{\gamma-1}\right)_S$$

液体发射药可以获得 $Q_0>1$ 的结果。

（1）液体发射药组分的相对分子质量低。液体发射药的氢碳比值（H/C）高，n 值大。摩尔质量可以降低到 13.2 g/mol。

如硝酸和烃的混合物，生成焓是 4 958 J/g，当硝酸和辛烷的混合接近于化学计量比时，用 BLAKE 编码计算的火药力和火焰温度与固体发射药 M30 的值相接近（表 5-44）。

表 5-44　70%硝酸和辛烷的热化学数据

$\delta/(g\cdot cm^{-3})$	T/K	$f/(J\cdot g^{-1})$	气体摩尔质量/$(g\cdot mol^{-1})$
0.1	3 075	1 034	24.7
0.2	3 128	1 049	24.8
0.3	3 166	1 059	24.8

硝酸乙酯和硝酸丙酯 60∶40 的混合物，生成焓为 2 062.5 J/g。热化学数据见表 5-45。数据表明，和固体发射药相比，火焰温度低几百度，但火药力却比较高。燃气摩尔质量为 17.3～17.8 g/mol。

表 5-45　60∶40 硝酸乙酯和硝酸丙酯的热化学数据

$\delta/(g\cdot cm^{-3})$	T/K	p/MPa	$f/(J\cdot g^{-1})$	气体摩尔质量/$(g\cdot mol^{-1})$
0.1	2 016	112	972	17.3
0.2	2 117	263	987	17.8
0.3	2 199	461	977	18.3

以硝酸肼-肼-水混合比为 30∶65∶5 的液体发射药，生成焓是 3 307 J/g。计算的反应产物有 H_2、N_2 和 H_2O（热化学数据见表 5-46）。因为反应产物中没有相对分子质量高的碳化合物，所以 N_2H_4-$N_2H_3NO_3$-H_2O 体系具有高比能，产物的平均相对分子质量较低，燃气的摩尔质量为 13.2～13.6 g/mol。和固体发射药相比，火药力相同的火焰温度大约低 1 000 ℃。

硝酸羟胺、四碳胺硝酸盐的化学计量比混合物，含 20%H_2O，根据 BLAKE 编码的计算，产物只有 H_2O、N_2 和 CO_2（热化学数据见表 5-47）。燃气的摩尔质量为 22.5 g/mol。

表 5-46　硝酸肼-肼-水混合物的热化学数据

$\delta/(g \cdot cm^{-3})$	T/K	p/MPa	$f/(J \cdot g^{-1})$	气体摩尔质量/$(g \cdot mol^{-1})$
0.1	2 112	156	1 330	113.2
0.2	2 133	369	1 327	13.4
0.3	2 164	649	1 322	13.6

表 5-47　硝酸羟胺-四碳硝酸盐-水的热化学数据

$\delta/(g \cdot cm^{-3})$	T/K	p/MPa	$f/(J \cdot g^{-1})$
0.1	2 597	103	957
0.2	2 630	226	970
0.3	2 656	373	979

硝酸-辛烷和硝酸肼-肼-水（表 5-44、表 5-46）的 n 值分别为 40.2 mol/kg 和 74.63 mol/kg。说明液体发射药 n 值的范围大。固体 N(1) 发射药的 n=40.49 mol/kg。γ 值和 n 值的综合结果，使液体和固体发射药的释放能比值 E_r=0.80～1.13（图 5-101）。即，固、液发射药在相同燃烧温度的情况下，液体火药能量的可调范围大，而且容易使液体发射药的释放能高于固体发射药的释放能。双元液体发射药释放能的可调范围也很大，火药力可以达到较高的数值。如：甲肼/白发烟硝酸 f=1 446 J/g，异辛烷 H_2O_2 的 f=1 437 J/g，四硝基甲烷的 f=691 J/g，L1846 的 f=934 J/g。固体发射药 M1 的 f=934 J/g，M8 的 f=1 173 J/g。

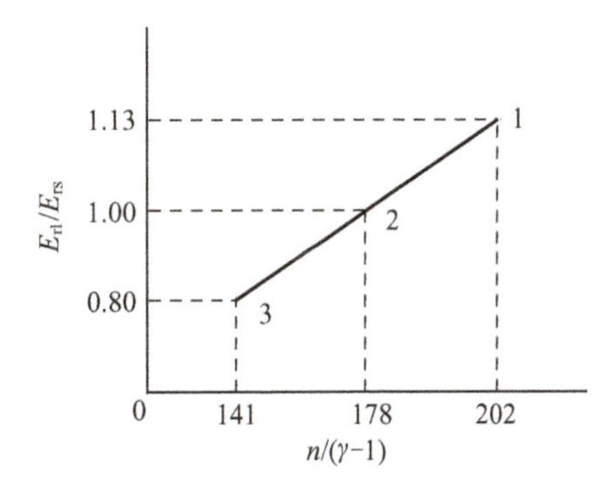

图 5-101　液、固体发射药的释放能比值与 $n/(\gamma-1)$ 的关系

1—硝酸肼-肼-水混合物；2—N(1) 火药；3—硝酸-辛烷

(2) 液体发射药可以使用多组分。可以在需要时混合配制；放宽了对组分的相容性、长贮性，以及对环境条件的要求，增加了组分和能量的可调范围。固体发射药的组分共存于一个体系，各组分必须长期相容。

(3) 可以增加装药的能量密度。固体发射药装填密度一般小于 1 g/cm³。液体发射药的流动性可以减少装药的空隙，装药的消极质量也低，其储罐或药筒的结构较紧凑。尤其是液体火炮的药室可变，随着弹丸的运动，可以补加发射药量，总装药量不受初始药室的限制，有利于增大液体发射药装药的潜能。

2. 液体发射药可以有最佳的弹道曲线，可以提高射速

① 在变容燃烧过程中，控制液体发射药的喷射过程，适时地送入所需的药量，可以获得理想的 p-t 曲线。图 5-102 是再生式液体炮的 p-t 曲线。曲线的压力变化分为五个阶段，因为有一个压力平台，所以示压效率高。即使液体发射药能量低，也能使装药的能量密度不低。

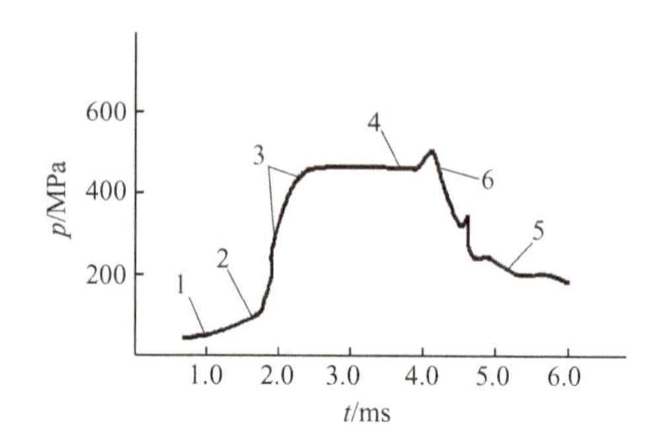

图 5-102 再生式液体火炮 p-t 曲线

1—点火曲线段；2—发射药积累和喷射；3—发射药燃烧；4—准稳态平衡；

5—活塞行程结束，发射药燃烧完；6—膨胀

② 可以通过流量的调节来抵消外界因素的干扰，如消除环境温度的影响等。

③ 可以获得高射速。

5.10.3 液体发射药装药的弹道模型

1. 液体发射药整装式装药弹道模型

全部液体发射药装于弹丸后的药室中，由底部点火。该装药简单，但弹道过程较复杂。弹道模型假定从炮尾点火，药室无气体空隙。由库默（R. G. Comer）提出的物理模型如图 5-103 所示。点火过程是液体内产生局部爆燃，在炮尾附近产生热燃烧产物，形成气泡或空穴，并出现压力脉冲。液柱中产生的压力波是初始压力脉冲多次反射的结果。压力波使空穴处的气液交界面破裂，增加了发射药与热燃烧产物的混合速度。炮尾处空穴的高压气体同时加速弹丸和位于弹丸与空穴之间的液体发射药，使气液交界面不稳定，再导致空穴的出现。不稳定的现象渗入液柱内，最终造成弹丸的不稳定。当空穴达到弹底后，仍有环形液体滞留在药室壁上，高速流动气体使环状液体和气体发生湍流混合，至液体发射药烧完。在使用这个模型时，要用到式（5-37）、式（5-38）、式（5-39）等有关公式。

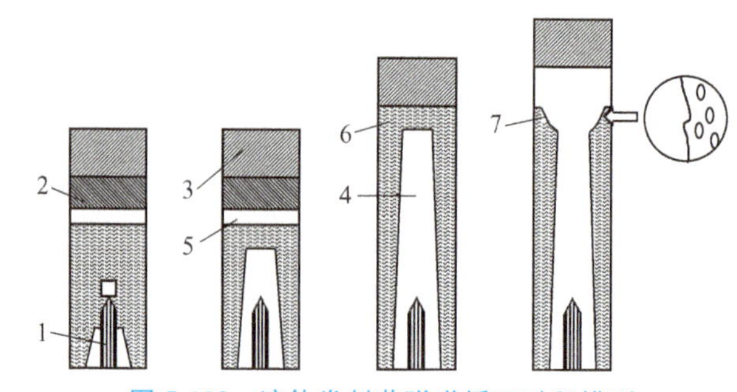

图 5-103 液体发射药弹道循环过程模型

1—点火具；2—液体发射药；3—弹丸；4—燃烧气体；5—可压缩液体的波动特性；

6—加速液体中的泰勒不稳定；7—交界面的湍流混合

现已证明，液面被浸蚀的速度与穿过交界面的速度差成比例

$$\dot{r}_c = C_2(v_g - v_1) \tag{5-37}$$

常数 C_2 也由试验确定，该值与理论估算值相符。赫姆霍兹混合效应可产生装药燃烧所需的较大燃烧表面积。库默也估算了装药燃烧系数 Φ，该值是弹道循环时间的函数。

另假设：装药在燃尽之前随弹丸运动；忽略气体动能；总能量损失等于弹丸动能的 10%；气体遵守诺贝尔-阿贝尔状态方程；使用系统能量传递方程，忽略气体温度影响，可得

$$\Phi\left[\frac{C\lambda}{\gamma-1} + \frac{1.1}{2}Cv^2 - \frac{\bar{p}C}{\gamma-1}\left(\frac{1}{\rho_g} - \eta\right)\right] = \frac{\bar{p}}{\gamma-1}(U_0 + Ax) + \frac{1.2}{2}(M+C)v^2 \tag{5-38}$$

莱维斯（Lewis）的试验研究表明，空穴顶部渗入液柱的速度与液面加速度和空穴半径乘积的平方根成比例。库默在泰勒不稳定线性分析的基础上提出了一个改进的关系式

$$U_c = C_1\left[r_c a\left(\frac{\rho_1 - \rho_g}{\rho_1 + \rho_g}\right)\right]^{\frac{1}{2}} \tag{5-39}$$

式中，U_c 为空穴顶部速度；r_c 为空穴半径；a 为加速度；ρ_1 和 ρ_2 分别为液体和气体密度；C_1 是取决于液体性质和药室几何形状的常数，该值由试验获得。

2. 再生式液体发射药火炮的内弹道过程

再生式液体炮的内弹道控制在很大程度上取决于发射药的喷射，即取决于再生式活塞的运动。因而其综合模拟就简化为再生式活塞和储液室的液压响应的模拟。发射药的流体动力学和燃烧是模拟考虑的另一重要因素。

再生式单元液体炮由标准炮管、药室及再生活塞组成。再生活塞头部将药室分为燃烧室和发射药储液室两个部分。储液室长度、储液室容积及活塞最大行程，是由穿过活塞轴伸出的炮尾构件所决定的。活塞头部喷射孔呈圆柱形。起初喷孔密封，以防止点火前发射药泄漏进燃烧室。点火具包括底火、点火药及传火药。

图 5-102 所示为典型的再生式液体炮压力 时间曲线，其内弹道过程分为 5 个主要阶段。

第 1 阶段是点火使燃烧室压力升高，活塞向后移动，压缩储液室内的液体发射药。由于燃烧室一侧的活塞面积大于储液室一侧的活塞面积，所以提供一个压差来喷射液体发射药。

第 2 阶段是点火延迟段。此阶段，活塞继续向后移动并喷射发射药，这些发射药积存在燃烧室中。

第 3 阶段是发射药被点燃，积累的发射药将迅速燃烧，燃烧室压力上升到工作压力，使再生活塞加速运动到最大速度。

第 4 阶段是平台压力段。这一压力平台被解释为准平衡过程，室内气体的增加和沿炮管的流动由新喷入的发射药燃烧来平衡。本阶段以活塞运动完成全行程、液体发射药燃烧完成而结束。

最后一个阶段是燃烧室内气体的膨胀过程。

5.11 电能与化学能结合的发射技术

1. 电热推进技术

电热推进是利用电能产生高温等离子体，高温等离子体再与一种惰性的流体物质混合并使之汽化，产生的高压气体推进弹丸运动。电能是这种推进技术的唯一能源，工质是可以汽化并产生相对分子质量小的物质。该技术是获得高初速的发射技术，但对电能的要求过高，几乎与电磁炮对电能的要求不相上下。所以，限制了电热推进技术在纯战术方面的应用，研究逐渐转向电能与含能材料化学能相结合的技术途径。

2. 电热化学能推进技术

电热化学能推进技术是能源混合型的发射技术，除电能之外，还需要含能材料提供部分能量，它是同时使用电能与化学能完成的推进技术。图 5-104 是电热化学能火炮的示意图。

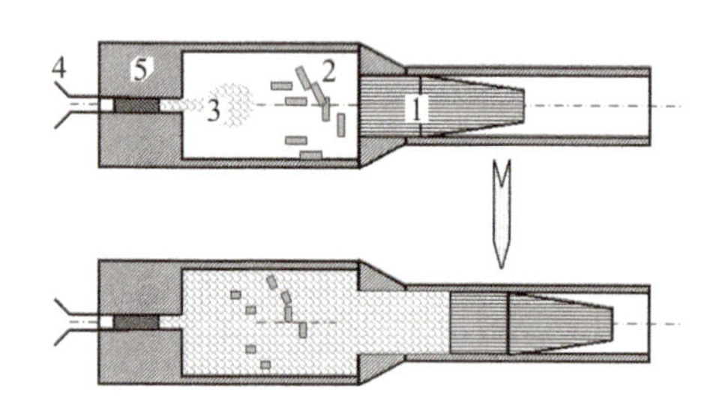

图 5-104 电热化学能火炮工作过程示意图

1—弹丸；2—含能材料；3—等离子体；4—导线；5—火炮

电热化学能火炮除使用液体含能材料作为能源之外，还可以使用固体含能材料作为能源，两者分别称为液体发射药电热炮（LET）和固体发射药电热炮（PET）。两者都是混合利用电能和化学能的推进技术。

（1）液体发射药电热炮技术

液体发射药电热炮的结构与药筒装药式液体炮的相似，在药室内装液体含能材料。其内弹道过程首先是等离子体与液体发射药混合并使发射药分解，继而在补加的等离子体的驱动下，液体含能材料在极不稳定的流体动力环境中进行反应，反应环境可能与药筒装填式液体炮的流体动力环境相似。该发射技术可选用多种液体含能材料，如一般的液体发射药，或者是其他液体含能材料。

液体电热化学能推进技术的优点：与电热能和电磁能火炮相比，所需要的电能少；药室的装填密度高；液体发射药配方的可调节范围大，可以配制成能量高、低易损性的液体发射药；有可能利用电能来调节发射药的燃烧和控制膛压。

美国 FMC 公司制造的电热化学能 120 mm 身管的演示装置，其炮口动能达到了 9 MJ以上。

（2）固体发射药电热炮技术

固体发射药电热火炮的内弹道过程与一般火炮的内弹道过程相似，发射药的几何形状、药厚和燃速都是控制弹道过程的主要因素。但电热能可用来点燃发射装药，调节气体生成速度和在发射装药燃尽后继续加热燃气，以获得更高的弹丸速度。

固体发射药电热炮的燃气生成速度受到压力与温度的影响，高温等离子体的注入会增大燃气的压力与温度，所以加注等离子体为燃气发生速度的调节提供了一种方法。

等离子体的注入有助于发射药按程序释放能量，有助于控制发射药温度系数，有利于低易损性发射药的点火，可以使残药在膛内完全燃烧，可以通过等离子体与发射药能量的调节进一步提高弹道效能。所以，固体发射药电热炮装药是先进的固体发射装药之一。

对于压装的球形发射药、压实发射装药和整体式药柱等装填密度大的固体发射装药来说，通过等离子体有可能会更好地控制它们的内弹道过程。

和液体发射药电热炮相比，固体发射药电热炮装填密度低，发射药能量也较低。尽管如此，还可以增加现有火炮 25%～30%的炮口动能。此外，对弹道过程的控制也方便。

3. 电磁能推进技术

研制的电磁能火炮是一种不含发射药的高速发射器，它能显著地提高装甲侵彻力、增大有效射程和改善防空武器系统效能。在速度超过 2 500 m/s 以上的发射技术中，电磁能发射可能是最有前途的技术之一。因不存在发射药，电磁能火炮有较高的热力效率，并可降低火炮的后坐力和增加安全性。电磁发射装置在中、小口径反装甲火炮上的应用，有可能大幅度降低电能的需要量。

电磁能推进技术不同于气动推进和现行的火炮发射技术，其差别表现于独具特征的电磁能火炮身管、超速弹丸与脉冲电源及其元器件上。当前，电磁能发射尚存在诸如脉冲电源元器件和全系统的尺寸和重量大等较难解决的诸多问题。

(1) 轨道式电磁能炮（EMR）

图 5-105 表明了电磁能加速的基本原理，轨道式电磁能炮由两条相互平行的轨道组成，轨道间用一个电枢相连并固定于电源上。当电流（1 000～5 000 V、1×10^6～5×10^6 A）由一条轨道流出，穿过电枢沿另一条轨道返回时，在两条轨道之间的区域形成一个磁场，通过电枢的电流与磁场相互作用产生加速电枢和弹丸沿轨道向前的驱动力（即洛伦兹力）。在弹道过程中，存储于轨道间磁场的能量，以热能（与电流的平方成正比）形式释放出来，如果在弹道过程中通过轨道的电压保持恒定不变，那么电流强度将随弹丸的运动而减小，弹丸的加速度也将相应地降低。可通过增大电压来增大电流强度的方法，保持弹丸以高（或恒定）的加速度运动。

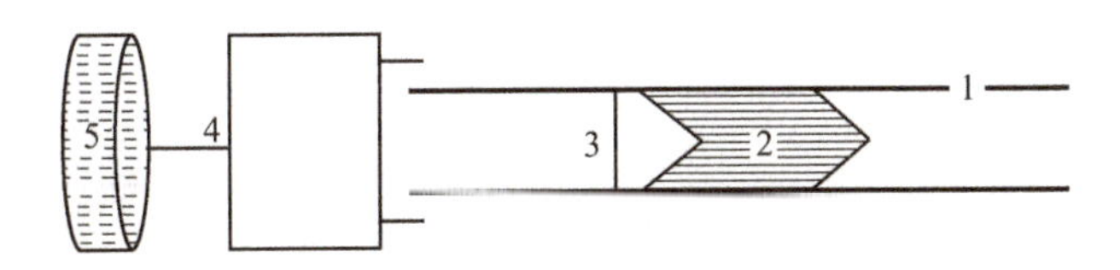

图 5-105　电磁能轨道炮

1—轨道；2—弹丸；3—电枢；4—脉冲式电源；5—原动机

（2）线圈式电磁能炮（EMC）

图 5-106 所示是线圈式电磁能炮的示意图，系统中的导电环路或线圈即是发射管，图中所示的导电线圈是并行和相互独立的。如果给线圈通电，则形成一个相应的磁场，如果对另一连接在弹丸上的线圈设置反向电流，就会产生一个与驱动线圈磁场方向相反的磁场。这两个磁场的强度将与电流的大小和线圈的圈数成正比。方向相反的两磁场的相互作用产生一个力，这个作用力使两个线圈中线对正，又加速弹丸沿发射管运动。

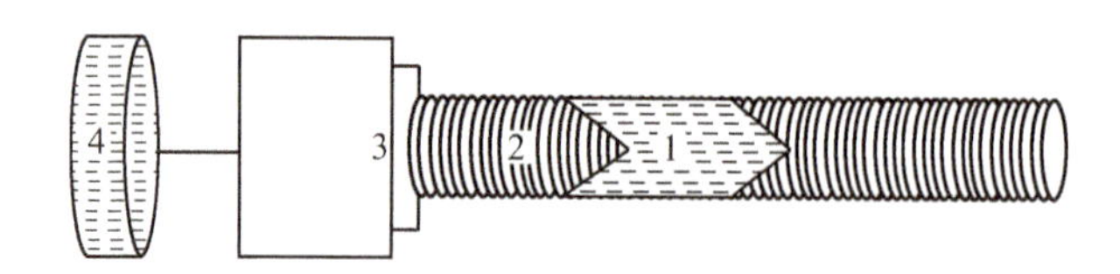

图 5-106　线圈式电磁能炮示意图

1—弹丸；2—线圈；3—脉冲式电源；4—原动机

线圈式电磁能炮的标准电流一般为 10^5 A 左右，电压为几十万伏，与标准的电磁能轨道炮相比，线圈式电磁能炮的损耗要低，电流较低和电压较高，因此，其要比轨道炮的效率高。但线圈炮的复杂性却限制了研究工作的进展。

线圈式电磁能炮的加速过程与运动的弹丸的线圈电流有关，还与发射管驱动线圈精确地、次序地供电情况有关。目前线圈式电磁能炮能够获得的初速远远低于理论的和战术要求的水平，在超速火炮上的应用尚需时日，其实际应用时间可能要比轨道炮晚一些。线圈式电磁能发射技术在大质量、低速发射装置（如机载弹射器）上的应用已经引起重视。

第6章 远程发射装药技术

第一次世界大战期间出现的巴黎火炮，射程是 127 km，它是典型的远射程火炮，但是它不能满足现在战争对其机动性和精度的要求。现在，制导技术虽有惊人的发展，但费用、有效弹重、有效容积、弹道起始段的误差等仍是要认真考虑的问题。今天，增加身管武器的射程仍然是装药研究追踪的重要目标之一。

传统的增程方法或是对口径一定的火炮增加初速，或是增加火炮的口径。凭第二次大战后的经验，以千米为尺度的射程增加量，几乎等同于以厘米为尺度的口径增加量。

现在有多种途径可增加火炮的射程，如改变弹丸形状，使用次口径弹、底排、火箭、冲压发动机、空气升力等增加射程的途径。增大火炮射程的途径可以归纳为两类：一是增大弹丸的动能（提高速度）；二是减小弹丸的空气阻力加速度（图 6-1）。

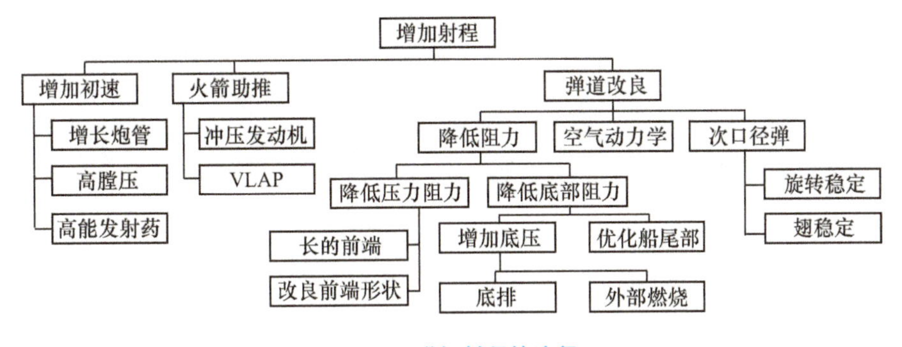

图 6-1 增加射程的途径

本章从火药装药的角度，重点考虑与火炸药有关的增加射程的技术。

6.1 提高火炮初速

初速对增加射程有重要的贡献，是增加射程经常使用的方法，它也是解决射击偏差所要考虑的重要因素。

6.1.1 用增加身管长度的方法提高初速

旧式榴弹炮，如美 M109 mm 火炮，身管长为 23 倍口径，苏联 1937 年式 122 mm 榴弹炮，身管长是 21.9 倍口径。近期的 155 mm 火炮，身管长为 38～52 倍口径。

图 6-2 是初速-炮管长度的函数图。

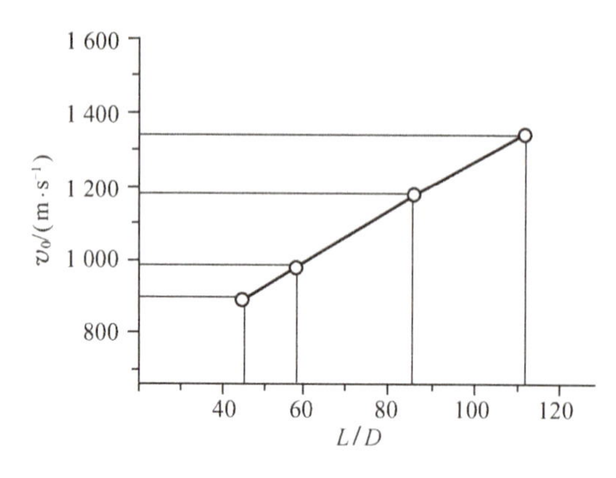

图 6-2 初速和炮管长度

下面是以身管长度和药室容积为变量的估算初速的经验公式（装药量一定）。

$$v_{0new}=v_{0ref}(DL/(D_{ref}L_{ref}))^{0.195}(V_0/V_{0ref})^{-0.295} \tag{6-1}$$

式中，V_0 为药室容积；v_0 为初速；D 为口径；L 为身管长（口径的倍数）。

经验公式表明，初速反比于药室容积、正比于身管长度。根据公式计算出的数据，如果要使 52 倍口径火炮的射程达到 50 km，初速还要增加 110 m/s，即达到 1 010 m/s。这样看来，用单独增长身管的办法满足初速和射程的要求是有技术困难的，此外，增长的身管还将对火炮的总体、膛压和火炮的多种结构带来不利的影响。

6.1.2 用增大药室容积与增加膛压的方法提高初速

提高初速的另一个方法是增大药室容积、增加装药能量和改变装药结构。表 6-1 列出了一些火炮的药室容积数据。

提高初速的第三个措施是提高膛压。如 52-25-155 mm 火炮的设计压力由 444 MPa 增加至 530 MPa，药室容积由 23 L 扩大至 25 L，使用全等式模块装药，用全膛远程弹 ERFB-BT 的最大射程是 38.4 km，初速 995 m/s；最小射程 13.1 km（20°射角）。

表 6-2 是几种火炮的膛压数据。

表 6-1 几种火炮的药室容积

火炮名称	药室容积/dm^3
M109 155	13.03
M198 155	18.845
GC45 155	22.90
G6	25

表 6-2 几种火炮的膛压

火炮名称	最大膛压/MPa
M109 155	259
OCT 155	306
GC45 155	340
G6	444
52-25-155 mm（M64）	530

采用加长身管、提高膛压、增加装药量、改变装药结构和使用高能火药等办法提高弹丸初速，一般都要引起火炮和弹药某些性能的变化。例如，加长身管增加了炮重，身管易变形，增加起始扰动和瞄准误差。提高膛压会引起弹重、炮重增加和降低火炮寿命。

6.2　优化底排装置

能全部消除弹丸飞行底部阻力，但是又不产生推力的底排装置是理想的底排装置。粗略计算，155 mm 弹丸理想的底排装置的燃料要超过 8 kg。但现有的弹底空间只能容纳 2 kg 燃料。

通过设计，确定精确刻画的底排燃烧面以得到增加的燃气流，并在弹丸进入浓密大气层时就降低底阻，增程的效果有望达到 50%（图 6-3 的曲线 1）。改变燃烧面积较好的方法是增加槽的数量，或采用特殊的几何形状。

有一种几何形状复杂的底排药柱，燃料质量 1.5 kg，与原有的底排剂用量相同，但它的增面性能更强（图 6-4），也可以为放置点火具和排气口提供空间。

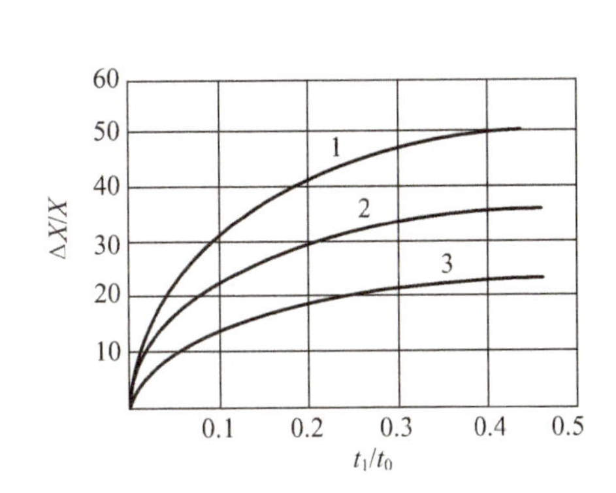

图 6-3　现有底排剂的性能

1—底阻降低 100%；2—底阻降低 75%；3—底阻降低 50%

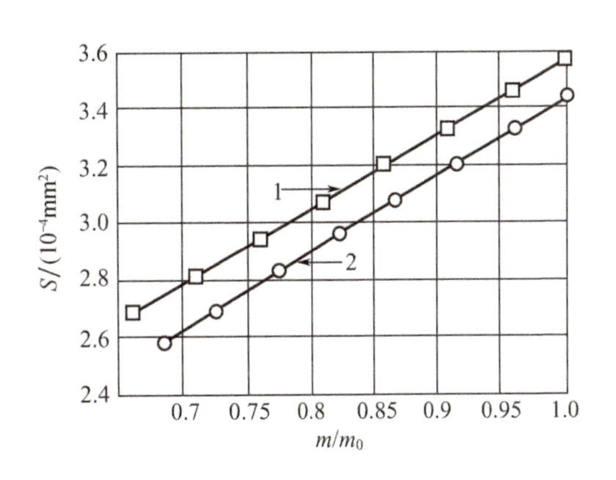

图 6-4　一种底排装置燃烧面积

1—优化底排剩余质量分数 m/m_0 与燃烧面积 S；2—圆柱形底排剩余质量分数 m/m_0 与燃烧面积 S

6.3　火箭增程与 VLAP 远程弹

增速远程弹（VLAP）是把底排装置与火箭发动机统一使用于 ERFB 弹的复合型远程弹（图 6-5），是近年来发展的新型弹种之一。

VLAP 弹的优点之一是能够获得远射程，VLAP 可以平衡火箭和底排两者的散布误差，使弹丸的散布性能达到可以接受的程度。

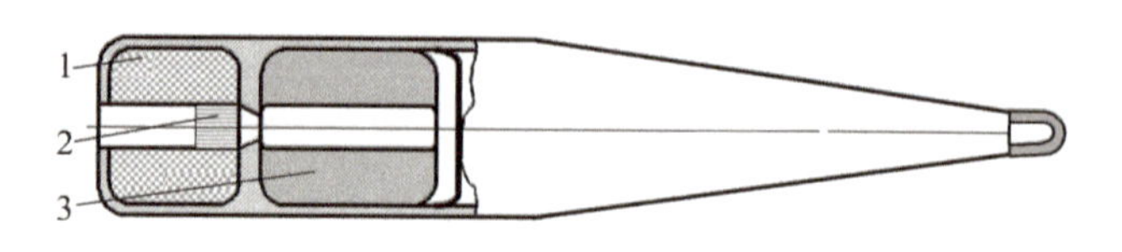

图 6-5 复合型远程弹

1—底排剂；2—底排点火具；3—推进剂

但 VLAP 弹的射程与威力有矛盾，部分炸药被火箭发动机和推进剂所替代，使 155 mm 火炮弹药的威力与 130 mm 火炮弹药的相当。另外，远射程和火箭的弹丸散布大，需要通过推进剂组分、点火延迟时间和推力持续时间的合理选定来解决。

图 6-6 是 VLAP 弹在飞行时间内的速度线，火箭发动机在 t_0 时间段完成点火、燃烧，直至燃烧完毕，弹丸获得最大速度。图 6-7 是 VLAP 推力持续时间与点火延迟的关系，图 6-7 表明，发动机的点火时间与推力的持续时间的偏差都影响最大射程。点火时间在 $t_1 \pm 2\delta t$ 区间内，推力持续时间在 $t_0 \pm \delta t$ 的区间内，VLAP 可以获得 50 km 的射程。

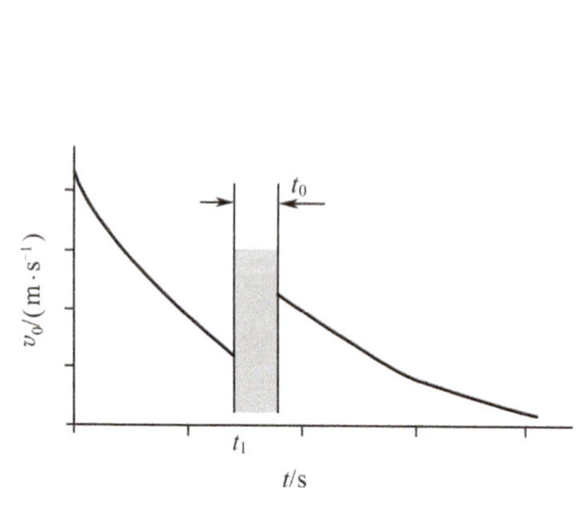

图 6-6 VLAP 弹的速度线

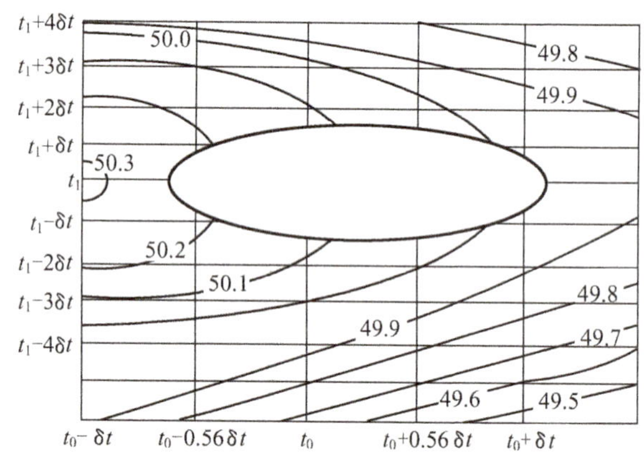

图 6-7 VLAP 推力持续时间与点火延迟

t_1—等点火时间延迟线；t_0—等推力时间延迟线

6.4 固体燃料冲压发动机装药

对固体燃料冲压火箭发动机助推弹丸的研究已进行多年，通过对该技术的应用，可以在弹道轨迹中的某一段时间内消除弹丸的阻力。将其应用于 155 mm 火炮，在 45 kg 弹丸、初速 900 m/s 的条件下，与标准弹相比，射程增加量达到 100%以上，如图 6-8 所示，底排弹丸的射程为 39 km，利用阻力消除 20 s 的冲压结构弹丸的射程可以达到 65 km。图 6-9 显示出某一时间内阻力为 0 的系统对风的敏感度，它与标准弹或底排弹比较，敏感度几乎降低 50%，即有很好的射击精度。

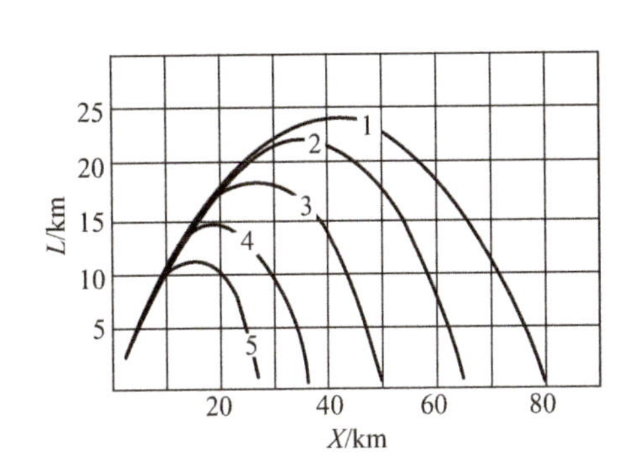

图 6-8 初速 900 m/s，不同选择的弹道轨迹

1—真空弹道轨迹；2—阻力消除 20 s 的冲压结构轨迹；

3—阻力消除 10 s 冲压结构弹轨迹；

4—底排弹弹道轨迹；5—标准弹弹道轨迹

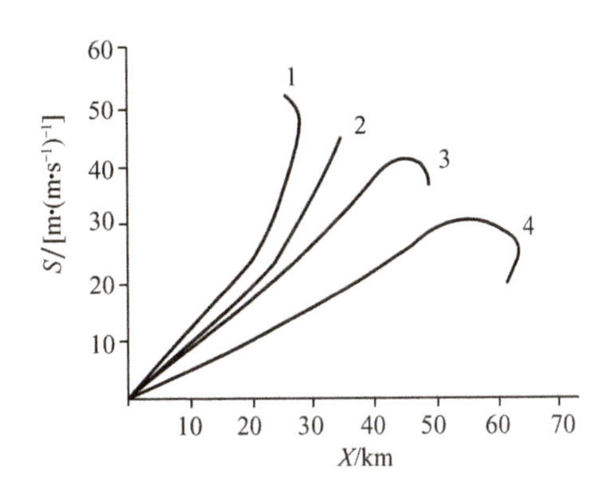

图 6-9 初速 900 m/s，不同选择对风的感度

1—标准弹对风的感度；2—底排弹对风的感度；

3—阻力消除 10 s 冲压弹对风的感度；

4—阻力消除 20 s 冲压弹对风的感度

6.5 减小弹道系数，提高射程

减小弹道系数即是减小空气阻力加速度，可以通过减小阻力系数和增大弹丸断面比重来达到。

① 减小阻力系数。弹丸飞行中受到的空气阻力有零攻角阻力和由攻角引起的诱导阻力。在亚声速条件下，零攻角阻力由摩擦阻力和底部阻力组成。在超声速条件下，除摩擦阻力和底部阻力外，还有波动阻力，而且它是总阻力的主要部分。

② 增大断面比重。增大断面比重是减小空气阻力加速度的方法之一，弹丸的断面比重越大，弹道系数越小，射程越远。采用大长细比的次口径弹和利用高重度材料，可增大断面比重。

本部分内容属外弹道学研究的内容，尽管此处叙述不多，但说明减小弹道系数是增大射程的有效方法。

6.6 增加射程技术的特点

G6-25-155 mm 火炮的最大射程是 64 km。如果以初速 900 m/s、弹丸质量 45 kg、射程为 39 km 有底排装置的全膛远程弹 ERFB-BB 为研究对象，将射程提高到 G6-25-155 mm 火炮的最大射程 64 km，观察各种增程方法所引发的其他结果，如飞行时间、产生偏差的敏感度、增加质量和/或提高装药的代价等，以比较各增程途径的特点。比较中选定：

增加初速的标准弹与已有标准弹比较，增加初速的底排弹与已有的底排弹比较；

初速大于 900 m/s，在弹道中，弹丸无阻力飞行 10 s 和 20 s（分别以 SFRJ/10 和 SFRJ/20 表示），该系统可能应用固体燃料冲压发动机（SFRJ）、超级底排装置或“外燃烧”装置；

火炮初速为 900 m/s 的有火箭（RAP）的助推弹和利用空气升力的飞行增程弹。

在飞行中无推进和无助推的弹丸质量不降低，其他弹丸质量减少 1.5 kg；在各种情况下，对一种弹的阻力系数 C_D 取等值，射角为 50°，初速为海平面的初速值。

外弹道过程是：火箭在发射后 6 s 点火，火箭工作过程 2 s，固体燃料冲压发动机和底排在炮口处立即启动，滑翔阶段是通过控制进入滑翔的时间来控制射程的变化。

基本弹道计算及其结果显示：

① 达到 65 km 的基本条件。标准弹的初速需要达到 1 345 m/s；底排弹的初速需要达到 1 185 m/s；总阻力完全消除 10 s 的 SFRJ 弹的初速应是 995 m/s；总阻力完全消除 20 s 的初速是 900 m/s；火箭助推的 RAP 弹的发动机总冲量需要 17 kN·s。

② 弹道轨迹。除非滑翔弹道，大多数弹道及飞行时间都是相似的（图 6-10、图 6-11）。因为发动机点火延迟，RAP 弹道轨迹比其他的轨迹稍低。

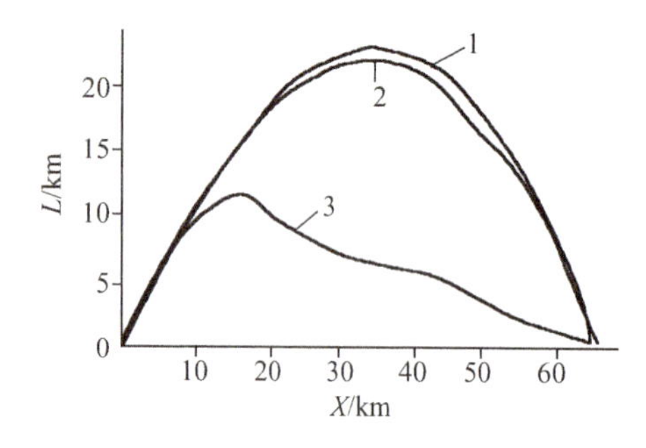

图 6-10　达到 65 km 的三种选择弹道轨迹

1—冲压弹 SFRJ 弹道轨迹；2—火箭弹弹道轨迹；3—利用升力滑翔弹道轨迹

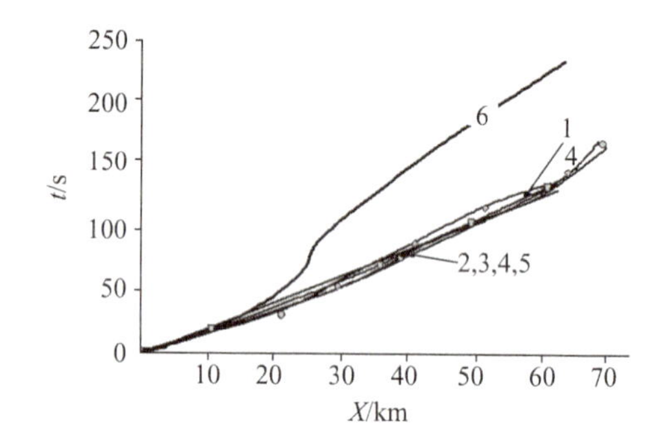

图 6-11　弹种、射程与飞行时间的关系

1—标准弹，v_0=1 345 m/s；2—底排弹，v_0=1 185 m/s；3—阻力消除 10 s SFRJ 弹，v_0=995 m/s；4—阻力消除 20 s SFRJ 弹，v_0=900 m/s；5—火箭弹，v_0=900 m/s；6—利用升力滑翔弹，v_0=900 m/s

③ 各方法对偏差的敏感性。影响偏差的参数有初速、纵向风与横向风、大气压力、弹丸质量和阻力系数 C_D。结果是：

利用升力的滑翔飞行，几乎总是对各种偏差都是最敏感的；

对初速偏差 C_{v_0}，冲压弹 TSFRJ 比标准弹 SDT 和底排弹 BB 有轻微的敏感（增加 30%～60%），RAP 处于中间（图 6-12）；

对风的偏差，TSFRJ 比 SDT 和 BB 的感度低，对纵向风阻力系数 C_{W1}、横向风阻力系数 C_{Wn} 和其他大气偏差，TSFRJ 都比 STD、BB 和 RAP 的感度低（图 6-13、图 6-14）。

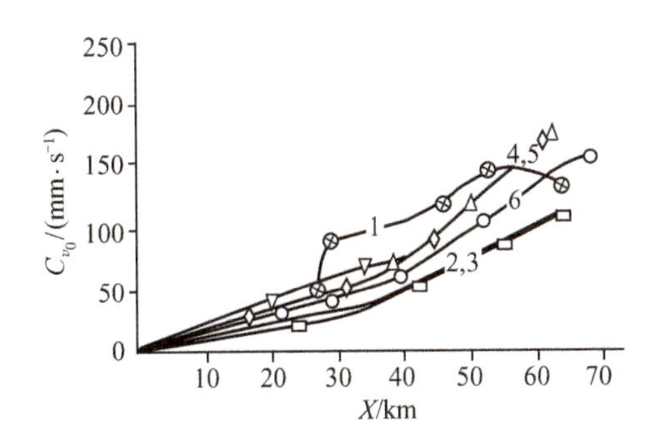

图 6-12　各种方案对初速偏差 C_{v_0} 的感度

1—利用升力滑翔弹，v_0=900 m/s；2—底排弹，v_0=1 185 m/s；3—标准弹，v_0=1 345 m/s；
4—阻力消除 10 s SFRJ 弹，v_0=995 m/s；5—阻力消除 20 s SFRJ 弹，v_0=900 m/s；
6—火箭弹，v_0=900 m/s

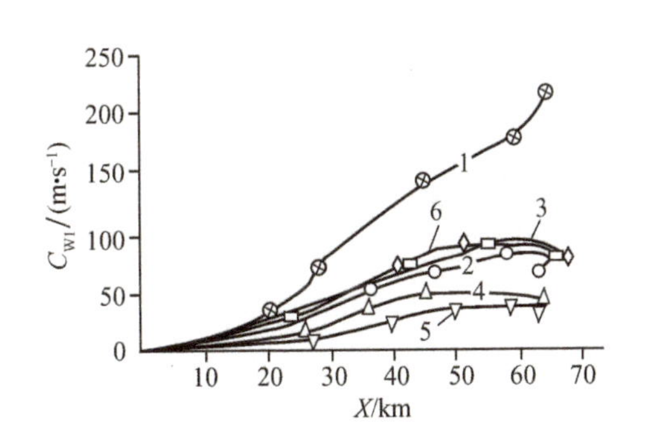

图 6-13　不同的选择方案，对纵向 C_{W1} 的感度

1—标准弹；2—底排弹；3—阻力消除 10 s 冲压结构弹；
4—阻力消除 20 s 的冲压结构弹；5—升力滑翔

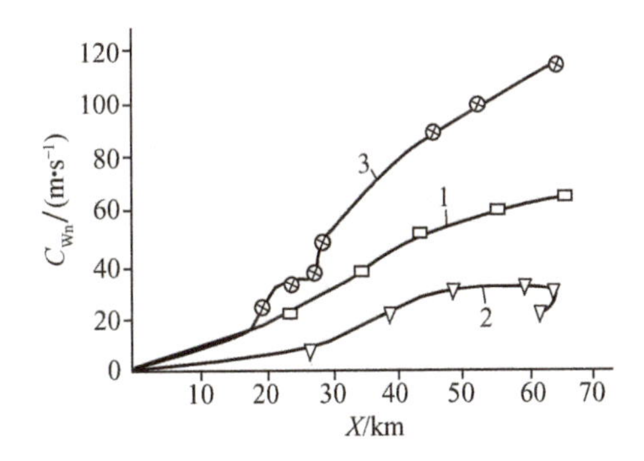

图 6-14　对横向风 C_{Wn} 的感度

1—标准弹；2—阻力消除 20 s 冲压弹；
3—升力滑翔弹

上述结果说明，用标准弹、底排弹或火箭增程弹的方法，将 155 mm 火炮的射程增加到 65 km 是可能的，但要使标准弹达到 1 345 m/s，底排弹达到 1 185 m/s 有困难。这几乎需要等于弹重的装药和相当长的身管。

如果用火箭发动机助推，不增加炮口速度，必须有 8 kg 的推进剂装药。

如果用 SFRJ 方案，需要有 2 kg 的固体燃料，该方案可能是较为复杂的方案。SFRJ 弹是对大气干扰不敏感的一种弹，只轻微地增加了对初速的敏感性。

6.7　超远程发射装药

超远程发射是身管武器发展标志性的成果。

超远程发射装药技术通常是由火炮发射、底排减阻、火箭助推、冲压发动机、弹道滑翔等技术组合而成的系统发射技术，是火炮发射、弹药、膛内和膛外装药技术的组合技术。

超远程火炮通过垂直或有一定射角的发射，将多项增程技术集于一体的弹药发射至同温层的高度，然后分别应用或组合应用底排减阻、火箭助推、冲压喷气、弹道滑翔等增程方式，如“火炮发射＋底排＋火箭增程”、“火炮发射＋滑翔增程”、“火炮发射＋冲压增程”、“火炮发射＋底排＋火箭增程＋滑翔增程”、“火炮发射＋冲压增程＋滑翔增程”的模式，实现对超远程大纵深的战场工事、坦克车辆、舰艇、船只以及参战人员等目标的精确打击。其弹药的射程有可能覆盖 40～400 km 的点、面目标。超远程推进装药技术是超远程发射系统的核心技术之一，包括提高发射初速的装药技术、火箭发动机装药技术、膛内膛外冲压发动机装药技术、底排装药技术等。这些技术集中体现当今国内外装药传统的和先进的技术和手段。

6.8 几项增程技术的基础与进展

6.8.1 弹尾排气增程装药技术

弹药的底排技术能够明显地增加火炮的射程，目前已经应用于武器。

现有的火炮系统，以射程远、高初速和高精度为追求的目标。实现这些目标可应用多种措施，大多数采用膛内的增速技术。但有的使用了膛外技术，或使用膛内外技术的组合技术。附设于弹底的气体发生器，即弹后底部排气装置，可以明显地减少弹底的阻力，增加武器的射程。

底排与火箭推进有原则性的差别。火箭是通过给定的冲量，形成速度的增量。底排是通过弹底排气，减少飞行阻力而增加射程。

底排装药的工作过程是：火炮射击时，底排剂在膛内被点燃，弹丸出炮口时，底排剂因环境压力降低而熄灭，但点火装置可以恢复底排剂的正常燃烧，生成的气体使弹丸飞行阻力降低。

1. 底排装药的效果和特性

① 可使弹底平均阻力减少 70%；

② 增加射程约 30%，如果对已有装备进行改造，一般可提高射程 15%～20%；

③ 可以减少弹丸达到目标所需要的时间；

④ 底排的效应将随弹丸初速的增加而增加；

⑤ 底排装置工作时，不影响弹丸飞行的稳定性；

⑥ 底排装置工作时间超过总飞行时间的 30%～40%时，射程不再增加；

⑦ 底排剂的燃烧面积、燃烧速度、装药量和质量流速是底排装置设计的重要参数。

2. 底部排气弹与火箭增程弹比较

① 在相同增程率的条件下，底部排气弹使用的药剂量要比火箭增程弹用的药剂量少，155 mm 底部排气弹，获得近 30％的增程率，需要 1.2～1.5 kg 的药剂量；火箭增程弹获得相同的增程率需 2.5～3.0 kg 的药剂量。底部排气弹与火箭增程弹药剂量和增程的关系如图 6-15 所示。

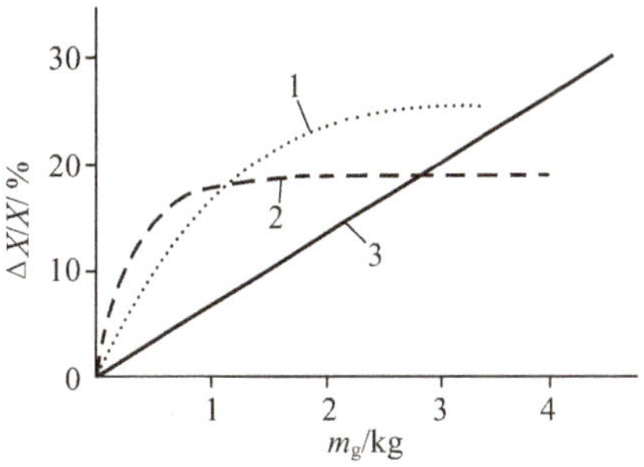

图 6-15　底部排气弹与火箭增程弹用药量与增程率的关系

1—船尾角 $\beta=6°$，有底部排气装置；2—$\beta=0°$，有底部排气装置；3—$\beta=6°$，有火箭增程装置

② 底排装置对炸药装药量的影响不大，一般不降低威力。某 155 mm 底部排气弹炸药装填量为 11.7 kg，与榴弹装填的炸药量相同。而同性能的火箭增程弹，能装填 8 kg 炸药，炸药量减少 30％。

③ 底部排气弹的射弹散布比火箭增程弹的小，密集度水平接近于普通弹的。火箭增程弹由火箭发动机引起的散布，密集度要比榴弹的差。

④ 底部排气弹的增程的效果虽然明显，但更多地，增加装药量时不再有增程的效果。由图 6-15 可见，当需要更远的射程时，还要依靠火箭助推。

3. 底排装置的装药计算

（1）底排装置燃气的排出过程

可以通过药剂的能量特性、燃烧特性、底排装置的几何尺寸、药柱的形状及药柱包覆等多种因素，控制底排装置工作过程中燃气质量排出率。

对底排装置燃气生成与流动过程进行简化的数学处理，有如下的假设：

① 在底排装置工作期间，燃气的化学组分与热力学特性保持不变；

② 燃气为理想气体；

③ 燃气在底排装置出口的流动为一维等熵定常流动。

即认为是理想气体的燃气，其流动过程为绝热可逆的过程，流动参数的变化是连续的，仅是截面位置的函数，而与时间无关，位于底排装置出口轴线的某一垂直截面上各点的流动参数值相同。

在这种条件下，给出描述一维等熵定常流特性的基本方程：

质量方程

$$\dot{m}=\rho_{\text{gas}}vS_{\text{gas}} \tag{6-2}$$

动量方程

$$\rho_{\text{gas}}v\mathrm{d}v+\mathrm{d}p=0 \tag{6-3}$$

能量方程

$$h+v^2/2=\text{常数} \tag{6-4}$$

$$h = \int_0^T c_p \mathrm{d}T \tag{6-5}$$

状态方程

$$p = \rho_{gas} RT / M_r \tag{6-6}$$

等熵方程

$$p / \rho_{gas}^{\gamma} = 常数 \tag{6-7}$$

等熵流动的燃气，在两种状态下的温度与压力的关系为

$$\frac{T_2}{T_1} = \left(\frac{p_2}{p_1}\right)^{\frac{\gamma-1}{\gamma}} \tag{6-8}$$

式（6-2）～式（6-8）中，$\dot{m}$ 为燃气的质量流率（单位时间内通过某一截面的燃气质量）；S_{gas} 为燃气通过的截面面积；ρ_{gas} 为某一截面的燃气密度；v 为某一截面的燃气流速；p 为某一截面的燃气压力；T 为燃气的温度；h 为燃气的物理焓；R 为摩尔气体常数；M_r 为燃气的平均相对分子质量；γ 为燃气的比热比或绝热指数，$\gamma = c_p / c_V$；c_p 为燃气的比定压热容；c_V 为燃气的比定容热容。

（2）一维等熵定常流的三种特殊状态

① 滞止状态。燃气的流速等于零时所对应的状态为滞止状态，滞止状态下的燃气温度和压力分别用 T_0 和 p_0 表示。

对应某一流速的状态与滞止状态在燃气的温度、压力上存在如下关系

$$\frac{T}{T_0} = \left(\frac{p}{p_0}\right)^{\frac{\gamma-1}{\gamma}} \tag{6-9}$$

可将底排装置内的燃气状态看成是滞止状态，即 $p_0 = p_{mot}$，$T_0 = T_{mot}$。

② 极限状态。当燃气的温度下降到零度热力学温度时，燃气的流速将达到最大值。燃气的此种流动状态称为极限状态。此时的燃气流速称为极限速度，记为 v_{max}。

$$v_{max} = \sqrt{2h_0} \tag{6-10}$$

③ 临界状态。燃气的流速等于当地声速时的状态称为燃气的临界状态。燃气在排气孔出口截面的流速，主要取决于底排装置内的压力 p_{mot}、排气孔的形状及排气孔出口截面周围环境的压力等因素。

临界状态下的燃气压力、流速和温度分别称为临界压力、临界速度和临界温度，分别记以 p^*、v^* 和 T^*。临界状态与滞止状态各参数之间的关系为

$$v^* = c^* = c_0 \sqrt{\frac{2}{\gamma+1}} = \sqrt{\frac{2\gamma RT_0}{\gamma+1}} \tag{6-11}$$

$$T^* = \frac{2}{\gamma+1} T_0 \tag{6-12}$$

$$p^* = p_0 \left(\frac{2}{\gamma+1}\right)^{\frac{\gamma}{\gamma-1}} \tag{6-13}$$

式中，p^* / p_0 称为临界压力比，在 $p^* / p_0 = \left(\frac{2}{\gamma+1}\right)^{\frac{\gamma}{\gamma-1}}$ 时，燃气流速将达到临界速度。

（3）底排装置燃气流亚声速排出条件

底部排气装置的燃气以亚声速流出是降低底阻的重要条件。排气孔出口截面处的燃气压力、温度、流速和马赫数分别用 p_e、T_e、v_e 和 Ma_e 表示，此处的燃气流为亚声速流，即 $Ma_e<1$。

控制出口截面处的燃气流速为亚声速，必须使该处的燃气压力 p_e 高于临界压 p^*，即

$$p_e > p^*$$

在亚声速条件下，$p_e=p_c$，所以

$$p_c > p^*$$

可得

$$p_e/p_0 > \left(\frac{2}{\gamma+1}\right)^{\frac{\gamma}{\gamma-1}} \tag{6-14}$$

该式既是保证燃气从排气孔流出为亚声速气流的条件，也是对底排装置内燃气压力 p_{mot}（看成为 p_0）的限制条件。

（4）底排药柱的燃速定律

根据几何燃烧定律，在 $\mathrm{d}t$ 时间内，药柱燃烧表面沿其法线方向推进距离 $\mathrm{d}e$，则 $\mathrm{d}e/\mathrm{d}t$ 为药柱的燃速，记为 r_p

$$r_p = \mathrm{d}e/\mathrm{d}t \tag{6-15}$$

底排剂的指数燃速定律

$$r_p = \mathrm{d}e/\mathrm{d}t = a^*(10.197)^n p_{mot}^n \tag{6-16}$$

或

$$r_p = \mathrm{d}e/\mathrm{d}t = a_0 + a^*(10.197)^n p_{mot}^n \tag{6-17}$$

式中，r_p 为药柱的法向燃速，mm/s；a、a_0 为燃速系数，mm/s；n 为燃速压力指数；p_{mot}为底排装置内压力，MPa。其中，a、a_0、n 由试验决定，它们与药剂的组成、温度和压力有关。

增加弹丸的转速，将使药柱的燃速增大。有底部排气装置的弹丸，弹丸转速使复合型药剂的燃速增加15%～25%，使烟火型药剂的燃速增加1～2倍。

弹丸旋转时底排剂的燃速用 γ_p'表示，其经验公式

$$\gamma_p' = \varepsilon r_p = \varepsilon a \times (10.197)^n p_{mot}^n \tag{6-18}$$

$$\varepsilon = 1.15 + 0.000\,9(k_D - 7)^{1.95}$$

$$k_D = S/S_e$$

式中，ε 为弹丸旋转时药柱燃速的修正系数；S 为药柱燃烧面积；S_e 为底排装置排气孔出口面积。

（5）底排装置的装药计算

底排装置的装药计算，主要目标是选定底排剂的类型，确定其形状、尺寸，以满足装置内压力、质量流率随时间变化规律，以及流出总时间等的要求。所用的方程有：

① 压力微分方程

$$\mathrm{d}p_{mot}/\mathrm{d}t=(Sr_p\delta-Sr_p\rho_{gas}-m')RT_{mot}/V \tag{6-19}$$

式中，m'为底排装置内燃气的质量流率；V为底排装置内燃气所占有的体积；S为某瞬时药柱的燃烧面积；r_p为该瞬时药柱的燃速；δ为药剂密度；ρ_{gas}为燃气密度。

② 药柱燃烧面积公式

$$S=S_{cv}+S_f \tag{6-20}$$

$$S_{cv}=S_{f0}(m_0-m_f)/m_0$$

式中，S为瞬时总燃烧面积；S_f为瞬时狭缝总燃烧面积；S_{cv}为内圆表面积；S_{f0}为狭缝起始总燃烧面积；m_0为药柱起始质量；m_f为t瞬时已烧掉的药剂质量。

③ 燃气所占有的体积公式

$$V=V_1-m_0/\delta+\int Sr_p\mathrm{d}t \tag{6-21}$$

式中，V为燃气所占有的容积；V_1为底排装置的容积；S为瞬时总燃烧面积；m_0为药柱起始质量；δ为药剂密度。

④ 燃气质量流率公式

$$\dot{m}=Ap_{mot}S_e/(RT_{mot})^{1/2} \tag{6-22}$$

$$A=\sqrt{\frac{2\gamma}{\gamma-1}}\cdot\sqrt{x_e^{2/\gamma}-x_e^{\frac{\gamma+1}{\gamma}}}$$

式中，$\dot{m}$为某瞬时燃气质量流率；S_e为排气孔出口截面积；x_e为压力比值，$x_e=p_e/p_{mot}$。

⑤ 燃速公式

$$r_p=\mathrm{d}e/\mathrm{d}t=a(10.197)^n p_{mot}^n \tag{6-23}$$

对于给定的底排剂、底排装置，a、n、δ、R、T_{mot}、V_1、S_e是已知的，通过上述方程式（6-19）～（6-23），可以选出合理的p_{mot}、$\dot{m}$随时间变化的规律与底排剂的面积S、初始质量m_0的关系，在此基础上，可以设计出底排剂的药型与尺寸。

根据流出口处亚声速的流速和弹道轨迹环境压力等条件，有一个合理的p_{mot}随时间变化的规律，在此基础上，也可以确定底排装置V_1、S_e和底排剂m_0、S等参数。

在解方程时，可以忽略ρ_{gas}项。

对于带有狭缝的、端面和外表面包覆的单孔药柱，可以用的燃烧面积公式为

$$S=2n[r(\pi/n-\theta)+(r_2+r_2^2-2rr_2\cos\beta)^{1/2}] \tag{6-24}$$

$$2r=2\int r_p\mathrm{d}t+r_1$$

$$2c=2\int r_p\mathrm{d}t+c_1$$

$$\theta_1=\arcsin(c/r_2)$$

$$\theta=\arcsin(c/r)$$

$$\beta=\theta_1-\theta$$

其中，S 为燃烧面积；n 为狭缝个数；$2r_1$ 为药柱内孔直径；$2c_1$ 为狭缝的起始宽度；$2r_2$ 为药柱外圆直径；$2r$ 为瞬间的内孔直径；$2c$ 为瞬间狭缝宽度。

（6）底排药柱参数对射程的影响

结合 155 mm K307-BB 弹讨论底排药柱参数与阻力系数和射程的关系，该弹是远程 ERFB 弹，用于 39 倍口径火炮的射程是 30 km，52 倍口径的射程 40.3 km。图 6-16 表示弹的结构，图 6-17 是底排药柱示意图。该弹底部排气孔直径 44 mm，底排剂的密度 1.509 g/cm^3，质量 1.45 kg，底排剂的燃速定律为：$r_p=1.1p^{0.7}$ mm/s。

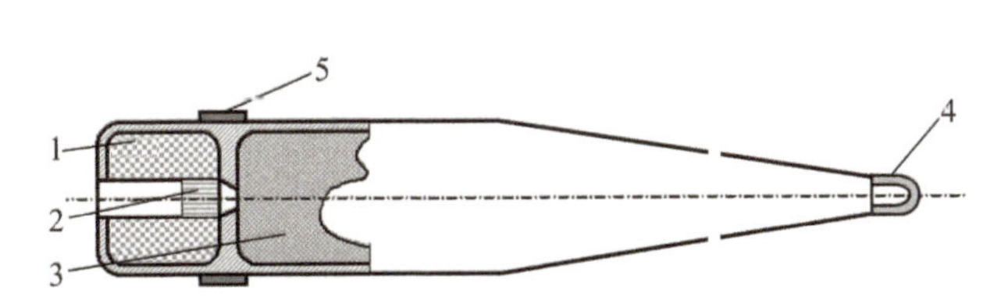

图 6-16　155 mm，K307-BB 底阻远程底部排气弹示意图

1—底排药柱；2—点火具；3—炸药；4—吊钩；5—弹带

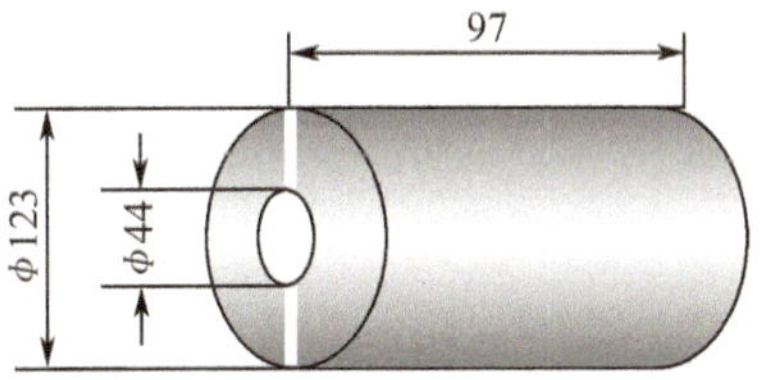

97
ϕ123
ϕ44

图 6-17　K307-BB 底排药柱

设定初速为 900 m/s，射角 50°，弹质量 46.5 kg。变量是底排剂在 0.1 MPa 下的燃速、压力指数、底排剂药柱的块数和长度。在弹丸旋转情况下，底排药柱的燃速修正值 ε 为：

对于圆柱面积

$$\varepsilon=1.187+1.9768^{*}\times10^{-3}r+1.2485^{*}\times10^{-7}r^2$$

式中，r 为转速。

对于狭缝表面，$\varepsilon=1.187$。

底排弹的总阻力系数 C_D 为

$$C_D=C_{D0}-C_{RED}C_{Db}$$

式中，C_{Db} 为底阻系数；C_{RED} 是底阻降因子；C_D 是马赫数与质量流率的函数（图 6-18）。

（7）数值模拟的结果

① 底排药柱块数、压力指数、燃速与射程。

图 6-19 所示为 2 块底排药柱、3 种不同的压力指数 n 的条件下，0.1 MPa 下燃速与射程的关系。

对于一定的压力指数，射程随燃速增加而增加，到最大值后下降。高压力指数、燃速在升高的过程中，出现最大射程。压力指数从 0.6 变化到 0.8，射程从 40.6 km 增加到 41 km。

图 6-20 是对 3 块底排药柱、3 种压力指数情况下的射程与 0.1 MPa 下燃速的关系，图

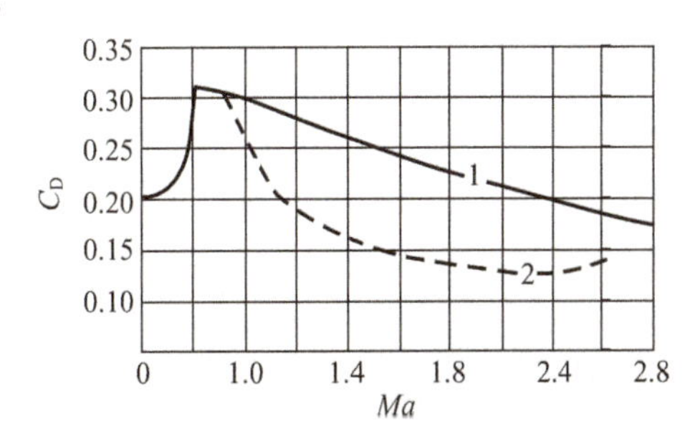

图 6-18　K307-BB 弹的总阻力系数与飞行马赫数

1—无底排装置线；2—有底排装置线

6-20 与图 6-19 的曲线相似。压力指数为 0.7，药柱块数由 2 增加到 3 时，最大射程由 40.87 km 增加到 41.08 km。

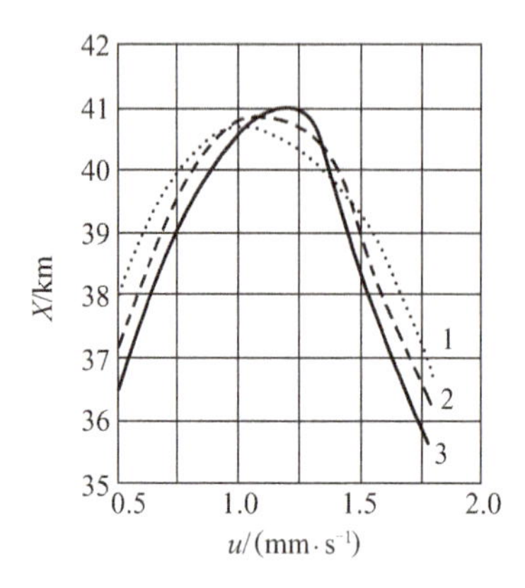

图 6-19　2 个底排药柱的射程与底排剂燃速

1—压力指数 $n=0.6$；2—压力指数 $n=0.7$；3—压力指数 $n=0.8$

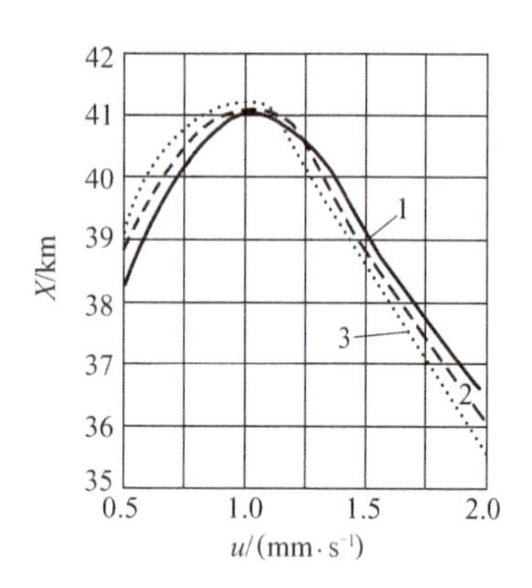

图 6-20　3 个底排药柱的射程与底排剂燃速

1—压力指数 $n=0.6$；2—压力指数 $n=0.7$；3—压力指数 $n=0.8$

在药柱块数增加时，药柱燃烧面积也增加，这是对低燃速的补偿。

② 底排药柱长度、燃烧时间与射程。

图 6-21 显示了射程、燃烧时间与药柱长度的关系。由图 6-21 可以看出，开始随着底排长度的增加，由于燃烧气体流出率的增加，射程增加，长度达到 120 mm，射程达到最大值，随着长度的进一步增加，引起燃烧压力增加，燃速加快，总的燃烧时间减小，射程开始下降。在药柱长 120 mm 时，总的飞行燃烧时间为 31.4 s。

图 6-22 显示了最大射程、适合的燃速与药柱长度的关系。当长度由 80 mm 增加到 130 mm 时，射程由 40.25 km 增加到 41.6 km，与此同时，适合的燃速由 1.25 mm/s 降到 0.92 mm/s。

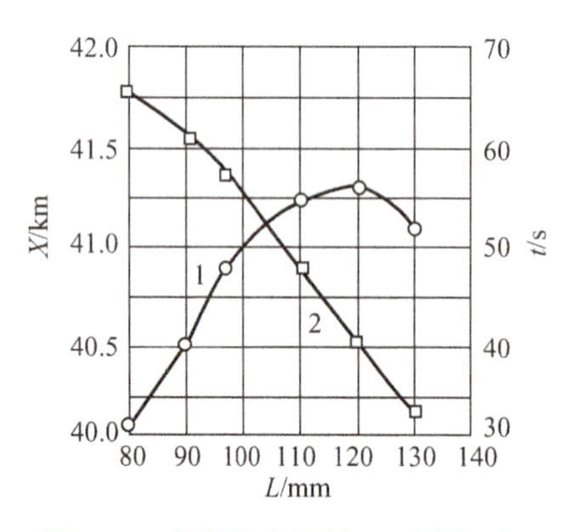

图 6-21　药柱长度与射程和燃烧时间

1—底排药柱长度与射程；2—底排药柱长度与燃烧时间

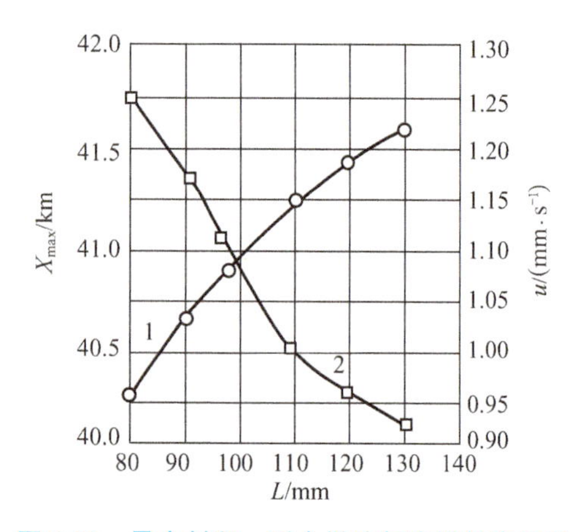

图 6-22　最大射程、适合燃速与底排长度关系

1—最大射程与底排药柱长度的关系；2—适合的燃速与底排药柱长度的关系

③ 试验验证。

根据上述规律选定的底排药柱，其压力指数是 0.7，药柱长度 97 mm，在 21 ℃和环境压力下，燃速 1.1 mm/s，用 2 块底排剂药柱。

射击试验验证，和无底排装置相比，底阻降低 60%～80%，射程增加 26%～35%，飞行的燃烧时间是 65 s，在初速 910 m/s 时，射程大于 40 km。

从模拟分析和试验验证的结果可以看出，当底排剂的压力指数增加时，最大射程也增加，不同的压力指数有最适宜的燃速，最佳燃速随压力指数增加而增加。药柱块数虽有变化，压力指数与射程的关系仍大致相似，药柱长度变化时，最佳的燃速也在变化。

6.8.2　利用升力增加炮弹的射程

增加弹丸射程的通用方法是降低阻力或提高炮口动能。应用作用于弹丸的升力是增加射程的另一种途径，方法是使飞行的弹丸有一个向上的攻角。一种有纺形外壳的新结构弹形，它利用升力增加射程，在弹质心偏下的部位有倾斜的提升面，弹的尾部有控制舵。

设计的纺形弹，在其弹道轨迹的大部分时间里都处于有攻角的飞行状态，角的方位和大小取决于空气动力矩，并用此力矩来控制攻角。为了得到用升力增加射程的现实途径，对于理想的、有与没有升力面的弹丸，用 3D Navier-Stokes 模型进行了空气动力系数的计算和比较。研究的三种结构，是由尖拱顶、圆柱体、船尾三部分组成的参考模型弹和用于研究升力的两种模型弹。研究表明，40 km 和大于 40 km 的射程，能够用 155 mm火炮在原有的初速射击下获得。

1. 升力

弹的总攻角 α 是弹的纵轴 X 和平行于轨迹切线的速度矢量 $\boldsymbol{t}$ 的夹角（图 6-23）。空气动力 $\boldsymbol{R}$ 作用在弹的压力中心 X_{cp} 部位，$\boldsymbol{R}$ 可以分解为平行于速度的分力 D（阻力）和垂直于速度的分力 L（升力）。

如果是小的攻角（$\sin\alpha$ 近似等于 α，$\alpha<10°$），升力系数 C_L 与升力系数斜率是直线关系。

假定小攻角的阻力保持为常量，L/D 比值的增加与攻角呈直线关系。阻力面的方位由 X 和 $\boldsymbol{t}$ 这两个量确定。图 6-23 的阻力面是垂直的，升力方向向上。

对海平面速度为 250 m/s 的升力的估算显示：小角度的攻角，升力能补偿作用在 155 mm 弹体上的重力。在亚声速域，补偿重力的升力的应用可以得到增加射程的效果。

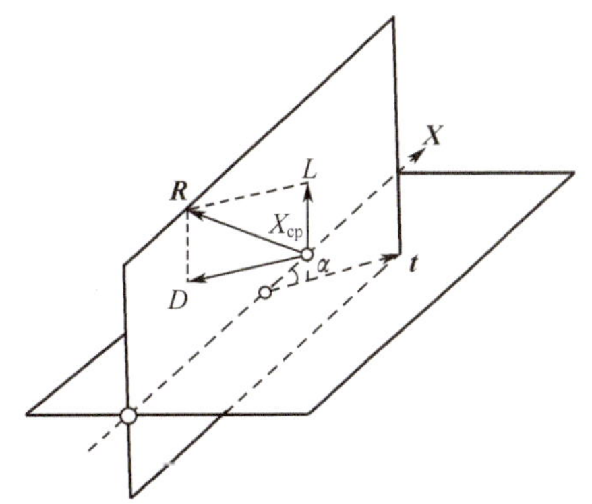

图 6-23　升力与阻力

D—阻力面；L—升力

2. 计算流体动力学（CFD）分析

CFD 软件可用于计算空气动力系数，L/D 是升力与阻力之比，L/D 将用于估算带有升力面的弹体的飞行特征。图 6-24 显示研究用的三种结构：参考模型 A 和有升力面的两种弹模型 B_1、B_2。

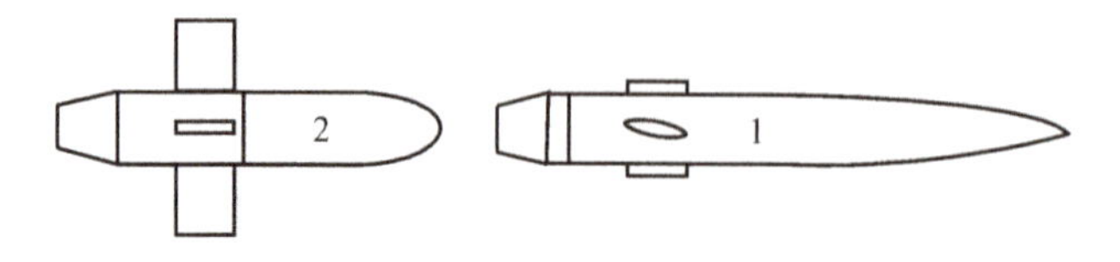

图 6-24 模型 A 和 B_1、B_2 的计算模型尺寸（以口径为单位）

1—与军用弹 M549 相似的理想化弹丸模型 A；2—翼长 1.0 倍口径 B_1 和 1.5 倍口径 B_2 有翼弹

模型 A 是一个与军用弹 M549 相似的理想化弹丸模型，B_1 和 B_2 与 A 基本相似，但在质心周围有 4 个不倾斜的矩形翼，翼的断面呈双凸面形，矩形翼的长度是 1.0 倍口径（B_1）和 1.5 倍口径（B_2），矩形翼的宽度都是 1/2 倍口径。

（1）对流场进行数值模拟的结果

对流场进行数值模拟的结果如图 6-25～图 6-28 所示。

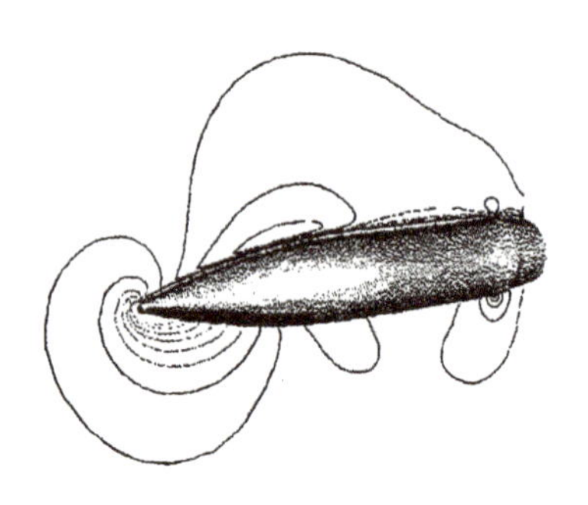

图 6-25 等马赫数和模型 A 静壁压分布

（Ma=0.5，α=10°）

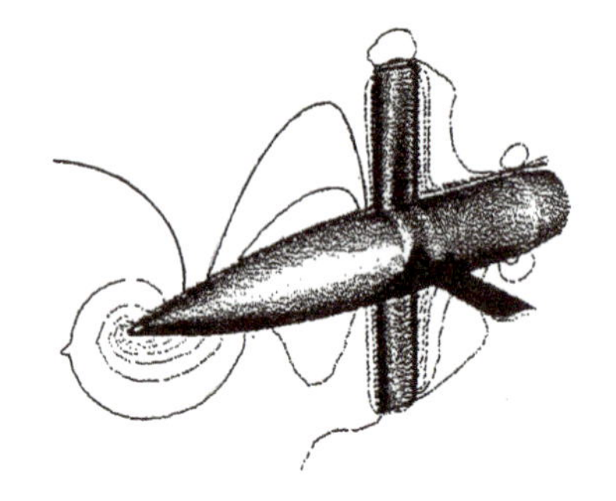

图 6-26 等马赫数和模型 B_2 静壁压分布

（Ma=0.5，α=9°）

（2）模型弹壁压的分布

图 6-25、图 6-26 描述了 A 和 B_2 在等马赫数条件下的壁压分布情况。此处马赫数 Ma=0.5，模型弹 A 和 B_2 的攻角分别为 10°和 9°。由图可以观察到背风侧和迎风侧之间的流场的不对称性。对模型弹 A 和 B_2，攻角为 6°的条件下，用图 6-27、图 6-28 分别描述了其压力系数沿弹丸纵向的分布情况。在尖顶拱、圆柱体、船尾部，以及翼端部出现不连续的分布，显示了膨胀与再压缩的状态。

（3）作用在本体上的力和力矩

表 6-3 是计算的某些空气动力学系数，C_A 是总的轴向力系数，由 C_f 加 C_b 得到。C_f 代表弹体前部轴向力系数，C_b 代表底阻值。

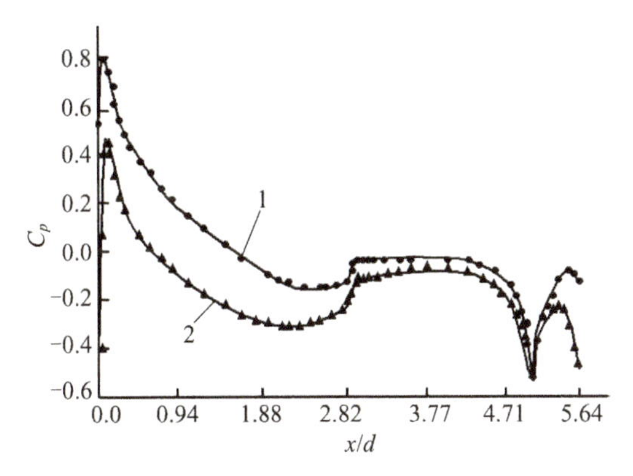

图 6-27　模型 A 的纵向面压力系数的分布
（Ma=0.5，α=6°）
1—迎风面；2—背风面

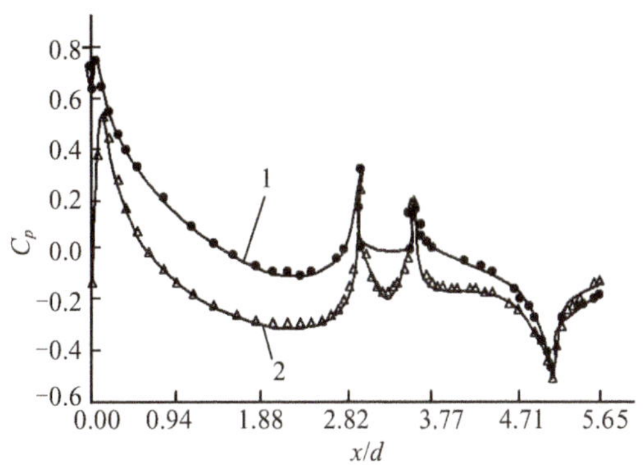

图 6-28　模型 B_2 的纵向面压力系数的分布
（Ma=0.5，α=6°）
1—迎风面；2—背风面

表 6-3　CFD 空气动力系数

系数 模型	α/（°）	C_f	C_A	C_N	C_{N_a}	C_D	C_L	L/D
A	0	0.095	0.152	—	—	0.152	—	—
	1	0.096	0.152	0.041	2.349	0.153	0.038	0.252
	3	0.097	0.153	0.121	2.311	0.159	0.133	0.708
	6	0.091	0.149	0.245	2.340	0.173	0.228	1.313
	10	0.075	0.139	0.417	2.389	0.209	0.386	1.847
B_1	0	0.141	0.188	—	—	0.188	—	—
	1	0.131	0.179	0.196	10.85	0.182	0.193	1.057
	3	0.125	0.174	0.568	10.45	0.203	0.558	2.743
	6	0.106	0.160	1.094	10.45	0.297	1.071	3.916
	8	0.098	0.150	1.390	9.95	0.342	1.356	3.928
	10	0.114	0.166	1.641	9.25	0.444	1.561	3.517
B_2	0	0.208	0.246	—	—	—	—	—
	1	0.185	0.226	0.309	17.70	0.231	0.305	1.32
	3	0.163	0.206	0.861	16.62	0.251	0.849	3.39
	5	0.149	0.194	1.419	15.75	0.313	1.374	4.32
	6	0.143	0.189	1.662	15.40	0.362	1.673	4.88
	7	0.138	0.185	1.848	15.13	0.409	1.812	4.43
	9	0.121	0.171	2.143	13.64	0.504	2.090	4.14

图 6-29 是攻角与阻力系数 C_D 的关系。在所有的情况下，C_D 是随攻角而增加的，

然而 C_A 是降低的，模型弹 B_2 有较高的阻力，而模型弹 A 阻力最低。

图 6-30 是法向力的导数与攻角的关系图。

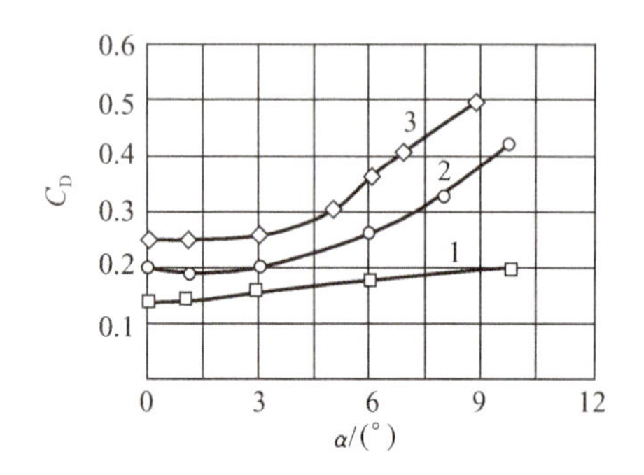

图 6-29　阻力系数 C_D 与攻角的关系

1—模型 A；2—模型 B_1；3—模型 B_2

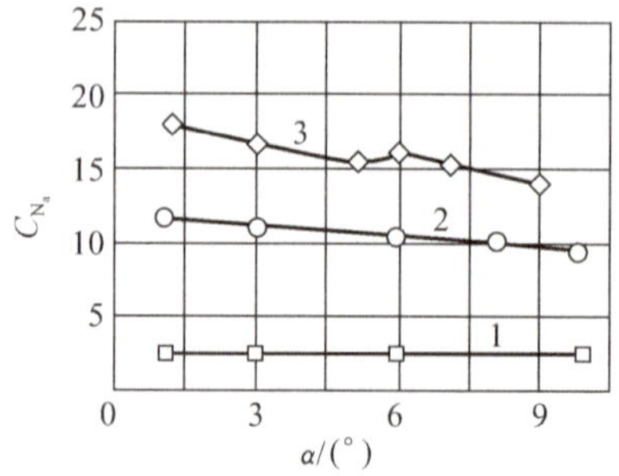

图 6-30　法向力系数导数 C_{N_a} 与攻角的关系

1—模型 A；2—模型 B_1；3—模型 B_2

C_N 和 C_{N_a} 是法向力系数和它的导数，对于模型 A，C_N 的增加是很慢的，然而 C_{N_a} 保持常量。对于模型 B_1 和 B_2，通过 C_N 随攻角的快速增加，清楚地指明了升力面的效果。

对于模型 B_1，$\alpha<6°$，C_{N_a} 几乎是常量。随着攻角的增加，翼将逐步失去效率，于是 C_{N_a} 随之缓慢降低。这可以通过下述事实得到解释：对于 $\alpha>7°$，流体在本体圆柱中央部位与翼的结合处的横向翼（侧翼）背风侧开始分离。对于 B_2，C_{N_a} 随着攻角的增加而降低。这种结构，在 $\alpha=6°$就出现流的分离。对于模型 A，试验与计算结果比较说明，计算能有满意的结果。

升力阻力比 L/D 或空气动力学效率是由升力系数 C_L 与阻力系数 C_D 之比确定的

$$C_L = C_N\cos\alpha - C_A\sin\alpha$$

$$C_D = C_N\sin\alpha + C_A\cos\alpha$$

图 6-31 显示 3 个模型的 L/D 随 α 的变化，也清楚地表明了升力面的影响。对于 A，

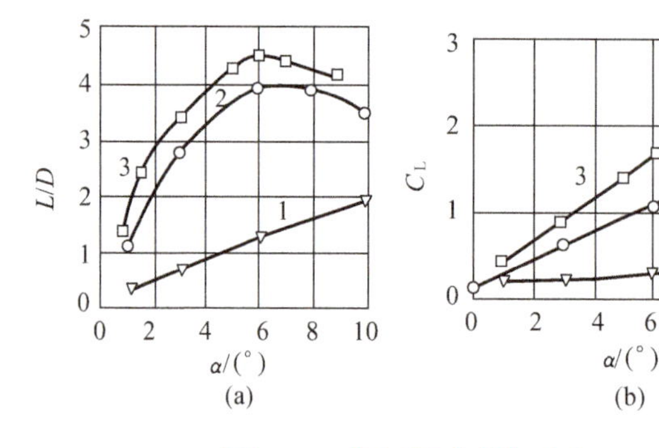

图 6-31　升力/阻力比与攻角

(a) 1—模型 A（L/D）；2—模型 B_1（L/D）；3—模型 B_2（L/D）

(b) 1—模型 A（C_L）；2—模型 B_1（C_L）；3—模型 B_2（C_L）

L/D 随 α 缓慢增加；然而 B_1 和 B_2，在再次下降之前，L/D 在 $0° < \alpha < 6°$ 之间较快达到最大值，分别为 4.0 和 4.5，并且在较低的攻角处出现。对于 L/D 最大值，有翼模型的比模型 A 的高近 3 倍。

3. 飞行动力学

现对 155 mm 弹体进行初步的飞行动力学分析，目的是了解弹的特征和带有上攻角的弹的飞行条件。

有两种弹：有升力的模型弹（155P）和空气动力学优化的底排弹，图 6-32 中标明了这两种弹的示意图。根据 6DOF 数学模型的计算结果，图 6-33 对它们的弹道轨迹和飞行时间进行了比较，155P 的初速是底排弹的 1/2，但飞行时间多一倍。总攻角是上导向，在初速微高于 100 m/s 时，为了有充分的升力，总攻角增加到 18°。18°的攻角状态，升力与阻力之比是 8。

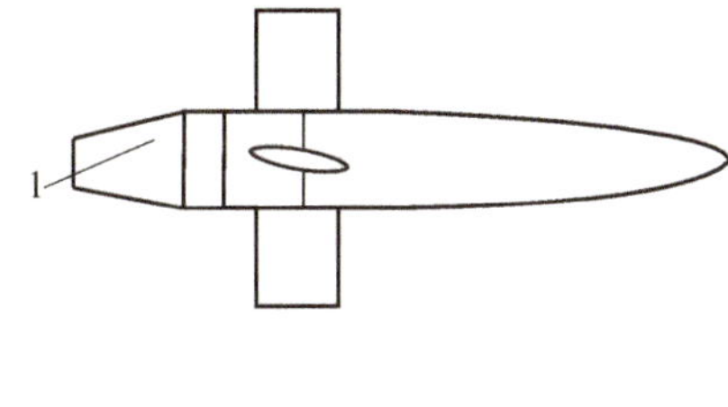

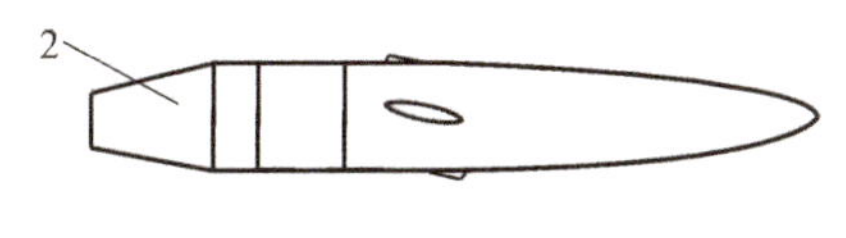

图 6-32　弹的示意图

1—155P 有翼弹；2—155BB 底排弹

用 6DOF 对模型 B_1 进行模拟计算。按正常的射击，33 s 之后弹进入亚声速区域，翼大约在 5 s 时间内缓慢地展开。倾斜 7°的翼使转速保持近 300 rad/s。攻角虽然是震荡的，但综合的结果是得到一个向上的倾角，此角为 5°～10°，并保持数值近于 4 的最好升力与阻力的比值。

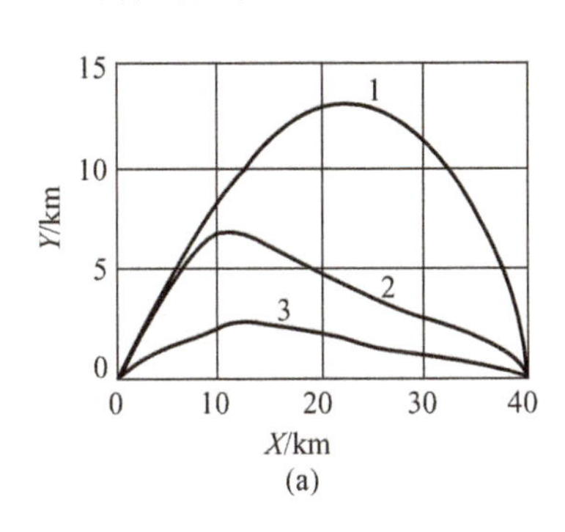

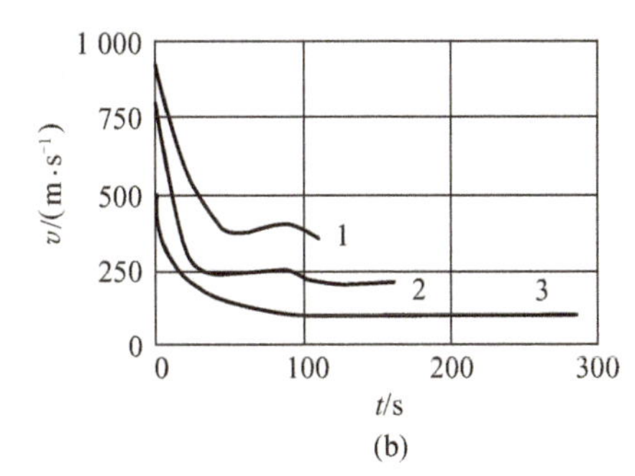

图 6-33　弹的轨迹与飞行时间

（a）1—155BB 飞行轨迹；2—155B_1 飞行轨迹；3—155P 飞行轨迹

（b）1—155BB 飞行时间；2—155B_1 飞行时间；3—155P 飞行时间

压力中心的移位可以通过弹后部的舵来控制，纵向加速度高于 15 m/s^2，舵即发挥作用，使俯仰力矩的斜率在±0.8 之间变化。

图 6-33 所示的轨迹显示：对于 155B_1，达到 40 km 射程，需要的初速是 800 m/s；对于 155P，初速 450 m/s 的射程可以达到 40 km。

上述结果指出，有升力面的弹的一些空气动力特性，计算是在马赫数为 0.5、攻角变化范围 1°～10°的条件下进行的。结果显示，升力面在低的攻角下可以产生高的 L/D

比值，因此可以增加弹丸的射程。

6.8.3 膛内、外冲压推进技术

1. 膛外冲压推进技术

现在巡航式滑翔增程弹药的缺点是飞行速度低，一般巡航速度为 0.7*Ma*～0.8*Ma*，易受反导弹的中途拦截。因此，各国非常重视超声速巡航飞行弹药的研制。超声速冲压发动机技术的发展为超远程武器的发展提供了条件。与火箭发动机相比，冲压发动机比冲更大、效率更高。飞行速度超过 1.5*Ma* 后，涡喷发动机的性能及工作效率低于冲压发动机的。因此，冲压发动机是超声速远程弹丸的最佳动力系统。

超燃冲压发动机助推炮弹是采用冲压发动机技术的最典型的炮射远程弹药，它具有射程远、飞行时间短、突防能力强的优点。正在研究的炮弹直径有 127 mm、155 mm、178 mm 和 245 mm 等几种型号，可以用常规的和垂直的发射方式发射。研制中的 127 mm 和 155 mm 炮弹用固体冲压发动机/超燃冲压发动机推进，可以加速到 4.5*Ma* 的飞行速度，采用 EX-171 制式的制导系统控制飞行。

1995 以来，瑞典与荷兰共同进行了由固体燃料冲压发动机（SFRJ）推进的弹丸的研究。研究内容包括空气动力学、燃烧室、喷管性能、弹丸性能的预测、机械设计和 SFRJ 翼稳定弹丸火炮系统。进行的飞行试验显示：利用 SFRJ 可以使弹丸获得一个等于空气阻力的推力，使弹丸保持一定飞行速度。

南非 Somchem 研究固体燃料冲压发动机推进和冲压火箭复合推进，开始在 76 mm 滑膛炮动能穿甲弹上进行。后集中在旋转稳定的155 mm 弹丸上进行研究，以增加 155 mm 火炮弹丸射程的能力。在概念研究阶段，研究内容有结构设计、推进和空气动力。

（1）弹的结构选择

考虑了两种弹的结构：一种是中心有效载荷（如炸药），一种是环形有效载荷。中心载荷需要径向支撑网，它有一个小而轻的进气口锥形分散体。作用在支撑网上的力包括轴向、旋转、侧向加速以及振动等。环形结构的弹有固有的厚度，转动惯量大，稳定性好。

南非分析了旋转稳定的 155 mm 炮弹，弹前方有轴对称入口，有穿过环形头部至冲压发动机的管道和固体燃料冲压发动机燃烧室。发射装药提供的初速定为 900 m/s。图 6-34所示是冲压弹丸结构，其轴对称的入口直径是 84.2 mm，弹丸发射速度是 900 m/s。用等熵锥体、更强的内压缩，以及更有效的扩散体，可以改进回压。

固体燃料推进剂药柱是 HTPB 基推进剂，配方中有增强纤维，含金属粉，药柱能承受严格的发射过载。

轴对称入口的优化是通过流场分析和风洞试验进行的。入口是以不同马赫数的回压-流率关系为特征。在全流条件下的最大压力恢复、临界点以及嗡鸣界限等特征由风洞试验确定。

该结构在冲压期间的外部阻力有波阻、摩擦阻力、底部和口部附加阻力的分力（图 6-35）。

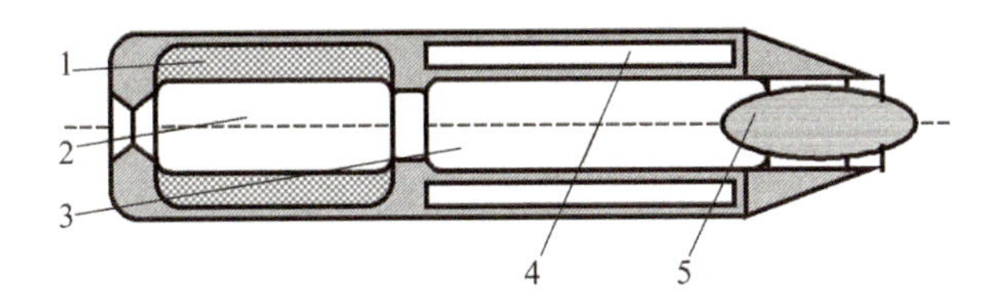

图 6-34　冲压弹丸结构

1—固体燃料推进剂；2—固体燃料冲压发动机燃烧室；3—空气流；4—环形部，炸药装药室；5—入口锥

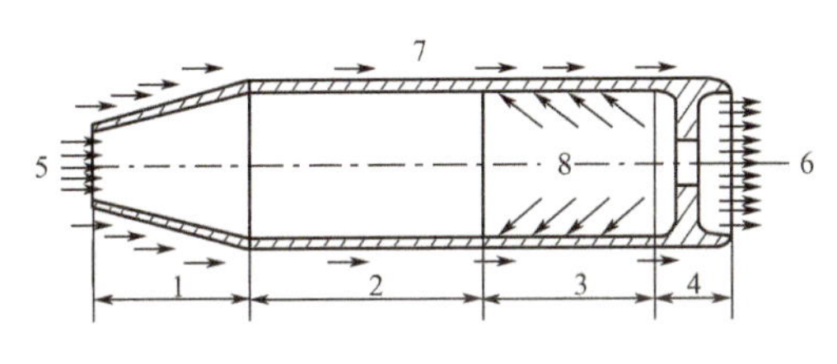

图 6-35　轴向受力

1—入口；2—流道；3—燃烧室；4—喷口；5—入口流推力；6—出口推力；7—外阻力；8—传热

（2）数值模拟

研究中用 RP5 编码和超声速燃料衰减速度测量技术描述了作为燃烧时间函数的燃料衰减速度、总温度和空气进入燃烧室的压力（图 6-36）。

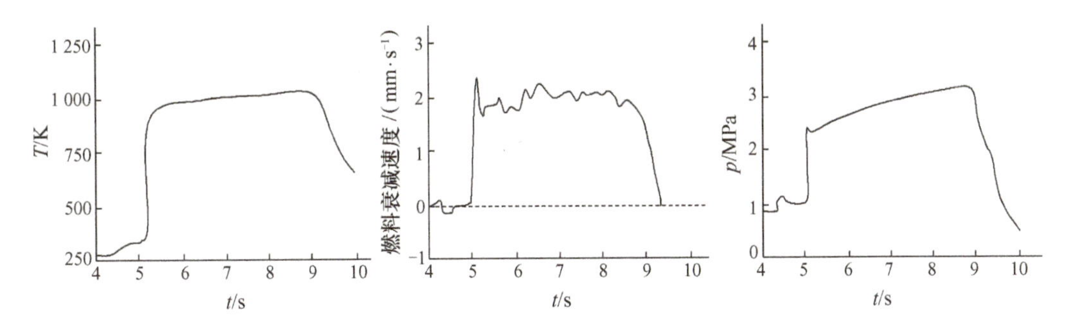

图 6-36　燃烧时间与总（达到）的温度、燃料衰减速度、燃烧室压力的关系

回压（背压）是燃料流速、空气流速和空气温度的函数，燃烧室应能快速释放推力和产生需要的回压。

$$p_{02} = A_1 + B_1\dot{m}_f + C_1\dot{m}_f^2 + D_1\dot{m}_a + E_1\dot{m}_a^2 + F_1T_{02} \tag{6-25}$$

$$F_{exit} = A_2 + B_2\dot{m}_f + C_2\dot{m}_f^2 + D_2\dot{m}_a + E_2\dot{m}_a^2 + F_2T_{02} \tag{6-26}$$

式中，p_{02} 为入口面总压强；$\dot{m}_f$ 为燃料质量流速；$\dot{m}_a$ 为空气质量流速；T_{02} 为入口面达到的温度；F_{exit} 为在喷管出口处的推力。

用燃烧编码和静态燃烧试验得到图 6-37 所示的规律，显示 p_{02} 强烈地依赖于 $\dot{m}_a$，较少地依赖于 $\dot{m}_f$。T_{02} 对 p_{02} 的影响是轻微的。图中上网的 $T_{02}=700$ K，下网的 $T_{02}=590$ K。

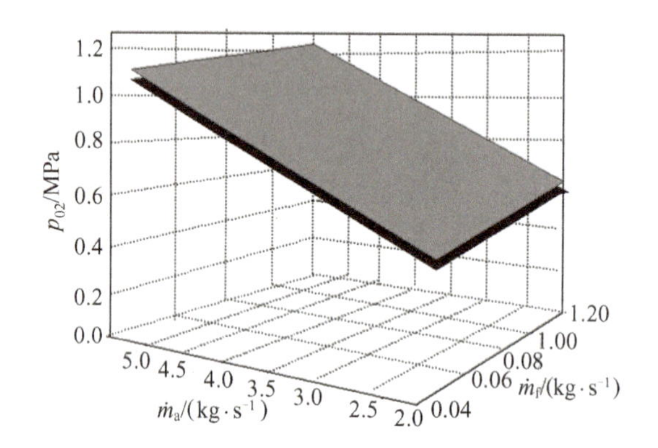

图 6-37 燃烧室性能（p_{02}-$\dot{m}_f$-$\dot{m}_a$）拟合曲线

利用已知的 $\dot{m}_a$、$\dot{m}_f$ 和 T_{02} 由方程式（6-25）计算 p_{02}。

F_{exit} 由式（6-26）计算，并按基础参考压力和飞行环境压力的差别进行修正。入口推力 F_{inl} 计算式

$$F_{inl}=(p_{inl}-p_{amb})A_{inl}+\dot{m}_a v\cos\alpha \tag{6-27}$$

实际推力 $F_{net}=F_{exit}-F_{inl}$。v 是飞行速度。

燃烧完的发动机惯性飞行阻力是相当高的。利用已知的推力和阻力可完成弹道计算。

（3）静止燃烧推进试验

南非用于确定 SFRJ 推进系统特征的测试硬件是模块式的，它能变化燃烧室的结构，如调节端口直径、喷口出口直径、船尾混合室长度等。表 6-4 给出了试验条件、计算和试验的结果。

表 6-4 试验条件及其计算和试验的结果

试验序号	1	2	3	4	5	6
T_{t0}/K	705	676	528	691	587	584
$\dot{m}_a$/（kg·s^{-1}）	5.240	1.371	5.246	3.482	5.277	5.335
$\dot{m}_f$/（kg·s^{-1}）	0.083	0.044	0.071	0.069	0.076	0.079
A/F	62.9	30.8	73.8	50.6	69.3	67.5
r_b/（mm·s^{-1}）	0.901	0.467	0.744	0.699	0.780	0.808
m_s/kg	0.075	0.038	0.129	0.068	0.117	0.148

试验 1 号、5 号、3 号，当滞止温度 T_{t0} 从 705 K 降低到 528 K 时，$\dot{m}_a$ 保持为常量。结果指出，在所述的范围内，T_{t0} 对 r_b 的变化不敏感。

试验 6 号为无燃料混合室，5 号、6 号的其他试验条件相似。说明了混合室对燃烧效果的影响。

$\dot{m}_f = f(t)$ 的近似值，是燃速 $r_b = f(t)$ 的平均值，是由 $p_{02} = f(t)$ 积分而来的。

图 6-38 是在燃料端口直径 d_p 一定的情况下，燃料燃速 r_b 与滞止温度 T_{t0} 和燃料质量流率 $\dot{m}_f$ 的关系。结果表明，在滞止温度范围 675 K$<T_{t0}<$705 K，质量流范围 1.37 kg/s$<\dot{m}_a<$5.24 kg/s 时，$\dot{m}_f$ 及燃料燃速 r_b 和燃烧时间强烈地依赖于 $\dot{m}_a$；T_{t0} 对 $\dot{m}_f$ 的影响效果不明显。试验燃料剩余的质量为 1.7%～6.5%。

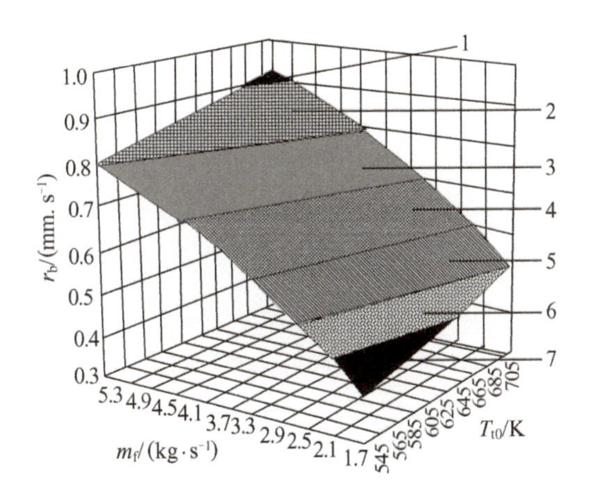

图 6-38　d_p 一定时，燃料燃速 r_b 与滞止温度 T_{t0} 和燃料质量流率 $\dot{m}_f$ 的关系

1—r_b 0.9～1.0；2—r_b 0.8～0.9；3—r_b 0.7～0.8；4—r_b 0.6～0.7；5—r_b 0.5～0.6；6—r_b 0.4～0.5；7—r_b 0.3～0.4

（4）弹道分析

用弹道模型计算在每一个时间段的冲压推力，并融入炮弹的模拟系统。

弹道计算显示，155 mm 弹丸在海平面射程可能达到 75 km，这需要 1.65 kg 冲压推进剂，燃烧 20 s，比冲峰值约为 12 300 N · s/kg。如果考虑实际燃烧药柱尺寸和 SFRJ 推进剂的密度与燃速，所用的低能推进剂，要耗费 1.89 kg，比冲 9 800～10 900 N · s/kg（图 6-39）。

图 6-40 指出，在整个 7 s 的第一阶段，燃料流速维持在较高的水平，与之比较的空气流速有所下降。高流率是需要的，以防开始时过多地降速。

（5）飞行试验

在瑞典的 BOFORS 试验中心进行了 3 次飞行试验。测速雷达跟踪了弹丸的轨迹，测量了飞行速度，并根据它们推导出作用于弹上的力。

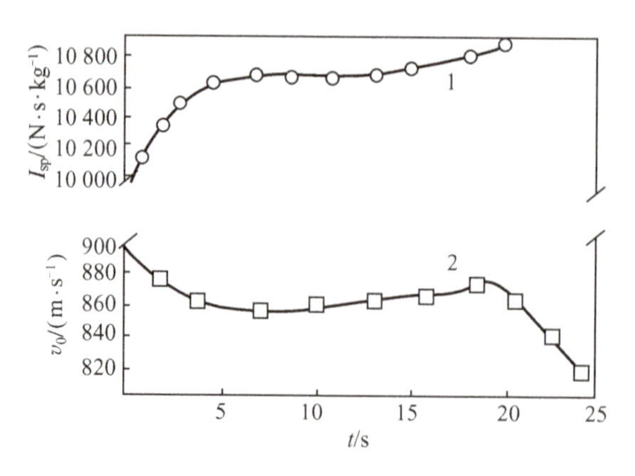

图 6-39　比冲和速度的变化

1—空气；2—燃料

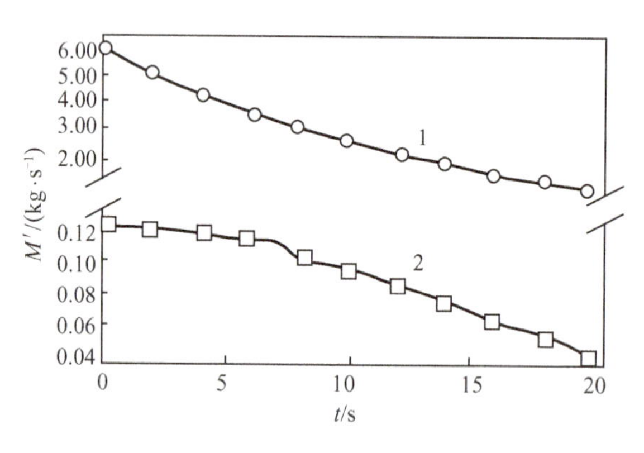

图 6-40　时间与质量流率

1—空气；2—燃料

试验中取没有固体燃料的弹作为对比参考弹。试验弹丸的炮口速度 1 290 m/s（Ma=3.92）～1 382 m/s（Ma=4.14）。试验中发现，有些弹比参考弹的阻力高，这是由固体燃料在发射时失效引起的。

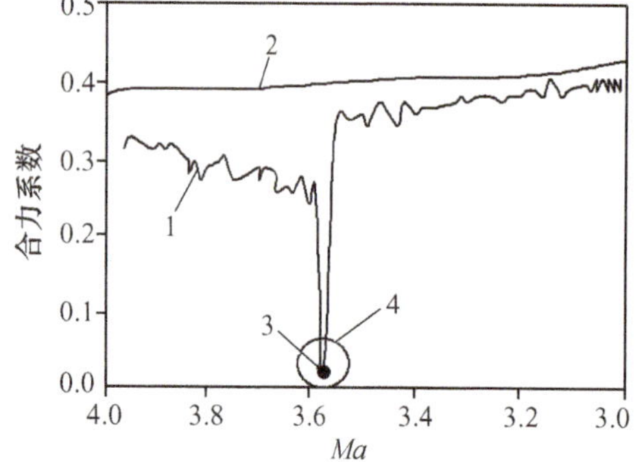

图 6-41　合力系数的测量与预测值比较

1—带燃料弹；2—不带燃料弹（参考弹）；3—燃料点火预测；4—燃料点火

SFRJ 点火正常的弹，能在一个短时间后，产生约等于阻力的推力。图 6-41 显示了作为飞行马赫数函数的 SFRJ 弹与参考弹的合力系数的关系。

（6）在远程弹领域的应用

SFRJ 对远程火炮有很高的应用潜力。SFRJ 推进系统可以产生抵消弹阻的推力，导致弹飞行速度不变。这种低阻力的结构，同具有高性能的冲压推进结合，155 mm 火炮弹丸射程可以超过 75 km。

稳定点火、燃料结构的完整性是很重要的。继续研究的内容之一是推进剂燃料组分和几何结构，需要它有高的燃料流率和强增面燃烧性质，要求燃料推进剂和点火等结构有稳定性和可靠性，要求载荷和入口的整体结构有低阻力。在整个冲压期间，推力和阻力之间要有很好的平衡，如果弹丸速度低于冲压最佳速度，将失去平衡。

发射速度是重要因素，高初速有利于加速或持续最佳的速度。高速度的冲压发动机有好的效能。

2. 膛内冲压发射技术

高初速发射必须大幅度地提高装药的总能量，并按照一定的程序释放这些能量，以控制膛内压力的发展过程，避免出现超压。如果初速超过 2 500 m/s，对于现有的发射药，其发射装药与弹丸的质量比值（m_p/m）、火炮的最大压力，以及火炮的质量都将增加到很高的数值，从而给发射系统带来过重的负担。

将冲压喷气发动机技术应用于膛内发射系统，是增加发射装药总能量的另一个途径。这种由弹丸与火炮组成的冲压喷气加速装置，其冲压喷气发动机的中心体弹丸在起外壳作用的炮管内运动。炮管内充满燃料和氧化剂的气体混合物，其燃烧过程与弹丸运动同时进行，所产生的推力可加速弹丸以极大速度冲向炮口。该方法的优点是将部分装药能量分布在药室之外，减少了药室内的发射装药能量，即在火炮负荷小的情况下，获得了随行装药的效果。

华盛顿大学用质量为 70 g 的弹丸，在 38 mm 口径炮管中进行了试验，弹丸的速度达到了 2 600 m/s 以上。研究人员预测，弹丸的理论速度可以达到 9 000 m/s。美陆军弹道研究所曾致力于研制大口径火炮的冲压喷气式加速器，美国宇航局试图利用冲压喷气式和超声速燃烧冲压喷气式的中口径发射系统，以获得 4 000 m/s 以上的速度。

但是，无论是在基础理论方面还是在试验应用方面，目前还都存在着大量的技术难题。对有关膛内充压发动机的流体动力学和反应动力学、控制与最佳化设计、内弹道特性的评估，以及安全性、可靠性等诸多问题，都需要进行深入研究。

第 7 章　发射装药的模拟检测技术

用于装药产品验收的燃烧性能和弹道性能试验都较复杂，有严格的军事标准。装药研究的内容之一是建立相应的模拟检测方法，但至今对装药产品性能还没有形成完整的检测系统。现有的模拟试验有装药点火、传火、燃烧过程以及气体生成速率等，都属于燃烧宏观规律的试验。

模拟检测试验是预估性的试验，已经发展的技术减少或部分地替代了靶场试验，并已经应用于科学预测。

装药的弹道性能是装药固有性能在弹道上的反映，虽然弹道性能和武器等因素有关，但装药有其自身的弹道规律。初速或然误差、最大和最小的最高膛压及其 p-t 曲线是装药稳定性的判据之一；膛压和初速是装药效能的判据。发射装药的发射安全性、初速、最大膛压和 p-t 曲线是装药模拟试验的重要内容。

7.1　装药特征的数值模拟

目前有多种反映装药特征的数学模型，依据这些模型，可以对装药特征进行初步的评定，其中的弹道性能模型可以判断装药诸元和弹道诸元的关系。如可用瞬时燃尽模型预估发射药对初速的影响，取下式

$$v_0 = v_{0\mathrm{cp}} + \sum[(\partial v_0/\partial f)(\partial f/\partial Q_i) + (\partial v_0/\partial \gamma)(\partial \gamma/\partial Q_i)](Q_i - Q_{i\mathrm{cp}}) \qquad (7\text{-}1)$$

式中，Q_i 为发射药组分或热力学性质；$Q_{i\,\mathrm{cp}}$为 Q_i 平均值；γ 为燃气比热容比。

当发射药的成分或热力学性质有变化后，根据该公式可以估算初速的偏差值。相类似的模型可以判断点火、传火、可燃容器以及装药辅助元件对弹道性能的影响程度，也可以用来选择装药的能量密度和装药结构，以获得要求的弹道性能（参考装药设计模型部分的有关内容）。

7.2　用于模拟装药燃烧性能的密闭爆发器试验

密闭爆发器可以形成高压、定容的燃烧环境，可以用密闭爆发器研究装药的定容燃烧性质和模拟研究装药的弹道性能。判断弹道稳定性和安全性的相对陡度、相对最大压力的模拟技术已应用于实践；用微分系数和势平衡等试验，可以模拟装药的初速与最大膛压。

密闭爆发器模拟试验的适用范围：

① 测定装药在定容条件下的 p-t 曲线。

② 根据测定的 p-t 曲线，推算出火药力 f 和余容 α。

③ 根据测定的 p-t 曲线，推算气体生成规律 Ψ-Γ、u-p、p'-p 的数值关系，这些关系作为内弹道模拟的数值基础并应用于发射药的检选。

④ 推算相对最大压力、相对陡度，用于射击安全性的评估。这里相对最大压力是指试验火药的最大压力与基准火药的最大压力之比，通常用百分数表示；相对陡度定义为在指定压力下试验火药的压力对时间的陡度（$\mathrm{d}p_{\mathrm{test}}/\mathrm{d}t$）与在相同压力下基准火药的压力对时间的陡度（$\mathrm{d}p_{\mathrm{ref}}/\mathrm{d}t$）之比，通常也用百分数表示。

⑤ 模拟预测特定火炮的弹道性能。

⑥ 在发射药设计和装药设计中，研究发射药的性能和各性能间的关系。

用密闭爆发器模拟装药的参数包括 p-t 曲线，以此关系计算出 Ψ-Γ、u-p、p'-p、L-p/p_{m}。

其中，p'为压力增长速率，$p'=\mathrm{d}p/\mathrm{d}t$；$L$ 为动态活性，$L=p'(p\cdot p_{\mathrm{m}})$；$\Gamma$ 为气体生成猛度，$\Gamma=(\mathrm{d}\Psi/\mathrm{d}t)/p$；$\Psi$-$\Gamma$ 曲线表示发射药燃烧至某一部位单位压力气体的生成量。

计算时主要应用的公式

$$\Psi=\beta/[\beta(1-\varepsilon)+\varepsilon] \tag{7-2}$$

$$u=e_1\mathrm{d}Z/\mathrm{d}t \tag{7-3}$$

$$\Psi=f(Z) \tag{7-4}$$

$$\varepsilon=(1-\alpha\Delta)/(1-\Delta/\rho_{\mathrm{p}}) \tag{7-5}$$

$$\beta=(p_{\Psi}-p_{\mathrm{b}})/(p_{\mathrm{m}}-p_{\mathrm{b}}) \tag{7-6}$$

式中，p_{Ψ} 为点火药压力 p_0 与火药压力之和。

7.3　测定装药燃速的定容、恒压密闭爆发器试验

密闭爆发器的 p-t 曲线反映了变压、非恒面燃烧发射药的燃烧特征。最好在压力恒定的条件下测定发射药的燃速，但是，建立压力稳定的高压气体源和大体积高强度密闭装置还有一定的困难。我国研究者发展一种定容、恒压的发射药燃速测定方法，它是在密闭爆发器及其试验方法的基础上形成的。

该方法首先是利用密闭爆发器燃烧结束时所获得的高压环境，之后用补偿药柱的燃烧补偿过程的热损失使压力恒定，最后燃烧发射药试品，并测定它的燃速。该方法通过压力峰值来指示发射药燃烧的开始时间和终止时间，发射药试样就能在压力相对恒定的条件下完成燃烧，在已知样品长度和测出燃烧时间的情况下得到发射药等压燃速。

通过不同压力 p_i 所测定的燃速 u_i，得到发射药在高压条件下的燃速公式

$$u=u_1p^n \tag{7-7}$$

7.4 模拟火炮寿命的烧蚀性能试验

烧蚀管试验是一种评定发射药烧蚀性质的试验。试验过程是测定一个金属管在燃气冲蚀下的损失量，并用该量定性地判断武器的寿命。试验的主要装置是一个高压容器，试验中装置的一端固定烧蚀管，其内孔允许气体流动。发射药在装置内燃烧后，用通过烧蚀管的高温、高压气体流，模拟射击时的气体流；试验测定烧蚀管受气流作用后的质量损失量。较长期的研究已经形成一些规律，可以借助烧蚀管质量的相对损失量来比较装药对武器寿命的影响程度。

烧蚀枪试验是另一种判定发射药烧蚀大小的试验，基本方法是在小口径武器（通常是 54 式 12.7 mm 机枪）的制式枪管烧蚀最严重的部位附近加装可更换的衬管，经一定数量枪弹的连续射击，根据衬管射击前后的质量变化来衡量发射药烧蚀性的大小。此法除可用于测定不同发射药的烧蚀性能外，还可测定不同抗烧蚀剂的作用效果以及添加方式、装药结构等对烧蚀的影响。由于该方法是在射击条件下进行的，相比密闭爆发器烧蚀管试验方法，更能反映实际情况。

7.5 快速降压的燃烧中止试验

7.5.1 试验装置和试验过程

快速降压燃烧中止试验能直接地观察发射药的燃烧过程及其状态，试验能在较宽的压力范围内研究发射药的燃烧性能。

图 7-1 是其试验装置图。试验时，将发射药放入在其喷喉部 4 装有泄压爆破片的快速泄压燃烧室，装填密度约为 0.2 g/cm^3。发射药通过点火器 1 点燃后，泄压片在升高的压力下破裂，释放出燃烧气体。燃烧室压力迅速降低，导致燃烧的药粒瞬间熄火，并且从燃烧室中喷射到室外。喷口前是药粒的回收装置，它由回收网 6、回收水池 5 和阻挡物 7 组成。

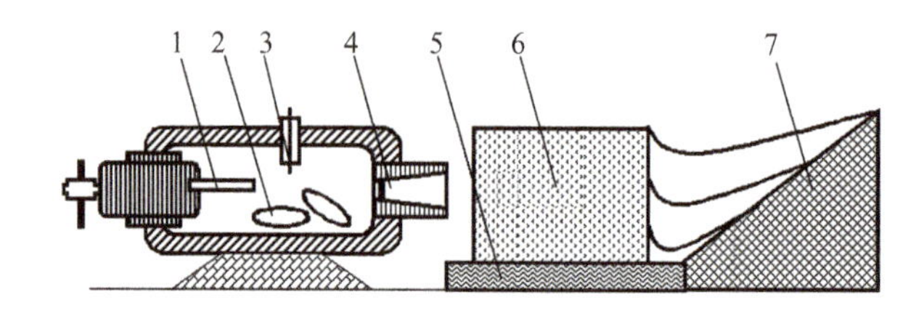

图 7-1 快速泄压的熄火装置

1—点火器；2—发射药；3—压力传感器；4—喷喉部；
5—回收水池；6—回收网；7—阻挡物

从点火开始到熄火的压力曲线由位于燃烧室顶端的压力传感器 3 记录下来。

可以对试验前的发射药粒和不同压力熄火的药粒进行尺寸比较，回收药粒几何尺寸的实际测量误差小于 10%。药粒的表面状态由扫描电镜获取。

7.5.2　熄火条件

中止试验必须在设定的条件下完成熄灭过程，在此基础上，分析、测定药粒尺寸的变化。不论喷出去的药粒是继续燃烧还是不燃烧，熄灭的条件都可以通过压力曲线和一个准稳态方程的分析得到。

式（7-8）给出了完全熄火时的参数关系。

$$\left.\frac{\mathrm{d}p(t)}{\mathrm{d}t}\right|_{\mathrm{er}}=\frac{1}{A}\frac{p(t)}{n}\frac{\bar{u}^2}{\alpha} \tag{7-8}$$

式中，$p(t)$ 为时间 t 的燃烧室压力；A 为常数；u 为稳态燃速方程给出的燃速，$u=u_1p^n$，n 为稳态燃烧方程中的压力指数；α 为发射药固相的热扩散率。

图 7-2 是 CAB 基发射药在中止试验时获得的压力曲线，从点火开始，在 76 ms 时泄压片爆破，燃烧室的压力快速释放，燃烧的药粒即开始熄火。发射药粒的点火，火焰传布到药粒和药粒全部燃烧，压力曲线都表现为正常的发射药燃烧行为。

图 7-3 的线 1 是由方程式（7-8）得到的熄灭条件的判据线，由图 7-2 清楚地看出燃烧的药粒是在熄火开始后（中止）1 ms 内熄灭。由此结果可以确信，熄灭是在燃烧室压力释放后立即完成的。

图 7-3 是压力对压力梯度的曲线，过程的起始点是压力释放的开始点。

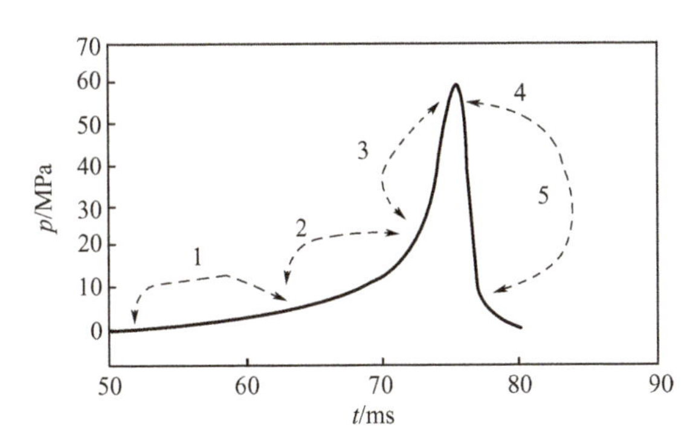

图 7-2　CAB 基发射药的压力-时间曲线

1—药粒的点火；2—火焰传播；3—药粒全部燃烧；4—压力释放；5—药粒熄灭

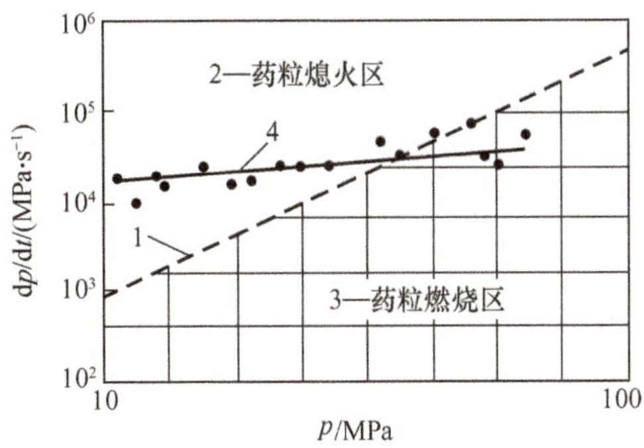

图 7-3　CAB 基发射药的压力与压力梯度线

1—熄灭条件的临界线（判据线）；2—药粒熄灭区；3—药粒燃烧区；4—试验获得的数据

7.5.3　药粒尺寸变化的分析与测量

通过一个试验说明药粒尺寸和表面结构的分析与测量方法。

试验目的是观察三基药 M30A1 和 3 种 LOVA 发射药的燃烧过程和燃烧的中间

状态。

取 M30A1 发射药（主要成分为 NC、NG 和 NGu），CAB 基发射药（主要成分为 NC、CAB、RDX），CAN 基发射药（主要成分为 CAN、TMET、RDX），PU/NC 基发射药（主要成分是 PU、NC 和 RDX）。药型是 7 孔粒装药，适用于中口径火炮装药。外径 3 mm，内孔径 0.3 mm，长 7 mm。

熄火过程是在两种压力和两种火药初始温度下进行的，因此，试验结果提供了温度、压力和发射药组分与燃烧性质的信息。

试验前后，用稳态燃烧和平行层燃烧的假设，再采用压力-时间曲线的数据对燃去的弧厚进行了理论计算。对 50 MPa 下燃烧药粒的外表面和内孔表面尺寸的测量值与计算值进行了比较。比较看出，测量值与计算值在孔内的差别大，内孔表面的燃烧比预期的快。同时也发现，尺寸的测量值与计算值的差别也与发射药组分有关。差异大小有如下次序：PU/NC 基发射药>CAN 基发射药≈M30A1 发射药>CAB 基发射药。表面和孔内明显的差异提示我们，在孔内发生了侵蚀燃烧。

7.5.4　回收药粒的表面结构

用扫描电镜（SEM）获取中止燃烧药粒的表面结构，图 7-4 是 CAN 基发射药内孔表面和外表面的 SEM 照片示意图。由示意图看出，内孔表面和外表面的状态是完全不同的。

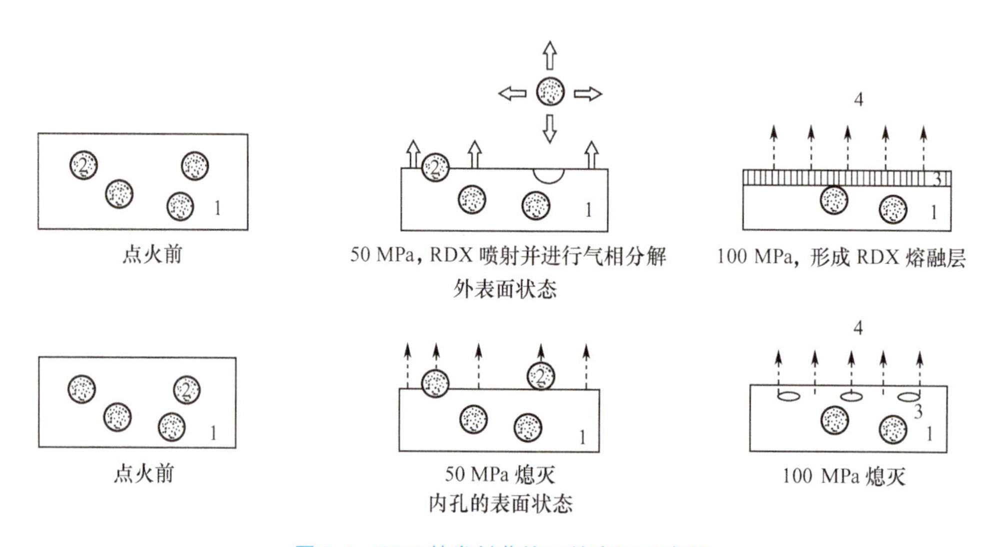

图 7-4　CAN 基发射药熄灭的表面示意图

1—CAN 黏结剂；2—RDX 颗粒；3—RDX 继续分解；4—气相产物

发生在 50 MPa 压力条件下的中止现象：照片发现，内孔表面和外表面这两者都有少许的熔融层，然而孔内的 RDX 颗粒保持原状态，基本没有燃烧，而黏结剂 CAN 发生了分解。可能的原因一方面是 CAN 与 RDX 的燃速有差别，低压下 CAN 比 RDX 燃速高。另一方面，在发射药外表面的 RDX 和 CAN 都发生了分解，然而，从内孔表面的图像还看到，有从表面上喷射出的 RDX 颗粒，这些颗粒在进行气相分解。

发生在 100 MPa 压力条件下的中止现象：照片发现，发射药的外表面较为平滑。提示我们，在高压下 RDX 颗粒的熔融过程发生了。在内孔表面，有烧焦的产物，是由 RDX 颗粒周围的 CAN 形成的，原因是高压条件下 RDX 比 CAN 燃烧得快。

图 7-5 是 PU/NC 基发射药 SEM 照片示意图。在两种压力条件下，内、外表面都有熔融层，可能是 PU 或 PU＋RDX 熔融的结果。在 50 MPa 下的熔融层仅是由 PU 熔化而形成的，而且 RDX 颗粒上有熔化的 PU 覆盖层。另一现象是在表面上观察到了泡沫，熔融层比较薄，由凝聚相形成的气体产物通过熔融层逸出（图 7-4、图 7-5）。

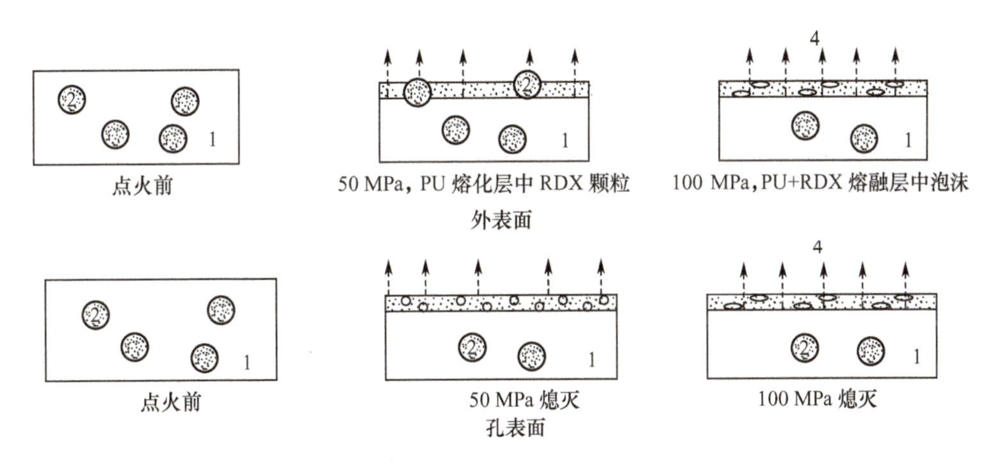

图 7-5　熄灭的 PU/NC 基发射药表面图像示意图

在 50 MPa 熄火的药粒内孔表面观察到的熔融层，有熔融 PU 和 RDX 形成的泡沫的迹象（圆形物），此图像说明，燃烧发生在药粒表面。

7.6　混合装药的密闭爆发器试验

7.6.1　混合装药的燃烧特征

密闭爆发器直接测量燃烧时间和各瞬间所对应的压力，得到 p-t 曲线。在 p-t 曲线基础上经过数学处理，分别得到以时间 t 或燃烧相对量 Ψ、压力 p 为自变量的气体生成猛度 Γ、燃速 u 等函数关系。所导出的公式是建立在均质火药、平行层燃烧等假设的基础上的。其基础公式是 Ψ-p 公式。

令
$$E = 1 - (\Delta/\delta) - (\alpha - 1/\delta)\Delta\Psi$$

得

$$p_{\Psi}=p_{\mathrm{b}}+\Delta f\Psi/E \tag{7-9}$$

通过测定的 p_{Ψ} 值，由公式（7-9）算出 Ψ。

对于由两种以上火药组成的混合火药、表面钝感等火药，用上述方法处理会产生较明显的偏差。

首先，钝感类火药中，组分在火药中是不均匀的，和通常的火药具有不同的燃烧规律，难以采用一个燃烧定律来表达，药粒各层的组分和火药力也有差别。因此，式(7-9)应用于钝感火药时产生一定的问题。

其次，混合火药中的不同火药（B_1，B_2，…）一般都不在同一时间内燃尽。在 B_1 或 B_2 中的某一个最后燃完（$\Psi=1$）之前，另一火药已经燃尽。

结合钝感药和混合火药这两种情况，如果设 B_1 为钝感药，B_2 是常规的多孔火药，它们的燃烧过程有三种情况（图 7-6）：

① B_1 先于 B_2 燃尽，燃烧过程有三个阶段：Ⅰ、Ⅱ、Ⅲ（图 7-6）。

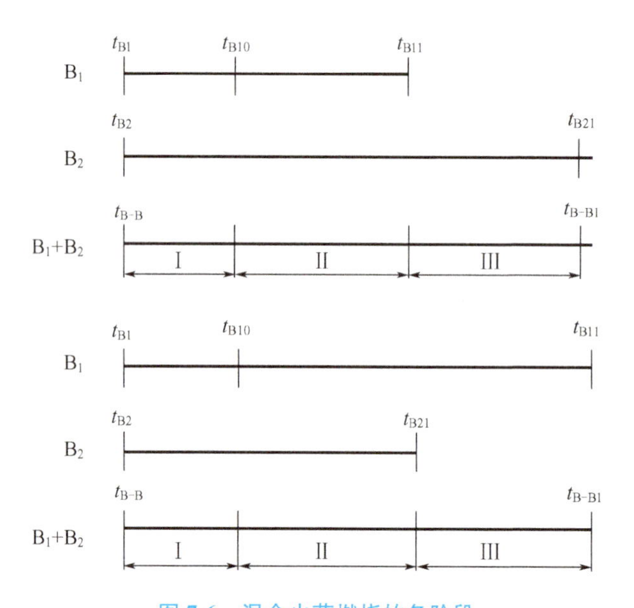

图 7-6　混合火药燃烧的各阶段

Ⅰ—燃烧开始至钝感层燃完；Ⅱ—钝感层燃完至第一种火药燃完；Ⅲ—第一种火药燃完至第二种火药燃完

Ⅰ. $0\leqslant t_{B}\leqslant t_{B10}$，$B_1$、$B_2$ 开始燃烧到 B_1 钝感层燃烧尽。

Ⅱ. $t_{B10}<t_{B}\leqslant t_{B11}$，$B_2$ 继续燃烧，B_1 钝感药基药（不含钝感剂部分）燃烧到燃尽。

Ⅲ. $t_{B11}<t_{B}\leqslant t_{B21}$，$B_2$ 继续燃烧，到 B_2 燃尽。

② B_2 先于 B_1 燃尽，燃烧过程也有三个阶段，除Ⅰ、Ⅱ阶段外，Ⅲ阶段是 B_1 钝感药基药单独燃烧的阶段。

③ B_2 和 B_1 同时燃尽，燃烧只出现两个阶段，即钝感层燃烧阶段Ⅰ和 B_2、B_1 同时

燃烧完的阶段Ⅱ，这种情况极少出现。

由于 B_2+B_1 的上述燃烧情况，原则上不能用式（7-9）处理 Ψ-p_Ψ 关系。

对Ⅰ阶段，如果钝感层的平均火药力是 f'（$f'<f$），用公式（7-9）求 Ψ 值时，求出的 Ψ 值比实际的 Ψ 值大，即，钝感层实际没烧完，但用公式判断的结果是已燃完。如果由已知的 Ψ 值求 p，则求出的 p 比真实的 p 高。

对Ⅲ阶段，在过程开始的瞬间，Ψ_{B1} 和 Ψ_{B2} 中即有一个数值等于1，另一个值逐步趋近于1。尽管最后的 Ψ_{B1} 和 Ψ_{B2} 值相同，但 B_2 和 B_1 的过程不同，不适合将它们统一在以 Ψ 为自变量的同一坐标中，否则将认为它们是同时燃烧完的。

由于 B_2 和 B_1 的燃烧所各自产生的 p_m 不是一个值，也不宜用 p_i/p_m 为自变量来表征混合体内不同时燃尽的状态，否则将有可能忽视某个单元的存在，并至少使一个单元的某些参数出现偏差。

7.6.2　评定混合火药、钝感火药定容燃烧性能的方法

1. 用 Ψ 值与时间 t 或与压力 p 的关系评定 B_1

设：钝感层火药力为 f'，钝感层内的基础药的火药力为 f，装药密度为 Δ。

燃去量相对值为 Ψ（在钝感层燃完时 $\Psi=\Psi_0$，全部燃尽时 $\Psi=1$），压力为 p，钝感层燃尽时间 t_{B10}，钝感火药完全燃尽时间 t_{B10}。假定钝感层和基础药具有相同的密度和余容，则有公式

$$C=1-(\Delta/\delta)-(\alpha-1/\delta)\Delta\Psi \tag{7-10}$$

$$D=1-(\Delta/\delta)-(\alpha-1/\delta)(\Psi-\Psi_0)\Delta\Psi \tag{7-11}$$

$$p=\begin{cases} f'\Delta\Psi/C & 0<\Psi\leqslant\Psi_0;0<t\leqslant t_{B10} \\ f'\Delta_B\Psi_0/C+f\Delta(\Psi-\Psi_0)/D & \Psi_0<\Psi\leqslant 1;t_{B10}<t\leqslant t_{B10} \end{cases} \tag{7-12}$$

2. 用 p-p'/p 评定方法评价混合装药

B_1、B_2 或 B_1+B_2 的气体生成主要由压力 p 决定。在不同的压力下，B_2 和 B_1 都有各自的气体生成规律，有各自对应的 $(\mathrm{d}p/\mathrm{d}t)/p$、$p$ 值，绝不因为 B_1 或 B_2 是以单独形式燃烧，或以混合形式燃烧而有差别，因此，$(\mathrm{d}p/\mathrm{d}t)/p$ 对 B_1 或 B_2 具有加和性，如果令

B_1 装药　　$L_{B1}=(\mathrm{d}p/\mathrm{d}t)_{B1}/p$

B_2 装药　　$L_{B2}=(\mathrm{d}p/\mathrm{d}t)_{B2}/p$

B_1+B_2 装药　　$L_{B12}=(\mathrm{d}p/\mathrm{d}t)_{B12}/p$

则有

$$L_{B12}=\beta L_{B1}+(1-\beta)L_{B2} \tag{7-13}$$

式中，β 为 B_1 在 B_1+B_2 中的质量分数。

式（7-13）可以对 B_1+B_2 装药及其组合单元的 B_1 和 B_2 进行定量的计算。

7.7 模拟装药内弹道性能试验

7.7.1 势平衡模拟检测方法

势平衡试验法是由我国弹道学家鲍廷钰教授建立的，他用密闭爆发器模拟装药的弹道性能，来估算火炮的最大膛压和初速。试验过程是测定试验批装药和标准批装药（参照装药）的 p-t 曲线，最后根据势平衡理论推算出被试批装药的弹道性能。该方法可部分地替代靶场产品的某些检测试验。

试验程序：首先测定被试批和参照批装药的 p-t 曲线，试验方法与密闭爆发器检测方法相同。之后用下式求出被试批装药的 v_0 和 p_m

$$p_m/p_{m_0} = \varepsilon[(m_{p_0}v_0 - /\delta)/(v_0 - m_p/\delta)][(I_{e_0}t_e m_p)/(I_e t_{e_0} m_{p_0})](p_e/p_{e_0})^2 \quad (7\text{-}14)$$

$$v_0/v_{0_0} = (m_p/m_{p_0}) \cdot (I_{e_0}/I_e) \cdot (p_e/p_{e_0})^{1/2} \quad (7\text{-}15)$$

式中，V_0 为火炮药室的容积，cm^3；δ 为发射药的密度，kg/cm^3；ε 为符合系数；m_{p_0}、m_p 为参照批和被试批发射药的质量，kg；p_{e_0}、p_e 为参照批和被试批爆发器 p-t 曲线拐点的压力，MPa；I_{e_0}、I_e 为参照批和被试批 p-t 拐点的压力冲量，MPa·ms；t_{e_0}、t_e 为参照批和被试批密闭爆发器 p-t 曲线拐点的时间，ms。

7.7.2 预估火炮弹道性能的小口径火炮模拟试验

预估火炮弹道性能的小口径火炮模拟试验，是介于密闭爆发器和火炮之间的一种动态模拟试验。由我国发展的一种大药室、小口径炮的模拟方法促进了弹道模拟试验的进展。

利用该方法可以直接测定变容条件下的 p-t 和 v-t 曲线。根据需要，还可以测定膛内流场的状态及其变化，进行与发射药性质，特别是与火药力学性质、装药结构等有关的燃烧稳定性和弹道安全性的测定。

小口径炮模拟试验实现了试验从静态、定容、小装置到动态、变容和武器化的过渡，并使装药的弹道试验能在耗费少、高效率和安全稳定的条件下进行，能简化产品弹道验收过程。在弹道性能反常时，“小口径炮模拟”可以作为分离因素、查找原因的手段。

和其他模拟试验方法一样，该试验也有局限性，它是建立在弹道相似原理的基础上，属于物理相似的模拟。小口径模拟技术是在多个假设的条件下形成的，它不能全部满足相似原理的各项准则，因此，该模拟技术并不能取代实际的弹道试验。

引用的假设条件和相似条件影响了该方法的通用性和准确性。

在发射药设计中，主要利用该模拟方法的通用性，应用其动态、变容的试验环境，以判断发射药与环境的相容性，观察发射药燃烧特征和弹道特征与弹道效率，并研究发射药的装药条件。

该方法用于装药设计，尤其是大口径武器的装药设计，在武器对象不完全肯定时，它可以由一门模拟炮去模拟和它相似的几门火炮。

用于生产验收的检测，一门模拟炮只模拟一门被检测的目标火炮。

小口径炮模拟试验的过程为：

① 目标火炮的弹道性能。已知目标火炮在标准发射药及装药条件下的初速 v_{00} 和最大膛压 p_{m0}；目标火炮的标准发射药及装药的参数是 a_1，a_2，a_3，…，a_n；b_1，b_2，b_3，…，b_m。

② 模拟火炮。根据相似原理设计的与目标火炮相似的小口径火炮（称为模拟炮），模拟炮的标准装药与目标火炮标准发射药组分（a_i）相同；采用和目标火炮相似的装药参量（b_j'）和装药密度。模拟火炮标准装药的发射药及装药参数 a_i 和 b_j'，模拟火炮在标准装药情况下的初速和最大膛压分别是 v'_{0_0} 和 p'_{m_0}。

③ 模拟火炮系列装药批试验。取模拟火炮装药的参数 a_i 和 $b'_j(i=1,2,3,\cdots,n;j=1,2,3,\cdots,m)$进行系列试验，分别得到各装药参数的微小变化所对应的弹道性能的变化量

$$(\partial p/\partial a_1),(\partial p/\partial a_2),(\partial p/\partial a_3),\cdots,(\partial p/\partial a_n)$$
$$(\partial p/\partial b_1),(\partial p/\partial b_2)、(\partial p/\partial b_3),\cdots,(\partial p/\partial b_m)$$
$$(\partial v_0/\partial a_1),(\partial v_0/\partial a_2),(\partial v_0/\partial a_3),\cdots,(\partial v_0/\partial a_n)$$
$$(\partial v_0/\partial b_1),(\partial v_0/\partial b_2),(\partial v_0/\partial b_3),\cdots,(\partial v_0/\partial b_m)$$

④ 确定目标火炮新生产批装药的弹道性能（v_0 和 p_0）。已知目标火炮新装药参数

$$a_1+\Delta a_1,a_2+\Delta a_2,a_3+\Delta a_3,\cdots,a_n+\Delta a_n$$
$$b_1+\Delta b_1,b_2+\Delta b_2,b_3+\Delta b_3,\cdots,b_m+\Delta b_m$$

用模拟火炮按照此装药的相似条件试验，得到模拟火炮的初速和最大膛压 v'_0、p'_0。

根据相似原理，利用下述公式计算目标火炮新装药的初速 v_0 和膛压 p_m。

$$\begin{aligned}p_m&=p_{m_0}+p_{m_0}/p'_m[(\partial p/\partial a_1)\cdot\Delta a_1+(\partial p/\partial a_2)\cdot\Delta a_2+\cdots+(\partial p/\partial a_n)\cdot\Delta a_n]+\\&\quad p_{m_0}/p'_m[(\partial p/\partial b_1)\cdot\Delta b_1+(\partial p/\partial b_2)\cdot\Delta b_2+\cdots+(\partial p/\partial b_m)\cdot\Delta b_m]\end{aligned}\tag{7-16}$$

$$\begin{aligned}v_0&=v_{0_0}+v_{0_0}/v'_0[(\partial v_0/\partial a_1)\cdot\Delta a_1+(\partial v_0/\partial a_2)\cdot\Delta a_2+\cdots+(\partial v_0/\partial a_n)\cdot\Delta a_n]+\\&\quad v_{0_0}/v'_0[(\partial v_0/\partial b_1)\cdot\Delta b_1+(\partial v_0/\partial b_2)\cdot\Delta b_2+\cdots+(\partial p/\partial b_m)\cdot\Delta b_m]\end{aligned}\tag{7-17}$$

7.8　发射装药发射安全性试验

7.8.1　发射装药燃烧与力学环境模拟试验方法

采用膛内燃烧与力学环境试验装置（短管炮），可以再现发射装药的燃烧与弹底发

射装药被点燃前所处的力学环境，图 7-7 是发射装药燃烧与力学环境试验系统原理。

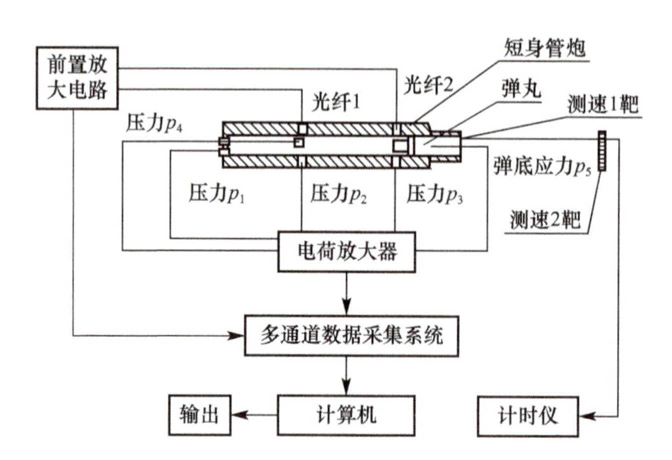

图 7-7 发射装药燃烧与力学环境试验系统原理图

短管炮根据试验要求，由通过火炮截断身管而获得。主要保留部分为装药药室，药室中部、坡膛等处对称开有两排测压孔，对同一截面同时进行气体压力和火焰测量。药筒金属底座开有两个测压孔：一个装入测压传感器，测量膛底气体压力；另一个测压孔旋入药床测压“探棒”，测量药床内部火药气体压力。

膛内压力测试采用压电传感器，膛底、坡膛以及膛壁测压采用常规的压力测试技术。用探入式压力测试技术测试药室中央压力，弹底发射装药挤压应力测试系统采用大接触面积的压力传感器，测试发射装药作用于弹底的挤压应力和弹底的火药气体压力。探入式压力测试技术是从药筒底部插入“探棒”到药床内部的测压技术，以解决测试装置对药床内部压力分布的影响以及火药气体压力对“探棒”的损坏问题。通过调整“探棒”长度，短“探棒”测压孔位置与壁面上药室中部的测压孔相对应，长“探棒”测压孔位置与壁面上坡膛处的测压孔相对应。

光纤式火焰测试系统利用光纤对光的传输作用，将药床中的火焰光通过测量孔的光纤探头，将光信号传输给光敏测量电路，变成电信号进行记录和测量。使用光纤光感传感器测试火焰传播，可确定从击发到弹底发射装药被点燃为止的时间。

利用该试验系统，可以再现发射装药在内弹道初期的燃烧与力学环境，获得给定装药结构下弹底发射装药挤压应力的时间历程，确定弹底发射装药被点燃的时间，从而分析发射装药结构的合理性。

图 7-8 和图 7-9 给出了某高膛压滑膛炮短管炮试验结果。

图中，p_1 为膛底最大气体压力，p_2 为药室中部膛壁最大气体压力，p_3 为坡膛处膛壁最大气体压力，p_4 为药室中部药床中央最大气体压力，p_5 为弹底最大总压。

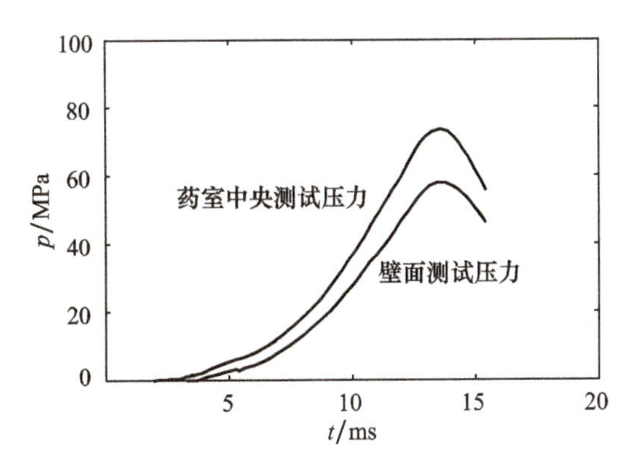

图 7-8　药室中央与膛壁压力测试结果

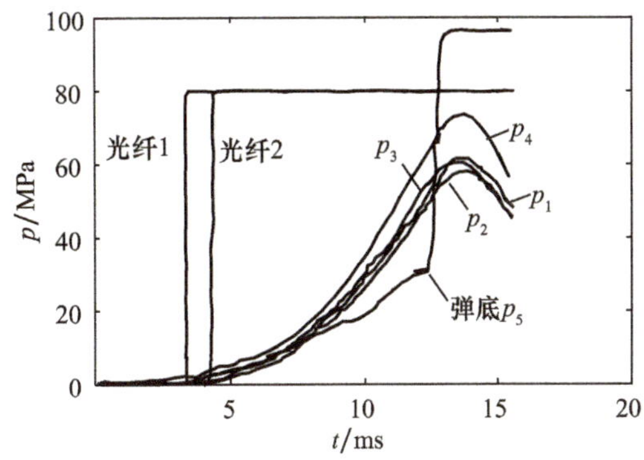

图 7-9　膛内各处压力与火焰传播测试结果

7.8.2　发射装药点传火与运动试验

本方法采用透明炮管观测发射装药点传火和运动，用高速摄影技术连续拍摄发射装药药粒运动和火焰传播过程。试验装置为与火炮药室相同的透明药室，透明材料为有机玻璃，可承受压力值为 10～15 MPa。图 7-10 是发射装药点传火与运动试验系统。

图 7-10　发射装药点传火与运动试验系统

利用高速摄影机拍摄透明药室内火焰及药床运动情况，观察药床点传火时发射装药的运动和受力情况，用来研究点传火中火焰的传播速度和药床挤压过程。同步采用压力传感器和火焰光纤装置测试药室内压力及火焰传播情况。测试系统包括压力压电传感器、光感光纤传感器、电荷放大器、多通道数据瞬态存储器、计算机及输出设备。

图 7-11 是拍摄到的高速摄影照片，图 7-12 是测到的药室底部及坡膛处的压力和光纤信号，其中 p_1 为药室底部压力，p_2 为坡膛处膛壁气体压力。

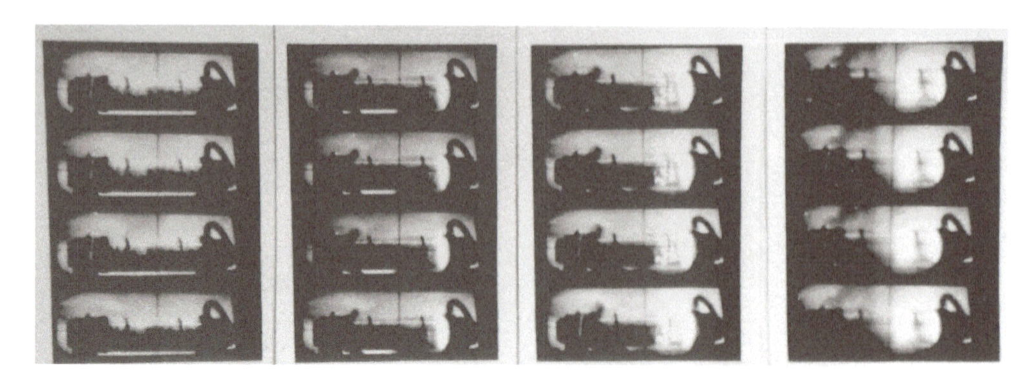

图 7-11　点传火高速摄影照片

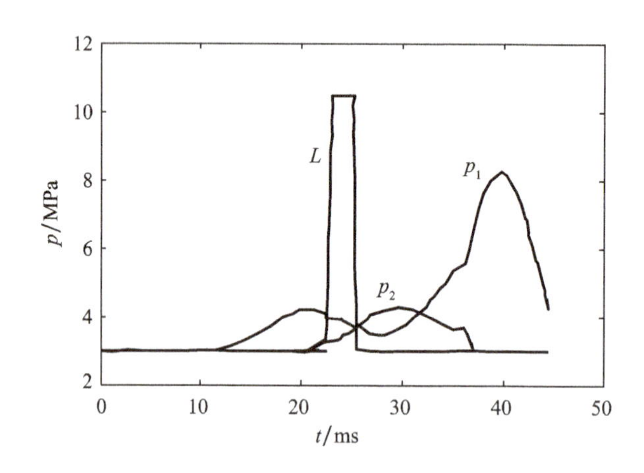

图 7-12　药室底部及坡膛处的压力和光纤信号测试结果

7.8.3　发射装药动态挤压破碎及动态活度试验

本试验通过发射装药动态挤压破碎装置，模拟发射药膛内受力情况，收集试验后的发射药样品，通过密闭爆发器检验发射药受力前后燃烧性能的变化，结合发射装药燃烧与力学环境模拟试验结果，从而研究装药的发射安全性。

图 7-13 是发射装药动态挤压破碎试验系统工作原理图。

该装置主要包括：提供作用于活塞逼近弹底发射装药挤压应力的火药气体压力的燃烧室、传动活塞、发射装药模拟装药室和底座。试验时，在燃烧室中加入火药，燃烧后生成的高压气体推动活塞，高速运动的活塞快速挤压装药室内的发射装药，这一过程模拟了火炮发射过程中弹底发射装药的挤压破碎过程。发射装药动态挤压破碎试验系统由发射装药动态挤压破碎试验装置、力传感器、位移传感器、压力传感器、信号放大器、记录装置、点火装置以及数据处理系统等组成。通过压力传感器可测得燃烧室内压力随时间变化过程，由位移传感器测得活塞位移的时间历程。

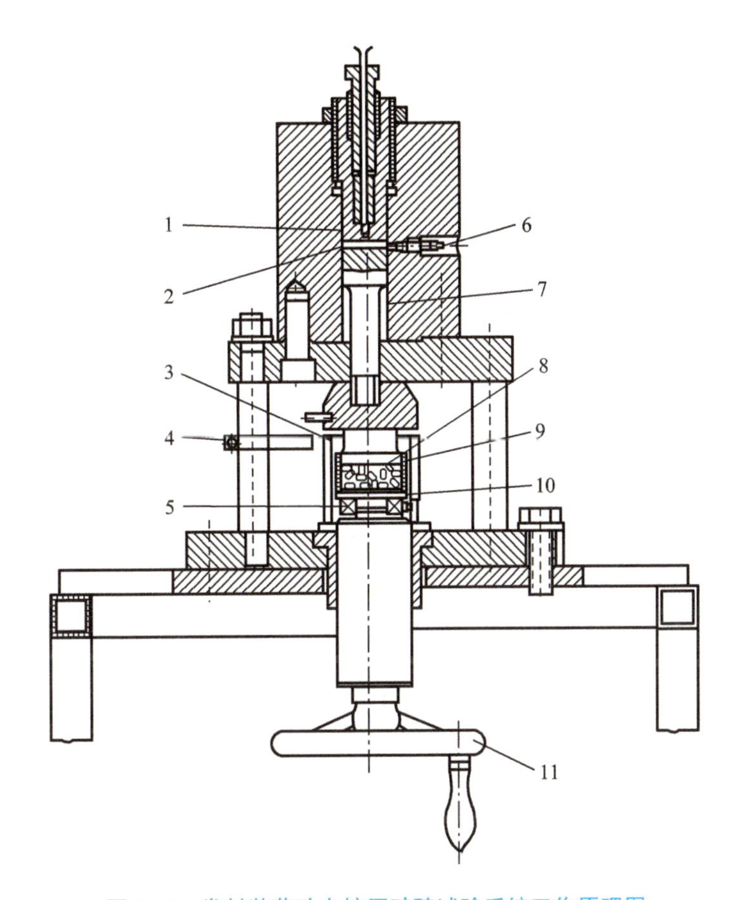

图 7-13　发射装药动态挤压破碎试验系统工作原理图

1—点火头；2—燃烧室；3—间隔套筒；4—位移传感器；5—力传感器；6—压力传感器；
7—传动活塞；8—发射药；9—试样药室；10—底板；11—手轮

通过发射装药动态挤压破碎试验，可以模拟在火炮发射过程中弹底发射装药的挤压破碎情况，进而获得在相应力学环境下的挤压破碎药床。

图 7-14 是由发射装药动态挤压破碎试验得到的发射药颗粒间挤压应力时间历程试验结果与火炮实测结果。试验结果的对比表明，两条曲线形状相似，上升段吻合较好，发射装药挤压应力时间历程试验结果与射击实测结果基本一致。

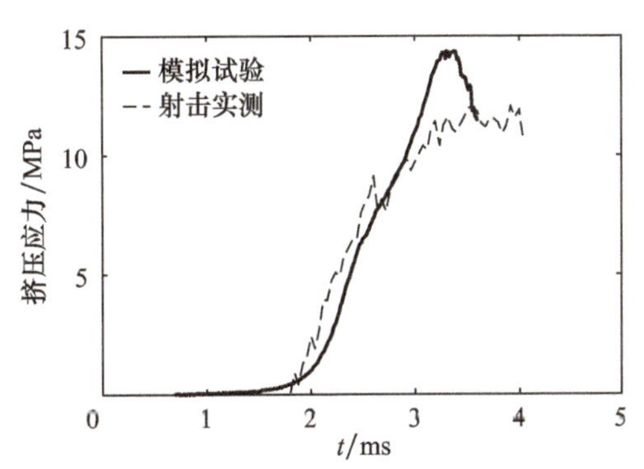

图 7-14　挤压应力时间历程模拟试验与射击实测结果

数据处理过程如下：

试验测得压力、位移、药床挤压力随时间变化的曲线后，做如下数据处理。

$$p_{st}=F/A,\varepsilon=x/h_0 \qquad (7\text{-}18)$$

式中，p_{st}为药床挤压应力；F 为测得的力；A 为试样药室的横截面积；ε 为压缩应变；x

为测得的位移；h_0 为试验前药床高度。

试验获得的燃烧室压力时间历程、活塞位移时间历程、药床挤压应力时间历程和挤压破碎发射药如图 7-15 所示。

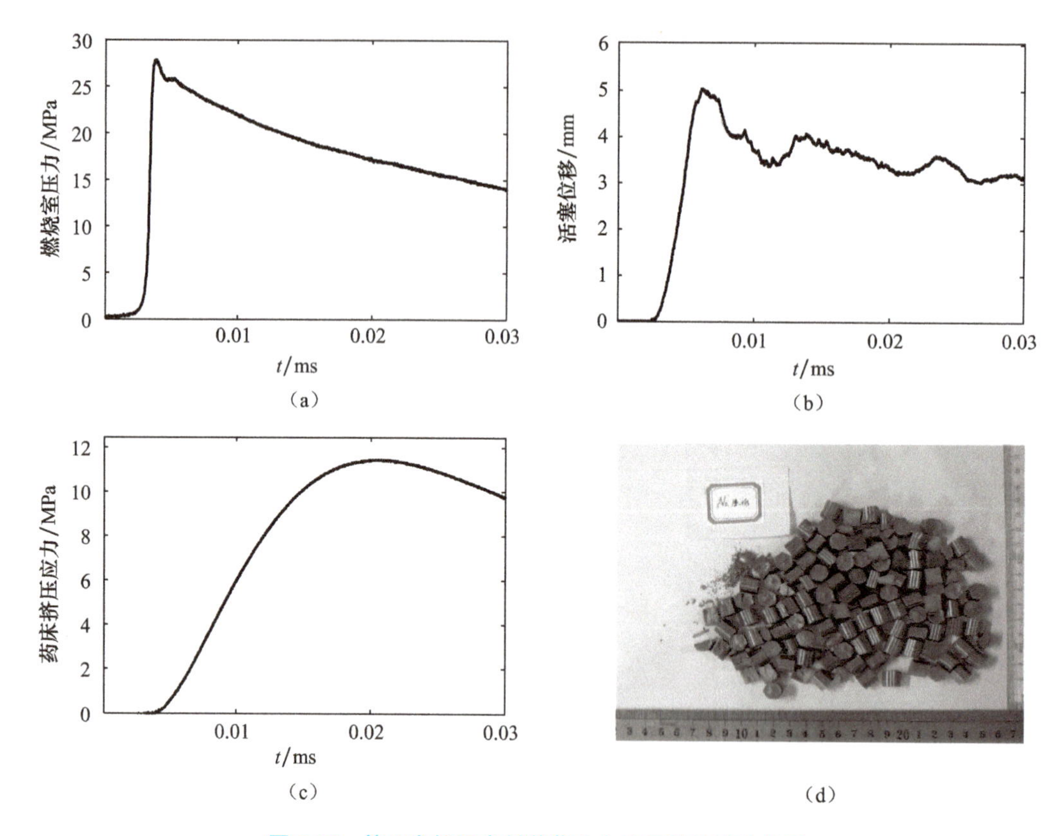

图 7-15　第 3 发低温发射装药动态挤压破碎试验结果

(a) 燃烧室压力时间历程；(b) 活塞位移时间历程；

(c) 药床颗粒间挤压应力时间历程；(d) 挤压破碎的发射装药

发射装药动态活度试验系统主要为大容积密闭爆发器，通过发射装药动态挤压破碎试验获得的样品，可以用来进行发射装药动态活度试验，通过和未破碎样品的活度比较，以确定破碎程度对发射药装药燃烧性能的影响。

发射装药动态活度定义为

$$L = \frac{\mathrm{d}p}{\mathrm{d}t} / p p_{\mathrm{m}} \tag{7-19}$$

将所测到的 p-t 曲线（图 7-16）转换为动态活度曲线（图 7-17）。

发射装药动态活度比定义为

$$\frac{L'}{L_0} = \frac{\dfrac{1}{p' p'_{\mathrm{m}}} \dfrac{\mathrm{d}p'}{\mathrm{d}t}}{\dfrac{1}{p_0 p_{\mathrm{m}}} \dfrac{\mathrm{d}p_0}{\mathrm{d}t}} \tag{7-20}$$

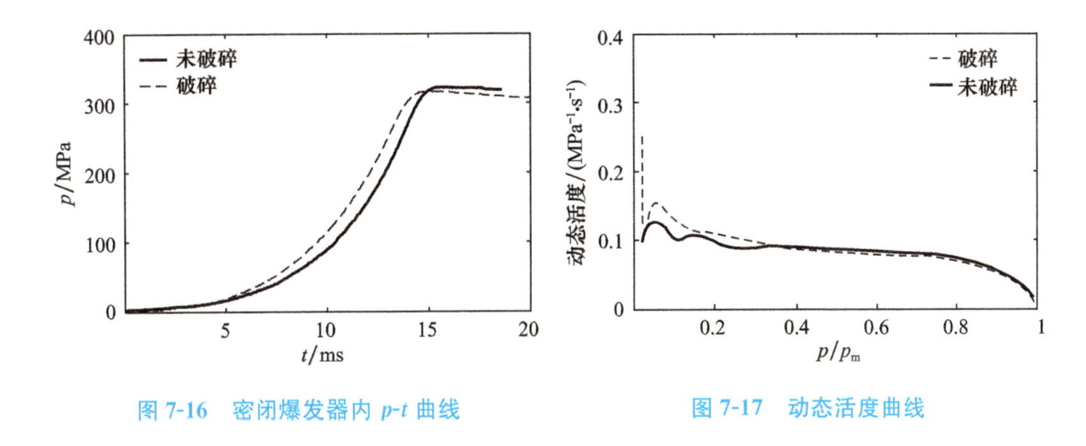

图 7-16　密闭爆发器内 p-t 曲线

图 7-17　动态活度曲线

将破碎和未破碎发射装药的动态活度曲线转换为动态活度比曲线，如图 7-18 所示。

截取动态活度比曲线中部线性较好的一段拟合一条直线，该直线的截距就是起始动态活度比（图 7-18）。

密闭爆发器试验获得破碎发射装药的燃烧特性、破碎发射装药动态活度曲线以及与未破碎发射药的动态活度之比，即获得了发射装药的破碎程度。根据起始动态活度比随挤压应力是否发生阶跃，可确定相应发射装药发射安全性判据。

图 7-19 是测得的低温某发射装药起始动态活度比与最大挤压应力的关系。

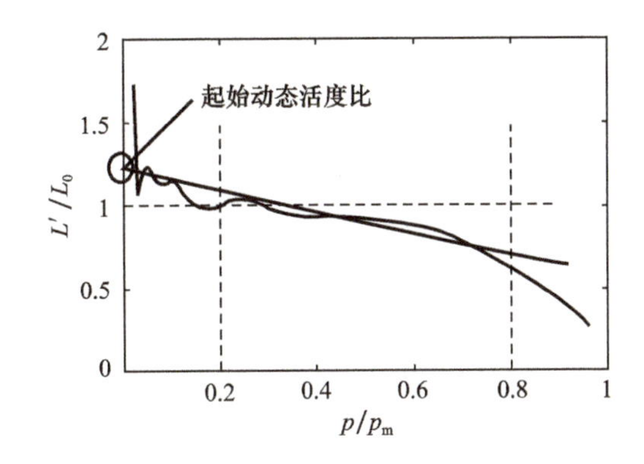

图 7-18　动态活度比曲线及起始动态活度比

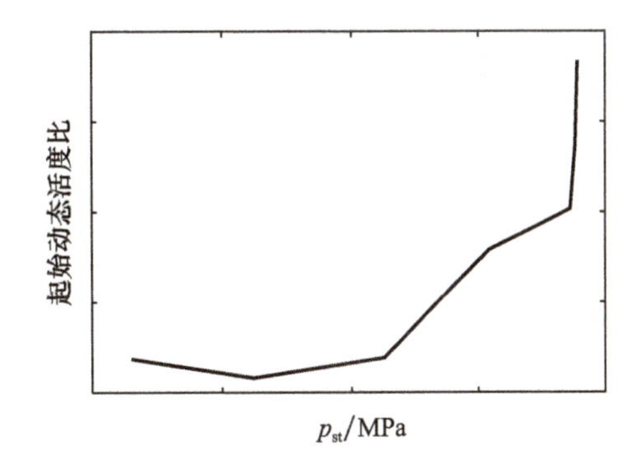

图 7-19　低温某发射装药起始动态活度比与最大挤压应力的关系

在图 7-19 中，发射装药起始动态活度比在最大挤压应力达到某值时出现了转折点，此时低温发射装药不再适应装药结构产生的力学环境，当最大挤压应力再增大，起始动态活度比将急剧增加，发射装药挤压应力导致的破碎程度严重到“失控”状态，其转折点称为发射装药动态挤压破碎的“临界点”。

临界点是发射装药破碎程度与最大挤压应力关系中极为重要的特征，射击时，弹底发射装药实际的最大挤压应力接近或超过该临界点对应的最大挤压应力时，意味着弹底

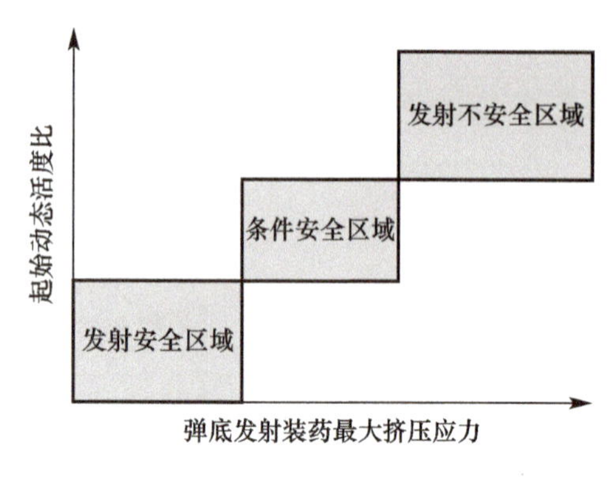

图 7-20 发射装药发射安全性区域图

发射装药的破碎程度已严重到失控，可能在发射过程中引起膛内局部超高压或膛炸。起始动态活度比的大小以及是否产生了阶跃，是发射装药发射安全性判据的重要依据。

根据膛内燃烧与力学环境试验获得的弹底发射装药点燃前的应力时间历程的测试结果，确定实际射击中最恶劣的弹底发射装药挤压应力大小。如图 7-20 所示，若发射装药挤压应力接近或大于临界挤压应力，则被试发射装药发射不安全；若发射装药挤压应力远远小于临界挤压应力，则发射安全；若该应力小于临界挤压应力但在接近临界压力的某一范围内，则条件安全。

7.9 火炮初速和膛压的测定

7.9.1 火炮初速的测定

通常初速的测试主要有直接测试法和间接测试法两种。

直接测试法主要利用高速摄像机、雷达等（多普勒雷达）设备直接测量弹丸出炮口的速度。其特点为：可测不同时刻的瞬间速度，但设备价格较高，操作复杂。

目前常用的方法是测试弹丸出炮口一定距离内的平均速度。其基本的设备主要有测时仪、相应的测试靶。其基本原理为测试弹丸通过具有一定距离的两个靶之间的时间，计算出弹丸飞行的速度。

由于测试靶不能直接放置于炮口（炮口冲击波），通常第一个靶需植于距离炮口一定的距离，由于弹丸飞行阻力的作用，直接将两靶距离除以弹丸飞过两靶之间的时间得出的初速，不能准确表示弹丸出炮口时的速度，因此，采用两套靶同时测量后进行修正的方法测试弹丸初速，以消除空气阻力的影响。靶的设置如图 7-21 所示。其基本原理如下。

设第一个靶距炮口 x_1，两靶距离为 l_1，设第二个靶距炮口 x_2，两靶距离为 l_2，则

$$v_1 = l_1/t_2 \tag{7-21}$$

$$v_2 = l_2/t_2 \tag{7-22}$$

$$v_0 = v_1 + [(v_1 - v_2)/(l_2 + x_2 - l_1 - x_1)]x_1 \tag{7-23}$$

通常，取 $l_2=l_1$，则 $v_0=v_1+[(v_1-v_2)/(x_2-x_1)]x_1$。

即测试弹丸通过不同区域的平均初速，通过外推，消除空气阻力的影响，得出弹丸初速。

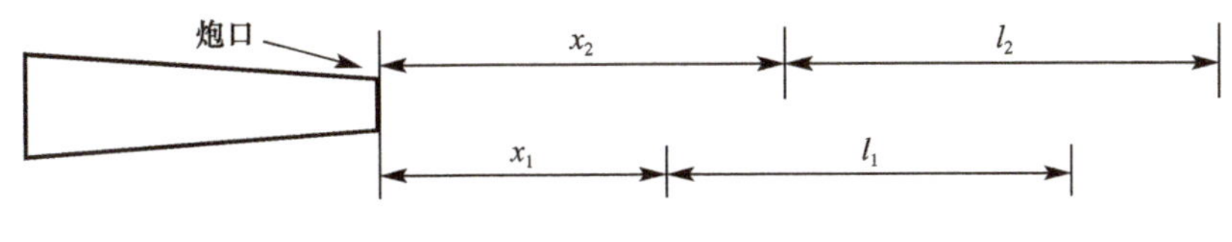

图 7-21　测试靶摆放位置示意图

目前测试初速的测试靶主要有网靶（断靶）、箔屏靶（通靶）、线圈靶、天幕靶等。

网靶是将金属导线（通常为铜质漆包线）连续均匀地缠绕在靶框上，两端分别连接在电源两电极上，并和测时仪信号输入端相连。当弹丸分别飞过第一和第二个网靶时，金属导线被弹丸切断，电路断开，测时仪接到断开信号（电流脉冲），记录两断开信号之间所需的时间，计算弹丸飞过两靶之间的平均速度。

箔屏靶是将两张锡箔纸贴于靶框上，两层锡箔纸中间用牛皮纸隔开，两张锡箔纸分别连接在电源的两电极上，并和测时仪信号输入端相连。当弹丸分别飞过第一和第二个箔屏靶时，由于弹丸穿透两层锡箔时，将电路导通，测时仪记录两导通信号之间所需的时间，计算弹丸飞过两靶之间的平均速度。

线圈靶、天幕靶与网靶、箔屏靶的测试基本方法相似，只是产生触发信号的原理有所区别。线圈靶是被磁化的弹丸飞过线圈时，切割磁力线，产生触发信号，而天幕靶是弹丸飞过靶上空时，由于对光的遮挡使靶中的光电管光电信号发生改变，产生触发信号。

不同的测试靶具有不同的特点，网靶和箔屏靶测试比较稳定，但每次测试后必须对靶进行处理（网靶需要将被弹丸击断的导线重新接通，箔屏靶需要平行移位，且经过一定数量的试验后需要更换）。线圈靶、天幕靶测试方便，但线圈靶需要将弹丸做磁化处理，而天幕靶受天气状况影响较大。

7.9.2　火炮膛内压力测试

目前，测试膛压的方法主要有测试膛内的铜柱（球）测试法和测试膛内压力变化过程的传感器测压法。

（1）铜柱（球）测压法

铜柱（球）测压法是利用铜柱（球）受膛内高压气体作用前后铜柱（球）高度的变化来测试膛内最大压力的一类方法，主要有旋入式测压器和放入式测压器两种。

旋入式测压器测试时，将测压器与在身管武器上开孔部位通过螺纹连接，其特点为使用方便，测压器不占用药室容积，不足是必须在身管上开孔。旋入式测压器主要用于中小口径武器，这些武器由于药室较小，难以将测压器放入药室中，对弹道性能影响较大。

图 7-22、图 7-23 是旋入式测压器示意图和实物照片。

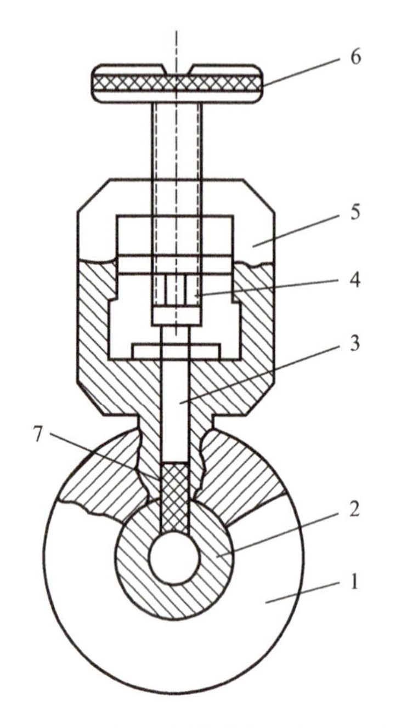

图 7-22　旋入式测压器结构示意图

1—套箍；2—身管；3—活塞；4—测压铜柱；
5—本体；6—止动螺杆；7—测压器油

图 7-23　旋入式测压器

放入式测压器测试时，装药时将测压器直接放在药筒底部。图 7-24、图 7-25 是放入式测压器示意图和实物照片。

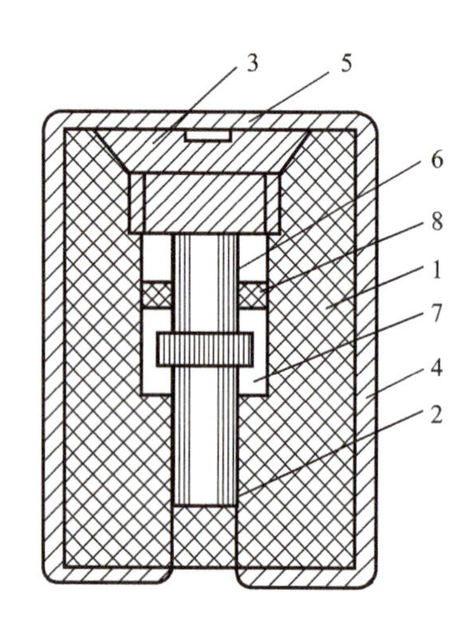

图 7-24　放入式测压器结构示意图

1—本体；2—活塞；3—支撑塞；4—外壳；5—测压器油；
6—测压铜柱；7—弹簧；8—橡皮圈

图 7-25　放入式测压器

根据测试精度要求，利用铜柱进行膛内最大压力测试时，可分为直接测量法、一次预压法和二次预压法等。

铜柱出厂时都附不同压缩量（高度）对应的压力值的关系表，压力测定时，按铜柱出厂时附的压力和高度变化的关系表查出对应的最大压力，即直接测量法。直接测量法的优点是简便易行。虽然铜柱生产时对产品质量有严格的要求，但仍很难保证各铜柱压缩性能完全一致，因此，直接测量法的测压精度较低。

为了提高测试精度，常用的方法对铜柱进行预压，预压又可分为一次预压和二次预压两种。

一次预压是将铜柱在压力校准机上以设定的压力进行预压，预压压力值设定为小于被测压力（估算）约 20 MPa，测量铜柱高度变化，从出厂时附的压力值关系表，可得到 $p_{表}$，这时，压力校准机给定压力 p_1 和 $p_{表}$ 的差值 Δp 为

$$\Delta p = p_1 - p_{表} \tag{7-24}$$

将经过一次预压后的铜柱用于膛内压力的测试，用试验后铜柱高度根据出厂时附的压力值关系表查出对应的压力 p_x，再用预压获得的 Δp 修正测量结果。经过修正的膛内压力测试值为

$$p = p_x + \Delta p \tag{7-25}$$

一次预压法虽然考虑了铜柱之间的差异，测试精度较直接测量法有所提高，但仍然没有摆脱出厂时附的压力值关系表，测试精度受到影响。

弹道试验时，最常用的方法是二次预压法。

二次预压法是把铜柱在压力为 p_1 和 p_2 的条件下连续预压两次，确定 p_1 和 p_2 的原则为：p_2 大于 p_1 约 20 MPa，p_2 小于 p（欲测估算压力）约 20 MPa。

二次预压后，分别得到压后铜柱高度 h_1 和 h_2，令

$$\alpha = \frac{p_2 - p_1}{h_1 - h_2} \tag{7-26}$$

式中，α 称为铜柱的压力系数。

将两次预压后的铜柱装入测压器，试验后得铜柱压后高 h_x，膛内实际最大压力为

$$p = p_2 + \alpha(h_2 - h_x) \tag{7-27}$$

二次预压法的压力修正系数（铜柱的压力系数）是针对测试用铜柱由试验得出（已和铜柱出厂时附的压力和铜柱高度变化的关系表无关），因此测试精度较高，但操作相对复杂。

压力测试时，可以根据对测试精度的要求，选择合适的测试条件。

（2）传感器测压法

铜柱测压法只能测试膛内的最大压力，对于膛内压力的变化过程，采用铜柱测压法无法完成。而了解膛内压力的变化过程，在装药设计研究中是非常重要的。目前，测试膛内压力的变化过程（p-t 曲线）主要的方法为传感器测压法。

传感器测压法是将测压器与在身管武器药室、身管等部位上的开孔通过螺纹连接，

传感器记录压力变化过程，图 7-26 是测得的典型 p-t 曲线。

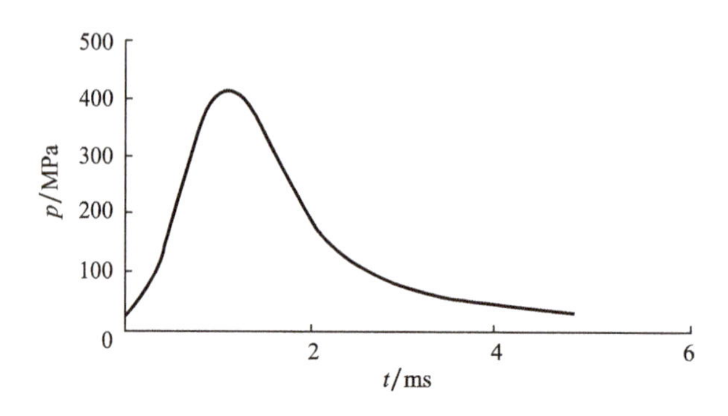

图 7-26 典型膛内 p-t 曲线

目前，常用的压力传感器有压电和压阻两种，测试时，压电传感器随着膛内压力的变化，输出不同的电荷值，然后通过相应的电荷放大器进行信号放大，再转换成电压信号，电压信号由数据采集系统记录。不同时间的压力值通过压力和电压值的关系（标定得到）转换而获得。压阻传感器测试压力的基本原理相同，不同的是压电传感器输出的是电荷信号，而压阻传感器输出的是电阻信号。

传感器测压法测出的压力最大值通常较铜柱测压法测得的最大压力高 10%～20%，这主要是由于传感器对压力反应频响高于铜柱的。

传感器测压法可以测试膛内不同部位的压力变化情况，如膛底压力、坡膛压力等（通过在身管不同部位开孔连接传感器而实现），这对分析装药的点火、燃烧情况，膛内压力波的变化情况是十分有用的。

传感器测压法的不足是必须在身管上开孔以连接传感器，这在一些试验条件下实现有一定的困难。近年来，出现了一种将压力传感器、压力信号存储器等集成于一体的测压弹（外形类似于放入式测压器），试验时，将测压弹和发射药一起放入药筒中，射击后，通过特殊的压力读取设备，将存储于压力信号存储器中的数据读出，这种测压方法在测得膛内压力随时间变化关系（p-t 曲线）的同时，无须对火炮进行任何的改变（开孔）。缺点是不能同时测试膛内不同部位的压力变化情况。

参考文献

[1] 王泽山，徐复铭，张豪侠. 火药装药设计原理 [M]. 北京：兵器工业出版社，1995.

[2] 王泽山，欧育湘，任务正. 火炸药科学与技术 [M]. 北京：北京理工大学出版社，2002.

[3] Bailey A, Murray S G. Explosives, Propellants and Pyrotechnics [M]. Trowbridge, Wiltshire: Great Britain by Redwood Books, 2000.

[4] 任务正，王泽山. 火炸药理论与实践 [M]. 北京：中国北方化学工业总公司，2001.

[5] 王泽山，张丽华，曹欣茂. 废弃火炸药的处理和再利用 [M]. 北京：国防工业出版社，1999.

[6] 王泽山，等. 火药试验方法 [M]. 北京：兵器工业出版社，1996.

[7] 郭锡福. 底部排气弹外弹道学 [M]. 北京：国防工业出版社，1995.

[8] Toit Du P S. A two-dimensional internal ballistics model for modular solid propellant charges [C]. Pretoria, South Africa. The 19th International Ballistics Symposium, 2002.

[9] Woodley C R. Comparison of OD and 1D Interior Ballistics Modelling of High Performance Direct Fire Guns [C]. Sevenoaks, United Kingdom: The 19th International Ballistics Symposium, 2002.

[10] Mickovic D, Jaramaz S. Two-phase flow model of gun interior ballistics [M]. Belgrade, Yugoslavia: The 19th International Ballistics Symposium, 2002.

[11] Toit P S Du. A two-dimensional internal ballistics model for granular charges with special emphasis on modeling the propellant movement [C]. Pretoria, South Africa: The 17th International Ballistics Symposium, 1998.

[12] Bonnet C, Pieta R Della, Reynaud C. Investigations for Modeling Consolidated Propellants [C]. Vert le Petit, France: The 19th International Ballistics Symposium, 2002.

[13] Zoler D, Cuperman S. Two-dimensional modeling of propellant ignition by a plasma jet [C]. Tel Aviv. Israel: The 17th International Ballistics Symposium, 1998.

[14] Jaramaz S, Mickovic D, Zivkovic Z, Curcic R. Interior ballistic principle of high/low pressure chambers in automatic grenade launchers [C]. Belgrade, Yugoslavia: The 19th International Ballistics Symposium, 2002.

[15] GRUNE D, HENSEL D. Combustion Behavior of LOVA-Solid-Propellant by Ignition with Hot Plasma Gases and its Influence on the Interior Ballistic Cycle [C]. Saint Louis, Cedex, France: The 17th International Ballistics Symposium, 1998.

[16] Steinmann, Vogelsanger B, Schaedeli U E Rochat, Giusti G. Influence of different ignition systems on the interior ballistics of an EI-propellant. Wimmis, Switzerland: The 19th International Ballistics Symposium, 2002.

[17] Koleczko A, Ehrhardt W, Schmid H, Kelzenberg S, Eisenreich N. Plasma Ignition and Combustion [C]. The 19th International Ballistics Symposium, 2002.

[18] Li Baoming, Li Hongzhi. Energetic particle ignition exposed to a thermal plasma [C]. Nanjing, P. R. China: The 17th International Ballistics Symposium, 1998.

[19] Geret G L, TaYana E, Boisson D. Study of the ignition of a large caliber modular charge , computation and validation [C]. Bourges Cedex, France: The 17th International Ballistics Symposium, 1998.

[20] Oberle Williani, Goodeli Bradley, Dyvik Jahn, Staiert Dick, Chaboki Amir. Potential U. S, Army Applications of Electrothermal-Chemical (ETC) Gun Propulsion [C]. Aberdeen, USA: The 17th International Ballistics Symposium, 1998.

[21] Lawton B. Temperature and heat transfer at the commencement of rifling of a 155 mm gun [C]. Swindon, UK: The 19th International Ballistics Symposium, 2002.

[22] Lawton B. Quasi-steady heat transfer in gun barrels [C]. Swindon, UK: The 17th International Ballistics Symposium, 1998.

[23] Boisson D, Rigollet F, Legeret G. Radioactive heat transfer in a gun barrel [C]. Bourges Cedex, France: The 17th International Ballistics Symposium, 1998.

[24] Macpherson A K, Bracuti A J, Chiu D S. and Macpherson R A. The Analysis of Gun Pressure Instability [C]. Bethlehem, USA: The 19th International Ballistics Symposium, 2002.

[25] Fleck V, Bemer C. Increase of range for an artillery projectile by using lift force [C]. Saint-Louis, France: The 16th International Ballistics Symposium, 1996.

[26] Gregory B, Lydia C, Richard C, Robert G, Warren G, Philip H, James R, Scott W. Modular artillery charge system [P], US5747723.

[27] Bonnabaud Thierry, Gervois Patrick, Paulin Jean Louis. French Modular Artillery BCM and TCM Charge System for 155 mm [C]. The 36th Annual Gun and Ammunition Symposium. San Diego, Ca. April 9-12, 2001.

[28] Andersson Kurt. Different means to reach long range, ≥65 km, for future 155 mm artillery system [C]. The 17th International Symposium on Ballistics, Midrand, South Africa: 23～27 March 1998.

[29] Karsten P A. Long range artillery: the next generation [C]. Moreleta Park, South Africa: The 17th International Ballistics Symposium, 1998.

[30] Lekota Mosiuoas. The Most Advanced Artillery System Available. IDEX. Abu Dhabi, United Arab Emirates: 2003. 04. 18.

[31] CO SOMCHEM. M64 BMCS-Technical Information. IDEX. Abu Dhabi, United Arab Emirates: 2003. 04. 18.

[32] Arisawa H. Investigation of burning characteristics of gun propellants by rapid depressurization extinguishments [C]. Tokyo, Japan: The 17th International Ballistics Symposium, 1998.

[33] Groenewald J. A traveling charge for solid propellant gun systems [C]. Somerset West, South Africa: The 17th International Ballistics Symposium, 1998.

[34] Yu Yonggang. Firing result from bulk-loaded liquid propellant traveling charge [C]. Nanjing, P. R. China: The 17th International Ballistics Symposium, 1998.

[35] Wren Gloria. Progress in liquid propellant gun technology [C]. The 17th International Ballistics Symposium，1998.

[36] Stockenstrsm A. Numerical Model for Analysis and Specification of a Ramjet Propelled Artillery Projectile [C]. Pretoria，South Africa：The 19th International Ballistics Symposium，2002.

[37] Veraar R G，Andersson K. Flight Test Results of the Swedish-Dutch Solid Fuel Ramjet Propelled Projectile [C]. Rijswijk，Netherlands：The 19th International Ballistics Symposium，2002.

[38] Oosthuizen R，Buisson J J Du，Botha G E. Solid Fuel RamJet (SFRJ) propulsion for artillery projectile applications-concept development overview [C]. Somerset West，South Africa：The 19th International Ballistics Symposium，2002.

[39] Hwang Jun-Sik，Kim Chang-Kee. Structure and Ballistic Properties of K307 Base Bleed Projectile [C]. Taeion，Korea：The 16th International Ballistics Symposium，1996.

[40] Cramer M，Akester J. Environmentally Friendly Advanced Gun Propellants，ATK Alliant Techsystem：BRIGHAM UT，USA. 2004 . ADA447212.

[41] 郭德惠，韩小红. 某 100 mm 炮射导弹发射装药分析 [J]. 火炮发射与控制分析，2002 (1)：13-15.

[42] 吴毅，董朝阳，李幼临. 105 mm 炮射导弹发射装药的一种优化设计方案 [J]. 弹道学报，2006，18 (2)：60-64.

[43] 黄磊，赫雷，周克栋，等. 装填条件的变化对金属风暴武器系统内弹道性能的影响 [J]. 南京理工大学学报，2004，28 (4)：360-363.

[44] 芮筱亭，贠来峰，王国平，等. 弹药发射安全性导论 [M]. 北京：国防工业出版社，2009.

[45] 倪志军，周克栋，赫雷. 侧装药金属风暴武器系统内弹道性一致性研究 [J]. 弹道学报，2005，26 (5)：595-599.

[46] 于海龙，苗筱亭，杨富峰，等. “金属风暴”武器发射动力学建模与仿真 [J]. 南京航空航天大学学报，2010，42 (5)：574-577.

[47] 华东工程学院一〇三教研室. 内弹道学 [M]. 北京：国防工业出版社，1978.

[48] 金志明. 枪炮内弹道学 [M]. 北京：北京理工大学出版社，2004.

[49] 李启明. 装药结构与压力波关系实验研究 [J]. 弹道学报，1989 (1)：23-27.

[50] Leland S Ness，Anthony G Williams. Jane’s Ammunition Handbook 2010—2011 (nineteenth Edition). Mixed Sources.

[51] Albert W Horse. A Brief Journey Through the History of Gun Propulsion，ARMY RESEARCH LAB：ABERDEEN PROVING GROUND MD，USA，2005，ADA441021.

[52] The National Research Council，Advanced Energetic Materials [M]. Washington，D. C.：National Academies Press，2004.

索　引

0～9

A～Z

α～χ

A

B

D

E

H

K

L

M

R

S